崔西・霍格、梅琳達・貝樂 著　蔡孟儒 譯

The Baby Whisperer Solves all Your Problems

超級嬰兒通
實作篇

天才保母的零到三歲
E·A·S·Y 育兒法

目錄

第五章

引導寶寶入睡

——零到三個月教戰守則和六大成因

第六章

抱起放下法

——四到十二個月的睡眠訓練法寶

前　言

從了解兒語到解決問題

我的壓箱秘訣

跟著我的思路，一起化身為寶寶萬事通

親愛的爸爸媽媽，以及嬰幼兒們，我帶著喜悅和謙卑的心，要和你們分享我最重要的兒語秘訣：**《超級嬰兒通實作篇：天才保母的零到三歲E．A．S．Y育兒法》**。我對於能協助父母理解並照顧幼兒，向來感到自豪。每當有家庭願意邀請我進入他們的私生活，我都備感榮幸，而且每一趟都是非常親密又有成就感的旅程。自從二〇〇一年和二〇〇二年出版兩本書以後，我的人生開始了一連串的冒險和驚喜，且遠遠超過我的想像。躋身作家之列，搖身成爲公眾人物，除了維持平常的私人諮詢時間外，我還多了廣播電台和電視訪談，更受邀飛往世界各地，認識了許多非常出色的父母與孩子，深入了解他們的居家生活和內心世界。

不過別擔心，除了行程稍嫌繁忙，我還是原本的我，一樣在嬰幼兒領域埋頭耕耘。眞要說的話，我確實有點改變。我不再只是兒語專家，多虧各位，現在還多了「萬事通女士」的稱號。

許多父母將我的建議付諸實行之後，紛紛捎來感謝的信函。其中也有不少父母表示太晚看到我的第一本書《超級嬰兒通》，而著急地寄出求救信。或許你正按照我的建議，爲寶寶建立規律作息，但寶寶已經八個月大了，你不確定書中針對新生兒的原則是否依然適用。也許你覺得奇怪，孩子怎麼和其他同齡幼兒不一樣？又或者你正深受寶寶睡眠、哺乳餵養，或行爲問題之苦。更糟的是，三種狀況全都中獎。不論你現在深陷哪一種風暴，你最想問的問題一定是：「崔西，我要從哪裡開始？我該先做些什麼？」你也會想問，爲什麼書中某些方法對我的寶寶不管用？

這幾年，我一直努力解決這類問題，其中也遇過幾件棘手的案例：一對三個月大的雙胞胎之一，因胃食道逆流嚴重，無法正常吃一餐，而且不論白天黑夜，睡眠永遠沒辦法超過二十分鐘；一名一歲七個月大的女嬰不肯吃副食品，所以她每小時都會醒來討母奶喝；一名九個月大的女嬰分離焦慮十分嚴重，媽媽得一整天抱著她；一位兩歲的小霸王性格之暴烈，爸媽幾乎不敢踏出家門一步。在我把這些燙手山芋一一解決之後，不知不覺就多了個「萬事通女士」的稱號，而這也讓我體認到，比起前面兩本書的基礎對策，我必須再加強闡述育兒這回事。

因此，在這本書中我將牽著你的手，撫平你的恐懼，告訴你如何掌握育兒訣竅。我要把這輩子的兒語經驗和所有常見的疑難問答傳授給你，領你進入我的思考模式。當然，就算我已盡力列出所有可能遇到的問題，每個寶寶和家庭還是會有些許差異。所以當父母帶著自家難題找上門，想弄清楚寶寶或幼兒怎麼了？我一定會針對孩子本身和父母的處理方式，提出一堆問題，接著再擬定解決方案。這本書的主旨是幫助你理解我的思考過程，養成自問自答的習慣。久而久之，你不但能成爲兒語專家，還能變身萬事通先生／女士，讓問題迎刃而解。

繼續閱讀之前，我希望你記住一個重點：

問題不過是一件待處理的事情，或是需要發揮創意解決的狀況。只要問對問題，你就能得出正確答案。

別太急躁，觀察肢體語言、仔細聽哭聲

如果你讀過我的書，就知道兒語的起手式是觀察寶寶、尊重寶寶，以及和寶寶溝通。你必須看出寶寶真正的樣子，認識他的個性和一些小怪癖（沒什麼不好，人人都有怪癖），因材施教。

有人說過，我是少數從寶寶觀點出發的育兒專家。我只能說，總該有人替寶寶發聲吧?!有一次我對著剛出生四天的小寶寶自我介紹，爸媽在旁邊露出一副看到瘋子的表情。還有一個案例是，父母突然自行決定不再跟八個月大的寶寶同床共眠，寶寶嚎啕大哭，我於是翻譯給他們聽：「嗨，媽咪爹地，當初不是你們決定要跟我睡在一起的嗎？我根本不知道嬰兒床是什麼，更何況現在身邊少了兩個溫暖的大身體，我完全睡不著，所以只能大哭了。」這對父母也是一副目瞪口呆的表情。

我會替父母翻譯「寶寶語」，這樣爸媽才會記得他們懷裡的小東西，以及在房間裡東奔西跑的小朋友，實際上也有自己的情緒和意見。換句話說，我們不能只考慮大人的需求。我看過無數次類似的場景：一位母親對年幼的兒子說：「好了，比利，你又不想要亞當的卡車。」可憐的小比利還不會說話，如果他能開口，我打賭他會說：「我當然想要啊，媽咪，不然我幹嘛一開始要從亞當手中搶走呢？」但是媽咪不聽，她會自顧自拿走比利手中的卡車，或是哄比利交出卡車。「把卡車還給人家才乖喔。」此時我已經在心中默默倒數，看比利何時會崩潰失控！

別誤會，我不是說媽媽應該縱容比利搶亞當的玩具，絕對不是這個意思。我討厭惡霸，但如果比利長大變成惡霸，那也不是他的錯（詳閱第八章）。我的意思是，我們應該認真聆聽孩子的聲音，就算不想聽也得聽。

照顧嬰兒也該應用相同技巧：別太急躁，觀察肢體語言、仔細聽哭聲，認眞釐清眞相。這些技巧到寶寶長成幼兒，甚至年齡更大之後，仍然受用無窮。（別忘了，青少年只有身體長大，心智還跟幼兒一樣，所以最好早點學會讀懂幼兒的心思。）我整理出一些技巧，在書中時時提醒你，教你如何抽絲剝繭，慢慢來不急躁。我的讀者應該都知道我很喜歡用英文字首縮寫來取名，比如《超級嬰兒通》的「Eat, Activity, Sleep, and your time，簡稱 E.A.S.Y.」（吃飯、活動、睡覺、留給自己的時間，後續皆以E．A．S．Y表示）和「Stop, Listen, Observe, and figure out What's Up，簡稱 S.L.O.W.」（停、聽、看、釐清狀況，後續皆以S．L．O．W表示），以及第二本書的「Hold yourself back, Encourage exploration, Limit, and Praise，簡稱 H.E.L.P.」（按兵不動、鼓勵探索、適可而止、讚美，後續皆以H．E．L．P表示）等。

我想出這些縮寫不是在賣弄小聰明，也不覺得育兒會因此變得多輕鬆。我常常親上火線，所以很清楚當父母一點也不EASY，尤其新手爸媽很容易搞不清楚狀況，特別是睡眠不足的媽媽。不論你是哪一種角色，所有爸媽都需要協助。我只是提供一些實用工具，在你腦筋可能轉不過來的時候出場救援。比如E．A．S．Y（第一章主題）可以幫你記住一天規律作息的順序。

我也知道，當寶寶長成幼兒，新的家庭成員報到，都會讓生活變得更複雜。我的目標是幫助寶寶順利成長，同時將你的生活維持在正常狀態，至少別讓寶寶打亂了你的生活。跟孩子纏鬥的過程中，我們很容易忘記實用的建議，而落入窠臼。說實話，如果你發現兩歲的哥哥拿新買的彩色筆在妹妹臉上亂畫，不顧妹妹正嚎啕大哭，還在一旁得意洋洋地微笑，試問誰能保持理智？我不能親自到每個人家裡拜訪，但如果你能記住英文縮寫，那就會像是我本人站在你身邊，輕聲提醒你該怎麼做。

好多父母都告訴我，這些英文縮寫大多時候確實能幫助他們集中精神，記住兒語技巧。那麼，各位不妨就再多記一個育兒法寶縮寫：「P．C」吧。

當個有耐心、有覺察力的P．C爸媽

P．C不是政治正確（politically correct）的縮寫，而是耐心（patient）與覺察力（conscious）。不論孩子多大，這兩項特質都很受用。每次我和困擾中的父母見面，他們的擔憂不出三大問題：睡眠、餵養和行為，而我的解決方式也總是包含耐心或覺察力，缺一不可。父母不只面對問題需要耐心和覺察力，平常互動也該保持P．C。不論遊戲時間、逛超市、與其他孩子相處，以及日常大小事，秉持耐心和覺察力的父母通常更加得心應手。

沒有人能一整天都有耐心又有覺察力，但是做得越多，就越能習慣成自然。勤加練習就會做得更好。本書會不斷提醒你要有耐心和覺察力，現在就讓我先解釋這兩個概念：

◎耐心：P

爲人父母是一條艱辛且沒有盡頭的長路。你必須把眼光放遠，而良好的教養都需要耐心。今天的大災難在一個月後，只是一場遙遠模糊的記憶，但身處當下時卻很容易忘掉這一點。親愛的，這種事我見多了：父母往往在盛怒之下選擇看似最快解決的途徑，事後才發現把自己逼進死巷，這就是「意外教養」的開端（之後詳述）。比如我最近遇到一位媽媽，習慣用親餵的方式安撫寶寶，結果一歲三個月大的寶寶一直無法獨自入睡，每晚都要媽媽親餵四到六次。這位累壞的可憐媽媽說她一直想讓寶寶斷奶，但是光想沒用，你必須有耐心撐完過渡期。

有了小孩之後，生活會變得亂七八糟。面對東西亂丟、飲料打翻和髒髒的手印，你勢必得拿出耐心（和堅韌的心），否則很難熬過孩子的各種第一次。哪個幼兒第一次用杯子喝水就成功，不會一灘水流得到處都是？孩子一定是慢慢練習，從最初由嘴角流出一絲水，到最後終於成功喝到杯子裡大部分的水。這個過程並非一蹴可幾，途中肯定會遇到挫折。讓孩子逐漸熟悉用餐技巧，學會把水倒進杯子、學會自己洗澡，放手讓他在不那麼安全的客廳自己走，以上都需要爸媽付出耐心。

缺乏這項重要特質的父母，可能會不自覺造成孩子的偏執行爲，即使是年紀還小的幼兒也不例外。我在旅途中見到兩歲的塔拉，明顯受到超愛乾淨的母親辛西亞影響。走進她們家，我幾乎看不到兩歲女兒住在家裡的痕跡。辛西亞整天在家裡忙進忙出，拿著濕毛巾跟在女兒後頭，一下替她擦臉、一下擦乾灑出來的飲料。塔拉一放下玩具，下一秒辛西亞就收進玩具箱。有其母必有其女，塔拉牙牙學語的時候，就已經會說「髒髒」了。乍聽之下很可愛吧？但兩歲的塔拉不但不敢自己走太遠，一有其他孩子碰她，她就大哭。這只是很極端的特例嗎？或許吧。但如果不讓孩子像個孩子，身上沒半點髒汙，一點小錯壞事都不許犯，那就太說不過去了。一位厲害的P．C媽媽告訴我，她經常爲孩子舉辦吃飯不拿餐具的「小豬之夜」。說來有趣，當我們允許孩子撒野時，他們反而不會做得太過火。

想改掉孩子的壞習慣，父母耐心與否尤其關鍵。當然，孩子年紀越大，需要的時間越長。但是不管幾歲，你一定要先理解「改變需要時間」，過程是急不得的。奉勸各位：寧願現在花點耐心把孩子教好，告訴孩子該怎麼做。請想想看，叫兩歲的幼兒把玩具收乾淨，總是比叫叛逆期的青少年收拾房間容易吧？

◎覺察力：C

從寶寶離開子宮，吸到第一口空氣，爸媽就應該發揮覺察力。永遠記住要從孩子的觀點出發，包括抽象和具體的觀點。蹲下來，從孩子的視角望出去，看看他們眼中的世界長什麼樣子。比如第一次帶孩子上教堂，你可以蹲低，想像從嬰兒座椅或手推車看出去的視野，聞一聞空氣中的味道。想像線香和蠟燭在敏感的寶寶鼻子裡是什麼氣味。仔細聽，人群的說話聲、唱詩班的歌聲和管風琴有多大聲？寶寶的耳朵會不會受不了？我不是要爸媽避開新環境，相反地，讓寶寶接觸新的景象、聲音和人群是件好事。但，假如寶寶每到陌生場所總會哭鬧，具有覺察力的爸媽就應該讀懂寶寶的意思：「進展太快了，請慢一點。」或者「過一個月再試試吧。」多運用覺察力，抽絲剝繭，你會逐漸了解寶寶，並培養出正確的直覺。

覺察力也包括做事之前先想清楚、妥當規畫，別等到大事不妙才來收爛攤子，尤其是你早就知道後果的情況。比如你和好姊妹約好一起帶孩子玩，但是相處幾次下來，孩子們總是吵架，最後都以哭哭啼啼收場，那就替孩子換個玩伴吧，就算你跟另一位媽媽交情沒那麼好也得換。玩伴的意義就是要一起玩，與其強迫孩子跟沒那麼喜歡的人相處，不如直接請保母代班，讓你和好姊妹好好的聊天。

覺察力是指有意識地注意自己說的話、跟孩子一起做的事、對孩子做的事，並且言行一致。說一套做一套會把孩子搞糊塗。假設你今天說：「在客廳不准吃東西。」隔天晚上兒子在沙發上吃洋芋片你卻不管，久而久之你說的話就失去公信力，兒子再也不聽你的話，這你難道能怪他嗎？

最後，覺察力簡單說就是：有意識的言行，以及陪伴在孩子身邊。每次看到寶寶或幼兒大哭沒人理，我就痛苦萬分。哭泣是孩子學會的第一種語言。哭了沒人理，就像是父母對孩子說：「你不重要。」缺乏關心的寶寶最後會停止哭泣，同時也會停止成長。我看過父母以訓練孩子堅強爲理由，放任孩子哭泣（「我不想把他寵壞」或「哭一下有好處」）。我也看過母親雙手一攤：「姊姊需要我，妹妹只好先等一下。」然後妹妹就一直等、一直等、一直等。父母沒有任何理由可以忽略孩子。

我們必須陪在孩子身邊，展現堅強和智慧的一面，爲他們指引方向。我們是孩子最好的老師，也是他們零到三歲時唯一的老師。我們必須扮演好P．C爸媽的角色，這是我們欠孩子的。唯有如此，孩子才能發展出最好的一面。

感覺沒用時，就是你需要改變了

父母常問的問題之一就是：「爲什麼沒用？」無論是想讓嬰兒睡滿兩小時、讓七個月大的寶寶吃副食品，或是教幼兒不要欺負其他小朋友，父母常常會回答：「對，但是……」「對，我知道你說過白天要叫醒她，晚上才睡得著，但是……」「對，我知道你說過要花一點時間，但是……」「對，我知道你說過他一展現攻擊性就要把他帶出房間，但是……」懂我的意思了吧。

我的兒語技巧絕對有用。我自己就用在數千個寶寶身上，同時也傳授給全球各地的父母。我不會創造奇蹟，但我很了解自己在做什麼，也累積了多年經驗。我同意有些寶寶比一般人更難搞，這一點大人也一樣。有些成長階段也更難熬，比如長牙或滿兩歲時，甚至是染上意外疾病時（包括父母和孩子）。但是，只要回到基本原則，十之八九的問題都能解決。如果遲遲沒有改善，通常都是父母做了某件事，或是父母的態度要改。這麼說也許不中聽，但別忘了我是站在寶寶的角度來發聲。所以，如果你翻開本書是為了改掉某個不良習慣，恢復家庭和樂，但是用盡各種方法都不見效，連我的建議也沒用，那麼請捫心自問，你是否符合以下任一敘述？如果你想採用我的兒語技巧，但符合以下任何一項敘述，你就必須改變自己的行為或態度。

◎**你沒有建立規律作息，反而被孩子牽著鼻子走**。

讀過《超級嬰兒通》的人就知道，我堅信寶寶必須建立規律作息（沒看過的讀者別擔心，我會在第一章溫故知新，說明E．A．S．Y概念）。最理想的狀況，是從醫院帶寶寶回家的第一天就要建立規律作息。當然，錯過第一天也可以從第八週、三個月或更晚才開始。但是很多爸媽都會遇到阻礙，尤其寶寶越大，越是困難重重。接著我就會接到語氣很絕望的電話或信件：

我是一位新手媽媽，女兒蘇菲亞八週半大。我想建立她的規律作息，但是她的時間實在太不固定了。不論吃飯或睡覺時間都很亂，我好擔心。請給我一點建議。

這就是被寶寶牽著鼻子走的典型案例。不是小蘇菲亞的時間不固定，她只是個嬰兒，嬰兒懂什麼呢？他們不過是才剛來到這世上。我敢說是媽媽的時間不固定，畢竟女兒才八週半大，連吃飯睡覺都還沒搞懂呢。嬰兒只知道我們教的一切。這位媽媽說她想建立規律作息，但她並沒有眞正負起責任（第一章再詳述該怎麼做）。等寶寶長大一點，一直到幼兒階段，維持規律作息仍是很重要的一環。我們的責任是引導孩子，不是被孩子牽著鼻子走。孩子的晚餐時間、睡覺時間都應該由我們來訂立。

◎你一直在進行意外教養。

外婆老是告訴我，做事情要瞻前顧後。可惜父母有時候在當下會不擇手段讓寶寶停止哭泣，或是讓幼兒冷靜下來。這個「不擇手段」通常會演變成必須改掉的壞習慣，這就是意外教養。比方說，媽媽錯過了午覺的入睡黃金時間，所以十週大的湯米現在睡不著，於是媽媽開始抱著湯米搖一搖、晃一晃，沒想到湯米就這樣在媽媽的懷裡睡著了。隔天午覺時間，湯米在嬰兒床鬧了一下，媽媽爲了安撫他，又把他抱起來搖一搖。也許媽媽自己覺得這個睡前小儀式很療癒，把可愛的小寶貝抱在胸前依偎很甜蜜，但是最多三個月過後，我保證湯米媽媽會開始抓狂，搞不懂兒子爲何「討厭嬰兒床」「除非我抱他，不然他不肯睡」。這不是湯米的錯，是媽媽無意間讓兒子將搖晃和溫暖體溫與睡覺聯想在一起。現在湯米已經習慣成自然，要是沒有這些睡前儀式，湯米就無法進入夢鄉。再者，沒有人教他如何在嬰兒床上安然入睡，他當然會討厭嬰兒床。

◎你沒讀懂孩子的暗示。

有的媽媽會打給我求救：「他以前有按照規律作息，現在作息卻亂掉了。我要怎麼讓他恢復習慣？」每次出現「以前都……現在卻……」這種造句，不僅代表父母被寶寶牽制，通常也表示比起寶寶本身，父母更注意時間或自身需求（待後詳述）。父母沒讀懂寶寶的語言，沒仔細觀察寶寶哭的狀況。就算寶寶已經開始牙牙學語，我們還是要持續觀察寶寶的行爲。比如侵略性較重的孩子不會一走進房間就開始打玩伴，他一定是慢慢累積，最後才爆發。聰明的父母就要注意徵兆，趁爆發前把孩子的精力轉移到其他事物上。

◎你沒考慮到孩子本來就經常在改變。

有時候父母沒發現是時候改變了，才會說「以前都……」。假如寶寶滿四個月大還在實行零到三個月的作息（見第一章），他當然會不高興。寶寶原本睡得好好的，滿六個月之後，如果爸媽還沒開始餵副食品，寶寶就會夜醒。養小孩唯一不變的眞理，就是孩子隨時都在變（待第十章詳述）。

◎你只想要速成特效藥。

不論是半夜醒來討奶，或是不肯坐在兒童椅好好吃飯，孩子年紀越大，意外教養造成的壞習慣就越難戒除。但是大多父母都希望揮揮魔杖，問題就能解決。比如伊蓮爲了親餵改成瓶餵而來請教我的建議，之後卻稱我的方法不管用。遇到這種狀況，我開頭一定會先問：「你試了多久？」伊蓮坦承：「早上餵奶試過一次，然後就放棄了。」爲什麼一下子就放棄？正是因爲伊蓮期望立刻見效。於是我提醒她P．C的P代表「耐心」。

◎你沒有下定決心改變。

伊蓮的另一個問題是，她不願意堅持到底。她的理由是「我怕不立刻餵的話，小澤會餓到」。但各位應該也猜到了，這並不是整件事的全貌：她說希望先生也能餵五個月大的小澤，實際上她還是只想一個人餵奶。如果想解決問題，你必須是眞心想解決才行，而且你要拿出決心和耐力堅持到底。擬定計畫，嚴格遵守。不要走回頭路，也不要一直換方法。只選定一種方式實行一定管用……前提是要持續照做，持之以恆。容我再三強調：實行新方法的態度要和舊方法一樣堅定，無論如何都要照做不誤。當然，有些孩子的脾氣比較抗拒改變（見第二章），人遇到改變總是會有點不甘願，大人也一樣！只要堅持下去，不要亂改規則，孩子終究會適應新方法。

父母有時候會騙自己，聲稱新方法（比如第六章的「抱起放下法」）已經試兩週了，還是沒有效果。我一聽就知道不可能，因爲不論是哪種性格的孩子，「抱起放下法」一定會在一週內見效。可想而知，在我細問之下，父母才說前三、四天試了有效，但幾天過後，寶寶又在半夜三點醒來，他們沒能繼續照做。氣惱之餘，他們試了別的方法。「我們決定放任他哭，有人推薦這樣做。」我可不推薦，因爲寶寶會覺得被父母遺棄。現在可憐的寶寶不只被變來變去的規則搞糊塗，同時還被嚇壞。

如果不打算堅持到底，那一開始就別做了。如果靠自己做不來，請找先生、媽媽、婆婆、好朋友等人支援。否則，你只是在折磨寶寶，害他哭得撕心裂肺，最後還是得抱回自己床上睡（詳見第五到七章）。

◎你選的方法不適合你們家或你的個性。

每次我提出規律作息或其他戒掉壞習慣的技巧，通常都能判斷是爸爸還是媽媽比較能有效執行。其中一人會比較有紀律，另一個則是軟心腸，或是更糟糕的「可憐小寶貝症候群」患者。有些爸媽會歪著頭對我說：「我不希望寶寶哭。」事實上，我不贊成強迫寶寶，我不相信任由孩子大哭是好事。無論處罰時間多短，我也不贊成暫停隔離法（time out）。孩子需要成人的協助，而我們必須在孩子身邊才有辦法提供協助，尤其如果你想挽救意外教養的後果，更需要下苦功。如果無法接受某一項兒語技巧，你可以選擇完全不採取，或是想辦法找援軍，例如請意志比較堅定的另一半代勞，或是找媽媽、婆婆、好友等人幫忙。

◎你所謂的問題其實不是問題，所以不必解決。

最近我收到一封信，詢問四個月大的寶寶「可以睡過夜，但他的奶量只有七一〇毫升。你的書提到奶量應該介於九五〇至一〇六〇毫升。我該如何增加他的奶量？」有多少母親不惜一切代價想讓寶寶睡過夜！這位媽媽所謂的問題只是寶寶的奶量與書中所述不符。也許這個寶寶體型比較嬌小，畢竟不是每個人都有姚明家的基因嘛。只要小兒科醫師不擔心寶寶的體重，我建議先不必輕舉妄動，只要好好觀察寶寶。也許再過幾個月，他就會半夜哭醒，這時媽媽就可以考慮白天多餵一點。

◎你抱著不切實際的期望

有些爸媽對於育兒有一種不切實際的幻想。通常這些人事業成功，在職場是備受愛戴的上司，既聰明又有創意。他們把生兒育女視爲人生的重大轉變，事實上確實也是如此。但生兒育女同時也代表踏上很不一樣的人生道路，因爲父母必須承擔一項重責大任：照顧另一名人類。一旦成爲父母，你就再也回不去從前的生活了。寶寶有時得半夜餵奶；管教幼兒也不像專案管理可以高效率進行。孩子不是任人設定程式的機械，他們需要關心、時時刻刻留意，以及很多很多的愛。就算有人幫忙帶孩子，你自己還是得花時間精力去好好了解兒女。還有，別忘了不論孩子現在處於好或壞的階段，現階段一定會過去。就像最後一章說的，「正當你以爲出師時，新挑戰馬上又來。」

學會更了解孩子的思考方式和看法

這本書是爲了回應各位的需求所寫。許多爸媽想要進一步釐清育兒策略的疑問，還有包羅萬象的問題需要解答。除此之外，也有很多人想要不同歲數的明確指南。我的讀者都知道，我不太喜歡按照寶寶年齡給建議，因爲寶寶的問題並沒有那麼清楚的年齡分水嶺。當然，嬰兒和幼兒通常都會在特定時間達到某個里程碑，但是就算不符合一般的時間點，八成也沒什麼問題。不過，爲了回應各位想釐清細節的需求，我在這本書將兒語秘訣按照年齡分類，加入多種量身打造的技巧，分成出生到六週、六週到四個月、四到六個月、六到九個月、九個月到一歲、一到兩歲，以及兩到三歲。本書用意是教父母如何更了解孩子的思考方式和看法。書裡每一章不一定都會提到所有年齡層，端看該章討論的主題。比如第一章討論E．A．S．Y，就只介紹零到五個月寶寶的作法，因爲這時候爸媽對作息會有許多疑問。第四章討論幼兒飲食，就會從六個月大的寶寶談起，因爲這時候寶寶才開始吃副食品。

你會發現每個年齡層其實涵蓋範圍很大，因爲每個孩子狀況不同，不適合分得太細。另一方面，我也不希望讀者落入我所謂「成長較勁」的心態，拿別人孩子的進度或問題跟自己孩子比較，或是一發現小朋友不符合年齡層的表現就緊張兮兮。我看過很多共學團的孩子年紀都差不多，媽媽們可能是在產房或媽媽教室認識。這群媽媽會坐在一起聊天，但我看得出來她們都在觀察彼此的寶寶，一邊比較，一邊納悶。就算沒有大聲說出來，我都可以聽見她們內心正在想：「我家克萊兒只比艾曼紐小兩週，爲什麼長得比他小隻？看看艾曼紐已經想拉著站起來了，克萊兒怎麼毫無動靜？」首先，對三個月大的嬰兒來說，兩週是非常大的差距，那可是她人生的六分之一啊！第二，看了嬰兒發育時程表，父母都會把期待拉高。第三，孩子各有各的強項。克萊兒或許較晚才學會走路（其實現在還說不準），但說不定她會比較早開口說話。

在此呼籲各位，閱讀本書時請不要**只看**自己孩子的年齡層。因爲小時候的問題可能會一直持續，比如五、六個月大的寶寶突然出現兩個月會有的問題。再說，孩子可能某方面特別有天賦，所以先了解之後的發育階段不無好處。

我認爲「黃金時間」確實存在，也就是實施某項技巧的最佳時間，比如讓寶寶睡過夜，或是帶寶寶認識新事物，包括親餵改成瓶餵，或是訓練寶寶坐餐椅。尤其進入幼兒期之後，如果沒有把握黃金時間，親子可能會陷入角力，你必須未雨綢繆。如果你沒有想辦法把幼兒該學會的事，例如穿衣服、上廁所設計成遊戲或開心的活動，孩子就有可能抗拒這些新改變。

養育過程再艱辛，也別忘記大笑

本書涵蓋的主題很廣泛，我盡量放入所有育兒會面臨的問題，也因此很難整理成條列公式。每個章節的重點都是育兒問題，但內容各有不同。希望這種編排方式可以幫助你先了解基本概念，然後參透我如何看待各種教養挑戰。

每一章節都有許多特別單元，例如：教養的迷思、綜合一覽表、重點資訊，以及來自各個家庭的眞實案例。本書所有案例、往來信件和網站發文的當事人姓名與身分資料皆經過修改。我想將重點聚焦在父母最常見的擔憂，並且分享我通常會問哪些問題來找出癥結點。我就像受聘顧問，前往公司分析經營不善的原因。我必須搞清楚公司成員，他們分別負責的職務，以及發現特定狀況之前發生了哪些事。接著，我必須提出另一套作法，帶著情勢走向另一種結果。一旦了解我對寶寶和幼兒問題的想法，以及我如何擬出解套方法，你也能成爲家中的兒語專家。前面提過，本書的宗旨是幫助你學會我的思考模式，這麼一來，你就能自行解決寶寶問題。

我為了釐清狀況所提出的問題，都會以粗體標示，**就像這樣**，一目了然。

書中提到兒子和女兒的次數盡量維持各半，但是爸爸和媽媽就沒那麼容易了。我收到的信件和電話絕大多數來自媽媽，所以書中提到的也大多是媽媽。各位爸爸，如果你正在閱讀本書，請了解我並非故意忽略你。我很慶幸現在許多爸爸也會擔起教養的責任，甚至有兩成的父親是家庭主夫。希望有一天，經由各位的努力，大家不會再說親子書籍是專門寫給媽媽看的！

本書有兩種閱讀方式，第一是從頭看到尾，第二是翻到現在需要解決的問題，從那一頁開始看。不過，如果你沒讀過我的書，我強烈建議至少要讀完第一、二章，了解我的基本育兒理念，與協助你分析各個年齡層爲何會遇到特定問題。第三章挑出爸媽最擔心的三大領域——餵養、睡眠和行爲，深入剖析十大焦點。

很多人告訴我，比起育兒建議，他們更欣賞我的幽默感。我保證這本書處處能逗你一笑。畢竟親愛的，如果我們忘記大笑，忘記珍惜平靜親密的時光（就算每次都撐不了五分鐘），那原本就很艱辛的養育之路，一定會壓得你喘不過氣。

本書有些建議或許乍看令人意外，你不太相信會有效果，但我已經在其他眾多家庭見證這些技巧的功效，所以不妨就試試看吧？

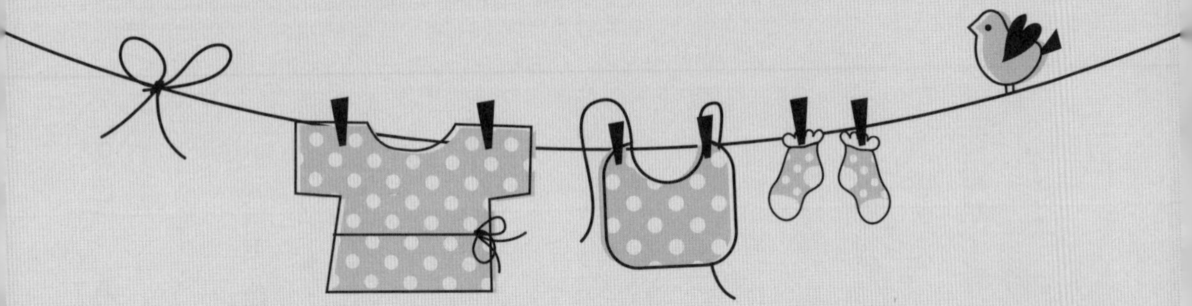

第一章

E·A·S·Y不易執行，但絕對有效果！

確實建立寶寶的規律作息

E·A·S·Y是建立理想親子關係的法寶

每天早上，你大概自有一套規律作息。先是在差不多的時間起床，接著去沖澡或泡杯咖啡，或是立刻跳上跑步機，或帶狗狗出去放風。不論是誰，每天早上做的事應該都差不多。如果某一天行程突然被打亂，你可能會一整天都感到不對勁。除了早上，你應該還有其他時段的規律作息，比如晚餐習慣幾點吃，睡前習慣跟最愛的枕頭（或愛人！）磨蹭摟抱，讓自己舒服地睡個好覺。現在假設你的晚餐時間被迫更動，或是出差在外過夜，你會不會覺得不踏實，早上醒來迷迷糊糊的？

當然，每個人對於規律作息的需求不同。光譜的一端是從早到晚都有固定行程的人，另一端則是凡事憑感覺的自由靈魂。但即便是這些自由靈魂，一整天也有某些固定習慣。爲什麼呢？人類跟多數動物一樣，只要學會何時該如何解決身體需求，知道接下來會發生哪些事，就能成長茁壯。我們都喜歡生活掌握在自己手裡的感覺。

寶寶和幼兒也一樣。每當有新手媽媽帶寶寶回家，我都會建議爸媽立刻建立寶寶的規律作息。我稱這套作息爲「E·A·S·Y」，代表寶寶一天的活動順序。這個順序與成人的生活方式類似，只不過活動的持續時間短得多：吃飯（**Eat**）、活動（**Activity**）、睡覺（**Sleep**），留點時間給你自己（**Your time**）。E·A·S·Y不是一張精準的時程表，因爲寶寶沒辦法配合時間。這只是一套作息，讓一天能按照順序進行，保持穩定的家庭生活。穩定一致對大人小孩、幼兒嬰兒都很重要。能夠預測每天的生活作息，人才能頭好壯壯，全家大小都受惠：寶寶知道接下來要做什麼事，大一點的孩子有更多時間和爸媽相處，父母也能留時間給自己，不至於手忙腳亂。

早在想出E．A．S．Y縮寫之前，我就已經在採取這套作息了。二十多年前，我剛踏上照顧新生兒和嬰兒這條路時，就認爲應該要建立規律作息。寶寶需要人指導，而且要持續不間斷。最有效的學習方式就是一再重複。我也跟合作的父母解釋規律作息的重要性，好讓他們在我離開後繼續維持一貫作息。我愼重提醒父母，餵完寶寶一定要做點活動，不能直接睡覺，以免寶寶把餵食和睡覺聯想在一起。我帶過的寶寶生活過得可預測又平靜，所以大部分不挑食、胃口好，可以獨自玩樂且時間越來越長，不必吸奶瓶、喝母乳或抱著搖就可以安然入睡，而且成長到幼兒和學齡前都一直如此。我與其中一些父母仍保持聯絡，他們都告訴我。孩子不只按照規律作息過得很好，自信十足，同時也很信任爸媽會在他們需要的時候陪在身邊。這群父母很早就學會仔細觀察孩子的肢體語言，聆聽哭聲，從中讀懂孩子釋出的線索。懂得兒語的父母就算遇到突發狀況，也比較能有自信地妥善處理。

我準備下筆《超級嬰兒通》時，和共同作者想出「E．A．S．Y」，利用簡單的縮寫幫助爸媽記住規律作息的順序。吃飯、活動、睡覺，原本就是自然的生命進程，最後還能留點時間給自己。只要遵守E．A．S．Y，你就能掌控全局，不必被寶寶牽著鼻子走。你要細心觀察，看懂寶寶的暗示，然後主導行動，才會知道怎樣對寶寶最好。溫柔鼓勵寶寶跟著做：吃飯、適量活動，接著好好睡覺。你是寶寶在這世上的嚮導，他的步調由你來決定。

採取E．A．S．Y的父母比其他人更有自信能理解寶寶的需求，尤其是新手爸媽，因爲他們很快就學會分辨寶寶的哭聲。一位媽媽寫信告訴我：「我和先生以及六個月大的莉莉參加了媽媽教室，同一堂課的大家都說我們很不可思議，因爲我們睡眠很充足，寶寶也很討人喜歡。」這位媽媽從莉莉十週大開始實行E・A・S・Y，因此「我們能理解她想表達什麼，規律作息（不是固定時程表）也讓生活更容易預測、容易管理，也更有樂趣。」

我看過很多例子，爸媽建立規律作息之後，很快就能依照時間判斷寶寶的需求。比如寶寶已經餵飽（E），保持清醒（A）差不多十五分鐘後如果開始哭鬧，很有可能就是想睡覺（S）了。反過來，如果寶寶已經午睡（S）一小時，你（Y）也趁機沉澱放空一會兒，這時寶寶醒來，你不必多想也知道下一步要做什麼。就算寶寶沒哭（未滿六週的嬰兒通常都會哭），她八成也餓了。這時候就可以接著進行下一個E・A・S・Y循環。

實行的第一步：記下來！

只要把寶寶一天的行程全部記下來，爸媽通常就可以順利建立起作息，並持之以恆，觀察力也會更敏銳。就算當下覺得麻煩（養小孩已經有一堆事要忙了！），記錄寶寶的一天實際上會讓你思緒更清晰。你會看出寶寶的行爲模式，也知道睡覺、餵食與活動如何相互影響。如果今天餵食很順利，我敢保證寶寶清醒的時候比較不會哭鬧，還能睡得更香甜。

小叮嚀

選擇E·A·S·Y的理由

想和寶寶一起順利度過一天，E·A·S·Y是最明智的方法。E·A·S·Y由不斷依序循環的字母組成，而且E·A·S·Y息息相關，通常其中一個出現變化，另外兩個就會連帶受影響。就算未來幾個月寶寶在成長過程中發生轉變，字母順序也不會改變：

吃飯（Eat）。寶寶的一天從餵食開始，新生兒的飲食是全液體，到了六個月就能加入副食品。建立規律作息之後，父母大多不必擔心寶寶吃不飽或吃太飽。

活動（Activity）。嬰兒只要對人咯咯笑，盯著家裡壁紙的曲線，就能自己玩得很開心。等到再大一點，寶寶就會動來動去，跟周遭環境產生更多的互動。建立規律作息之後，寶寶就不會輕易受到過度刺激，影響睡覺時間。

睡覺（Sleep）。大家都知道「一瞑大一吋」，而且白天午覺睡得好，可以幫助拉長夜晚的睡眠時長。寶寶必須夠放鬆，睡眠品質才會好。

你的時間（Your time）。如果沒建立寶寶的規律作息，你的每一天都會充滿變數。不僅寶寶狀況很糟，你也會幾乎沒有自己的時間。

E·A·S·Y要根據寶寶狀況靈活運用

動筆寫書之前，我翻出資料夾，裡頭裝著過往的數千份寶寶檔案。我重新瀏覽父母在電話、信件所提出的千百個問題，試圖找出立意良善又努力的父母們，在建立規律作息時常遇到的阻礙。但是我發現，父母的疑問通常跟特定字母有關：比如「爲什麼寶寶吃一下就不吃了？」（E）、「爲什麼兒子常常鬧脾氣，不想碰玩具？」（A），或者「爲何女兒晚上睡覺都會醒來好幾次？」（S）。以上類似的問題，後面章節都會討論，並提供多種建議處理方式。第三、四章探討餵食，五到七章則探討睡眠。但首先，我們必須了解這三大行爲如何互相影響，也就是本章的中心主旨。餵食會影響睡眠和活動；活動會影響餵食和睡眠；睡眠會影響活動和餵食，而三大行爲當然也會影響你本身。少了可預測的作息，寶寶的一天會出亂子，而且是天下大亂的程度。這時派E．A．S．Y上場救援，幾乎都能化解災難。

不過，我也聽父母說過E．A．S．Y不見得很簡單。以下摘錄凱西的來信，凱西的兒子卡爾一個月大，女兒娜塔麗一歲十個月大。爸媽會遇到的疑問和幾個難題都寫在這封信裡：

> 姊姊娜塔麗睡得很好（晚上七點睡到早上七點，可以自己入睡，也有睡午覺）。我已經忘記姊姊當初怎麼養成這個好習慣，現在我需要一些規律作息的例子，當成接下來幾個月帶卡爾的參考。卡爾是親餵，我怕我會不小心讓他喝奶喝到睡著，而且我有時候搞不清楚他是累了、餓了，還是脹氣不舒服。我需要一套作息範例，這樣我就可以照著做，不會忘記下一步是什麼，因爲姊姊只要沒在睡覺，就很需要家人的關注！《超級嬰兒通》提到E．A．S每個行爲的時間長度，但是有點籠統，實際上帶小孩的時候很難判斷現在該做什麼。

小叮嚀

E．A．S．Y是白天的作息

E．A．S．Y不適用於夜間作息。寶寶洗好澡，放進嬰兒床之後，記得多擦一點護臀霜，也千萬不要叫醒寶寶進行活動。如果他餓醒，餵完奶之後就立刻讓他睡覺。除非餵奶的時候聽到寶寶在大便或聞到味道，否則連尿布都不必換。

凱西已經有正確的基礎觀念了，她知道自己的問題在於作息不一致，以及無法看懂卡爾的暗示。她覺得解決方式應該是建立固定作息，而她說得沒錯。凱西跟許多讀過E．A．S．Y的父母一樣，我只需要稍微解釋一下，讓她知道確實該建立固定作息就行了。我們談完以後，凱西很快就爲卡爾建立起規律作息。畢竟卡爾才一個月大，很快就能適應新規律。凱西說卡爾的出生體重是三二○○克，表示每一餐可以間隔兩個半到三小時（待後詳述）。卡爾習慣規律作息之後，凱西很快就能更準確判斷寶寶的需求。（四週大的作息範例請見39頁。）

按照作息生活的寶寶都能健康成長，但是每個寶寶性情不同，有些適應得比較快。凱西的大女兒娜塔麗已經長成幼兒了，她就是比較好帶、適應能力較強的嬰兒，我稱爲「天使型寶寶」。這就是爲什麼娜塔麗白天和晚上睡覺品質都很好，以致於凱西想不起來當初怎麼達成這個理想狀態。另一方面，小卡爾是比較敏感的孩子，我稱爲「敏感型寶寶」。敏感型寶寶就算只有一個月大，也會因爲今天燈光比較亮，或是餵奶時頭部比平常低，而感到不對勁。第二章會詳細解釋，寶寶的性情會影響他們對生活中幾乎所有事物的反應。有些寶寶需要較安靜的餵食環境、刺激少一點的活動，或者光線較暗的嬰兒房。否則，他們會受到過度刺激，因此抗拒規律作息。

未滿四個月的寶寶如果有特殊狀況，例如早產（見42頁小叮嚀）、黃疸（見43頁小叮嚀）或出生體重低於平均，通常也需要特殊的E．A．S．Y作息。如果爸媽沒意識到這一點，就可能遇到問題。另外，有些父母誤解了E．A．S．Y的執行方法。比如他們以爲「每餐間隔三小時」必須嚴格執行，於是搞不懂晚上如果把寶寶喚醒餵奶，寶寶何時才能睡過夜，而大半夜又要讓寶寶做什麼活動呢？（答案是什麼都不做，讓寶寶睡覺就好了。見31頁小叮嚀。）

當父母把作息當成「時程表」，一心掛念時間而忽略寶寶釋出的訊息，就容易出問題。規律作息不等於時程表。再說一次：寶寶沒辦法配合時間。如果硬要寶寶配合，最後只會搞得爸媽和寶寶都不開心。住在奧克拉荷馬州的梅爾來信，絕望地說她「想按照E．A．S．Y時程表帶寶寶，卻頻頻失敗」。一看到梅爾用「時程表」這個字，我的雷達馬上大響。我從來不稱E．A．S．Y是時程表。她寫道：「寶寶每天的時程表都在變，我知道自己一定做錯了，但到底是哪裡出了問題呢？」

規律作息不等於時程表。時程表明確規定幾點到幾點要做什麼，E．A．S．Y只是每天重複同一個模式「吃飯、活動、睡覺」。我們不必控制孩子該做什麼，只要從旁引導就行了。人類和其他物種學習作息的方式，就是不斷重複同一套作息，建立規律作息就能達到效果。

有些父母跟梅爾一樣，一聽到「規律作息」就會錯意，背後原因往往是父母自己習慣按表操課。所以當我寫未滿四個月的寶寶建議採取三小時作息，比如七點、十點、一點、四點、七點、十點，習慣按表操課的爸媽就會牢牢記住這些整點時間。然後當寶寶今天十點十五分睡午覺，隔天十點半睡午覺，爸媽就會很緊張。寶寶的活動無法精準按時進行，未滿六週的新生兒更是如此。有時候一整天都很順利，有時候難免出現插曲。如果你太專注在時間本身，沒把心力放在觀察寶寶，你就會錯過一些重要暗示（比如六週大的寶寶打哈欠，六個月大的揉眼睛，都是愛睏的表現。「入睡黃金時間」的論述見217頁）。這麼一來，寶寶過度疲累又無法睡著，理所當然就會抗拒違反自己生理需求的作息。

E．A．S．Y最重要的，是看懂寶寶肚子餓、想睡或過度刺激的暗示，這些比幾點幾分該做什麼重要多了。所以假設某天寶寶比平常更早餓肚子，或是更早想睡覺，別因為「時間」還沒到就猶豫，按照常理判斷去做就對了。相信我，親愛的，你越懂得寶寶的哭聲和肢體語言，就越擅長引導孩子，釐清途中遇到的難題。

新手入門：各個成長階段的執行要點

第一次為寶寶建立規律作息的時候，寶寶年齡越大，則難度越高，尤其從未按照作息生活的寶寶更難搞定。《超級嬰兒通》著重零到四個月寶寶的E．A．S．Y作息，但有些寶寶已經超過四個月了，爸媽因此有點無所適從。我收到的問題，至少有一半都是父母已經試過其他步驟較少的作息（例如「餓了就餵」法），或是實施另一種作息後發現效果不足。接著他們聽到E．A．S．Y，想試試看卻不知從何著手。

E·A·S·Y日誌

每次父母從醫院帶寶寶回家，開始建立E·A·S·Y作息的時候，我通常會建議父母寫一篇紀錄日誌，確實記錄寶寶的飲食和活動內容、睡眠時長和爸媽的休息時間。寶寶滿四個月之後，「腸胃蠕動」和「小便」的欄位就可以刪掉了。

吃飯（Eat）						活動（Activity）		睡覺（Sleep）	你的時間（Your time）
時間	瓶餵容量／親餵時長	右邊乳房	左邊乳房	腸胃蠕動	小便	活動內容和時長	洗澡（早上還晚上？）	時長	休息？做雜事？有沒有想法或意見？

寶寶的成長變化

寶寶會從完全需要依賴他人的階段，漸漸長成能控制自己身體的小人兒。隨著寶寶成長發育，規律作息也要跟著改變。發育順序如下：

零到三個月：從頭到肩膀以上，包括嘴巴。寶寶漸漸可以撐住頭部、抬頭，也能靠著坐起上半身。

三到六個月：腰部以上，包括身軀、肩膀、頭部、雙手。寶寶學會仰躺翻身、伸手抓取，以及幾乎不靠外力坐直上半身。

六個月到一歲：腿部以上，包括肌肉和動作協調。寶寶可以不靠外力坐著、趴躺翻身、站直身體、扶著走路、爬行。最後大約一歲之後，寶寶就能走路了。

年齡再大一點的寶寶適合不一樣的E・A・S・Y（參考53頁），所以我爲四個月以上的孩子列出一份每日計畫。當然，寶寶的問題不一定能完全按照年齡分類。前言也提過，我發現特定問題似乎會在特定成長階段出現。所以這份重新修訂的E・A・S・Y著重在：

零到六週
六週到四個月
四到六個月
六到九個月
九個月以上

各個成長階段都有一段概要說明，加上一系列最常遇到的狀況以及可能成因。就算狀況大多牽涉到餵食或睡眠，解決方法一定會包含建立規律作息，或是稍微調整目前的作息。其中「可能成因」那一欄括號中的數字是「頁數」，代表其他章節在解決辦法上有更詳細的解釋（以免重複提供資訊）。

不論寶寶現在幾歲，建議你整段看完，因為本書一再強調的概念就是不能完全依照年齡選擇育兒策略。孩子和大人一樣都是個體，六個月大的寶寶也可能發生三個月大的常見問題。以前沒建立過作息的寶寶更容易如此。（如果我不時時強調這一點的話，一定會有不少父母焦慮地想問說：「我女兒已經四個月大，為什麼行為跟書中寫的不一樣？」）

零到六週：調整期

頭六週是啓動E．A．S．Y計畫的好時機，一開始通常以三小時為一個循環。寶寶吃飽、玩耍過後，就可以準備小睡片刻。寶寶睡著之後，爸媽可以把握時間休息。等寶寶醒來，就再重複一次循環。頭六週對寶寶來說是調整期。原本他住在舒適恆溫的子宮，二十四小時受到羊水包覆，不間斷地吸收營養。現在他來到充滿雜音的水泥屋，人來人往，還要從乳頭或奶嘴吸奶。不只孩子，你的生活也迎來劇烈轉變，尤其新手爸媽幾乎跟嬰兒一樣搞不清楚狀況！如果這是第二胎或第三胎，那你還得同時照顧老大、老二，以免他們覺得新來的愛哭包把爸媽的關愛都搶走了。

六週以下的寶寶只能控制嘴巴肌肉，以便喝奶或對外溝通，所以他只會進食、吸吮和哭泣。哭聲是他唯一能發出的聲音。一天二十四小時，寶寶平均要哭一到五小時。對大多新手父母而言，寶寶每哭一分鐘就像哭五分鐘。（爲什麼我會知道呢？因爲我曾經請父母閉上眼睛，然後播放寶寶哭兩分鐘的音檔。接著我問他們覺得音檔放了多久，大部分人都回答四到六分鐘！）

父母永遠不應該無視正在哭泣的寶寶，我不認同「哭完就沒事了」這種說法！爸媽應該要試圖弄懂寶寶想傳達的訊息。如果這個年齡的寶寶沒辦法好好執行E．A．S．Y，通常是因爲爸媽誤解了孩子的哭聲。這種誤解情有可原，你懷中抱著這個新成員，他唯一會的語言就是哭泣，偏偏你聽不懂。身爲兒語的初學者，一開始覺得很難理解也是正常的。

第六週是寶寶哭泣的高峰期，到這個時候，觀察力敏銳的爸媽已經學會解讀哭聲。記得時時觀察寶寶的動作，開始哭之前往往會有徵兆。另外，爸媽應該也聽得出肚子餓的哭聲了，首先從喉嚨後方發出像咳嗽的細微聲音，起初很短，接著變成越來越穩定的「哇～哇～」節奏。過度疲勞的哭聲是三聲簡短的輕啼，接著用力哭出來，然後兩次短促呼吸之後，是更長更大聲的哭泣。當然，爸媽也得了解寶寶本身的習性，畢竟不是每個寶寶都會用哭來表達肚子餓。有些嬰兒只會稍微輕哼、左右轉頭或捲起舌頭，有些則是一肚子餓就暴走。

如果立刻爲寶寶建立E．A．S．Y作息，我保證你能更快學會寶寶的暗示，判斷哭鬧的原因。查看每日表格也會有幫助。比如說寶寶早上七點餵一次，十到十五分鐘後開始哭鬧，一直安撫不了，那八成不是因爲肚子餓，比較有可能是消化問題（參見134頁）。你必須想辦法消除寶寶的不適感，而且不能再餵他，否則會更不舒服（參見137頁小叮嚀）。以下是一些常見狀況。

注意：無論是親餵或瓶餵，我都建議採取以上作息直到滿四個月，作息偶爾有點變化無妨。年紀越小的寶寶，活動時間越短，長大一點時間就會拉長。我也建議滿八週之後，把兩次密集哺乳改成一次（約傍晚五點半或六點時）。除非寶寶可以自己睡過夜，否則夢中餵食可以一直餵到七個月大。（密集哺乳和夢中餵食的說明見117頁。）

小叮嚀

哭泣大考驗

六週以下的寶寶哭泣時，如果你知道作息進行到哪裡，就更容易判斷寶寶的需求。問問自己：

- 餵食時間到了嗎？（肚子餓）
- 要換尿布了嗎？（不舒服或太冷）
- 寶寶是不是維持同一個姿勢，或坐在同一個地方太久，眼前景色都沒變？（無聊）
- 清醒超過半小時了嗎？（過度疲勞）
- 很多人來看寶寶，或者家裡正在辦活動嗎？（過度刺激）
- 寶寶表情痛苦，一直抬腳嗎？（脹氣）
- 一小時之內才餵完奶，現在寶寶哭得很厲害？（胃食道逆流）
- 有吐奶嗎？（胃食道逆流）
- 嬰兒房是否太熱或太冷？寶寶衣服會不會穿太多或太少？（體溫）

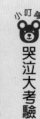

小叮嚀 四週大寶寶的E·A·S·Y日常

E 07:00 餵奶。

A 07:45 換尿布；玩一玩、說說話；觀察想睡的暗示。

S 08:15 將寶寶裹好包巾，放進嬰兒床。第一次在早上小睡的寶寶可能需要 15~20 分鐘才能睡著。

Y 08:30 你也一起小睡。

E 10:00 餵奶。

A 10:45 同 07：45。

S 11:15 早上第二次小睡。

Y 11:30 你也一起小睡，或至少放鬆一下。

E 13:00 餵奶。

A 13:45 同 07：45。

S 14:15 下午小睡。

Y 14:30 你也一起小睡，或至少放鬆一下。

E 16:00 餵奶。

A 16:45 同 07：45。

S 17:15 小憩 40~50 分鐘，讓寶寶有精力應付洗澡。

Y 17:30 做點開心的事。

E 18:00 第一次密集哺乳。

A 19:00 洗澡、換睡衣、放搖籃曲，或者其他睡前儀式。

S 19:30 再一次小睡。

Y 19:30 你吃晚餐。

E 20:00 第二次密集哺乳。

A 不做活動。

S 直接讓寶寶睡覺。

Y 享受短暫的輕鬆夜晚！

E 22:00~23:00 夢中餵食，希望寶寶一覺到天亮！

常見狀況	可能成因
寶寶沒辦法遵守 3 小時作息。連 20 分鐘的活動時間都做不了。	如果寶寶的出生體重少於 3000 克，一開始可能**需要**每 2 小時餵一次（44 頁「按照體重的 E．A．S．Y」）。不要為了進行活動不讓寶寶睡覺。
寶寶常常吃奶吃到一半就睡著，1 小時過後就肚子餓。	這是某些寶寶常見的狀況，比如早產兒、黃疸、出生體重輕，或單純愛睡覺的寶寶。你可能需要更常餵奶，並且一定要避免寶寶吃奶吃到睡著（120 頁）。如果是親餵，可能是含乳姿勢不正確，或是母乳奶量不足（125 頁）。
寶寶每 2 小時就想吃奶。	如果寶寶體重超過 3000 克，那麼有可能是吃奶效率不佳。小心別讓寶寶養成不吃正餐的習慣（123 頁）。如果是親餵，可能是含乳姿勢不正確，或是母乳奶量不足（125 頁）。
寶寶一直尋乳，我以為他餓了，但每次餵奶又只吃幾口。	有可能是寶寶的餵奶時間不足，他把奶瓶或乳頭當成奶嘴（124 頁）。他可能開始養成不吃正餐的習慣（123 頁）。做一次擠奶檢查，看看奶量是否充足（128 頁）。
寶寶的小睡時間很不規律。	可能是活動過量，寶寶受到過度刺激（240 頁）。或者你沒裹包巾，沒在寶寶睡著前把他放下來（219 頁）。
寶寶很會小睡，但夜間一直醒來。	寶寶的日夜已經顛倒，白天的睡眠影響到夜間睡眠（212 頁）。
每次寶寶哭，我都想不出原因。	寶寶可能是敏感型或性情乖戾型（第二章），或者有脹氣、胃食道逆流或腹絞痛等毛病（134 頁）。不論是哪一種，按照 E．A．S．Y 作息會讓爸媽和孩子都好過一點。

◎E·A·S·Y不一定容易，但絕對有效！

爸媽如果在寶寶未滿六週時遇到E·A·S·Y方面的問題，我都會問：**媽媽是足月生產嗎？**即使回答「是」，我也會再問：**寶寶的出生體重多少？**E·A·S·Y是爲平均體重的寶寶所設計，也就是三千到三六〇〇克，他們通常可以每餐間隔三小時。如果寶寶超出或低於平均體重，作息就要視情況調整。「按照體重的E·A·S·Y」表格（44頁）指出，平均體重的寶寶吃奶時間通常是二十五到四十分鐘（要看是親餵或瓶餵，以及寶寶是否屬於細嚼慢嚥型），活動時間（包括換尿布）則是三十到四十五分鐘。睡覺時間，包含入睡前的十五分鐘左右，總共是一個半到兩小時。上述寶寶的餵奶時間可能是白天七點、十點、一點、四點、晚上七點、九點和十一點（這樣可以省去半夜兩點的餵食，請見117頁的「餵飽飽」）。以上只是建議的餵食時間，如果寶寶中午十二點半就醒來想吃奶，請立刻餵食，不必刻意等到下午一點。

大於平均體重的寶寶，比如三六〇〇克到四五〇〇克，通常進食效率稍微好一點，每餐的奶量也稍多。他們體重高一些，但還是要按照三小時作息。年齡和體重是兩回事，就算寶寶重四五〇〇克以上，從發育角度來看，他仍然是每餐只能間隔三小時的新生兒。我喜歡這些頭好壯壯的小傢伙，因爲出生不到兩週，他們就可以晚上連續睡更多小時。

有些寶寶因爲早產或體型小，出生體重較輕，他們還沒準備好進行三小時的E·A·S·Y計畫。當爸媽帶寶寶回家，試圖進行E·A·S·Y作息，時常會遇到這些狀況：「寶寶連二十分鐘的活動都做不完」或「寶寶吃奶吃到一半就睡著了」。爸媽都想知道該如何讓寶寶保持清醒。很簡單，答案是不必刻意讓寶寶保持清醒，至少不必爲了活動時間阻止寶寶睡覺。如果強迫寶寶活動，他反而會

特殊情況：早產兒

多數醫院會遵循兩小時作息，直到寶寶體重達二三○○克為止，也就是寶寶能出院的最低體重。這對爸媽來說是好消息，因為寶寶已經習慣兩小時的作息，不過早產兒的身體還很小，尚未發展完全，所以也比較容易遇到其他問題，包括胃食道逆流（見136頁）和黃疸。還有，早產兒體質上比較脆弱，比起出生體重低的寶寶，早產兒更容易吃奶吃到睡著，所以你必須隨時緊盯他，喚醒他繼續吃奶。另外，早產兒的睡眠更需要呵護：記得將包巾裹好，房間保持安静、溫暖、黑暗，營造出寶寶在子宮的感覺。別忘了他們本來應該還要在子宮裡待久一點才出生，所以現在還很需要睡眠。

受到過度刺激，開始哭鬧。等你安撫完寶寶，他大概又肚子餓了，因爲大哭很費體力。這時你就會搞不清楚，寶寶哭到底是肚子餓、累了還是脹氣？

體型小的寶寶一開始晚上最多只能連續睡四小時，所以前六週晚上通常至少要餵兩次。但是，如果寶寶一開始只能睡三小時，那也沒關係，他們需要營養。應該說，體型小的寶寶一開始吃得越多、睡得越多越好，這樣才能增加體重。想想豬寶寶吃飽之後，齁齁叫個幾聲就回窩裡睡覺了。所有動物寶寶都是這樣，因爲他們必須長更多肉，保存體力。

如果寶寶體重不滿三千克，建議一開始先採取**兩小時**的餵奶作息：一次餵三十到四十分鐘，活動時間減至五到十分鐘，接著小睡一個半小時。寶寶醒了之後，別期待他會咯咯笑，盡量將外在刺激減到最低。每兩小時餵一次，加上成長所需的充足睡眠，寶寶的體重絕對會上升。開始增重之後，每餐的間隔時間和清醒時間就能拉長，最後就能增加活動時間。剛出生的時候，寶寶也許只能清醒十分鐘，等到三〇〇〇克就能撐二十分鐘，三二〇〇克則能清醒四十五分鐘。增重期間，你可以逐漸拉長原本兩小時的間隔，等到三〇〇〇或三二〇〇克時，就可以進行三小時的E．A．S．Y計畫。

小叮嚀
特殊情況：黃疸

黃疸和出生體重一樣，會影響E．A．S．Y的實施方法。黃疸是指新生兒血液中的膽紅素無法代謝，使寶寶的皮膚、眼睛、手掌、腳底等部位發黃的症狀。寶寶的肝臟就好像尚未完全啟動的引擎，需要幾天才能開始正常代謝。在這期間，寶寶會很疲累，需要大量睡眠。別因為這樣就以為你生了一個很好睡的小孩。你還是要每兩小時喚醒他餵奶，他才有足夠營養把黃疸排出體外。黃疸症狀通常三到四天就會消失，親餵寶寶的復元時間可能會比配方奶寶寶久一點。等到寶寶皮膚恢復粉嫩色，眼睛發黃的症狀消失，就表示黃疸現象消失了。

六週到四個月：突然醒來

跟寶寶剛回到家的前六週相比（也就是產後恢復期），接下來的兩個半月左右，爸媽和孩子的生活會穩定許多。你會更有自信，至少不再像剛開始那樣手忙腳亂。寶寶體重增加了，即使出生體重偏低，過了六週應該也追上平均體重，吃奶吃到睡著的次數也降低了。現在白天仍是三小時餵一次，等到快要滿四個月，晚上間隔時間就會拉長（滿四個月後改成四小時餵一次，見49頁）。寶寶的活動時間更久，晚上應該也可以連續睡更多小時，比如十一點到清晨五、六點。度過六週大的哭鬧高峰期後，接下來兩個半月的哭鬧頻率照理說會逐漸下降。

這個階段常見的狀況如下表：

按照體重的 E · A · S · Y：前三個月

· 這張表格說明出生體重如何影響寶寶的作息。（4 個月後，即使是體重超輕的寶寶也能每餐間隔 4 小時。）請動動腦算數學。記住寶寶通常醒來的時間，根據寶寶的體重寫下大略時長和「頻率」資訊。偶爾有點變化無妨，比起確切幾點幾分，可預測性和順序更重要。「時長」會告訴你每個字母約莫要進行多久；「頻率」則是多久重複一次 E · A · S · Y 循環。

· 為了簡化表格，我拿掉代表你的時間的「Y」。如果寶寶體重超過 3600 克，你會比小體型寶寶的父母更快重獲夜間睡眠。如果寶寶體重低於 3000 克，你不會有太多自己的時間，尤其是前六週。別氣餒，只要寶寶達到 3200 克，這個階段就會結束，而且等到寶寶學會自己找樂子，他清醒的時候，也可以做點自己的事。

體重	2200 到 3000 克		3000 到 3600 克		3600 克以上	
	時長	頻率	時長	頻率	時長	頻率
進食（Eat）	30 到 40 分鐘	白天每 2 小時重複 1 次循環，等到 3000 克就能換成 3 小時循環。起初夜間每 4 小時餵奶 1 次。	25 到 40 分鐘	白天每 2.5 到 3 小時重複 1 次循環（以 3000 克寶寶為準），前 6 週夜間可持續睡 4、5 小時，這時應開始停止半夜 1、2 點的餵食。	25 到 35 分鐘	白天每 3 小時重複 1 次循環。滿 6 週後，寶寶通常可以戒掉半夜 1、2 點的餵食，夜間可持續睡 5、6 小時，從晚上 11 點到清晨 4、5 點。
活動（Activity）	起初 5 到 10 分鐘，體重 3000 克時變 20 分鐘，3200 克時逐漸延長至 45 分鐘。		20 到 45 分鐘（包括換尿布、換衣服，還有 1 天 1 次的洗澡）		20 到 45 分鐘（包括換尿布、換衣服，還有 1 天 1 次的洗澡）	
睡覺（Sleep）	75 到 90 分鐘		1.5 到 2 小時		1.5 到 2 小時	

如你所見，這個階段的寶寶最常見的狀況就是莫名其妙（對爸媽來說莫名其妙）醒來。寶寶白天和晚上的睡眠都有可能出亂子，令爸媽煩惱不已，深陷天天睡不飽地獄，沒有建立作息的寶寶尤其如此。寶寶肚子空了就會醒來，所以有時候夜醒確實是因爲肚子餓，但還有其他原因。遇到夜醒和小睡問題時，有時父母好意的舉動反而會播下意外教養的種子。

比如有一天寶寶夜醒，你選擇餵奶安撫她，結果效果很好，於是你心想：「嗯……這是個好方法。」寶寶也很喜歡。但是，這個行爲卻會讓寶寶養成吸吮才能再度睡著的習慣。相信我，等到六個月大，寶寶體重增加，一個晚上還得餵奶好幾次的時候，你就會悔不當初（六個月大發現不對勁就算幸運了，好幾對父母找我諮詢，孩子將近兩歲了，半夜還會醒來好幾次，想討媽媽的乳房找慰藉！）

常見狀況	可能成因
寶寶晚上沒辦法睡超過 3 或 4 小時。	可能是白天的餵食量不夠，請在睡前把寶寶「餵飽飽」。（117 頁）
以前晚上可以睡 5、6 小時，現在卻更常醒來，時間也都不固定。	寶寶可能進入猛長期（141 和 236 頁），白天需要更多奶量。
寶寶的小睡沒辦法超過半小時或 45 分鐘。	你可能誤判暗示，沒在寶寶第一次表現出疲累時就讓他睡覺（217 頁），或者他的身體才動幾下你就介入，沒給他機會讓自己重新睡著（227 頁）。
寶寶每晚都在同一時間醒來，但是餵奶又喝不了幾口。	定時醒來幾乎都不是因為肚子餓。可能是寶寶養成醒來的習慣（228 頁）。

四到六個月：「4．4法則」和預防意外教養

寶寶的意識增強了，比起前幾個月，他跟周遭環境的互動變多了。還記得寶寶的成長變化是從頭到腳嗎？先學會控制嘴巴，接著是脖子和脊椎、手臂、手掌，最後才是雙腿和雙腳（見35頁小叮嚀）。進入這個階段，寶寶已經可以輕鬆撐住頭部，並且開始用手抓東西。他正在學著翻身，或者已經學會了。只要有你的幫忙，他就可以穩穩坐直，所以眼前的視野也不同了。他會更意識到重複的模式和行程，更擅長聽聲辨位，並理解因果關係。所以會動的玩具、對觸摸有反應的玩具會更吸引他。而且他的記憶力也加強了。

寶寶成長了，日常作息當然也要跟著改，所以接下來要換成「4．4」經驗法則，全名是「四個月．四小時E．A．S．Y」。多數寶寶在這個階段已經準備好從三小時作息換成四小時作息，這完全說得通，因為寶寶現在白天可以玩更久，晚上連續睡更多小時。以前寶寶清晨醒來是因肚子餓，現在則是習慣使然。他並不是真的餓了，只是體內的生理時鐘在運作。許多寶寶在清晨四點到六點醒來，只要父母不插手，寶寶會跟自己說說話，玩鬧一下，然後重新入睡。當然，前提是爸媽不要急著干預，否則容易演變成意外的教養。

寶寶的進食效率應該變高了，現在大約只要二十到三十分鐘，就能喝完一瓶奶，或是喝光一邊乳房。接著換個尿布，這樣E（吃飯）最多四十五分鐘。但A（活動）就不一樣了。現在寶寶清醒時間長得多，四個月通常可以清醒一個半小時，六個月則是兩小時。很多寶寶早上小睡兩小時，但是即使只睡一個半小時就醒來，寶寶也能清醒半小時，等你把下一餐準備好。再過兩小時到兩個半小時，

她會需要小睡一下，通常小睡一個半小時左右。

透過49頁的比對表，可以一目了然滿四個月後的E．A．S．Y變化。寶寶食量變大，可以少餵一餐，三次小睡變成兩次（無論哪一種情況都要保留傍晚的小憩），延長寶寶的清醒時間。（如果寶寶無法順利換成四小時作息，請參考49頁的對照表作息。）

以上是理想行程，寶寶不一定會完全按照時間走。他的作息會受到體重影響，滿四個月、體型小一點的寶寶或許只能做三個半小時作息，不過到了五個月，最多六個月，就能跟上四小時作息。另外，寶寶的天性各有不同，有些寶寶比較好睡，有些寶寶比較好餵。孩子每天的作息時間也會跳來跳去，這裡多個十五分鐘，那裡少個十五分鐘等。某天，他可能早上小睡少一點，下午小睡久一點，或者相反。只要記得重點是遵守「進食、活動、睡覺」的模式（四小時循環一次）。

想當然耳，這個階段我最常聽到的狀況就是作息出問題（參見下頁表。）

此外，父母會開始遇到一連串之前沒發生過的挑戰。以前播下意外教養的種子，現在紛紛萌芽冒出餵食和睡覺的問題（所以跳過「六週到四個月」的讀者，記得翻回去看完）。父母往往被各種狀況纏身，卻搞不清楚根本原因。有時是因爲爸媽沒有根據孩子的成長狀況調整E．A．S．Y，沒發現餵食間隔應該從三小時延長到四小時、沒發現孩子清醒時間變長，或者沒意識到白天的小睡跟夜間睡眠一樣重要。另外有些父母的育兒方式很不連貫，他們從書本、親朋好友、網路或電視上聽到各種互相矛盾的建議，病急亂投醫，不斷改變規則，希望其中一種建議會有效。除此之外，媽媽可能還會重返全職或兼職工作（51頁），以上種種家裡的變化都會影響寶寶的規律作息。不論是哪一種成因，到了這個年紀，問題通常更嚴重，因爲打亂作息的成因持續時間更久。很多時候寶寶甚至從來沒建立過規律作息。我每次都會問寶寶四個月大以上的父母一個關鍵問題：有爲寶寶建立一套規律作息嗎？如果答案是「沒有」或者「以前有」，我都會請父母務必建立起作息。可參考52頁的「寶寶的典型作息」，按部就班地幫助寶寶適應作息。

六到九個月：新挑戰來了

這個階段的E・A・S・Y跟以前不大一樣了，不過仍然維持四小時作息，以前遇到的狀況也還是會出現。滿六個月之後，寶寶會進入重大猛長期，這時候適合開始吃副食品，滿七個月左右就可以停止夢中餵食（150頁）。寶寶的進食時間會拉長，吃飯場面也會混亂得多，因爲寶寶正要開

常見狀況	可能成因
寶寶吃奶時間很短，我擔心他沒吃飽，作息也因此被打亂。	這個狀況或許不必操心，有些寶寶到了這個階段吃奶效率頗高。前面解釋過，寶寶可能已經需要換到4小時作息了，而你還在進行3小時作息（轉換新作息見49頁）。
寶寶每次吃飯睡覺的時間都不一致。	日常作息出現一點變化是很自然的。但是如果因為意外教養，導致寶寶在不對的時間吃飯睡覺，那麼他在正餐和該睡覺的時段就無法順利進行作息。寶寶需要一套適合4個月大（49頁）的規律作息。
寶寶夜間仍然很常醒來，我不曉得該不該餵他。	如果醒來時間不固定，表示他肚子餓，白天奶量要增加（234頁）；如果是慣性醒來，表示你在無意間讓寶寶養成壞習慣（228頁）。也有可能是寶寶該從3小時換成4小時作息了。
寶寶可以睡過夜，但是清晨5點會醒來想玩耍。	你可能太早回應他在早上發出的正常聲音，無意間讓他喜歡在早上這個時間醒來（265頁）。
寶寶的小睡沒辦法超過30~45分鐘，有時候甚至不肯睡。	他可能在小睡前受到過度刺激（240頁），或者缺乏規律作息（212頁）。

始嘗試全新的進食方法。父母對寶寶攝取副食品總是有許多問題和擔憂（詳見第四章），這也難怪。一開始寶寶好像進食機器，但到了八個月大，代謝機制開始改變。原本爲寶寶供應活動能量的嬰兒肥消失了，寶寶身型變瘦，飲食要開始重質不重量。

現在傍晚不必小憩了，大多寶寶一天只要小睡兩次，理想上每次一到兩小時。這個階段的寶寶對睡覺沒什麼興趣，一位寶寶七個月大的媽媽如此形容：「我覺得是因爲賽西意識到周遭世界的存在，他的活動範圍變大了，所以比起睡覺，他更想看看這世界！」沒錯，

三小時 E · A · S · Y	**四小時** E · A · S · Y
E：7:00 起床餵奶	E：7:00 起床餵奶
A：7:30 或 7:45（視餵奶所需時間而定）	A：7:30
S：8:30（小睡 1.5 小時）	S：9:00（小睡 1.5~2 小時）
Y：由你決定	Y：由你決定
E：10:00	E：11:00
A：10:30 或 10:45	A：11:30
S：11:30（小睡 1.5~2 小時）	S：1:00（小睡 1.5~2 小時）
Y：由你決定	Y：由你決定
E：13:00	E：15:00
A：13:30 或 13:45	A：15:30
S：14:30（小睡 1.5 小時）	S：17:00 或 18:00 或者之間：小憩
Y：由你決定	Y：由你決定
E：16:00 餵奶	E：19:00（如果寶寶處於猛長期，19:00 和 21:00 都要密集哺乳）
S：17:00 或 18:00 或者之間：小憩（約 40 分鐘），讓寶寶有體力吃下一餐和洗澡	
E：19:00（如果寶寶處於猛長期，19:00 和 21:00 都要密集哺乳）	
A：洗澡	A：洗澡
S：19:30 睡覺	S：19:30 睡覺
Y：晚上都是你的時間！	Y：晚上都是你的時間！
E：22:00 或 23:00 夢中餵食	E：23:00 夢中餵食（等到 7、8 個月大，或是穩定餵食副食品時即可停止）

身體發育是這個階段的重點。八個月大的寶寶可以自己撐住身體坐直，全身協調越來越好，寶寶也更加獨立。尤其父母之前如果有刻意讓寶寶自己玩耍，培養獨立能力，獨立特質就會越明顯。

這個階段常見的狀況跟四到六個月時期差不多，唯一差別就是壞習慣到了這時候更加根深柢固，難以戒除。小時候稍微改變一下就能解決的進食和睡眠問題，現在會比較傷腦筋，但還不到完全無解的地步，只不過要多花點時間。

除此之外，這個年紀最大的突發問題就是不規律。某幾天寶寶早上睡很久，某幾天下午睡很久，又有幾天乾脆不睡覺。昨天他還吃得津津有味，隔天又對食物不理不睬。有些父母可以隨機應變，有些則是煩到想扯光自己的頭髮。度過這道難關的關鍵其實是一體兩面：如果寶寶不照作息走，你還是可以繼續按照作息進行。同時，別忘了教養的眞諦：以爲自己出師了嗎？**新挑戰馬上又來了**（見第十章）。一位寶寶七個月大的母親（寶寶從醫院回家就開始進行E·A·S·Y）如是說：「我學到一件事，每個採取規律作息的寶寶都是獨一無二的個體，我們眞的只能盡力找到同時適合父母和孩子的作法。」

我在瀏覽網站貼文時，常會發現某個媽媽的地獄，其實是另一個媽媽的天堂。有個加拿大媽媽在E·A·S·Y留言板上發文，說八個月大的女兒「令人頭痛」。她說女兒早上七點醒來親餵，八點吃穀物和水果，十一點喝一瓶奶，睡到下午一點半，醒來吃蔬菜水果。三點半喝一瓶奶，五點半吃晚餐（穀物、蔬菜和水果），七點半喝最後一瓶奶，大約八點半睡覺。這位媽媽的問題是：寶寶一天只有一次小睡。她聲稱「情況很失控」，並在板上向其他媽咪求救：「請大家幫幫我！」

我把這篇貼文讀了兩遍，因爲說實話，我看不出哪裡有問題。她的寶寶長大了，清醒時間更長，但她吃得很好，晚上睡足十個半小時，白天也有小睡兩個半小時。我心想，有些媽媽肯定願意不惜代價換取這位寶寶的規律作息。九個月大以上的寶寶連續清醒時間更長，有可能早上根本不必小睡，下午再多睡一點就好，最多可以睡三小時。寶寶白天吃飯、玩耍，再吃一頓，繼續玩耍，累了就睡覺。換句話說，「E・A・S・Y」變成「E・A・E・A・S・Y」寶寶今天早上沒有小睡，可能只是一時興起，也有可能是她現在一天只需要小睡一次就夠了。如果只小睡一次讓寶寶變得暴躁，你可以

小叮嚀

重回職場了沒？

前三到六個月，許多媽媽會重回職場，或是找一份兼差。有些人是不得不出外賺錢，有些人則是渴望工作。不論是什麼理由，這些變動會使E・A・S・Y作息出現一些差錯。

寶寶在你重回職場前就適應作息了嗎？首先，經驗法則告訴我們，一次不要變動太多。如果你決定重回職場，請在至少一個月前建立好E・A・S・Y作息。如果你已經回到職場，你可能得請假兩週，盡可能穩定寶寶的日常作息。

你去上班時，誰負責照顧寶寶？保母理解作息的重要性嗎？有照著作息走嗎？送去日托或保母來家裡時，寶寶行為跟與你相處時有何不同嗎？如果不確實照做，E・A・S・Y就沒有效果。除非你去接寶寶的時候發現不對勁，否則很難知道保母或日托是否有確實遵守作息。另一方面，外人其實比父母更容易按照作息，因為有些父母會罪惡感發作，打破原有的作息，比如「好想多陪陪女兒，我們再玩幾分鐘，等一下再睡覺吧。」

爸爸參與度有多高？如果你想要改變寶寶的作息，你願意讓先生分擔多少？我發現有些媽媽嘴巴上說想要按照計畫，實際上卻不願執行，反倒是在家時間較短的另一半比較容易貫徹計畫。

家裡還有其他重大變化嗎？寶寶很敏感，他們能以大人還不了解的方式融入環境。比如媽媽比較憂鬱，寶寶也會比較愛哭。所以換工作、搬家、養新寵物、家人生病等任何打亂家中平衡的變動，都會影響寶寶的行程。

讓她多睡一次，或是利用「抱起放下法」（264頁）延長過短的小睡時間。

這個階段的父母，許多人以前試過E．A．S．Y或其他作息，現在又想再試一次。我經常在網站收到這類父母的疑問。以下是一篇典型貼文：

寶寶兩個月大的時候，我試過E．A．S．Y作息，但是那時候寶寶睡覺時間太難掌控，哺乳次數又太頻繁，所以我放棄了。現在她大一點，我想再試一次看看。能不能提供一些其他寶寶的作息表當參考呢？

我一時興起，上網站瀏覽多篇六到九個月寶寶的E．A．S．Y作息，比較之後發現眾多寶寶普遍都按照一種模式，就像這樣：

寶寶的典型作息

7:00	起床餵奶
7:30	活動
9:00 或 9:30	早上小睡
11:15	親餵或瓶餵（少量）
11:30	活動
13.00	午餐（副食品）
13:30	活動
14:00 或 14:30	下午小睡
16:00	親餵或瓶餵（少量）
16:15	活動
17:30 或 18:00	晚餐（副食品）
19:00	活動，包括洗澡，接著進行睡前儀式，包括餵奶、唸故事、蓋好被子

以上是典型的模式，其中每個寶寶當然各有變化：這個年紀的寶寶有時仍會清晨五點醒來，需要吃奶嘴或喝奶。有些寶寶小睡時間少於理想的一個半到兩小時，或是乾脆只小睡一次，導致接下來的活動時間變得很暴躁，令爸媽傷透腦筋。還有一些寶寶到了這個年紀，依舊夜醒好幾次，所以爸媽到了晚上仍不能掉以輕心。但就像我一再強調的，E．A．S．Y絕不是按表操課。

九個月大以上的E．A．E．A．S．Y作息

九個月到一歲之間，寶寶每餐可以間隔五小時，和成人一樣一天吃三餐，中間吃兩次點心，以免太餓。他可以活動兩個半到三小時，而且通常到十八個月左右（有的孩子早一點，有的晚一些），只要下午睡一次長覺就可以了。嚴格說來E．A．S．Y已經變成E．A．E．A．S．Y，但仍舊要按照作息。每天生活或許不那麼制式化，但仍然保有可預設性和重複循環。

小叮嚀

開始培養E．A．S．Y：我要挪出多少時間？

以下是預估時間，有些寶寶需要更多或較少時間。

四到九個月：這個時期的寶寶進步很快，不過大多還是要觀察兩天，再花三到七天重新適應。

九個月到一歲：先觀察兩天，開始訓練之後，寶寶會花兩天大哭抗議新的作息，接下來兩天你會覺得掌握到訣竅。到了第五天，一切可能重回起點。請堅持下去，過了兩週，你就能勝券在握。

意外教養的補救對策：四個月大以上才執行E‧A‧S‧Y

有些超過三個月大的寶寶從來沒有建立規律作息，那麼是時候著手了。這時候建立作息的方法跟更小的嬰兒不同，原因有三：

1.**現在要採取四小時作息**。有時候父母沒發現孩子已經長大，必須跟著調整作息。寶寶進食效率更高，活動時間也拉長，爸媽卻依舊每三小時餵食一次，彷彿想停住孩子的成長腳步。舉個例子，黛安和巴伯的兒子叫哈利。六個月大的哈利最近突然會半夜醒來，看上去好像肚子餓了。愛子心切的爸媽於是餵哈利吃奶。他們知道這代表哈利白天沒吃飽，所以他們放棄四小時作息，改回小時候三小時餵一次的習慣，理由是哈利正在經歷猛長期（確實沒錯）。但是這種解決方法只適合三個月大的寶寶，不適合六個月大的哈利。哈利這時候應該每四小時吃一次，晚上要睡過夜。（黛安和巴伯應該改成每一餐加量，詳見第三章。）

2.**利用「抱起放下法」改變習慣**。超過四個月的寶寶如果無法建立規律作息，問題（或一部分的問題）肯定出在睡眠。這時我會建議陷入困境又多疑的父母把寶寶「抱起來，放下去」。這項技巧我很少用在月齡更小的寶寶身上（第六章的主題就是這套關鍵入睡妙方）。

3.**超過四個月大的寶寶幾乎都會因為意外教養更難建立規律作息**。因爲父母先試過其他方法，或者各路方法都混在一起，搞得寶寶很困惑。多數寶寶這時候已經養成壞習慣，比如喝奶喝到睡著，或是半夜一直醒來。所以爲月齡大一點的寶寶建立E‧A‧S‧Y難免需要一點犧牲和更多毅力及努力，還有絕對要堅持一致。別忘了那些壞習慣至少花四個月養成，只要你堅持照計畫走，就可以在四個月內戒掉壞習慣。當然，寶寶年紀越大，就越難改變已經養成的作息，尤其夜裡還會醒來，一整天沒有固定作息的寶寶更棘手。

每個寶寶都是獨一無二的個體，每個家庭的作法也各有不同，所以我必須問清楚父母的育兒方法，才能依照需求擬定策略。如果你一路讀到現在，應該猜得出對於從沒建立過作息的父母，我會提出哪些問題：

E（**餵食**）：**多久餵一次寶寶？一次餵食多久？白天的配方奶和母奶量多少？如果寶寶快滿六個月，爸媽開始餵副食品了嗎？**「按照體重的E．A．S．Y」（參見44頁）和「餵食基礎觀念」表格（118頁）只是大原則，不過你也可以看看寶寶目前在哪個階段。如果寶寶已經滿四個月，就不適合三小時以內餵一次。如果吃奶時間很短，表示寶寶可能吃得太少；如果吃奶時間很長，有可能是寶寶把乳房當成安撫奶嘴。另外，到四個月大還沒建立作息的寶寶，通常白天吃太少，導致半夜餓到醒來。特別是超過六個月大的寶寶，液體飲食已經滿足不了他們的營養需求。建議爸媽先讀完第三章，再開始建立E．A．S．Y。

A（**活動**）：**寶寶的反應是否更靈敏？開始翻身了嗎？白天都做哪些活動？在墊子上玩、參加親子團體活動，還是坐在電視機前？**天性好動的寶寶比較難遵守規律作息，以前從沒建立過作息的寶寶更是如此。爸媽也要注意活動程度不宜過度激烈，免得寶寶太興奮，白天和晚上睡不好，吃飯也會受影響。

S（**睡覺**）：**晚上能連續睡至少六小時嗎（四個月大的寶寶應該做得到）？還是半夜仍會醒來**

討奶？早上幾點起床？你會立刻跟他互動，還是讓他在嬰兒床裡獨自玩一會兒？他的小睡習慣好嗎？每次小睡多久？你會把他放回嬰兒床小睡，還是哪裡玩累了就在哪裡睡？睡覺方面的問題可以看出父母是否培養出寶寶安撫自己、自行入睡的能力。你們家是爸媽掌管孩子的睡眠，還是被孩子牽著鼻子走？將掌控權交給孩子顯然會出問題。

Y（你的時間）：你的壓力比平常大嗎？身體有沒有不舒服？覺得厭世？另一半、家人和朋友是豬隊友還是神隊友？如果之前的生活一團亂，現在你更需要精力和決心把規律作息建立起來。如果感覺力不從心，請務必先把自己照顧好。如果自顧不暇，又如何能養好孩子呢？如果身邊沒有可靠的幫手，請想辦法找人幫忙。有個人在身邊分擔責任，給你一點休息時間，再好不過了。不然，找個肩膀放聲痛哭也聊勝於無。

如果你是第一次爲寶寶建立作息，請記住：過程需要時間，也許寶寶需要三天、一週，甚至兩週。奇蹟不會在彈指間發生。不論是哪個年齡層的寶寶，凡是爸媽決定要換一個新的育兒方法，一定都會遇到阻力。找我諮詢的父母爲數眾多，所以我知道有些爸媽是眞心期待發生奇蹟。但光說不練是沒用的，如果眞的想要爲寶寶建立作息，你必須做到幾件事，至少在寶寶走上正軌之前，你必須適度地監督引導。尤其寶寶如果從沒建立過作息，你或許得犧牲個人時間，花上幾星期從旁協助。很多父母很抗拒犧牲個人時間，好比某位媽媽跟我保證她會「不惜代價」讓寶寶建立E・A・S・Y作息，同時卻連珠砲似的不斷發問：「我一定要每天待在家才能幫他建立作息嗎？還是說我可以帶他出門，讓他在汽車座椅上小睡？如果一定要待在家，我還有機會帶兒子出門嗎？請幫幫我。」

別那麼死腦筋，親愛的！一旦寶寶習慣E・A・S・Y作息，你就不會覺得自己像個囚犯了。

請按照寶寶的時間找空檔完成雜務。比如先餵飽寶寶，活動時間就能開車載他出門辦事。或者先在家吃飯活動，趁寶寶睡著再開車或推嬰兒車出門。（寶寶的小睡時間可能會縮短，尤其有些寶寶是汽車一熄火就會醒來，更多破壞作息的因素見212頁。）

不過，如果是第一次建立作息的父母，最理想的作法是雙親都空出兩週待在家，最起碼一週，讓寶寶有機會適應新的作息。你必須挪出時間幫助寶寶改變習慣。在這關鍵的兩週，請確保寶寶在熟悉的環境中進食、活動和睡覺。在此溫馨提醒，你只要撥出兩週就好，不是一輩子。你或許得忍受寶寶在適應期間鬧脾氣，甚至哭鬧。頭幾天尤其難熬，因爲你已經讓寶寶習慣另一種方式，現在你得消除以前的行爲模式。俗話說得好：「有志者，事竟成。」只要持之以恆，E．A．S．Y絕對有效。

想想看：工作休假的時候，你大概也沒辦法立刻換成放假模式。你需要過個幾天，才能完全放下工作和其他責任，調整好心態休息。寶寶也一樣，他們已經習慣舊的方式，當你改變作法，寶寶就會用哭聲說：「你們在幹嘛？我不要那樣！我已經用盡吃奶的力氣大叫，你們怎麼還聽不懂！」

好消息，寶寶的記憶相對較短。如果你拿出當初養成舊習慣的毅力，寶寶終究會適應。熬過幾天或幾週後，你會發現情況好轉了：寶寶進食時間穩定下來，半夜不再醒來，你也不再因爲搞不懂寶寶在哭什麼而氣餒。

我總是建議父母挪出至少五天的時間，帶寶寶適應E．A．S．Y作息。如果可以的話，父母其中一人最好請假一週。待會讀到「訓練計畫」段落的時候，你可能會有點意外，因爲之前我老是叮嚀父母不要按表操課，但是這次我卻要你嚴格遵守建議時間。只有這段訓練期間，你必須經常留意時間，彈性程度也比我通常建議的更低。一旦寶寶習慣規律作息，每個作息時間差個半小時左右也無所謂。但是在那之前，請盡量按照我建議的時間執行。

調整作息訓練計畫

◎第一至二天

前兩天先不要插手，足足觀察兩個整天，注意寶寶的所有細節。重讀我會提出哪些問題的段落（55頁），試著分析沒建立作息對寶寶的影響。記下餵食時間、小睡長度、睡覺時間等。

◎第二天晚上

爲了替隔天做好準備，寶寶一睡著，你也要跟著就寢，接下來幾天也是如此。你必須充分休息，才能承受數天或數週的行程。理想上，既然這一週已經請假在家，寶寶小睡的時候，你也可以補個眠。生活勞務大多先緩一緩。你可能得經歷幾天的苦難，但是等到寶寶養成好習慣，你和寶寶心情大好，這一切就值得了。

◎第三天

這一天從早上七點揭開序幕。如果寶寶還在睡，請把他叫醒，就算他平常習慣睡到九點也一樣。如果寶寶清晨五點就醒來，請用「抱起放下法」（264頁）試著讓他睡著。如果寶寶習慣早起，加上你平時都會把他抱起來玩，他這時肯定會抗議。如果寶寶堅決起床，你可能會耗一小時以上抱起放下。**千萬不要把寶寶抱上你的床**，很多父母在寶寶早起的時候都會犯這個錯。

七點起床之後，將他抱出嬰兒床餵奶，接著進行活動時間。四個月大的嬰兒通常可以活動一小時十五分鐘至一個半小時；六個月大的嬰兒最多可以活動兩小時；九個月大則是兩到三小時。你的寶寶應該多多少少符合以上的範圍。有些父母堅稱：「我的小孩沒辦法撐那麼久。」我都會請他們想辦法讓寶寶保持清醒，就算要舞龍舞獅也請硬著頭皮做。唱唱歌、扮鬼臉、吹口哨、製造聲響，別讓寶寶睡著就對了。

根據四小時的E．A．S．Y作息（見49頁），接下來寶寶要在早上小睡片刻。請提前二十分鐘（比如八點十五分）讓寶寶醞釀睡意。如果你超級幸運，寶寶適應力極強，他會跟平常一樣花二十分鐘試圖入睡，接著小睡一個半至兩小時。沒建立過作息的寶寶通常會拒絕睡覺，所以你必須抱起放下，幫助他入睡。如果你沒有半途而廢，而且作法正確（寶寶一安靜就把他放下），做個二十到四十分鐘，寶寶最後就會睡著。沒錯，有些寶寶需要更長的時間，我自己就做過整整一小時到一個半小時，幾乎用光寶寶的睡覺時間。但是別忘了「黎明來臨前的夜晚總是最黑暗」，這個方法需要決心和耐心，還要有一點信心：請相信這個方法絕對有效。

如果你必須執行抱起放下法幫助他入睡，那麼實際睡眠大概只有四十分鐘（大部分的時間都在設法讓他睡著）。如果寶寶提早醒來，請到嬰兒房做抱起放下法，讓他重回夢鄉。你或許覺得這樣太瘋狂了。如果寶寶睡了四十分鐘，而小睡預定是九十分鐘，你可能會花四十分鐘讓他重新睡著，等於再睡十分鐘就要起床。相信我：你正在改變他的作息，想改變就得這麼做。就算只睡十分鐘，也要準時十一點把他叫起來進食，以免打亂作息。

寶寶吃飽之後，活動一下，十二點四十分左右再次回到嬰兒房，準備下午一點的小睡。這次，他或許只要花二十分鐘就能睡著。如果沒睡滿至少一小時十五分鐘，記得做抱起放下法。寶寶可能會睡得更久，但是三點一到就要叫他起床進食。

白天你們兩個都耗了許多精力，到了下午寶寶可能會特別疲憊。吃飽活動過後，注意寶寶想睡的徵兆。如果他在打哈欠，就讓他在五點到六點之間小憩四十分鐘。如果他玩得很開心，就改成六點或六點半就寢，不要等到七點。如果他在九點醒來，就再抱起放下。晚上十點到十一點之間夢中餵食（夢中餵食的詳細說明見117和145頁）。

寶寶很有可能在半夜一、兩點醒來，此時請抱起放下。你可能要花上一個半小時，才能讓她再睡三小時。整個晚上只要寶寶醒來，你就要抱起放下，直到早上七點爲止。接著進入第四天。

◎第四天

就算寶寶還沒睡醒，你也愛睏得要命，還是請你在七點準時叫醒寶寶。

重複第三天的作息，只不過今天抱起放下的時間大概會從四十五分鐘或一小時減少成半小時。寶寶的睡眠時間可能會拉長，目標是每次小睡至少持續一個半小時。不過一切還是依你的判斷爲準。如果他已經睡了一小時十五分鐘，醒來沒有不高興，那就讓他起床吧。反之，如果他只睡一小時，最好再抱起放下，因爲大多寶寶一旦習慣較短的小睡時間，他們很快就會退步。如果他累了，記得五點再小憩一次。

◎第五天

到了第五天，事情應該順利得多。就算還是得做抱放法，時間也會大幅縮短。六個月大寶寶也許只要七天就能養成E．A．S．Y作息，觀察兩天，訓練五天。九個月大寶寶可能要足足兩週（我遇過最久的），因爲此時他已深受舊習慣影響，當你試圖改變作息，過程會比月齡小的寶寶更費勁。

訓練計畫最大的絆腳石，就是爸媽害怕訓練沒有結束的一天。薇若妮卡決定替五個月大的山姆改變作息，她努力四天之後，驚訝地發現她和老公竟然可以在晚餐後喝杯紅酒，放鬆一下，完全不必擔心兒子會醒來哭鬧。「眞不敢相信才幾天就成功了。」對於薇若妮卡和其他相同情況的父母，我都一律回答：「那是因爲你跟當初養成舊習慣一樣堅持到底。」我也警告她有時候嬰兒會度過平安無事的一週，接著突然退步，半夜又開始醒來，或者小睡時間變短，尤其是小男嬰（根據我的觀察，以及性別研究顯示，小男嬰的睡眠比較不安穩）。一旦發生這種狀況，很多父母就會誤以爲訓練計畫失敗。但是這時候，你更要貫徹始終。如果寶寶退步了，就再使用抱起放下法。寶寶已經體驗過這個技巧，所以我保證這次花的時間會縮短。

規律作息就是關鍵，整本書會一再提醒你E．A．S．Y有多重要。我把一大部分的時間和注意力放在E．A．S．Y，正是因爲絕大多數常見的育兒難題，都是起因於缺乏規律和一致性。當然，不是說建立起規律作息，寶寶就不會有任何吃飯、睡覺和行爲方面的問題（第三～八章將深入探討）。但是有了規律作息，要解決以上麻煩就簡單多了。

小叮嚀

破除迷思．白天小睡會妨礙夜間睡眠

很多寶寶習慣在傍晚，最晚在五點小憩三十至四十分鐘。父母擔心白天睡這麼多，晚上會睡不著。其實正好相反，寶寶在白天休息越充足，晚上睡得越安詳。

第二章

寶寶的情緒世界

掌握零歲寶寶的心情

零歲寶寶也是有情緒的

八個月大的小書躺在客廳的地墊，玩得不亦樂乎，我和媽媽瑟瑞娜在一旁聊天，說著小書長得好大了，六個月改變眞多。我第一次見到這對母子，小書才出生一天。當時，我的工作是幫助瑟瑞娜和小書做好親餵的準備。替小書建立E．A．S．Y作息很輕鬆，他是我所謂的「教科書型寶寶」。這種寶寶很好帶，每個發展階段都和書上說的差不多（教科書型和其他類型的寶寶請見72頁）。之後六個月，小書按時達到每個生理和心理的成長里程碑。隨後發生了一個小插曲，也說明小書的情緒世界正在按照進度發展。

我和瑟瑞娜聊天時，小書在玩遊戲墊上的垂吊玩具。十分鐘過去，他開始發出「捏、捏」的聲音，還不到哭的程度，但已足以讓媽媽知道他想來點變化。瑟瑞娜彷彿會讀心術（讀的是寶寶的暗示）地說道：「噢，小寶貝，你覺得無聊啦？不然你坐來這裡吧。」小書抬起眼睛看著媽媽，很高興獲得關注，換個位置之後，他拿起另一個玩具，仍舊玩得很開心。我和瑟瑞娜繼續聊下去，小書則在一旁，好奇地玩弄腿上的鮮豔彩色球，聽彩色球發出嘎吱聲。

這時瑟瑞娜起身走向廚房，當她一走到客廳門口，小書便嚎啕大哭起來。她說：「這就是我跟你說的。」也就是她連絡我的眞正原因。「突然間，他的世界好像繞著我打轉，每次我一離開他就會生氣。」她加了一句，像是在道歉。

七到九個月起，花最多時間照顧寶寶的人確實會成爲寶寶的生活重心，而這個角色通常是媽媽。

很多寶寶會開始害怕媽媽離開身邊，有些程度輕，有些則相當嚴重。小書也準時進入這個時期。然而這個小插曲的重點不在分離焦慮（詳細探討見101頁），分離焦慮只是本章主題的一小部分，我要說的是「孩子的情緒世界」。

寶寶的情緒世界

很多父母聽到寶寶一歲前有個情緒里程碑都很驚訝。這些父母通常會記錄寶寶的食量和睡眠時間，如果寶寶進入生理和智力發展停滯期，也一定會注意到，甚至有點擔心。但是幾乎很少人意識到寶寶的情緒健康，平常也不太關注。情緒技巧可以幫助寶寶管理自己的心情、同理他人，融入社會，發展並維持良好的人際關係。父母不該將孩子的情緒健康視爲理所當然，這是一門課題，而且越早開始學習越好。

訓練寶寶維持情緒健康，就跟引導寶寶入睡、記錄飲食、培養體能和豐富心靈一樣重要。這裡探討的是孩子的心情與行爲，也就是「情緒商數」（emotional intelligence，簡稱 EQ）。一九九五年，心理學家丹尼爾．高曼出版《EQ》一書，EQ便成爲熱門關鍵字。這本書整合一項橫跨數十載的研究，除了常聽到的智商，科學家在這期間也深入探討多種「商數」。眾多商數之中，多項研究皆證實情緒商數可說是人類所有能力和技巧的基礎，應視爲最重要的商數。就算你沒讀過這份研究，不懂心理學，也應該曉得這個結論所言不假。看看周遭的人，想想你認識的成人。是不是有個傢伙頭腦聰明得很，但是工作都做不長久，因爲他有「情緒控管問題」？還有一些藝術家或科學家雖然天賦異稟，但是不通人情？

你看著房間另一端的小嬰兒，他才六週、四個月或八個月大。你肯定想問我：「等等，崔西。現在就要談寶寶的情緒，會不會太早了？」

當然不會。談論寶寶的情緒永遠不嫌早。寶寶在產房出生時，那洪亮的哭聲就是在表達情緒。情緒發展的面向包括寶寶如何應對外在事物、平時心情、自我調節與忍受挫折的能力、活動程度、興奮程度、是否容易安撫、交際能力，以及面對新狀況的反應。寶寶發展體能和心智的同時，情緒能力也會成長。

零到一歲寶寶的感受能力

寶寶的情緒世界跟大人一樣，由大腦的邊緣系統調節。邊緣系統是大腦的一小部分，又稱爲「情緒腦」。別擔心，親愛的，我沒打算講解大腦的構造，長篇大論的科學解釋連我自己都讀不下去！你只要知道寶寶一出生，用來感受情緒的大腦線路就已經接通了一半。由於邊緣系統是由下往上發展，所以最先成熟的是邊緣結構的下半部。大腦下半部有個長得像杏仁的杏仁核，好比情緒中樞。杏仁核一發現我們必須對某件事有所反應，就會通報大腦其他部分。換句話說，杏仁核負責製造原始情緒，即時產生「打或跑反應」，使脈搏加速，提高腎上腺素。進入四到六個月之間，大腦開始發展邊緣系統的上半部，此時寶寶的心智會開始意識到自己的情緒。孩子大腦的成熟期會一路延續到青春期，不過我們先把重點放在零到一歲這個階段（第八章會探討幼兒期之後的發展）。

◎未滿四個月

雖然寶寶此時還只是個軟綿綿的小東西，她的初生大腦卻已經開始掌控全局。剛出生時，寶寶的情緒很即興且不太受控，比如脹氣時寶寶會做怪表情。但是兩、三週後，他就能微笑，並且開始模仿你的表情，這就表示他已經懂得理解你的情緒模式。他會在不舒服或疲累時哭泣，高興或興奮時微笑或咯咯笑。你會忍不住開始盯著他看，他會露出與人交流的微笑，也會領悟到簡單卻重要的一件事：只要我哭，就會有人把我抱起來。他開始理解到他可以用哭泣和臉部表情與你互動，藉此達成他的需求。當你回應他的需求，他就能學會信任你；當你跟著微笑並模仿他的表情，他就能學會吸引注意。

別忘了，親愛的，**寶寶目前唯一能表達情緒和需求的方式就是哭泣**。寶寶哭不代表你是個失職的父母。他只是告訴你：「我還太小，自己做不來，我需要你的幫忙。」六到八週是嬰兒的哭泣高峰期，新手爸媽一開始可能還聽不太懂哭聲的意義，但是過了兩、三週，你很快就能分辨肚子餓、無聊、疲累和疼痛的哭聲。如果仔細觀察寶寶的肢體語言，判斷哭聲就能更得心應手。我在第一章也解釋過，如果寶寶有規律作息，你就可以從當下的時間，以及進行到哪個作息，判斷寶寶現在的情緒。

不過，儘管寶寶有各種迷人的特質，懂得哭泣並表達不滿，有些科學家卻認爲寶寶一開始並非從大腦感受情緒。有一項實驗找來剛出生兩三天的新生兒，餵他們吃分別摻了醋和糖的水。寶寶的表情清楚表達出討厭（皺起鼻頭、擠眼、伸舌頭）和喜歡（打開嘴巴、挑眉），但是根據大腦掃描儀器顯示，用來感受情緒的大腦邊緣皮質卻幾乎沒有在活動。

有件事可能會讓你安心一點：寶寶哭只是一種反射動作，他並不會記得當下的痛苦。但這並不表示我同意讓寶寶「哭一哭就沒事了」，絕對不是如此，這完全違反我的育兒原則。相反地，我認爲只要你做出回應，悉心留意他的「發言」，哭泣就不會留下長遠傷害。也因此，我通常建議讓嬰兒吸奶嘴（見226頁小叮嚀），幫助寶寶安撫自己，這是一項很關鍵的情緒技巧。但是，最重要的還是你如何回應寶寶的哭聲。研究顯示如果父母很會解讀並回應寶寶的各種哭聲，寶寶就能更順利進入學者所謂十二到十六週大的「非哭泣溝通」。進入這個階段後，大多寶寶都能安頓下來，減少哭嚎的時間。父母也能更輕易判斷寶寶的需求，加以安撫。

◎四到八個月

上半部邊緣系統開始發展之後，寶寶的大腦將大幅進步。他會開始認得熟悉的臉孔、地點和物體，跟周遭環境的互動增多，甚至開始喜歡有其他孩子作伴、會注意到家裡有寵物。每個孩子的性情不同，我稍後會解釋，不過這個階段的孩子，快樂歡笑的時間會多過流淚不高興的時候。你會發現他開始感受到情緒，並且**懂得用哭聲以外的臉部表情和含糊的聲音傳達這些情緒**。

寶寶的情緒世界現在更複雜了。有些孩子在這個階段已經表現出懂得控制情緒的初步徵兆。比如小睡的時候，如果他會發點牢騷、自言自語、吸奶嘴、抱著心愛的玩具或小毯子入睡，表示他已經開始學會安撫自己，靜下心來。脾氣溫和的寶寶通常比較早開竅，但是自我安撫和其他情緒技巧都得靠後天學習。就像你牽著寶寶的手練習走路，你也要幫助他踏出認識情緒的第一步。

就算寶寶還不太會控制感受，現在安撫他應該也比較容易了。光是看到你、聽到你的聲音，寶寶就能安定下來。如果待在同一個地方、維持相同姿勢太久，他可能會因爲太無聊而大哭。玩具被拿走，姿勢被調動，寶寶也可能生氣。有些嬰兒開始展現固執的一面。六個月大的孩子可能會尖叫，握緊拳頭縮進胸口，也懂得如何達成目的。寶寶會跟大人眉來眼去，博取注意力，也會盯著眼前的臉孔，看看對方是否會回應自己的啜泣。如果對方把他抱起來哄，他甚至會露出洋洋得意的表情。

寶寶的交際和情緒能力會更加豐富，表現出對食物、活動和不同人的喜好。他不只會模仿你發出的聲音，還會模仿語調的抑揚頓挫。他在封閉空間會顯得局促不安，甚至不願意被束縛在推車或兒童椅上。雖然現階段還不會跟其他嬰兒互動，不過他會更感興趣。根據寶寶的性情，他可能會害怕好動活潑的孩子或是陌生人。如果寶寶把頭埋進你的肩膀（或是大哭），他是在告訴你：「帶我離開這裡。」他不只感受到情緒（如果你有持續做出回應），同時也期望情緒受到妥善處理。

◎八個月到一歲

到了這個階段，寶寶的感受和理解能力已經超過表達能力。但是只要細心觀察，整天下來，你會發現寶寶在做一些徒勞的努力，那些正面和負面情緒不斷湧現又消退。他在你們家占有一席之地，喜歡有你陪伴。如果你從房間另一頭叫他，他會轉過頭，好像在說：「幹嘛？」他對自己有一份全新的

小叮嚀

寶寶想要什麼？

寶寶開始出現唉唉叫進入「兒語」階段時，不論是爸媽或孩子都可能感到挫折。有個妙方是請孩子**用手指出**他想要什麼。此時若建立起規律作息，就能省去許多比手畫腳的功夫。比如距離早餐已經過了四小時，兒子又生氣地敲冰箱門，那他大概是肚子餓了！

感受。他應該很喜歡被抱到鏡子前面。他會微笑、拍拍鏡子，甚至親親自己的倒影。他和你之間，以及他和其他親近之人的感情會更深厚。遇到陌生人時，他可能起初會有點閃避，把頭埋進你的肩膀，直到他願意跟別人交流爲止。

寶寶知道小孩和大人的差別。他是個模仿大師，而且負責記憶的大腦海馬迴在七到十個月之間會幾乎完全成形，所以他的記憶力更好了。好消息是他記得生命中幾個重要的人，還有你讀給他聽的故事。壞消息是如果你現在改變他的一日作息，他會對新事物展現很大的情緒反應。另外，有些孩子因爲表達技巧跟不上心智活動，無法傳達自己的需求而不開心。**這個階段，他們可能會變得具攻擊性，或是會傷害自己（比如撞頭）**。他們會常常唉唉叫，最好別鼓勵寶寶養成這個習慣。

快要滿週歲時，寶寶很明顯已經擁有豐富的情緒世界，但他們並非天生就懂得調適挫折、安撫自己，或是與他人分享，這些都是需要培養的情緒能力。我們必須不斷教導寶寶。有些父母拖太久，寶寶已經養成壞習慣，很難戒除，比如慣性發脾氣。其他父母則沒意識到自己的行爲是壞榜樣，會造成反效果。他們只想放棄、趕緊了事，心想：「應該沒關係吧？」這就是意外教養的開端。

想想巴夫洛夫的制約實驗：科學家先是按鈴，爲狗送上食物，之後每次按鈴，就算沒有食物，狗也會流口水。寶寶也一樣。他們很快就會把你的反應跟他們的動作聯想在一起。所以，如果今天九個月大的寶寶覺得無聊，不想再吃麥片，把那碗麥片打翻到地上，而你笑了出來，我保證隔天他會如法炮製，希望再逗你笑。到時想必你會笑不出來。或者，假設今天你想教一歲的兒子洗手，但一帶他去洗手台，他就開始大哭，於是你心想：「管他的，今天就不洗手了。」你此時可能還沒發現事有蹊蹺。但是過個兩天，你在超市排隊等結帳，兒子伸手想拿櫃台旁邊的糖果，而你出聲阻止的時候，他已經知道如何逼你放棄。他會放聲大哭，如果這招沒用，他會哭得更大聲，直到你不得不讓步。

幫助寶寶培養情緒能力，就跟鼓勵他手腳並用爬行，或是說出第一個字一樣重要。你回應寶寶唉叫和其他情緒的方式，確實會多多少少影響他進入幼兒期後的性情。但是別不見棺材不掉淚，等到寶寶脾氣變壞就太晚了。記住我外婆說的：做事情要瞻前顧後。打從一開始就避免孩子養成壞習慣。我了解知易行難，有些寶寶的脾氣就是比較硬，但是孺子可教也，秘訣是了解孩子的個性，因材施教。下面就來看看「性情」和「教養」之間微妙的平衡關係。

孩子的「性情」是與生俱來的

每個寶寶的情感構成都是天生的，至少一部分是由生理學（基因和大腦的化學物質）決定。看看自己的家族，你會發現性情就像情感病毒一樣，一代傳一代。你是不是說過寶寶「就跟我一樣隨和」，或者「就跟他爸一樣害羞」？說不定你媽媽曾說：「葛蕾琴積極的個性讓我想起你爺爺艾爾。」或者「戴維的脾氣就跟蘇阿姨一樣差。」顯然寶寶的脾氣是天生的，那是天性。但是天性不代表一切。雙胞胎的基因一模一樣，但是科學家發現長大成人後，雙胞胎的個性很少相同。學者於是認定後天環境，也就是教養，對性情的影響同等重大。

保母、托兒所老師、小兒科醫師，以及其他跟我一樣接觸過非常多嬰兒的人，都同意嬰兒一出生，性情就各不相同。有些敏感纖細，比較愛哭，有些則幾乎不在意身邊發生了什麼事。有些嬰兒對新世界抱持開放的態度，有些則對周遭事物投射出多疑的眼神。

常見的五種性情類型

《超級嬰兒通》介紹五種寶寶的性情：**天使型**、**教科書型**、**敏感型**、**活潑型**和**性情乖戾型**。有些臨床研究在分類寶寶時會引述三或四種類型，甚至有人主張有九大類型。他們也會從適應能力或活動程度等方面來分析寶寶，並且替各種類別取名。不過絕大多數觀察寶寶的人都同意：性情，又稱個性、天性或性格，是寶寶來到這世上就擁有的原始特質。性情會影響寶寶吃飯、睡覺，以及與周遭互動的方式。

性情是無法改變的，你必須徹底了解才能應對寶寶的性情。我回想過去認識的孩子，從中挑出五位符合每個類型的代表，並用類型的其中一個字爲他們取名：小天（天使型）、小書（教科書型）、小敏（敏感型）、小潑（活潑型）和小戾（性情乖戾型）。接下來我會簡單介紹每個孩子。當然，有些類型的寶寶確實比較好照顧。（下個段落，我將點出每一種孩子的日常生活有何不同，以及他們的心情會如何影響自己和爸媽。）請記住，以下描述著重孩子主要的特質和行爲。或許你家的寶寶很符合其中一項分類，或者她結合了兩種性格。

◎天使型

小天現在四歲了，人如其名，她就跟天使一樣夢幻。她很快就能適應環境，不論你改變了生活的哪個部分，她都欣然接受。嬰兒時期的小天很少哭鬧，就算眞的哭了，爸媽也不難找出原因。小天媽媽幾乎不記得經歷過「恐怖兩歲兒」的階段。簡而言之，小天很好帶，因為她的個性隨和溫順。（也難怪有些學者把這種類型稱爲「隨和型」。）小天並非從不發脾氣，只是她的注意力很容易轉移，或是很容易安撫。她還是小寶寶的時候，巨大聲響和刺眼亮光都嚇不了她。帶她出門很輕鬆，媽媽可以安心逛百貨公司，不必擔心小天突然大哭大鬧。從小嬰兒階段開始，小天的睡覺習慣就很好。到了晚上就寢時間，只要把她放進嬰兒床，她就會吸著奶嘴安然入睡，完全不需要其他動作。到了早上，她會跟動物寶寶講話，直到有人進嬰兒房照顧她。一歲半的她很快就習慣新的兒童床。還記得嬰兒時期，她的交際能力就很強，看到人都笑咪咪。現在遇到新狀況、新的共學團或其他交際場合，她也都應對得宜。去年媽媽生第二胎，小天完全接納弟弟。她喜歡當媽咪的小幫手。

◎教科書型

七個月大的小書，也就是本章開頭提到的寶寶，每次都按時達成寶寶的各大階段。他在第六週經歷猛長期，三個月大睡過夜，五個月大第一次翻身，七個月大坐起身。我敢打賭小書滿一歲的時候，就能站起來走路了。小書實在太好預測，所以爸媽可以輕鬆判斷他的需求。大多時候，小書都很隨和，但也有脾氣暴躁的階段，就像書裡寫的那樣，只不過要讓他冷靜下來並不難。只要爸媽循序漸進推動改變（所有寶寶都適用這一招），小書都會乖乖配合。目前爲止，小書第一次洗澡、第一次吃副食品、第一天上托兒所等所有第一次體驗都挺順利的。白天和晚上睡覺時，小書大概要花二十分鐘入睡，也就是寶寶的平均入睡時間。如果他稍微哭鬧，只要拍拍他，輕聲「噓、噓」就能幫助他入睡。八週大時，小書可以跟自己的手指或小玩具逗著玩，之後每過一個月，小書就顯得更獨立一些，自娛自樂的時間也更長。他現在才七個月大，還不會跟其他孩子玩，但他已經不怕跟其他寶寶共處一室。小書頗能適應新場所，媽媽曾帶著他去其他地區拜訪爺爺奶奶。返家之後，小書花了幾天重新適應，這很正常，寶寶跨越時區本來就需要時間調整。

◎敏感型

今年兩歲的小敏剛出生時，體重只有三千克，稍微低於平均值，而且打從出生就非常敏感纖細。滿三個月時，小敏的體重增加了，但她很容易緊張，反應也比較激動。聽到聲響會縮起身子，遇到亮光會眨眼、把頭偏過去。小敏很常哭，但是原因往往不明。前兩三個月，爸媽必須爲她裹好包巾，確認房間夠溫暖、亮度夠低，小敏才能睡好覺。否則一點聲響，小敏就會醒來，而且很難再睡著。每次爸媽想改變某件事的作法，都得小心翼翼慢慢來。

科學家針對小敏這樣的寶寶做了相當多研究，發現他們占寶寶總數的百分之十五，具有「拘謹」或「高反應」的特性。研究指出，敏感型寶寶的體內系統和其他孩子不同，他們的壓力荷爾蒙皮質醇和去甲腎上腺素比一般人更多，這些化學物質會激發「打或跑反應」，所以敏感型寶寶對於恐懼和其他情緒的感受比常人更強烈。小敏就是這樣的寶寶，嬰兒時期的她很怕陌生人，會把頭埋進媽媽的肩膀。長成幼兒之後，她比較害羞膽小、謹慎小心。凡是遇到新狀況，她會先緊緊抓住媽媽的手。如果同儕都是脾氣溫和的孩子，她會比較自在一點，但是小敏媽媽還是不太能離開房間。其實只要從旁協助，小敏就能慢慢敞開心胸，但是爸媽必須花非常多時間，耐心地循循善誘。小敏很擅長需要高專注力的益智遊戲，這個特質到了上學時會展現出來。敏感型孩子往往喜歡念書，或許是因爲比起跟同學去操場玩，他們覺得在教室寫功課更輕鬆。

◎活潑型

四歲的小潑和弟弟是一對雙胞胎，大人都說他是「比較好動的那個」。回想當初生產的時候，彷彿就能看出小潑的天性：分娩之前照的超音波明明是弟弟的位置比較下面，沒想到小潑莫名其妙擠到前頭，比亞歷山大更早出生。在那之後的每一天也都是如此。小潑非常積極好勝，很會爲自己發聲。嬰兒和幼兒時期，他總是用最洪亮的哭聲告訴爸媽：「我需要你們……快點！」家庭聚會、共學團等交際場合，他都會立刻成爲全場焦點。不管弟弟或其他孩子手上拿什麼玩具，小潑都想搶過來。他喜歡刺激，任何發出聲響或亮光的東西都會吸引他的注意力。他的睡覺習慣一向不好，即使四歲了，還要爸媽哄睡。他的胃口很好，身強體壯，但是沒辦法乖乖坐在餐桌上太久。他隨時隨地到處攀爬，所以很常陷入險境。有時候他會咬其他小朋友，或動手推人。如果爸媽不答應他的要求，或是回應太慢，他就大發脾氣。全世界大約有百分之十五的孩子跟小潑一樣，研究學者稱他們「積極好勝」「不受拘束」「高活動力」或「高反應力」。活潑型寶寶聽起來有點難搞，但只要適當教養，他們可是天生的領袖。學生時期的他們是運動校隊的隊長，出社會則是無畏的探險家和創業家，勇於開拓他人不敢貿然突進的疆土。唯一的困難之處，在於爸媽必須引導孩子將這股無窮的精力用在對的地方。

◎性情乖戾型

小戾今年才三歲，看起來卻一副氣嘟嘟的樣子。嬰兒時期，小戾就很難逗笑，替她換衣服和尿布是件苦差事。換尿布時，她會僵著身體抵抗，整個人顯得煩躁不安，好像隨時要爆炸。剛出生幾個月，小戾恨透了包巾，如果爸媽試圖把她包起來，她會氣得大哭好一陣子。幸好，爸媽一把她接回家就開始建立規律作息，但是只要作息稍有差池，小戾就立刻大哭大鬧，表示抗議。餵奶是一項艱辛的任務。

媽媽選擇親餵，但每次都要費一番功夫才能讓小戾乖乖含乳不亂動。由於過程實在太辛苦，媽媽只好在滿六個月時放棄親餵。小戾花了很多時間才適應副食品，直到三歲了，進食習慣仍然不太好。如果食物沒有在她想吃的那一秒立刻按照喜歡的樣子送上來，她就很不耐煩。小戾偏食，她只喜歡吃特定幾樣食物，其他不論爸媽怎麼哄騙一概不吃。只要她願意，她可以跟其他人互動，但她寧願按兵不動，先好好觀察一下新環境。事實上，她還是比較喜歡獨處，也不喜歡同一個空間有其他小朋友。我在小戾的眼裡看見一個老靈魂，彷彿她曾在人世間走了一回，這次又心不甘情不願地回來。但是小戾也很與眾不同，很有自己的想法，不怕表現出來。性情乖戾型的小孩能讓父母學會保持耐心，他們很堅持己見，凡事逼不得，這個特質使得他們長大後即使遇到難關也不屈不撓。不論大人小孩，性情乖戾型的人通常很獨立，能把自己照顧好，一個人也過得很自在。

五種性情類型的日常生活

寶寶和幼兒的性情會決定他們如何度過一天。接下來我將根據多年來觀察寶寶的經驗，簡略描述每種寶寶的日常作息，並提供一些資訊。這些資訊只是參考指南，寶寶不一定要照做。

◎天使型

・吃飯：吃飯習慣很好，很願意嘗試新的食物（副食品）。

・活動：好動程度適中，嬰兒時期就可以自己玩耍。小天寶寶很能接受改變，帶出門不怕哭鬧，也很喜歡與人交際互動。除非對方太霸道，不然小天寶寶都很願意分享。

・睡覺：可以獨自輕鬆入睡，滿六週就能拉長睡覺時間。滿四個月之後，早上可以睡足兩個小時，下午小睡一個半小時。到了八個月還能在傍晚小憩四十分鐘。

・心情：通常很開心隨和，對於外在刺激或改變沒有太極端的反應。心情很穩定且容易預測，情緒徵兆都很明顯，爸媽可以輕鬆判斷寶寶的需求，不會把肚子餓的哭聲誤認爲疲累的哭聲。

・大家怎麼說：很乖巧的寶寶，我甚至常常忘記家裡有個嬰兒。這種孩子生五個也不累，我們超級幸運。

◎教科書型

・吃飯：跟小天寶寶很像，只不過換吃副食品要慢慢來。

・活動：好動程度適中。小書寶寶的發展階段都很準時，爸媽挑適齡玩具幾乎不必操心。有些寶寶行動力十足，有些則比較悠哉。

・睡覺：通常需要整整二十分鐘，才能從疲累狀態安穩入睡，正好是嬰兒的平均入睡時間。如果睡前玩得太興奮，可能需要爸媽多加安撫。

・心情：跟小天寶寶差不多，沒有太大反應，大多沉著穩定。只要爸媽持續注意肚子餓、想睡覺、過度刺激等暗示就沒問題了。

・大家怎麼說：每個成長階段都好準時。平常沒事都很溫和，不必花太多心力就能照顧得很好。

◎敏感型

・吃飯：很容易感到挫折，任何小事都會影響食欲，例如乳汁流量、身體姿勢、周遭環境等。親餵的小敏寶寶很難好好含乳，抓不太到吃奶的節奏。遇到任何改變，或者你講話太大聲，就會不肯吃奶，你必須很有毅力。

・活動：面對新玩具、新狀況、陌生人等，或是經歷任何轉變都很謹慎，需要爸媽從旁鼓勵支持。小敏寶寶不太好動，要有人鼓勵才肯參與活動。早上的敏感程度通常低一點，比起多人遊戲，他們更適合一對一玩耍。盡量避免在下午安排玩伴行程。

・睡覺：千萬要裹好包巾，阻絕所有刺激。如果錯過入睡的黃金時間，小敏寶寶會變得過度疲累，反而需要至少兩倍的時間才能讓他們睡著。早上習慣睡長長的回籠覺，下午只會小睡一段時間。

・心情：有時在產房顯得很焦躁，可能是日光燈太亮了。小敏寶寶很容易生氣，很常對外在的刺激起反應、發脾氣。

・大家怎麼說：愛哭包，一點小事都會惹到他。不喜歡跟其他人相處，最後總是跑回來坐在我腿上，或抱住我的腿。

◎活潑型

・吃飯：吃飯跟小天寶寶很類似，但親餵的小潑寶寶可能會吃到不耐煩。如果乳汁流得太慢，他還會放開乳房，好像在說：「喂，搞什麼啊？」萬一母乳卡住，你還得隨手準備好奶瓶讓他吃。

・活動：精力旺盛、爭強好勝，活動力十足。不論什麼場合，都隨時準備好採取行動，而且很少謹慎行事，或克制衝動。小潑寶寶反應力高，面對同儕會展現好勝的一面。早上通常比較願意配合，盡量避免在下午安排共學團，他們才有時間放鬆。

・睡覺：小潑寶寶不喜歡裹包巾，但你還是要避開所有視覺刺激。他們通常不喜歡白天和晚上的睡前儀式，因爲他們更想把握活動時間。早上的小睡時間較短，不過只要你夠好運，他們下午會睡久一點，如此一來，就能確保晚上睡個好覺。

・心情：想要的東西必須馬上到手！小潑寶寶很有主見，很會爲自己發聲，通常有點固執。他們翻臉比翻書快，上一秒還很高興，下一秒就難過起來，然後很快又恢復好心情。他們很好動，有時又太過動，所以往往會闖禍。而且一發脾氣就很難安撫，每個轉變階段父母都要多費心。

・大家怎麼說：難搞。什麼都不怕。對每件事都很感興趣。我體力不夠，跟不上他好動的腳步。

◎**性情乖戾型**

・吃飯：他們很沒耐心。親餵的小戾寶寶不喜歡慢慢等乳汁流出來，有時候瓶餵是更好的選擇。有時候不管是瓶餵還親餵，吃奶都會花很多時間，使寶寶過度疲累。他們沒法馬上適應副食品，就算適應之後，也有偏食的傾向。

・活動：小戾寶寶在好動光譜最低端，比較喜歡自己玩，用眼耳觀察的時間比親自動手更多。玩玩具或從事某項活動時，不喜歡被打擾，也不太懂得結束手邊的事，去做另一件事。

・睡覺：小戾寶寶不容易入睡，常常因爲抵抗而過度疲累，接著又要哭鬧一番才肯睡。他們睡眠時間不長，大約只能睡四十分鐘，於是形成惡性循環。

・心情：就像文火慢燉的鍋子，你必須隨時檢查情緒跡象，確保鍋子有沒有燒過頭。凡是一天的作息有些許差異，少睡一頓小覺、活動太過刺激、家裡太多客人等。他們就會立刻生氣。少了規律作息，寶寶的生活一定會陷入一團亂，最終連累你的日常生活。

・大家怎麼說：老是一臉不高興的樣子。好像比較喜歡自己玩。我覺得自己好像隨時都在等待他下一次崩潰失控。他一定要按照自己的意思做。

後天「教養」可以扭轉孩子的天性

天性並非完全不可逆。儘管天性決定了孩子的性格，從嬰兒時期開始的教養對孩子性格的影響也不可小覷。換句話說，**寶寶的情緒世界將由天性（出生幾天就會開始展露）和生活經歷（各個事件、體驗，以及最重要的是養育他的人）**共同塑造而成。孩子的大腦具有可塑性，因此父母可以爲孩子的天性帶來有益的影響，或者也可能是有害的影響。多項研究指出父母的行爲實際上會改變寶寶大腦的神經連接方式，舉例來說，即使寶寶尚未滿一歲，與非抑鬱媽媽相比，抑鬱媽媽帶的寶寶會變得易怒孤僻，也較少微笑，受虐兒的邊緣系統也和非受虐兒的邊緣系統不一樣。

以上的極端例子說明天性會受到後天環境改變，而且大腦也會以更細微的方式重新塑造。我看過敏感型寶寶放下羞怯的矜持，變成大方和善的青少年。我也看過性情乖戾型的孩子，長大後找到適合自己做的事。我還認識許多活潑型孩子從搗蛋鬼蛻變成有擔當的領袖。但是反之亦然。任何類型的孩子不論天性多良善，假如父母沒有關心他的需求，他就有可能變壞。天使型寶寶可能開始鬧彆扭，教科書型寶寶可能變成闖禍精。

我時不時就收到開頭如下的信：「我的小孩本來是個天使型寶寶……」，中間發生什麼事？來看看彥西的可憐遭遇吧。彥西是個健康寶寶，出生體重達三六〇〇克。媽媽艾曼達是一名娛樂法律師，她大學畢業就開始拚事業，二十到三十幾歲都專注在職場，想當上事務所的合夥人。當她達成目標，簽下好萊塢幾位大明星後，遇到另一位律師麥特，兩人相愛結婚。他們都同意「將來」要生孩子，所以當三十七歲的艾曼達發現懷孕了，便不再猶豫：「現在不生，以後就沒機會了。」

艾曼達拿出平時在事務所管理專案的技巧，細心照料她的「寶寶專案」。彥西出生時，她已經把嬰兒房布置好，櫃子也裝滿配方奶和奶瓶。艾曼達打算親餵，不過偶爾也可以換成瓶餵，以防萬一。她預計請六週的育嬰假，之後就返回工作崗位。

幸好，彥西是很願意配合的寶寶。剛出生那一陣子，「好乖喔」是家裡最常聽到的話。他睡得好、吃得好，大多時間都很開心。艾曼達依照預定時間復職，早上先親餵彥西，白天讓保母瓶餵配方奶，下班回家再親餵一次。但是彥西滿三個月後，艾曼達幾乎要瘋了。某天她打電話給我，哽咽著說：「我不知道是怎麼回事。他以前明明睡覺習慣良好，可以從十一點睡到六點，現在一個晚上醒來兩三次。我必須半夜親餵，因爲他看起來餓了，又不肯喝奶瓶。我好累，他完全脫序了。」

事實上，艾曼達產後六週就回去上班了。她很內疚沒花更多時間陪兒子，於是不顧彥西自出生以來的規律作息，要保母別讓兒子睡著，等她回家再親餵最後一餐。大多夜裡，彥西原本應該七點就睡覺，卻爲了等艾曼達而拖到八、九點。同時，彥西一直有密集哺乳和夢中餵食的習慣，但是這項餵飽的方法卻因爲規律作息改變而終止。彥西再也沒辦法一覺到天亮，因爲他睡前已經過度疲累。當他半夜醒來，艾曼達無計可施，只好選擇哺乳這個最快的解決方法。原本艾曼達只想趕快解決問題，不料卻釀成意外教養。她的天使型寶寶突然間變成了性情乖戾型寶寶，怎麼安撫都止不住哭泣。彥西是脫序沒錯，但脫序的是作息。一旦艾曼達開始在夜間哺乳，彥西就會預期隔天晚上也一樣。他開始在白天拒絕瓶餵，因爲他想等媽媽親餵。（有些寶寶眞的會絕食抗議，見154頁小叮嚀。）

彥西的本質其實很隨和，要恢復良好的規律作息並不難。艾曼達答應至少接下來兩週會提早下班，解決之前意外教養造成的結果。彥西半夜醒來的時間並不規律，所以我懷疑他正在經歷猛長期。比起夜間餵奶，更好的作法是增加白天攝取的熱量，所以我請保母在白天瓶餵時，每一餐都多加三十毫升，並且恢復下午五點到七點的密集哺乳，以及晚上十一點的夢中餵食。我們將彥西的睡覺時間調回晚上七點，確保白天的小睡時間加總不超過兩個半小時，以免打亂晚上的睡覺時間。

第一天晚上有點難熬，因爲我要艾曼達承諾不再夜奶。我說我們已經增加白天攝取的熱量，彥西睡前的飽足感比平常還多，他肯定不會餓肚子。第一天，彥西醒來三次，每次艾曼達都用奶嘴和「噓拍法」（見221頁）安撫他。那天大家沒怎麼睡。但是第二天晚上，在經過一整天充足吃奶和小睡之後，彥西半夜只醒來一次，而且比起昨天安撫四十五分鐘才睡去，只消十分鐘就搞定了。第三天晚上，他一覺到天亮。而且你猜怎麼著？麥特和艾曼達的天使寶寶又回來了，一家人終於回歸平靜。

當然，**父母可以「帶壞」好寶寶的天性，同樣也可以感化壞寶寶**。有很多方式可以幫助孩子克服羞怯、將好強的個性用在正確的地方、學習自制力，且更願意參加交際活動。舉個例子，貝蒂知道老三依拉娜混合了敏感型和性情乖戾型，她對此欣然接受。依拉娜在產房生平第一次大哭時，我看著貝蒂說：「看來這次是個性情乖戾型寶寶了。」我待產房的次數，以及帶寶寶回家的次數，多到足夠判斷每個寶寶出生的差異：敏感型和性情乖戾型寶寶儼然一副不想被生下來的樣子。

隨著依拉娜越長越大，她的天性也越來越符合我當初的預言。她很害羞，有時甚至有點不友善，彷彿隨時都要崩潰失控。貝蒂生過兩胎，已經很有經驗，她看得出依拉娜可能永遠不會成爲無憂無慮的快樂孩子。但她不去糾結依拉娜缺少的特質，也不打算改變小寶貝的天性，她選擇依照女兒的個性採取適合的作法。她讓依拉娜建立良好的規律作息，細心呵護她的睡眠，並特別留意她的情緒起伏。她從不強迫女兒對陌生人微笑，也不半拐半騙地帶她參加活動。儘管依拉娜總是最後一個嘗試新事物的孩子，有時候根本連試都不試，貝蒂也不擔心。她發現依拉娜富有創意又聰慧，於是開始培養這些特質。她和依拉娜玩很多需要想像力的遊戲，經常讀書給她聽，教依拉娜學會相當多字彙。貝蒂的耐心付出獲得了回報。只要給依拉娜一些時間做準備，她面對熟人其實很健談。

依拉娜準備要上幼稚園了，她的個性依然很拘謹，但只要選對環境，她也會放下害羞的防衛。而且她很幸運有貝蒂這樣的媽媽，努力讓女兒的上學之路更順利。貝蒂先找依拉娜的新老師談過，提醒老師用哪些方法對待女兒比較有效。貝蒂很了解自己的孩子，所以她知道依拉娜到新班級的第一週必須大幅調整心態。依拉娜有如此愛她又觀察入微的媽媽跟她站在同一邊，我相信她會安然成長。

我看過無數個例證，爸媽發揮耐心和覺察力，用教養克服孩子令人頭疼的天性。卡莎還在肚子裡的時候，莉莉安就知道這個小傢伙非常好動又有主見。卡莎老是踢個不停，好像在跟媽媽喊話：「我要來囉，你最好做全準備。」卡莎一出生，莉莉安就知道自己想得沒錯。她是個典型的活潑型寶寶，會討奶喝，如果乳汁等太久還流不出來，她就立刻大哭。卡莎不愛睡覺，她怕一睡著就錯過什麼精采的事情，所以每次入睡前總會抵抗一番，還常常掙脫包巾。幸好，莉莉安從第一天就爲卡莎建立規律作息。活潑的卡莎九個月就會走路了。到了幼兒期，莉莉安早上都會安排活動讓她放電。她們住在日照充足的環境，早上很適合出門玩耍。到了下午，莉莉安知道卡莎很難平靜下來，所以會安排靜態活動。之後莉莉安生了二女兒，情況變得有點傷腦筋。想當然，卡莎並不樂意跟妹妹分享媽媽的愛。不過莉莉安在家裡爲卡莎畫出一塊「大姊姊」專區（嬰兒禁止入內），每天都會撥出時間跟精力旺盛的大女兒獨處。現在卡莎五歲了，她仍然大膽又愛冒險，同時很有禮貌也算乖巧。這都要歸功於父母懂得在她失控時適度制止，約束她的行爲。另外，多虧莉莉安一直鼓勵卡莎爬上爬下，玩各種球類，現在卡莎已經是個小小運動員了。莉莉安從來不想改變大女兒的天性，她選擇因材施教，這也是我建議所有父母採取的教養原則。

為什麼父母會看不清孩子的情緒特質？

像卡莎這樣的孩子天生就比較需要父母多費心，但只要父母具備耐心與覺察力，不論哪一種孩子都會過得更好。比如莉莉安就理解並接納卡莎的天性，按照她的需求安排一天的行程，並且在必要的時候介入管教。當然那是最理想的狀況，可惜有些父母不一定每次都能夠看清孩子的需求，或者有時根本不願意關心。

第一次帶寶寶回家時，父母的觀點有時會被自己的期待給遮蔽。幾乎每一對懷孕的伴侶，或是想生老二、老三的父母，都會預先設想孩子的模樣，以及擅長的特質。通常這份幻想會反映出我們本身的模樣。比如運動員會幻想和孩子一起在操場上踢足球或打網球；作風強硬的律師會幻想孩子智商多高，將來要念哪一所大學，兩人能夠進行多有深度的對談。

但是，孩子通常跟父母幻想的相去甚遠。父母可能想要一個天使般的寶寶，現實卻給他們一個扭來扭去的尖叫小惡魔，吃個飯偏要搗亂，半夜還一直哭醒。遇到這種狀況，我都會提醒父母：「你們生了一個寶寶。寶寶哭是正常現象，那是他們唯一的表達方式。」即使是天使型或教科書型寶寶也需要時間調整，不是兩三天就能搞定。

寶寶長大之後，情緒特質變得更明顯：易怒、敏感、好鬥，讓你不禁想到自己或爸媽，或是三姑六婆。假設你生了一個活潑型寶寶，而你自己充滿行動力，覺得精力旺盛是很棒的特質，你可能會驕傲地說：「我家的查理跟我一樣堅定有自信。」但是假設活潑型寶寶的特質讓你感到吃不消，甚至有點害怕，那麼你的反應大概就顛倒過來：「唉，希望查理不要變得跟他爸爸一樣咄咄逼人。」當然，孩子勢必會遺傳到家族特質，但沒人能預言未來。就算孩子真的遺傳到你或另一半不理想的一面，或是某位你討厭的親戚，你也說不準他會變成怎樣的人。孩子是獨立的個體，他受到的影響跟你不同，而且他會走出自己的一條路。最重要的是，如果你好好教導活潑型寶寶管理情緒，把精力發洩在適當的地方，他就不會變成惡霸。

如果我們被恐懼或幻想遮蔽雙眼，看不清孩子眞正的模樣，採取了錯誤的行動，孩子就會受苦。所以，聽懂兒語的首要指令是：看著你親生的孩子，不要被你內心幻想擁有的孩子遮蔽了雙眼。

生性靦腆的葛蕾斯打給我，她很擔心麥克「怕生」的個性，她在電話上說七個月大的兒子跟她小時候一樣。但我見到麥克本人時，看到的是一個教科書型寶寶，只不過碰到陌生人時有一點點膽怯。我給麥克一點時間適應之後，他便開心地坐在我的腿上。葛蕾斯看得目瞪口呆：「他竟然肯坐在你腿上，太不可思議了，他從來不給別人抱。」

我請葛蕾斯誠實檢視自己的行爲，於是眞相大白：葛蕾斯從來不讓麥克接近其他人。她成天繞著兒子打轉，不讓任何人靠近，因爲她認爲只有自己最了解個性敏感的寶寶有多痛苦。在她心裡，她是唯一能保護兒子，知道該如何對待他的人，就連孩子的爸都被拒於門外。更糟的是，葛蕾斯和其他憂慮的父母一樣，會當著麥克的面說出她的擔憂。

我知道你想說，麥克不過是一個嬰兒耶。葛蕾斯就算當著他的面說：「他從來不給別人抱。」麥克也聽不懂吧。胡說！寶寶會聽，邊看邊學。就連研究學者也不確定嬰兒是何時開始具備理解能力，但嬰兒肯定能察覺照護人的心情，而且早在可以開口說話前，他們就能理解大人說的話。所以我們怎麼能一口咬定寶寶絕對聽不懂？麥克聽到「他從來不給別人抱」之後，就會認爲別人都不安全。

不尊重孩子天性的父母還會落入一個常見的陷阱，企圖讓孩子順從父母的想法。寶寶獨立之後尤其常見。我的網站有一篇貼文就是很貼切的例子：

> 我家的克蘿伊討厭抱抱。每次我把她抱起來，她就會開始掙扎，想回到地板繼續探索。她還在練習爬行，所以每次都躍躍欲試。有時候我希望她可以撒撒嬌，或至少坐在我腿上聽歌看書，但她就是一點興趣也沒有。克蘿伊根本是「黏人精」的相反。她個性很獨立，只想做自己的事。有人家裡也有討厭抱抱的獨立寶寶嗎？

我猜克蘿伊介於九到十一個月大，而且顯然是活潑型寶寶。活潑型寶寶年紀小的時候還可以親親抱抱，但是一旦學會爬行，他們就不喜歡被抱著限制行動。這位媽媽必須認清現實，她的孩子跟其他孩子不一樣，光是坐在腿上四處看看並不能滿足。也許她很渴望與女兒親密互動，說不定到了睡前的放鬆時間，克蘿伊準備好聽故事時，她可以把握幾分鐘與活潑型寶寶的親密時光。但是，克蘿伊正處於積極探索世界的年紀，媽媽更須看清寶寶的能力。

有位媽媽也在她的敏感型寶寶身上發現同樣問題。寶寶才五週大，媽媽就寫信給我：「我跟老公交遊廣闊，喜歡去朋友家串門子，但是基斯有點適應不良。我們甚至把他帶到朋友家的嬰兒房，想讓他冷靜一點，但是他一直哭個不停。有什麼好建議嗎？」這個嘛，親愛的，也許你兒子還太小了，無法應付這麼重大的日子。所謂重大是從嬰兒的角度來看：先是坐車出門，接著一整晚待在陌生的屋子裡，隨時都有大人發出咯咯聲逗他。你的兒子很不巧是敏感型寶寶，你的日常活動有時會因此受限，但你必須接受他的天性，至少現階段必須如此。畢竟他才五週大呀，給寶寶一點時間調整吧。之後你可以配合他的個性，培養他的強項，專注在你想加強的正面特質上。當然，有些孩子就是比較不擅長跟陌生人相處，長大了也不會改變。

有些類型的父母會把孩子的天生反應當成針對自己的舉動，於是把個人情緒也帶到寶寶身上。我還記得朵拉有一次打電話給我，說她每次想抱伊凡，這個性情乖戾型的寶寶都會打她的臉。朵拉覺得兒子打她巴掌是在拒絕她的抱抱，因此很受傷。有幾次伊凡打她時，個性敏感的朵拉就更想抱抱寶貝兒子，但也有幾次她更想一巴掌甩回去，教訓忘恩負義的兒子（伊凡才七個月大）。

朵拉問：「我要怎麼管教他？」事實上，七個月大的嬰兒腦部還沒發展完全，根本無法理解因果關係，伊凡動手打人只是想表達：「放我下來。」我不是說朵拉就該放任伊凡打人，她必須抓住伊凡的手說：「不可以打人。」但同時她還要再等六個月，伊凡才會開始理解她的意思（待第八章詳述）。

情緒適合度：父母與孩子的適配程度

伊凡和朵拉的故事並非少數。當寶寶的天性與父母自己的情感類型衝突，父母就無法看清孩子的情緒世界。拿克蘿伊的媽媽當例子，這位媽媽聽起來有點黏人，她對親密接觸的渴望使她看不清克蘿伊的本性。事實上，親愛的，你和所有正在閱讀本書的父母，都有屬於自己的天性。你也曾經是個嬰兒，符合五大類型的其中一項，或者混合了兩項以上。成長過程中，你受到了一連串外在影響，但你的天性，也就是情感類型，仍會影響你看待他人與事件的觀感。

史黛拉．雀斯和亞歷山大．托瑪斯是兩位知名精神科醫師，早在一九五六年開始研究嬰兒天性，堪稱該領域的先驅。他們提出「適合度」（Goodness of Fit）這個詞，形容父母與孩子的適配程度。換句話說，孩子是否能健康發育不只要看寶寶的天性，也要看父母的要求與期望。你是否清楚認識孩子真實的樣貌，因材施教，而不是只關注你的需求？我沒有深入研究過以下所列的父母類型，但我至今見過數千位父母，可以從經驗中分析特定情感類型的父母遇上每一種寶寶類型會有哪些互動：

自信型父母很鎮定隨和，他們跟所有類型的寶寶都很合拍。生第一胎的時候，他們對於生活中的改變，以及為人父母的喜悅挫折都欣然接受。他們算是「天生好手」，對爸媽這份工作不太擔憂，很相信自己的直覺，也很擅長看懂寶寶的暗示。由於自信型父母大多放鬆又有耐心，所以遇上性情乖戾型寶寶也得心應手，遇上敏感型寶寶會願意多花時間顧及寶寶的需求，遇上活潑型寶寶則會發揮體力與創意陪伴寶寶成長。自信型父母老是把所有人往最好的方面想，所以他們也會看見孩子最好的一面。他們對不同的教養方法各有意見，卻很願意接納新觀念。如果自信型父母把自己的動機強加在孩子身上，他們通常會立刻意識到不妥。

一板一眼型父母凡事都按照書上教的做，所以有時候寶寶脫離常軌，他們就會很灰心。每次遇到問題，這類父母就會花大量時間鑽研書籍雜誌或上網搜尋，試圖找到解決方法。他們抱怨的內容都是孩子不肯做這個、做那個。他們希望孩子能按照每個類型描述的樣子發展，不是因爲這樣對寶寶比較好，只是因爲這樣比較「正常」。教科書寶寶就很適合一板一眼型父母，因爲他們的發展階段都很準時。天使型寶寶適應力很高，所以也適合這類父母。不過一板一眼型父母實在太想要按部就班，反而錯過了寶寶表現出來的暗示，所以不太適合神經超纖弱的敏感型寶寶，或是不按常理出牌的活潑型寶寶。這類父母常常在原地兜圈，今天信奉這本書，明天聽從那位專家，不時轉換各種時程表和策略。跟他們最合不來的大概就是性格乖戾型寶寶了，因爲這種寶寶最無法接受新改變。一板一眼型父母的優點是願意做功課，捲起袖子解決問題。他們非常歡迎各方的建議。

神經緊繃型父母本身就很敏感，他們可能很內向，所以不太會去找其他父母尋求陪伴支持。神經緊繃型的母親經常在頭幾個月落淚，覺得自己很失職；而父親則不太敢抱孩子。如果碰上天使型或教科書型寶寶，大概沒什麼問題，但是假設寶寶今天心情不好（所有寶寶偶爾都會鬧脾氣），緊繃型父母就會怪到自己頭上。他們不太能忍受吵雜，一聽到寶寶哭就心煩，所以跟敏感型或性情乖戾型寶寶幾乎合不來。多數時間他們都覺得很氣餒、很想哭。如果碰上性情乖戾型寶寶，他們會認爲孩子發脾氣是在針對自己。曾有父母跟我說：「他從來不笑，因爲他討厭我們。」緊繃型父母遇到活潑型寶寶最沒輒，孩子一下就發現家裡沒人管得了他。當然，敏感的父母也有優點，他們很會觀察寶寶。

行動派父母永遠停不下來，永遠都有事做。他們坐不住，一被孩子拖慢腳步就很難受，甚至會激發性子。行動派父母聽不進建議，就算他們打來問我怎麼辦，等我提出解決辦法之後，他們很可能又會打回來，提出一連串「我知道，但是……」的陳述，以及「那要是……」的問題。他們喜歡拖著寶寶到處跑，就算是隨和的天使型或教科書型寶寶也會累壞，更糟的是寶寶在混亂中失去安全感。大多父母遇到這兩種寶寶都會謝天謝地，然而在這過程之中，行動派父母常會忽略眼前的孩子。行動派父母可能會被敏感型寶寶惹惱，被性情乖戾型寶寶的壞脾氣和適應不良冒犯，遇到活潑型寶寶則會吵起來。他們不太變通，常採取極端的作法。比如他們無法抱持同理心，用漸進的方式處理睡眠問題，只會放任寶寶一直哭。這類父母很死板，凡事以自己的需求爲優先，所以看事情的態度非黑即白。他們掌握不到E．A．S．Y的訣竅，因爲在他們眼裡，「規律作息」就等於時程表。但另一方面，他們是富有創意的父母，會讓孩子進行各式各樣的體驗，鼓勵孩子嘗試新事物，勇於冒險。

固執型父母認爲自己無所不知，如果寶寶偏離預期，就會心煩意亂。這類父母很有主見，通常很頑固，絕不輕易妥協。他們老是抱怨東抱怨西，就算是天使型或教科書型寶寶，他們也能找到不滿意，或是自認爲不對勁的地方。固執型父母受不了敏感型寶寶愛哭的個性，討厭必須一直安撫寶寶，或是追著活潑型寶寶四處跑。他們也討厭性情乖戾型寶寶頑固又不愛笑，或許是想到了自己的本性吧。簡而言之，這類父母不管遇上哪一種寶寶都有得批評抱怨。更糟的是，他們會在孩子聽得到的情況下，向別人抱怨孩子有多壞。這麼做只會使孩子長成他們口中不斷批評的模樣。固執型父母的優點是耐力十足，一旦發現問題就會尋求建議，即使遇到難關也會堅持下去。

別忘了，以上情感類型是很極端的綜合描述。沒人會完全符合其中一類，大多是在每個類型的敘述看到一部分的自己。但如果誠實分析起來，你會發現自己確實很符合其中一種敘述。另外，我的意思不是身爲父母就不能犯錯。父母也是人，父母的需求通常都藏在表相下，除了孩子以外，他們也有其他生活和興趣（這是好事）。我寫出「不合拍」親子類型的目的是提高你的意識，讓你更加注意自己的情感類型是否會影響孩子的情緒健康。如果父母沒辦法放下自己的利益，那當需求期望與孩子的天性起衝突時，父母的態度就會嚴重傷害孩子的情緒適能，尤其是雙方的信任感。

信任是建立良好情緒適能的關鍵

寶寶的情緒世界起初只是傳達出純粹的情緒，大多是藉由不同哭聲以及與你的互動表達。這是寶寶第一次體驗到溝通接觸，體會到他對你的依賴漸深。寶寶發出咯咯和咿呀聲其實是要跟你對話，與你保持互動和連結（科學家稱爲「類對話 protoconversation」）。但只有寶寶一人無法進行交際和情感交流，所以你的回應就很重要了。當他微笑和咿呀說話時，你適時報以微笑；當他傷心哭泣時，你耐心安撫，他就會知道你將一直陪在他身邊，於是對你建立起信任。從這個角度來看，寶寶哭其實是一件好事：表示他期待你回應。相反地，多項研究顯示受到忽略的嬰兒最終會停止哭泣。如果沒人會來安撫或滿足需求，哭再大聲也沒用。

寶寶未來幾年的情緒適能、理解情緒的能力、自制能力、尊重他人感受的能力，全都建立在信任的基石上。另外，情感能強化或抑制孩子的智力與天賦，所以信任感也是學習和交際技能的重要基礎。幾份長期研究都顯示，**孩子如果在性格形成時期跟可信賴的人建立良好關係，上學之後行爲問題會比較少，孩子也會更有自信，對世界充滿好奇，並且願意主動探索**（他們知道爸媽隨時在背後撐腰，所以不會害怕）。比起幼年缺乏親密關係的孩子，他們更懂得如何與同儕和大人互動，因爲親子關係教會他們信賴其他人。

建立信任的第一步是理解並接納寶寶的天性。每個孩子的忍受上限和情緒反應本來就不同。比如遇到新狀況，天使型、教科書型或活潑型寶寶可以更快適應；而敏感型或性情乖戾型則會不高興。活潑型、性情乖戾型或敏感型寶寶喜怒皆形於色，他們會大聲清楚地表達自己的感受。天使型和教科書型寶寶很好安撫，但是敏感型、活潑型和性情乖戾型寶寶有時候彷彿要哭到天荒地老。不論寶寶表現出哪一種情緒，千萬不要逼他改變自己的感受（像是「那根本沒什麼好怕的呀」），或是用其他方式哄騙他「突破自我」。我常常聽到父母這麼說，其實追根究柢是父母很難接受孩子強烈的情緒，才想說服孩子擺脫這種感受。

你不應該忽視孩子的感受，你要做的是描述他的情緒（比如「親愛的，你一定累了，所以才哭成這樣」），就算嬰兒也一樣。別擔心寶寶是否聽得懂，有一天她會懂的。下一個步驟也很重要，你必須根據寶寶當下的需求，做出適當回應。敏感型寶寶要裹好包巾，放到嬰兒床上。活潑型和性情乖戾型寶寶不喜歡被束縛，所以包巾就免了。如果每次寶寶有情緒，你都能適當回應，信任關係就會越來越穩固。

所有寶寶都需要父母回應他們的哭聲，滿足他們的需求，但是敏感型、活潑型和性情乖戾型寶寶特別需要費心思。以下是這三種寶寶的重要須知：

敏感型：守護他專屬的空間。看看四周環境，試著想像這世界在他敏感的眼睛、耳朵和皮膚裡是什麼模樣。任何刺激感官的干擾，例如搔到皮膚的衣物標籤、吵雜的電視聲、頭頂刺眼的日光燈，都有可能讓他受不了。遇到新狀況記得給他大大的支持，但是不要保護過度，以免加深他的恐懼。做任何事都要跟他解釋，從換尿布到抱上汽車座椅準備出門，就算你覺得他聽不懂，也要說給他聽。讓他知道即使遇到新狀況，你也會陪在他身邊。但是儘管放手讓他自主探索，有時候敏感型寶寶會讓你出乎意料。可以先從一兩位（隨和的）小朋友開始嘗試交際。

活潑型：別指望他會乖乖坐一整天。從嬰兒時期開始，他們就比其他類型的寶寶更需要變換姿勢和眼前的景色。記得多製造一些機會讓他盡情玩耍，安全探索，但留意不要過度刺激。別忘了過度疲累的時候，他可能會鬧性子。注意玩得太累的暗示，盡量避免讓他大發脾氣，因爲活潑型寶寶鬧起來最難收拾。快要崩潰失控的時候，如果其他東西已經沒辦法讓他分心，請帶他離開現場，直到冷靜下來。確保其他親戚和負責照顧孩子的人了解並接納他的強烈情緒。

性情乖戾型：他或許不會像其他寶寶那樣愛笑，請接受事實。製造機會讓他多用眼耳觀察，而不是只動動身體。他在玩的時候不要多插手，讓他自己選擇喜歡的玩具。遇到陌生的玩具或情況，他可能會挫折或生氣。換到下一個作息時不要太草率，如果他在玩耍，但是小睡時間到了，請先提醒他

（「差不多要把玩具收起來囉」），並給他幾分鐘消化這個訊息。先從一兩位小朋友開始練習交際。

打破信任關係的案例分享

某天下午，我受邀參觀一個共學團。這群母親最近決定要一週見兩次面，但她們擔心孩子們「好像處不來」。瑪莎、寶拉和珊迪三位媽媽是好朋友，她們的兒子布萊德、查理和安東尼都介於十到十二個月之間。當然，這群寶寶沒有眞的玩在一起。實際上是三位媽媽在聊天，三個寶寶各玩各的。這類共學團對我而言就像迷你實驗室，我可以觀察小朋友如何互動，以及母親如何應對。

十個月大的布萊德是敏感型寶寶，他不想跟其他小朋友玩，他媽媽已經跟我提過這個「問題」。他一直唉唉叫，把手伸向瑪莎，顯然想坐在媽媽腿上。瑪莎越是想要說服他改變心意（「好嘛，布萊德，你不是喜歡查理跟安東尼嗎？你看他們玩得多開心。」）布萊德唉唉叫得越大聲。瑪莎希望兒子最後會放棄，加入另外兩個小朋友，所以她選擇不理兒子，轉過頭繼續跟朋友聊天。但是這些方法都沒用，布萊德繼續哀鳴，最後哭了起來。瑪莎最後終於把他抱到腿上，但已經來不及了。

房間的另一端，活潑型的查理興奮不已，在玩具間跑來跑去，最後他盯上一顆球，打定主意要拿到手。查理想從安東尼的手中把球搶過來，安東尼死也不放手。最後查理推了安東尼一把，安東尼往後跌倒，加入布萊德的哭哭合唱團。珊迪把兒子抱進懷裡安慰，同時朝另一位媽媽直勾勾看了一眼，彷彿在說：**不准再有下次**。

查理的媽媽寶拉很不好意思，這顯然不是查理第一次推人。她想把查理抱起來，但是查理抵死不從。她越是限制他的行動，他抗議的尖叫就越大聲，同時死命推開媽媽的手臂。寶拉想跟兒子講道理，但他右耳進左耳出。

這就是破壞信任的最佳案例！首先，硬要布萊德加入一群小朋友（對布萊德這種寶寶來說，三個人已嫌多），就像把旱鴨子丟進泳池一樣！再來，要過度刺激的活潑型寶寶靜下來聽你講道理，完全是白費功夫！

這三位媽媽分別該怎麼做，才能化解狀況，並且與孩子建立信任關係呢？我跟瑪莎解釋，早在她帶布萊德來之前，就該明白他的「問題」不會神奇地消失。她應該承認這個狀況確實存在，並且讓兒子安心（「沒關係，親愛的，等你準備好再跟他們玩就行了」）。布萊德做好心理準備之前，她都應

小叮嚀

破壞信任的元兇

以下是父母面對嬰兒（和稍大一點的孩子）常犯的錯誤，這些錯誤會破壞孩子的信任感：

- 不尊重，甚至忽視孩子的感受（「你明明就喜歡小狗啊，不要再哭了」）。
- 嬰兒或幼兒已經飽了，卻繼續強餵（「再吃一口就好」）。
- 哄騙孩子改變心意（「好啦，貝琪特地帶比利來跟你玩耶」）。
- 缺乏溝通（寶寶開口說話之前，你就應該經常跟他對話）。
- 沒有事先提醒孩子，就認為嬰幼兒可以接受新狀況，比如共學團。
- 避免孩子哭鬧而偷偷溜出門（去上班或交際應酬）。
- 言行不一（才剛說「不准吃糖果」，結果孩子一哭鬧就讓步）。

該讓兒子坐在腿上。我不是說瑪莎完全不能哄騙兒子，但與其像剛剛那樣強迫或忽視他，瑪莎應該更溫柔地鼓勵他加入其他小朋友的行列。她可以跟他一起趴在地板上，或者指向兒子愛玩的玩具。就算憂心兒子要花上六個月才能加入其他人，她也應該讓兒子按照自己的步調慢慢來。

我也告訴寶拉，她應該提前做好準備。既然知道查理很好動、容易興奮，那她一注意到兒子有點過火時，就應該適時介入。**孩子崩潰失控前有幾個徵兆：講話變大聲、揮舞手腳和唉唉叫**。寶拉應該趁查理失控前先把他帶離房間，給他機會冷靜下來，才有可能避免狀況一發不可收拾。孩子一旦崩潰失控，尤其是活潑型寶寶，當下就沒必要再架住他，或是跟他講道理。我要強調，把他帶離房間並不是懲罰他，而是幫助他控制情緒。這個年紀的寶寶還不能連接因果關係，別指望他們會認錯反省！如果寶拉把兒子的情緒抽離那個房間，溫柔牽起他的手，而不是架住他，她就可以跟兒子說：「我們去臥房，我唸故事書給你聽。等你冷靜一點，我們再回來跟其他小朋友玩。」

小叮嚀

拒絕「暫停隔離法」！

千萬別讓情緒發作的寶寶（或幼兒）獨處。寶寶沒辦法控制自己的情緒，我們必須主動協助。如果寶寶正在嚎啕大哭、動手動腳，或是展現其他失控的一面，換個地點通常都很有效，尤其當場如果有其他孩子，那就更應該離開。讓孩子離開現場，轉移注意力，通常能有效排解情緒。不管你認為孩子是否能聽懂，記得一定要跟他解釋現在的感受。或許今天他還聽不懂，但有一天他會懂的。

終有一天，敏感型的布萊德或許會按照自己的步調變得勇敢外向一點，學會與他人互動，但前提是他要覺得安全自在。活潑型查理要知道欺負其他小孩是不對的事，但首先父母必須在他失控時先讓他靜下來。查理還要再過幾個月，才會眞的明白「冷靜下來」的意思，但是現在開始學也不嫌早。瑪莎和寶拉必須擔任孩子的守護者，而不是管秩序的警察。即使孩子還小，不懂得控制自己的反應，這時候爸媽如果介入，幫助孩子調解心情，孩子也更有安全感。孩子會知道情況有點失控時，可以依靠爸媽幫忙處理。

最重要的是，我告訴三位媽媽，尤其是瑪莎和寶拉，她們要從經驗中學習，觀察哪些事情會觸動孩子的情緒反應，又有哪些方法可以讓孩子冷靜下來。下次，希望她們會在兩個小男生崩潰失控之前就介入。這次最重要的一個觀念是，她們不能捲入孩子的情緒。她們必須看穿緣由，解釋給孩子聽，而不是自己也發起脾氣。

另外，三位母親可以考慮把見面時間改成小睡過後的早上，這時候孩子休息較充足。見面頻率也可以從一週兩次改成一週一次，因爲對未滿一歲的寶寶來說，一週兩次的負擔有點重。除此之外，儘管三位母親本身是好友，她們也應該注意三個孩子的互動狀況，認眞想想：「這是對孩子最好的交際場合嗎？」查理或許能保持冷靜，但他的天性對布萊德這樣敏感的寶寶來說也許不太適合，甚至對教科書型的安東尼也不是最佳玩伴。把見面改成早上，查理或許會冷靜一點，因爲下午不是他表現最好的時段，而且對他來說，跟其他更好動的寶寶一起玩說不定更適合，大家可以約在體育館或公園見面，他可以跟其他活潑型寶寶一起消耗旺盛的精力。

十二個建立信任感的要訣

第八章會介紹父母如何幫助幼兒和大一點的孩子避免「失控情緒」。情緒失控會影響孩子，遮掩所有正向特質和天賦。而情緒適能則可以讓孩子理解自己的情緒，進一步控管情緒。培養情緒適能的第一步是建立安全的依附關係。父母可以採取多種方法從嬰兒時期開始跟孩子建立信任感：

1. **觀察理解**。聽懂他的哭聲，看出他的肢體語言，從中理解寶寶哭泣的原因，並判斷他的心情。如果寶寶在哭，自問：「我了解我的寶寶嗎？」他是好動、敏感、情緒起伏大、愛哭，還是愛生氣？這種反應常見嗎？如果你說不出寶寶的情緒類型，表示你沒認眞觀察暗示，有可能她的需求並未獲得滿足。

2. **爲寶寶建立E．A．S．Y作息**（見第一章）。只要生活過得可預測又安穩，所有寶寶都能長得很好，但是敏感型、活潑型和性情乖戾型寶寶尤其需要建立規律作息。每天換到下一個作息時，比如準備要吃飯、小睡、晚上就寢、洗澡或收玩具，請跟寶寶一起做一個例行儀式，讓他知道下一步要做什麼。

3. **跟寶寶對話，而不只是對她說話**。你不該單方面說話，應該要跟寶寶進行對話。跟寶寶說話時要看著他的眼睛，不管年紀多小都一樣。就算前幾個月、第一年，甚是超過一年寶寶還不會回話，實際上他都有聽進去，並且透過咯咯笑聲和哭聲回應你。

4. **尊重寶寶的身體空間**。就算你覺得他還聽不懂，也要好好說明現在要做什麼事。比如換尿布時，請說：「我要把你的腳抬起來，放一塊新尿布囉。」要出門散步時，請說：「我們現在要去公園，我要幫你穿上暖和的冬季外套。」去看醫生時，尤其要說明狀況，並且再三保證：「醫生現在要幫你做檢查，我會在這裡陪你喔。」

小叮嚀

醫院好可怕！

很多寶寶一到兒科診間的門口就會開始大哭。這也難怪，他們在這裡被脫個精光，日光燈亮得刺眼，還要被針扎！別在孩子一見到醫生就大哭時道歉：「噢，他通常不是這樣的。他真的很喜歡你。」這種謊言是在否定寶寶的感受。比較好的作法是：

- 第一次接種疫苗前，先跟醫生見幾次面。
- 不要說謊，直接說：「我知道你不喜歡這裡，但我會陪著你。」
- 詢問護理師：醫生何時會來檢查寶寶，等到最後一刻再脫衣服。在醫生來之前先抱著寶寶。
- 醫生檢查時，請站在寶寶的頭部旁邊，對他說話。
- 打針時，別說：「醫生壞壞。」直接坦白說：「我們必須幫你打針，你才不會生病。」
- 如果醫生都沒跟寶寶說話，也沒有眼神交流，讓你覺得寶寶好像只是個物品，請勇敢換醫生。

5. **千萬不要忽略寶寶的哭聲，並且要在你認爲她能理解之前，就開始描述她的心情。**寶寶哭是想告訴你他的感受。你可以讓他早點認識描述心情的語言，用不同的字眼說明各種哭聲（「你餓了，你已經三小時沒吃東西了」或是「你只是累了，想睡覺了」）。

6. **從寶寶的情緒判斷什麼該做，什麼不該做。**假如你每次打開敏感型寶寶頭上的轉動玩具，他都會哭，就表示他在告訴你：「這樣我受不了。」關掉音樂，讓他靜靜看著玩具就行了。

7.**弄清楚哪些方法可以安撫你的寶寶**。裹包巾這招對多數寶寶都有效，但性情乖戾型和活潑型寶寶越是被束縛，就越想要掙脫。同樣道理，噓拍法（221頁）通常可以幫助寶寶入睡，但敏感型寶寶可能會覺得動作太激烈。幾乎所有寶寶都可以用轉移注意力這招，但活潑型、性情乖戾型或敏感型寶寶可能必須離開過度刺激的環境，才能冷靜下來。

8.**從一開始就採取措施，確保寶寶吃得好**。如果親餵不順利，本書的建議也幫不上忙，請立刻聯繫哺乳專業人士尋求協助。在媽媽還無法順利親餵之前，吃不到奶的天使型或教科書型寶寶可能會有點不開心，敏感型、活潑型和性情乖戾型寶寶更是會鬧脾氣。

9.**遵守小睡和就寢時間**。睡眠充足的寶寶，比較可以用穩定的情緒面對各種狀況。敏感型寶寶的嬰兒床務必要放在安全寧靜的房間，小睡時也要調暗燈光。

10.**不要跟前跟後，讓寶寶盡情探索，享受獨立的感覺**。看著寶寶玩耍時，別忘了H・E・L・P秘訣。觀察他喜歡的活動，尊重他的步調。如果他想要爬回你的腿上，那也沒關係。讓敏感型或性情乖戾型寶寶知道你會在他需要時陪在身邊，他會更願意獨自去冒險。

11.**把活動時間安排在寶寶表現最好的時段**。過度疲勞或過度刺激都會讓寶寶出現失控情緒，安排時間處理雜務、拜訪親友或與其他媽媽見面時，記得把寶寶的天性和當下的時間也考量進去。親子教室不要排在寶寶快要小睡的時段。尤其寶寶如果年紀夠大，已經可以自行移動、敲敲打打，最好不要把敏感型和活潑型寶寶放在一起。

12.**照顧寶寶的人一定要理解並接受他的天性**。如果你有聘請保母照顧寶寶，請先花幾天時間觀察寶寶對保母的反應。即使你很喜歡這位保母，寶寶也要一段時間才能適應陌生人（見456頁「陌生人焦慮」）。

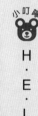

小叮嚀

H．E．L．P讓寶寶快樂成長

為人父母必須在過與不及之間小心拿捏，你得在他旁邊保護他的安全，又要懂得放手讓他自由探索。想要保持平衡，請參照以下的H．E．L．P秘訣：

按兵不動（**Hold back**）：不要直接插手，先等幾分鐘，搞清楚寶寶為什麼哭，或者為什麼會緊抓著你不放。

鼓勵探索（**Encourage exploration**）：讓寶寶或幼兒自己探索他的手指頭，或是你剛放進嬰兒床的新玩具。如果寶寶需要你介入，他自然會讓你知道。

適可而止（**Limit**）：你大概知道寶寶的界線在哪裡。觀察寶寶的興奮程度、起床到現在清醒多久、身邊擺了多少玩具，以及有哪些選擇。一旦寶寶快要超過界線，就要適時介入。

稱讚（**Praise**）：從嬰兒時期開始稱讚他很努力，而不是稱讚結果（你把手穿進外套了，好棒喔）。但也不要太誇張（不管你覺得兒子多聰明，他肯定不是「世上最聰明的小男生」！）適當的讚美不僅可以培養孩子的自我認同，也是鼓勵成長的動力。

失控的親密教養恐造成長期分離焦慮

培養信任和注意寶寶的需求是很關鍵的技巧，但很多父母做過頭，變成過度緊張，特別是爲了寶寶的分離焦慮前來諮詢的父母。我聽了這些家庭日常的一天後，馬上明白這些爸媽認爲：稱職的父母就是要隨時把孩子帶在身邊，跟孩子睡同一張床，並且絕對不讓孩子哭。寶寶只要發出一點嚶嚶聲，就會回應，也不先觀察那是寶寶平時發出的聲音，還是需要幫忙的叫聲。這群父母沒事就在孩子身邊跟前跟後，所以他們一離開房間寶寶就會崩潰。到最後父母失去睡眠時間、自由和朋友時，就會求救。這些父母都會合理化自己的行爲：「我們奉行親密教養法。」說得好像這是種宗教信仰。

沒錯，寶寶需要親密感和安全感，才能學會注意自己的心情，判斷他人臉上的表情。但親密教養的觀念被無限上綱後，往往會失控。只要你正確理解寶寶的感受，寶寶就會產生親密感。反之，就算你一整天抱著他，讓他在你胸口睡著，整個童年都跟他同床共枕，如果你沒看出他的獨特之處，仔細觀察他，滿足他的需求，那麼再多的肢體接觸和溺愛，都不能給予他安全感。研究發現：比起過度關愛的母親，**適時回應但不霸道的母親才能讓孩子更有安全感和親密感**。

這個狀況在寶寶七到九個月的時候最明顯，這個階段幾乎所有孩子都有*一般的分離焦慮*。這時候寶寶的記憶力已經發展到可以明白母親有多重要，但又還不能理解媽媽離開房間不代表她會永遠消失的程度。爸媽必須用開朗的語調讓孩子安心（「沒關係，我就在這裡喔」），同時耐心以對。一般的分離焦慮通常一到兩個月就會消失。

但是請思考一下，假如父母過度關心、寸步不離，孩子會發生什麼事？寶寶從來沒感受過挫折，也不知道該如何安撫自己。爸媽認爲陪孩子玩是他們的責任，所以孩子也學不會自己玩耍。當他開始經歷一般的分離焦慮時，每次他一呼喚，爸媽就會立刻出現，無意間加深了孩子的恐懼。父母會焦急地說：「我來了，我來了。」語調就跟寶寶一樣慌張。如果這種情形持續超過一、兩週，可能會演變成「*長期分離焦慮*」。

長期分離焦慮最嚴重的情況就像九個月大的提雅般；提雅的母親急需幫忙，我拜訪了這一家人之後，隨即明白原因。在我協助父母的這些年中，提雅是我見過長期分離焦慮最嚴重的寶寶。用黏人來形容提雅還太客氣了。母親貝琳達解釋：「我一起床，就必須整天抱著她。她最多只能自己玩兩、三分鐘。如果不抱她，她就會尖叫到不舒服，或是生病的地步。」貝琳達想起有一次，她們開車離開奶奶家。坐在汽車座椅的提雅很想要媽媽抱，於是大哭。貝琳達試著安撫她，但她卻哭得更大聲。「我不能一直開開停停，只好一路開回家，一回到家才發現她吐得全身都是。」

貝琳達找來幾位女性好友幫忙，請好友抱著提雅，好讓貝琳達能離開房間。結果貝琳達才離開兩分鐘，女兒又開始哭得歇斯底里。於是，儘管女性好友樂意幫忙，貝琳達還是退縮，選擇最快的解決方式：「我一抱她，她就不哭了，像個水龍頭一樣。」

更糟的是，提雅還無法睡過夜。一個晚上醒來兩次，就算是「很平靜的夜晚」了。爸爸馬汀過去六個月以來，都在設法減輕妻子的負擔，但是除了媽媽以外，提雅誰都不理。白天時，提雅不是在媽媽懷裡，就是哭著要媽媽抱。貝琳達不止身心俱疲，什麼事都不能做，也無法好好陪伴三歲的大女兒茉莉，更別說是夫妻的相處時光了。貝琳達和馬汀幾乎沒有任何平靜的兩人世界。

跟貝琳達聊過，一邊觀察她和提雅的互動後，我發現貝琳達每次趕去「拯救」哭泣的提雅，都無意間加深了提雅的恐懼。貝琳達一直把提雅抱起來，就是在告訴提雅：「沒錯，一個人躺在那裡真的很可怕。」無法睡過夜也是個問題，不過我們得先解決提雅嚴重的分離焦慮。

我請貝琳達把提雅放下，但是一邊在洗手台做家事時，記得一邊要跟提雅說話。如果要離開房間，就提高音量，讓提雅聽得見。我也請貝琳達改掉「可憐小寶貝」的語調，換成開朗又令人安心的話語：「好了，好了，提雅。我就在這裡呀。」提雅哭著找媽媽時，我請她用四足跪姿停在提雅的眼睛水平高度就好，不要把她抱起來。她可以安撫提雅、摟著她，就是不能把她抱起來。這是另一種方法，告訴提雅：「沒事的，我就在這裡。」提雅冷靜下來後，貝琳達就可以拿玩具或唱歌讓她分心，忘掉剛剛的恐懼。

我跟他們約好六天後再見，結果三天後就接到電話，說我的方法似乎不太管用，貝琳達比之前更累，已經想不出逗提雅分心的花招了。另一方面，茉莉更加覺得自己不受重視，於是開始發脾氣，想引起媽媽的注意。第二次拜訪時，儘管貝琳達和馬汀看不出來，我卻發現提雅已經有些進步了，在客廳尤其明顯。不過到了廚房，貝琳達在做各種家事時，提雅狀況還是很糟。我發現其中的差異是：客廳地毯有許多玩具可以吸引提雅的注意力，而在廚房就只能坐彈跳椅，上頭的手柄、滑輪和其他裝置她都玩膩了，貝琳達很難轉移她的注意力。除此之外，提雅坐在椅子裡哪兒都去不了。她不只跟媽媽分開（雖然距離不到兩公尺），還動彈不得。

我建議在廚房擺一張大遊戲墊，放幾件提雅最愛的玩具。貝琳達也換了一個新的遊戲站，有提雅最愛的鋼琴鍵和各種按鈕。這個新奇的玩意輕鬆吸引了提雅的注意力。而且現在就算媽媽拒絕抱她，她也可以爬到離媽媽近一點的地方。慢慢地，提雅的注意廣度提高，獨自玩耍的能力也增強了。

接著，我們要解決無法睡過夜的問題。提雅的睡眠習慣一直不好，幾個月以來，貝琳達也和許多媽媽一樣選擇最輕鬆的解決方式，就是讓提雅在她胸口睡著。現在提雅不躺在媽媽身上就睡不著。每次等到提雅快睡著，貝琳達才慢慢起身把她放進嬰兒床。而嬰兒床放在哪兒呢？沒錯，就在貝琳達和馬汀的房間。所以提雅成了白天有分離焦慮，晚上會哭醒的寶寶。她那小小的嬰兒腦袋在想：我怎麼會在這裡？媽媽溫暖的胸口呢？她肯定不要我了。

我們把提雅的嬰兒床放回嬰兒房，並且教爸爸「抱起放下法」（264頁）的技巧，讓他一起參與育兒。我請馬汀一直告訴女兒：「沒關係，你只是要睡著了。」前幾個晚上提雅哭得很慘，但馬汀很有毅力地堅持下去。

小叮嚀

適當的安撫與分散注意力可降低分離焦慮

如果寶寶介於七到九個月大，突然開始在你離開房間時唉唉叫，或是白天或晚上睡不好，原因可能是寶寶開始經歷一般分離焦慮。很多寶寶第一次意識到媽媽離開身邊時，會發生這些反應。一般分離焦慮不一定會演變成長期分離焦慮，只要你做到以下幾點：

- 寶寶不高興的時候，蹲低到他的眼睛水平高度，用話語和摟抱安撫他，但是不要把他抱起來。
- 以放鬆上揚的語調回應寶寶的哭聲。
- 注意自己的聲調，不要跟寶寶一樣慌張。
- 寶寶冷靜一點之後，立刻引開他的注意力。
- 千萬不要採用「哭泣控制法（controlled crying）」，又稱「費伯法」，來解決睡眠問題。你會破壞寶寶的信任，並且讓他知道：沒錯，爸媽拋棄他了。
- 跟寶寶玩躲貓貓，讓他知道你即使消失了，也會再出現。
- 去街上走走，讓寶寶體驗你暫時不在的感覺。
- 你要出門時，請另一半或保母帶寶寶到門邊跟你揮手道別。寶寶也許會從頭哭到尾，這很正常，因為他開始依賴你了，但你必須為彼此建立起信任感。

接下來幾天，馬汀持續安撫提雅，教她獨自入睡，幫助她躺在自己的嬰兒床度過一整晚（細節見第六章）。提雅開始一晚只醒一次，有時候甚至可以睡過夜，讓爸媽非常驚訝。現在提雅早上和下午的小睡品質更好，改善過度疲累的問題後，分離焦慮的程度也下降許多。

一個月後，我像是到了完全不同的家庭。貝琳達不必再全天候安撫提雅，也多出時間陪茉莉。原本很無助的馬汀也負起了育兒的責任，更棒的是，他終於能好好認識小女兒。

獨自玩耍：情緒適能的基礎

父母常會問我：「該如何逗孩子玩？」月齡小一點的寶寶光是觀察周遭世界就很入迷。孩子天生就不太會無聊，除非是大人在不經意間養成孩子依賴大人提供娛樂的習慣。拜現代玩具的多樣化所賜，孩子在各種可以搖動、轉動、震動、發出口哨聲、唱歌或說話的玩意包圍下，比起無聊，寶寶更容易過度刺激。當然，拿捏平衡是很重要的：你必須確保寶寶接收到適量適性的刺激，同時也要空出一段時間讓寶寶冷靜紓壓。慢慢地，孩子就會知道自己何時超出負荷，或是玩得太累，這是情緒適能很重要的一面。但首先，孩子需要你的引導。

爲了讓孩子發展出情緒肌肉，你必須放手讓他自己玩，拿捏「適時幫助」和「保護過度」的界線。把家裡布置成孩子可以安全探索、冒險的環境，同時也要小心不要變成你在指導孩子如何玩耍。以下是按照年齡分層的指南，幫助你培養孩子的情緒適能。

◎零到六週

新生兒只會吃飯跟睡覺，他目前也只能處理這兩件事。餵奶時，你可以輕聲跟他說話，讓他保持清醒。吃飽後盡量讓寶寶清醒十五分鐘，讓他了解吃飯和睡覺是分開的兩件事。就算寶寶睡著了也別慌張，有些嬰兒一開始只能清醒五分鐘，之後才能逐漸拉長。至於玩具，目前他只想看看你和其他人的臉龐。拜訪爺爺奶奶，或是你抱著他，帶他看看家裡和外頭的模樣，對新生兒來說已是大量的活動。跟他說話，就當他聽得懂每句話：「你看，這是晚餐要吃的雞肉。」「外面那棵樹好漂亮。」親友送的可愛繪本可以留到洗澡再看。這時候不妨抱他走到窗前，讓他看看外面的景色，或是把他放在嬰兒床上，瞧瞧上方的轉動玩具。

◎六到十二週

小傢伙現在可以自己玩耍十五分鐘以上了，但要小心別讓他受到過度刺激。比如，寶寶在玩具遊戲墊不要躺超過十或十五分鐘。坐在嬰兒座椅很棒，但不要打開討厭的震動功能，取消那些會晃動、轉動或滾動的玩具，讓他好好坐著觀察周遭就行了。另外，切記不要讓寶寶坐在電視機前面，電視對寶寶的刺激實在太大了。洗衣煮飯可以把寶寶帶在身邊，坐在電腦前收信時，也可以讓寶寶坐在你旁邊。持續跟他說話，解釋你正要做的事，並且說出他當下的狀態。（「你現在在做什麼啊？我知道你有點累了。」）提早讓寶寶知道休息睡覺是一件好事。

◎三到六個月

如果你沒有過度干預，寶寶現在應該可以清醒八十分鐘左右（包括吃飯）。他可以自己玩耍十五或二十分鐘，才會開始吵鬧。這時候他差不多要小睡了，不妨把他放到嬰兒床，讓他放鬆下來。如果寶寶到現在還不能自娛自樂，通常是因爲你無意間做了意外教養，使得寶寶一定要有人陪他玩。這下子不但會限制你的自由，孩子也無法獨立，更糟的是造成不安全感。

這個階段一樣要避免過度刺激。同時，你和爺爺奶奶、姑姑嬸嬸，甚至隔壁鄰居，都會開始被寶寶的反應逗樂。奶奶對他微笑、扮鬼臉，突然間他也會微笑和大笑了。但是下一秒，他又開始皺眉哭泣。這時候寶寶在說：「現在不要跟我玩，不然就讓我睡覺吧。奶奶的扁桃腺我已經看夠了！」他的身體控制力更好了，可以控制頭部、協調手臂。之前他只能躺在玩具遊戲墊上，現在可以伸手觸摸玩具。不過有個缺點，他可能會開始吃手、引起反胃、拉扯自己的耳朵，或是把自己抓傷。所有嬰兒都會戳自己的身體，父母很容易因此慌張，趕過去把嬰兒抱起來。這麼做不只會讓嬰兒戳痛自己，還會因爲抱起來的速度太快而受驚。對他來說，那就像從地面光速飛到帝國大廈頂樓一樣。所以小心避免「可憐小寶貝」症候群（294頁），你可以承認戳到會痛，但盡量輕描淡寫。「阿呆！剛剛那樣是不是會痛啊？哎呀！」

◎六到九個月

寶寶現在可清醒兩小時了（包括吃飯）。他能自己玩耍半小時以上，但記得替他換姿勢，比如從嬰兒座椅換到嬰兒床躺著看轉動玩具。當他能坐起身時，就能換坐跳跳椅了。現在他喜歡把玩物品，還會把東西放進嘴巴，連小狗的頭也不放過。目前正是拿出繪本、唸童謠、唱兒歌的最佳時機。

到了這個年紀，孩子第一次發現自己的行爲和一連串事件的因果關係，所以壞習慣也特別容易養成。有父母跟我說，家裡六到九個月大的寶寶活動五到十分鐘之後，會哭著討抱，我告訴他們「不要把他抱起來」，否則你是在教孩子「只要我發出這個聲音，媽媽就會來抱我」。我的意思不是寶寶會在心裡盤算：「噢，現在我知道要怎麼把爸媽玩弄於手掌心。」他並不是有意識的想操控你……至少目前不是。爸媽不該趕過去把他抱起來，而是要坐在他身邊安撫：「嘿、嘿、嘿。沒事了。我就在這裡，你可以自己玩啊。」然後拿個吱吱叫或是會跳出來的玩具轉移他的注意力。

另外，請留意寶寶哭是不是因爲累了，還是周遭刺激太大，比如吸塵器、哥哥姊姊、電視、遊戲主機，以及他的玩具。如果累了，就讓他睡覺。如果是刺激太大，請帶他回嬰兒房。如果家裡沒有嬰兒房，就在客廳或你的臥房布置一塊安全小天地，寶寶受到過度刺激時可以待在裡面放鬆。另一個讓寶寶冷靜下來的方法是帶他出門走走，輕聲跟他說話（「你看這些樹，長得好漂亮喔」）。無論天氣如何，都可以帶他出去呼吸新鮮空氣。冬天時，不必特地穿上外套，只要包在毯子裡就行了。

寶寶此時可以開始社交生活了。儘管這年紀的寶寶還不會一起玩，也可以安排早上的共學團。許多美國媽媽在分娩的醫院，或是寶寶幾週大時都會加入「媽媽團」，但是那些團體的主角是媽媽，不是寶寶。寶寶喜歡觀察彼此，讓他們見面是好事，但別指望寶寶一開始就懂得分享和交際，這些需要時間。

◎九到十二個月

孩子現在應該非常獨立了，他可以自己玩耍至少四十五分鐘，並且足以應付更複雜的動作。他的學習能力會大幅成長，可以把圓圈套進柱子，或是把積木推進空格。玩沙、玩水都是發洩精力的理想活動。大箱子、大抱枕可以玩得很嗨，玩具廚具組也很適合。孩子獨自玩耍的時間越長，獨立能力就越強。他知道你會在一旁看著他，即使離開一下子，至少之後會回來。這個年紀的寶寶還沒有時間概念，只要有安全感，你離開五分鐘或五小時都無所謂。

如果父母說「他不肯自己玩」「他一定要我坐在他旁邊，我都沒辦法做家事了」或者「他不喜歡我靠近其他寶寶」，我首先會懷疑爸媽在幾個月前就做了意外教養。寶寶一哭，媽媽就立刻抱起來，沒有先鼓勵寶寶自己玩。基本上，媽媽可能從來沒離開過寶寶視線，沒給他機會發展自主技巧。他可能從來沒參加共學團，寶寶一直待在家裡的安全領域，所以會害怕其他小朋友。或者，也可能是媽媽平常要上班，對於讓其他人照顧孩子感到矛盾，所以無意間造成這種情況。她可能表現出愧疚的模樣，出門時會說：「抱歉，親愛的。媽媽得去上班了。你會想我嗎？」

如果寶寶已經滿週歲，卻還不能自己玩耍，請報名參加小型的共學團。同時，請把舊玩具淘汰一輪，因爲寶寶一旦完全摸透那套玩具，就不再感興趣了。如果玩具不能吸引他的注意力，他就會依賴大人製造其他樂趣。如果孩子仍有分離焦慮，請慢慢讓他習慣你不在身邊，同時採取措施培養他的獨立性（參見105頁小叮嚀）。另外，請注意自己的態度。當你把寶寶交給另一半、保母或奶奶時，你是讓寶寶覺得對方很可靠、相處很開心，還是對方只是不得已的替代品？也許你很希望自己是寶寶唯一最親近的人，但是長期下來，你和寶寶都會因此付出（情緒方面的）代價。

切記，玩耍是寶寶生活中的一大要事。建立情緒適能才能讓學習的種子萌芽。種子早在嬰兒時期就埋下，當你逐漸增加寶寶獨自玩耍的時間，就是在訓練他的情緒技能，包括自娛、無畏探索、大膽實驗等能力。小寶寶會在玩耍的過程中學會操縱物體，領略因果關係，同時也學到如何學習：第一次動作不順利時，他們必須忍受失敗的挫折，並且要有耐心，一次次練習同一個動作。如果你能適時鼓勵，退到一旁看他慢慢發現世界的樣貌，他就能變成冒險家和科學家，懂得自娛，也絕不無聊。

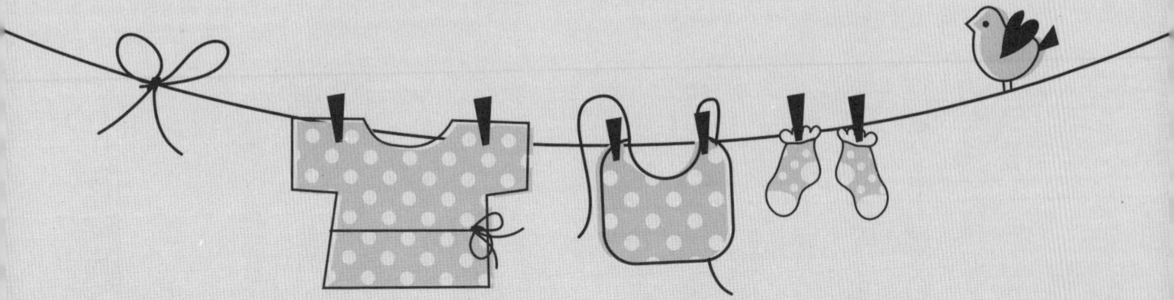

第三章

寶寶的流質飲食

零到六個月的餵食煩惱

吃飽喝足的寶寶也睡得甜

零到六個月寶寶E．A．S．Y作息的「E」（吃飯）只有流質食物，也就是母乳、配方奶或兩種綜合。每個人都知道食物對嬰兒很重要，萬物生靈都得進食才能生存。難怪所有的來信中，睡覺是第一常見問題，吃飯則排名第二。如果你一路讀到第三章，就知道睡眠問題跟進食息息相關。充分休息的寶寶胃口比較好，吃飽喝足的寶寶睡得也更香甜。

希望各位都很幸運，寶寶出生幾天就有個好的開始。剛出生的寶寶就個進食機器，隨時都在吃。通常滿六個月之後，就會停滯，減少攝取量。有些父母會說：「他原本每三小時就要吃一次」或「他以前都要吃一〇〇〇毫升，現在只吃七〇〇到七五〇」。親愛的，那是因為他正在長大！長大過程中，規律作息也會跟著改變。別忘了「4．4法則」的意思是四個月大的E（吃飯）作息要換成白天每四小時吃一次（49頁）。

親餵和瓶餵的媽媽都想問（尤其剛開始餵奶）：怎麼知道寶寶吃夠了沒？多久餵一次？怎麼知道他餓了？餵多少才夠？如果他吃完一小時看起來又餓了，代表什麼意思？如果我同時親餵又瓶餵，寶寶會不會很困惑？餵完奶為什麼會哭？腹絞痛、脹氣和胃食道逆流有何差別？怎麼知道寶寶是哪一種症狀？以上疑問和其他餵食問題的解答都在這一章。本章（和接下來四到七章）提到許多第一章介紹的常見疑難雜症。現在我要教你如何釐清問題根源，並提供多種解決問題的策略和訣竅。

親餵好，但別強加壓力

我支持想要親餵、認同母乳優點的女性，但我更相信女性應該做足功課，謹慎決定哺乳方式，並且不被罪惡感綁架。你不該為了哺乳不開心，甚至灰心受挫。有些媽媽患有糖尿病、正在服用抗憂鬱藥物，或是基於其他生理因素無法親餵。其他則是單純**不想**親餵。或許是她們個性不愛哺乳，或是某些特殊狀況使得哺乳變成一件壓力很大、手續繁雜的惡夢。另外有一些媽媽因為親餵第一胎時遇到不好的經驗，不想再試一次。不管理由是什麼都沒關係。現在的配方奶已經很符合寶寶的營養需求。

話雖如此，親餵仍是目前的主流哺乳方式，但我會說明為何我認為綜合親餵和瓶餵是個好方法（133頁）。

寶寶吃夠了嗎？吃多少才正常？

大家都想知道精準的數字。寶寶該喝多少奶？一次要餵多久？請翻到118頁的「餵食基礎觀念」表格，了解零到九個月的注意事項。滿九個月之後，除了流質食物，寶寶應該也要吃各種副食品（見第四章）。

第一次帶寶寶回家，E・A・S・Y作息的E（吃飯）步驟通常要經過多方嘗試，有時候還越弄越糟。如果採取瓶餵，你可能要試試不同形狀或是更小的奶嘴，看看哪一種最適合寶寶的嘴型。如果寶寶體型較小，容易在喝奶的時候噴出來或嗆到，你可能要換個流量較小的奶嘴，由寶寶自己吸吮控制流量，而不是由奶水的重量來決定流速。如果採取親餵，請確認寶寶正確含乳，母乳也有確實分泌。不論選擇哪一種，哺乳都是一件辛苦的差事。

新手媽媽最擔心的是：「寶寶有吃夠嗎？」最萬全的確認方式就是量體重。建議每三天爲寶寶量一次體重，正常範圍是每天增加十五到六十克。如果寶寶一天只增加七公克也沒關係，他只是體型小了點。有疑問都可以詢問兒科醫師（同時檢查以下條列的危險訊號）。

小叮嚀

何時該擔心新生兒的體重？

有疑慮就量一下體重，但不要每天量。剛出生前兩週，寶寶體重減少百分之十是很正常的事。之前他可以透過臍帶穩定吸收母體的營養，現在則必須仰賴外界（你）的餵食。不過，如果發生以下情形，請諮詢兒科醫師，如果你是親餵，最好也要諮詢哺乳專家：

- 體重減少超過百分之十
- 兩週後尚未恢復出生體重
- 連續兩週沒有增重，仍停在出生體重（典型的「小兒生長遲緩」）

再長大一點，體重的增加量就很難訂出標準。如果你有一張嬰兒成長曲線表，或是兒科醫師推薦的成長曲線表，請記住那些是一般孩童的平均數字，寶寶體型本來就有大有小，而且母奶寶寶體重增加的幅度本來就小於配方奶寶寶，至少前六週是如此。每個母親的健康和飲食狀況不同（如果媽媽的碳水化合物攝取不足，母乳的脂肪含量就會比較高），有些人的母乳增重效果可能比不上配方奶，因爲每次喝配方奶獲得的營養價值都是一致的。另外，如果寶寶出生體重少於二七〇〇克，生長曲線就會低於較重的寶寶。

如第一章所說明，體型小一點的寶寶自然吃得比較少，剛開始必須吃更多餐。翻回44頁「按照體重的E·A·S·Y」表格，把寶寶的出生體重納入考量，不要對寶寶的食量抱持不切實際的期待。早產兒或體重低於三千克的嬰兒原本就吃不了那麼多，他們的肚子容量還不夠大，所以每兩小時就要餵一次。這一點用眼睛看會更容易明瞭。拿一個塑膠袋裝水，容量等於寶寶平常喝的奶量，大概三十到六十毫升。把袋子拿到寶寶肚子旁邊對照，你就知道身體已經沒有空間容納更多奶量，不要期望他能吃得跟三二○○克的寶寶一樣多。

當然，不論出生體重多少，寶寶的奶量都會逐漸增加。你也要把發育階段和活動納入考量，所以別拿剛滿足月的孩子跟你姊姊四個月大的寶寶比較！

記住，成長曲線表只是參考準則，其他因素隨時會影響寶寶的食欲，比如前一晚沒睡好，或是受到過度刺激。寶寶跟大人沒兩樣，某幾天特別餓就吃得多，太累或心情不好就吃得少。在這種「狀態不佳」的日子，寶寶的食量也會減低。另一方面，如果寶寶正在猛長期（141頁，第一次猛長期通常是六到八週之間），食量就會變大。再者，年齡分層只是約略分類，不能太武斷。就算是足月的寶寶，一個六週大的嬰兒可能更接近八週大，另一人則接近四週大。

請看網路上的一篇貼文，括號楷體字的語句是我的想法。

> 我兒子亨利六週大，重五千克，一餐吃一二○毫升。他最近每三小時就想吃一八○毫升，但其他人跟我說這樣太多了。（*其他人是指誰呢？朋友、隔壁鄰居，還是超市的結帳店員？請注*

意，他沒有提到兒科醫師的看法。）他們說不管體重多少，一天最多只能吃九五〇毫升。（怎麼可以不管體重？）但亨利現在一天都吃到一一〇〇或一二〇〇毫升。我不知道如何讓亨利分辨肚子餓和需要安撫的差異。

這位聰明的媽媽聽了太多人的意見，反而沒有仔細聆聽寶寶的想法。她認為不該用食物安撫寶寶，這一點很正確，但她應該去觀察寶寶，而不是只聽其他人說。在我看來，一一〇〇到一二〇〇毫升對體型大一點的寶寶不算過量。我不曉得亨利的出生體重，但是我猜他的百分位落在常見成長曲線表的百分之七十五左右。跟某人說亨利「應該」喝多少比起來，他才多喝一五〇到一六〇毫升，大約多出兩成，也沒超出身體負荷。更何況他又不是不吃正餐（見 123 頁小叮嚀），亨利的每一餐都有間隔三小時。我想亨利八週大的時候，可能要喝到二四〇毫升，也會提早開始吃副食品（見 174 頁小叮嚀）。我對這位媽媽說：「你和兒子都做得很好，不要再被其他人影響了！」

重點是：好好觀察你的寶寶。永遠以眼前的寶寶為主，其他標準規範次之，書籍和表格（包括 118 頁的表格）都是只供作參考。我擔心父母有時候太執著在數字和旁人的意見，反而忘記用常識判斷。世上有那麼多寶寶都跟書上說的不一樣：有人吃得比較快或比較慢，有人吃得更少或更多；有人比較健壯，有人比較纖瘦。如果寶寶看起來很餓，而且距離上一餐已經過了三小時，體重百分位又落在百分之七十五，照常理不就是多餵一點嗎？我甚至要說，只要每餐間隔三或四小時，就不會有吃太多的問題。掌握寶寶的習性，仔細觀察他的暗示，了解發育期間常見的現象，再用常理判斷寶寶目前的階段，這樣你大概就知道怎麼做對寶寶最好了。相信自己吧！

餵飽飽

確保寶寶吃飽的方法之一，是在中午十一點前增加奶量。我稱這個策略爲「餵飽飽」，把更多食物送進寶寶肚子裡，晚上睡眠時間就能更長。寶寶經歷兩到三天的猛長期時，食量比平常大，這時也可以採取餵飽飽的方法。

餵飽飽分成兩個部分：傍晚每兩小時做一次密集哺乳，比如五點和七點，或者六點和八點；以及晚上十點到十一點的夢中餵食（看你或另一半能等到多晚）。夢中餵食是指寶寶邊睡邊吃奶，不要跟他說話，也不要開燈。夢中餵食用瓶餵比較容易，只要把奶嘴輕輕送入寶寶口中，就能引發吸吮反射動作。親餵的難度比較高，首先用你的小指頭或奶嘴撥弄寶寶的下唇，引發吸吮反射，再讓寶寶吸吮乳頭。不管是哪一種餵法，寶寶都很放鬆，所以吃飽之後不必拍嗝就可以放回嬰兒床。

我建議寶寶從醫院回到家就開始實施餵飽飽，不過頭八週之內任何時間開始都可以，夢中餵食要持續到七或八個月大（這時候寶寶每餐已經吃一八〇到二四〇毫升，也開始攝取足量的副食品）。有些嬰兒比較難餵，他們接受密集哺乳，但是不吃夢中餵食。如果你家的寶寶就是這樣，請你夢中餵食就好，不必密集哺乳。比如晚上六點餵完洗個澡，進行睡前儀式，七點再餵一次，此時她可能只喝幾十毫升。

接著晚上十點或十一點（如果你或另一半平常就是十一點之後才睡）夢中餵食，絕對不要超過十一點才餵。請不要嘗試一兩天就放棄，想在三天內改變嬰兒的習慣是很不切實際的想法，有些嬰兒

餵食基礎觀念

這張餵食表格專為出生體重達 2700 至 3000 克以上的寶寶所設計。如果採取親餵，表格預設寶寶沒有任何含乳或乳量不足的問題，寶寶也沒有消化、生理或神經方面的異常。如果寶寶是早產兒，依然可以參考這張表格，但是請按照寶寶的發育階段做調整。比如預產期 1 月 1 日，實際上是 12 月 1 日出生，那麼寶寶足月的時候，請對照零月的內容。或者，如果出生體重較輕，請以體重為主，而不是年齡。

年齡	瓶餵奶量	親餵時長	頻率	備註
1~3 天	每兩小時吃 60 毫升（總共 480~540 毫升）	第一天：每邊乳房 5 分鐘 第二天：每邊乳房 10 分鐘 第三天：每邊乳房 15 分鐘	整天，餓了就餵 每 2 小時 每 2.5 小時	親餵的媽媽前 3 天要餵食更多次，促進乳汁分泌。第 4 天開始換成餵單邊乳房（126 頁）。
3 天 ~6 週	每餐 60~150 毫升（1 天 7~8 餐，通常共 540~720 毫升）	最多 45 分鐘	白天每 2.5~3 小時 1 次，傍晚密集哺乳（117 頁）。晚上應該可以連續睡 4~5 小時，依體重和性情而異。	瓶餵寶寶的每餐間隔時間比親餵更長，通常到 3、4 週就不會有差異。前提是沒有含乳或奶量問題。
6 週 ~ 4 個月	每餐 120~180 毫升（1 天 6 餐加夢中餵食，通常共 720~960 毫升）	最多 30 分鐘	白天每 3~3.5 小時 1 次，滿 16 週應該可以晚上連續睡 6~8 小時。第 9 週開始不必再密集哺乳。	此階段的目標是延長每餐間隔時間，讓 4 個月大的寶寶可以每餐隔 4 小時。如果正在猛長期，又是親餵，請採取「餵飽飽」（117 頁）視情況恢復 3 小時間隔。

年齡	瓶餵奶量	親餵時長	頻率	備註
4~6 個月	每餐 150~240 毫升（1 天 5 餐加夢中餵食，通常共 780~1140 毫升）	最多 20 分鐘	每 4 小時 1 次，晚上應該可以連續睡 10 小時。	4~6 個月期間，寶寶開始長牙，行動能力更強，因此胃口受影響。即使食量變少也不必緊張。
6~9 個月	1 天 5 餐，包括副食品。通常液體共攝取 960 到 1440 毫升。開始吃副食品後，液體就會相應減少。比如以前喝 1200 毫升，現在則是 450 公克的固體加 750 毫升的液體。請注意：2 茶匙副食品＝ 30 毫升液體；2 茶匙固體水果或蔬菜泥＝ 1/4 罐（市售 1 罐約 120 毫升）。	先餵食物再瓶餵，或親餵 10 分鐘。這時候寶寶吞液體很快，所以親餵 10 分鐘就能喝到以前半小時的奶量。	一般作息： 7:00 – 液體食物（150~240 毫升，瓶餵或親餵） 8:30 – 副食品早餐 11:00 – 液體食物 12:30 – 副食品午餐 15:00 – 液體食物 17:30 – 副食品晚餐 19:30 – 睡前瓶餵或親餵	有些寶寶剛換成副食品不太習慣，可能會流鼻水、臉頰泛紅、屁股痠痛，甚至腹瀉，腹瀉有可能是食物過敏，請諮詢兒科醫師。 流口水不一定是長牙。寶寶 4 個月大就會流口水，因為此時唾液腺體開始發育成熟。 開始吃副食品後（見第四章），寶寶的液體攝取量會降低。每餐吃 60 克固體，就會少喝 60 毫升液體。

甚至需要一星期來適應。育兒沒有所謂奇蹟，堅持不懈才有效果。

零到六週：飲食管理問題

即使寶寶食量確實有增加，頭六週仍有可能出現其他問題。以下是這個階段常見的疑難雜症：

Q
寶寶吃到一半睡著，一小時後看起來又餓了。
寶寶每兩小時就想吃奶。
寶寶一直尋乳，我以爲他餓了，但每次餵奶又只吃幾口。
寶寶吃到一半開始哭，或是吃完沒多久就哭。

這些是我所謂的飲食管理問題，通常只要確保寶寶按照出生體重進行適當的規律作息就能解決。父母也要學習分辨肚子餓的暗示和其他類型的哭聲，避免寶寶養成不吃正餐的習慣（見 123 頁小叮嚀）。更重要的是，如果寶寶發生胃食道逆流、脹氣或腹絞痛，只要你有仔細觀察，就比較不容易過度餵食，避免症狀惡化。

我已經看過數千位寶寶，所以話說起來很輕鬆，但是對睡眠不足的新手父母就沒那麼簡單了！爲了釐清癥結點，我通常會向父母提出以下問題，你可以藉此了解寶寶的狀況，後面還有修正問題的詳細解法：

寶寶的出生體重多少？我一定會把出生體重，以及其他分娩期間或出生後某些影響狀況的條件納入考量。如果寶寶是早產兒、出生體重較輕，或有其他健康問題，他大概需要每兩小時餵一次。另一方面，如果出生體重超過三千克，每餐卻無法間隔兩小時，那一定有問題。他可能每餐吃不夠，或是只有吸吮而沒有吃到奶，於是逐漸變成不吃正餐，也就是每次只吃一點，沒有一次眞正吃飽（見123頁小叮嚀）。

寶寶是親餵還是瓶餵？瓶餵寶寶的不確定因素較少，因爲你可以直接看到寶寶喝了多少毫升。如果寶寶出生體重是三千克以上，一餐喝六〇到一五〇毫升的配方奶，吃完一小時看起來似乎又餓了，表示你誤會他的哭聲了。他不是肚子餓，只是想吸吮，給他奶嘴就行了。如果他看起來還是很餓，那可能是每餐要吃更多。

親餵的寶寶要靠每次親餵的時長來衡量一餐吃的奶量。多數滿六週的嬰兒每餐要吃十五到二十分鐘，少於十五分鐘表示寶寶可能吃得不夠多。但你也要檢查寶寶的含乳姿勢是否正確，母乳奶量是否充足。（親餵的詳細說明見125頁。）

小叮嚀

瓶餵寶寶：請詳讀奶粉說明！

我聽過有媽媽自行增加配方奶的濃度，希望寶寶能增胖或吸收兩倍的營養。原本一杓奶粉要兌六十毫升的水，媽媽就改成兩杓。但是，配方奶是經過精準調配的，如果把奶水的濃度提高，有可能會造成寶寶脫水或便秘，所以請務必遵照說明指示沖泡。

多久餵一次？一般體型和較大體型的寶寶一開始每兩個半到三小時要吃一餐，更長或更短都不行，體型大一點的寶寶也不例外（我也建議在傍晚密集哺乳，把寶寶餵飽，見117頁）。

如果你的問題是「寶寶每過一小時就餓了」，表示親餵時間太短或每餐沒吃飽，奶量要再增加。瓶餵的解法很簡單：每餐多吃三十毫升。親餵的話，表示寶寶需要的奶量多過你分泌的母乳，或者含乳姿勢不正確，沒喝到多少母乳。若狀況持續兩、三週，媽媽分泌的母乳也會變少。假如寶寶每次只吃十分鐘，你的身體就會以爲不需要分泌那麼多乳汁，於是逐漸減少乳量，最後完全退奶（母乳奶量的詳細說明見125頁）。另一種可能是寶寶正在猛長期，但是頭六週通常還不會進入猛長期（141頁）。

每餐通常吃多久？頭六到八週，平均體重的寶寶大約要吃二十到四十分鐘，假設十點開始餵奶，十點四十五分結束，接著十一點十五分就能準備小睡一個半小時。雖然瓶餵寶寶有可能吃到睡著，不過長到三千克以上之後，比起親餵寶寶就比較不容易半途睡著。親餵寶寶吃十分鐘左右會想睡，是因爲他們已經喝到充足的奶水，也就是母乳的第一部分。奶水含有豐富的催產素，這種荷爾蒙具有安眠的效果。早產兒和黃疸兒也比較容易沒喝完就睡著，這兩種情況下，寶寶確實需要睡眠，但也要先喚醒寶寶吃完才行。

偶爾吃到一半睡著沒什麼大不了，但是如果連續超過三次，表示你有可能不小心讓寶寶養成不吃正餐的習慣。另外，如果寶寶學會把吸吮和睡覺聯想在一起，以後就更難教他自己入睡，就更不可能建立任何規律作息了（親餵寶寶如何形成惡性循環？請見131頁）。

盡量不要讓寶寶一吃完就睡覺，勉強撐五分鐘也好。你可以輕輕在他手掌心畫圓（絕對不要搔腳底癢）叫醒他，或是讓他坐直，他會跟洋娃娃一樣張開眼睛！你也可以把他放在尿布台換尿布，花幾分鐘跟他說話。讓寶寶平躺之後，你可以舉起他的手臂畫圓，舉起雙腿踩腳踏車。大概讓他清醒十到十五分鐘就好，屆時催產素會在體內發揮作用，順利進入E・A・S・Y的S（睡覺）作息。下次餵完奶重複一樣的過程，持之以恆，才能教會寶寶有效率地進食。

問題來了，通常爸媽會捨不得叫寶寶起床。他們會說：「噢，他累了，必須讓他睡。他整晚沒睡，可憐的小東西。」你覺得他爲什麼整晚不睡，吵著要吃奶？正因爲白天沒吃夠，晚上才會餓醒。若不打破這個模式，等於你在訓練他不吃正餐。等到四個月大，你就會開始煩惱寶寶何時才能睡過夜。

小叮嚀

你家的寶寶不肯乖乖吃正餐嗎？

寶寶有可能養成一種進食習慣，每次都吃一點點，因此每餐都吃不飽。

養成原因：如果沒有建立規律作息，有時候寶寶只想吸吮，爸媽卻以為是餓了，導致原本應該要在每餐中間用奶嘴安撫寶寶，爸媽卻又再親餵或瓶餵一次。通常這個現象從零到六週開始出現，一旦寶寶養成不吃正餐的習慣，可能會持續好幾個月。

判斷方式：如果寶寶的出生體重是三千克以上，每餐卻無法間隔兩個半到三小時，或者瓶餵喝不了幾十毫升，親餵喝不到十分鐘。

解決方法：確認親餵的寶寶含乳姿勢是否正確，做一次擠奶檢查確認奶量沒問題。記得每餐只餵一邊乳房，寶寶才能喝到後乳（見126頁）。餵完兩小時，如果寶寶哭了，請用奶嘴安撫，第一天吸十分鐘，第二天十五分鐘，幫助他延長每餐間隔時間。這麼做也可以增加媽媽的奶量。如果寶寶哭不停，請餵他分量少一點的點心。如果是親餵就縮短時間，瓶餵就少三十毫升，讓他撐到下一頓正餐。改掉不吃正餐的習慣或許要花三、四天，但是只要持之以恆，他就會恢復吃正餐的習慣……前六週改掉壞習慣的效率最好。

寶寶在兩餐之間有吃奶嘴嗎？寶寶有吸吮的需求，頭三個月需求量最大，所以我會問這個問題，判斷寶寶是否獲得充足的吸吮時間。我知道很多爸媽對奶嘴有疑慮，我自己看到兩歲幼兒還咬著奶嘴也很擔心。但我們現在談的是嬰兒，使用奶嘴（見226頁小叮嚀）可以避免寶寶對媽媽的乳房（或奶瓶）需索無度。所以試著在兩餐之間讓寶寶吃奶嘴吧。幫助他度過兩餐之間的時間，以免他不吃正餐。吃奶嘴也可以避免親餵寶寶把母奶喝光之後，因爲還想要吸吮而不肯離開乳房。

寶寶吃到一半或吃完沒多久會哭得很凶嗎？肚子餓的寶寶只要有東西吃就不哭了。他哭是爲了表達需要食物，只要滿足需求就能止住哭泣。嬰兒在吃奶途中或吃完沒多久就哭，不是因爲沒吃飽，而是另有原因。首先，媽媽要檢查自己的身體，比如奶量是否充足，輸乳管是否阻塞。寶寶吸不到奶會很沮喪。如果媽媽身體沒問題，可能是寶寶脹氣或胃食道逆流（又稱嬰兒心口灼熱，見136頁）。

寶寶的活動時間多長？還記得六週以下的寶寶吃飽之後的活動時間不必太劇烈嗎？有些嬰兒，尤其體型比較小的寶寶，吃飽之後只能清醒五到十分鐘。三週大的蘿倫出生體重是二七〇〇克，稍微低於平均。蘿倫爸媽出於擔憂寫信給我：「過去幾天，我們試著替蘿倫建立規律作息，結果遇到很兩難的狀況：我們選擇親餵，她每餐吃十分鐘，接著我們安排半小時的活動時間，到最後她有點過度刺激，於是就讓她睡覺。她只小睡二、三十分鐘，這時距離上一餐才過一個半小時，要進入下個E．A．S．Y還太早。我們該怎麼度過這段空檔呢？」

你會發現小蘿倫應該是沒吃飽。由於蘿倫媽媽是親餵，我必須弄清楚母乳的量是否充足。所以我會請她做一次擠奶檢查（見128頁），看看蘿倫從每邊乳房能吃到多少母乳。另外，蘿倫才三週大，半小時的活動實在太長了。也難怪會過度刺激。再來，她只睡二、三十分鐘是因爲肚子餓了。用大人的角度去想：如果中午只吃一片土司抹奶油，接著去跑田徑，午睡肯定會餓醒。蘿倫的狀況就是如此，她吃的奶量不足以應付三十分鐘的活動，肚子空空的情況下很難睡好覺。蘿倫爸媽必須從頭來過，延長吃飯時間，並縮短清醒時間，讓她吃得飽、睡得更久，順利建立起作息。

避免（或矯正）錯誤的含乳姿勢和奶量不足

女性身體是奇蹟的造物，健康的母體在懷孕期間會開始準備製造母乳。寶寶一出生，所有身體機制會立刻就位，提供寶寶所需的食物。這是一種自然過程，但是不論某些侃侃而談的哺乳書怎麼說，並非所有女性或寶寶都能馬上進入狀況。許多媽媽會遇到哺乳問題，即使醫院有人傳授含乳姿勢，出院回到家之後仍無法順利哺乳。這不代表你有錯或是失職，你只是需要協助。

新手媽媽找我諮詢未滿六週寶寶的親餵問題時（零到六週是「產後期」，寶寶在適應新環境，媽媽也在適應寶寶），通常可以分成兩種：**含乳姿勢錯誤**，也就是寶寶的嘴巴位置不對，沒辦法吃到最多母奶；第二是**母乳奶量不足**。當然，這兩種問題會互相影響。如果寶寶含乳姿勢正確，開始吸吮母乳，媽媽的身體就會傳送訊息給大腦：「寶寶餓了，來製造更多乳汁吧。」如果身體沒發出訊息，母乳量就會不足。

由「餵食基礎觀念」表格（118頁）可知，頭幾天親餵和瓶餵的指示不一樣。媽媽的乳房會先分泌初乳，之後才是常乳。為了完整獲取初乳的益處，第一天請整天哺乳，每邊乳房餵五分鐘。第二天每兩小時餵一次，每邊乳房餵十分鐘。第三天每兩個半小時餵一次，每邊乳房餵十五到二十分鐘。寶寶吃初乳的時候，要花很大的力氣吸吮。初乳很濃稠，吃奶就像把蜂蜜擠出針孔一樣費力。不滿二七〇〇克的嬰兒可能會吃得很辛苦，但是頭幾天頻繁吸吮對乳房很重要。身體越快分泌常乳，乳房腫脹的機率就越低。

小叮嚀

母乳的成分

購買配方奶時，看包裝的成分說明就知道裡頭有哪些營養素。但母乳會跟著寶寶一起改變，成分如下：

初乳：產後三到四天，寶寶會從初乳獲得養分。初乳是一種濃稠的淡黃色物質，含有寶寶維持健康所需的全部抗體。

奶水：初乳結束，開始分泌常乳之後，前五到十分鐘是一種水水的物質，富含乳糖，可以讓寶寶解渴。其中大量的催產素可以助眠，所以有時候寶寶（和媽媽）哺乳十分鐘後會很想睡覺。

前乳：接下來五到十分鐘，乳房會分泌高蛋白的前乳液體，有益骨骼和大腦發育。

後乳：接著十五到十八分鐘是富含脂肪的乳狀後乳，熱量高、質地濃稠，可以幫助寶寶增重。

分泌常乳之後，請換成單邊乳房哺乳。換句話說，除非一邊乳房已經喝完，否則不要換另一邊哺乳。有些專家建議哺乳十分鐘要換邊，我不同意。母乳分成三個部分，如果把裝有母乳的奶瓶放在桌上靜置半小時，你會看到水水的液體狀沉在底部，中間是青白色液體，最上層是濃稠的淡黃色乳狀物質。水水的部分叫「奶水」。哺乳前十分鐘都在分泌奶水，如果餵十分鐘就換邊，寶寶只會喝到兩倍的奶水，吃不到後面營養充足、富含脂肪的部分，待會就很難睡著。在我看來，經常換邊哺乳等於一直餵寶寶喝湯，後面的甜點都沒上。這些寶寶通常一小時後就會肚子餓，最後養成不吃正餐的習慣，還會造成消化道問題，因爲前乳富含乳酸，攝取過多容易肚子痛。

小叮嚀

現在要餵哪一邊？

一位媽媽寫信給我：「我常常忘記現在要餵哪一邊乳房。我該怎麼辦？」

睡眠不足，記憶力就容易下降。你可以用安全別針別在上衣或哺乳胸罩，標示下次要餵的乳房。我也建議一開始要寫日誌，記錄每次餵哪一邊乳房，哺乳時間多長。這麼一來，如果哺乳遇到問題，你也比較容易釐清狀況。

確認寶寶的含乳姿勢是否正確。買一盒圓形的彈性OK繃，直徑介於一．三公分到兩公分，長得像打靶場的靶心。這個小圓點就是給你瞄準用的。哺乳之前，在乳頭上下各二．五公分處貼一個圓點，當成靶心。將寶寶放上硬枕頭或授乳枕（親餵專用的哺乳靠墊），用手臂環住他，與乳房同高，寶寶就不必彎著脖子。你的大拇指放在上面的圓點，食指放在下面的圓點，開始擠壓。然後輕輕拉近寶寶的頭部，將乳頭放進他嘴裡。爲了確保含乳姿勢正確，請觀察鏡中的自己，或是請另一半、你的媽媽（沒有親餵經驗也無妨）或是好朋友檢查寶寶的嘴唇如何含住乳頭。檢查事項如下：寶寶的嘴巴張大，嘴唇會緊密圈住乳頭和乳暈，如果姿勢不正確，寶寶的下唇可能會被擠進嘴裡。或者寶寶可能

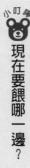

會含得太上面，沒有完整包住乳頭。你的手指必須在乳頭上下二．五公分處按住圓點，寶寶才能將乳頭全部含進嘴裡。

寶寶含乳姿勢如果不正確，你的身體最知道。我見過許多媽媽硬著頭皮忍耐乳頭痠痛、出血。她們心想：「爲了寶寶，我要忍耐。」也許她們想當世界上最好的媽媽，但是很遺憾，寶寶的吃奶方式其實有誤。如果你在親餵的過程感覺不太對勁，請相信身體的訊號。前兩、三天乳頭發疼是正常，但不適感如果持續多天，甚至惡化，八成有問題。寶寶吸吮時，如果奶頭會刺痛或疼痛，那就是含乳姿勢不正確。如果乳頭長小白點，那是手臂的位置不對。如果身體出現不適，比如發燒、畏寒、夜間出汗，且乳房疼痛或脹痛，都是乳房腫脹、輸乳管阻塞等問題的徵兆，有可能引發乳腺炎。如果發燒或其他症狀持續超過一週，請去看醫生，最好也請專家幫助你找到正確的含乳姿勢。

如果寶寶的出生體重不滿二七〇〇克，請增加哺乳頻率，出生第四天之後也照餵不誤。體型小的寶寶容易遇到奶量不足的問題，因爲你的身體已經準備好餵養三千克以上的寶寶，結果低於三千克的寶寶吸吮力道不足，攝取的奶量較少，於是身體就會配合減少奶量。解決方法是每兩小時哺乳一次，一邊幫助寶寶增重，一邊促進母乳分泌。某些特殊狀況下，比如早產兒、足月但體重低於二三〇〇克的嬰兒、因爲某些健康因素仍未出院的寶寶，我仍會請媽媽在每餐中間的空檔擠奶，維持乳汁分泌。

如果擔心奶量不足，請做一次擠奶檢查，看看自己分泌多少乳汁。如果媽媽不確定寶寶是否吃飽，或是乳汁分泌是否充足，我會建議做一次擠奶檢查。每天一次，哺乳前十五分鐘，先用吸乳器看看奶量多少。假設是六十毫升，表示寶寶大約可以喝到九十毫升（寶寶吸吮的效率比任何吸乳器都高），並將剛剛吸出來的母乳裝入奶瓶餵寶寶。你也可以先親餵，讓寶寶吃光剩下的乳汁，再餵他剛剛用吸乳器吸出來的母奶。

小叮嚀

如何增加奶量？

增加奶量的關鍵是靠吸乳器或寶寶的吸吮，刺激乳房的輸乳竇：

不用吸乳器：如果你不喜歡吸乳器，請連續幾天每兩小時親餵一次。寶寶含乳可以刺激輸乳竇，向大腦發出製造奶水的訊號。奶量增加之後，寶寶就能每餐間隔兩個半到三小時。如果接下來四天，間隔時間沒有自動延長，請小心別讓寶寶養成不吃正餐的習慣（123頁）。

用吸乳器：你可以剛餵完就立刻吸乳，或是餵完一小時再做。如果寶寶每兩小時就吃一次，吃完還要吸乳似乎有點奇怪，但是其實這樣可以幫忙吸出剩餘的乳汁。下次寶寶吸吮的時候，由於乳房已經排空，身體就會收到訊號，製造更多母乳。

不論選擇哪一種方法，連續實施三天後，你的奶量應該就會增加了。

確保自己吃飽睡好。配方奶的優勢之一，就是每餐的營養成分一致，能確保攝取到標示的營養，母乳則會隨著媽媽的生活方式改變。睡眠不足會使奶量變少，甚至減低母乳的熱量。當然，節食也會造成同樣結果。你必須攝取雙倍的液體，一天喝十六杯水，或是等量的飲品。除了平時吃的食物，你必須額外攝取五百卡熱量（碳水化合物占五成，脂肪和蛋白質各自占兩成五到三成），補足身體製造分泌母乳所消耗的能量。請將你的年齡、平時體重和身高列入考量，調整攝取的額外熱量。不確定的話可以諮詢婦產科醫師或營養師。最近我接到新手媽媽瑪莉亞的來電，她搞不懂八週大的寶寶一開始每餐能間隔三小時，現在卻過了九十分鐘就喊餓。原來，瑪莉亞正在進行不吃碳水化合物的飲食法，一天還運動兩小時。我告訴瑪莉亞，她的奶量恐怕減少了，於是她向我請教「發奶」的速成秘訣。我說光靠秘訣無法根除問題，她的生活作息活動量太大，不適合哺乳中的女性。即使採取措施增加奶量，她仍然需要更多休息時間，並且要攝取碳水化合物，才能增進母乳的品質。

必要時加上配方奶，雙管齊下。派翠夏的醫生說小安德魯的體重沒有增加，整個人昏昏欲睡，沒什麼反應。醫生並沒有詢問她哺乳的情況，於是我們做了一次擠奶檢查。派翠夏用吸乳器只收集到三十毫升，她非常沮喪。她堅持：「但我就是想要親餵。」這個嘛，沒得商量。至少在奶量增加之前，除了親餵之外，她一定要再讓安德魯吃配方奶，補充營養。儘管派翠夏不願意，我們還是爲安德魯增加配方奶，同時請她使用吸乳器。不到一週，派翠夏的奶量就增加了，於是我們減少配方奶，讓安德魯吃更多母奶。到了第二週，派翠夏已經恢復完全親餵。不過我還是建議繼續用吸乳器，把母乳裝進奶瓶，好讓爸爸也有機會哺乳（我都會建議父母這麼做，請見133頁小叮嚀）。

> **重要提醒**：有些媽媽用吸乳器的時候，喜歡多吸一點「存起來，以防萬一」。除非你要動手術，幾天不能親自哺乳，否則平常**請不要存放超過三天的量**。隨著寶寶發育成長，你的母乳成分會跟著變化。上個月的母乳可能已經不適合這個月的寶寶！

哺乳經常少於十到十五分鐘，就要多加注意。有個親餵的媽媽跟我說：「我們家六週大的寶寶每次只吃十分鐘。」我心中的警鈴立刻大響，但我不能立刻妄下斷論，所以得先排除含乳姿勢不正確和奶量不足的因素。我問媽媽：**你有沒有做擠奶檢查，看看自己分泌多少奶量？乳頭會痠嗎？乳房有腫**

脹嗎？如果第二或第三個問題的答案是肯定的，表示寶寶含乳姿勢不正確。媽媽或許覺得咬牙忍住就好，但是輸乳管可能已經開始阻塞。

我常常看到親餵媽媽在頭六週犯了以下錯誤：她們的哺乳時間不夠長，導致寶寶沒吃飽。出生沒多久的嬰兒，尤其體型又小的話，一直沒吃飽可能會引發嚴重問題。拿媽媽雅絲敏和寶寶林肯當作例子，雅絲敏打電話跟我說林肯有很多狀況。他體重沒增加，小睡最久只能持續四十五分鐘，大多時間都只睡二十到二十五分鐘。更不用說雅絲敏根本沒辦法爲林肯建立規律作息：「崔西，我覺得我好像在騎一匹桀驁不遜的馬，隨時都可能摔下去，我拿他一點辦法也沒有。」

我一早到雅絲敏家拜訪，請她當我不在場，照平常的樣子進行規律作息。才第一個小時就明顯看出問題。林肯吃奶十分鐘左右，眼睛就逐漸閉上。雅絲敏認爲林肯已經吃飽，準備進入睡覺階段，於是就讓他睡覺。她沒發現林肯只喝了前乳，沒攝取到哺乳十五分鐘左右才開始分泌的富含脂肪的後乳。林肯只是因爲喝到前乳含有的催產素，所以才昏昏欲睡！林肯睡了十分鐘就醒來，因爲催產素的作用已經消退，而且他也還沒吃飽，沒辦法睡更久。簡單說，他只喝了一杯脫脂牛奶。這時雅絲敏覺得很奇怪：「我不是才剛餵過嗎？怎麼回事？」於是她開始一連串例行動作，先檢查尿布，接著用包巾把林肯裹緊，想靠噓拍法讓兒子睡著。但林肯還是在哭，過了二、三十分鐘都沒停。爲什麼？因爲他餓了。雅絲敏抱著他踱步、輕搖，想讓他平靜下來。任何一個月齡小的嬰兒連續哭二、三十分鐘都會累壞，不論你中間做了什麼，他最後都會累到睡著，林肯就是這樣。但是，他沒辦法**一直**睡下去，搞得媽媽都快抓狂了。果然，過了大約二十分鐘，林肯又醒來，可憐的媽媽根本毫無頭緒，不知道下一步該怎麼做。

她哀嚎：「我一小時前餵過他，他應該要撐三小時，或至少兩個半小時啊。」我把今天早上的前因後果講給她聽，指出問題在於她沒發現林肯還沒吃夠。雅絲敏理解了問題根源，在林肯吃到一半快睡著的時候，使用我喚醒寶寶的技巧（參見122頁），於是林肯終於開始吃到完整的一餐，體重增加，當然睡眠品質也提升了。

這則案例告訴我們，餵奶的時長很重要。但我也要再次提醒大家，每個寶寶的狀況都不同。有些寶寶從一開始吃奶效率就很高。比如蘇寫信告訴我：

> 我們家蒂蒂三週大，每次吃奶大約一邊吃五分鐘，每餐間隔三小時。但是有人跟我說餵奶至少要喝十分鐘才行。請問建議的餵奶時間究竟是多長呢？

蘇，你親愛的女兒可能是吃奶效率很高的寶寶。我見過各式各樣吃奶效率的案例，有的慢郎中要掛在媽媽身上四十五分鐘才吃完，有的則像小蒂蒂一樣迅速。關鍵是，只要每餐能間隔三小時，就表示她有好好吃正餐。除非蒂蒂的體重異常地低，不然目前的吃法對她來說很足夠（不過我會建議蘇一次只餵一邊乳房，見126頁）。

大家都知道，所有寶寶的頭六週是關鍵階段，如果你選擇親餵，情況會更麻煩。雖然這些問題可能會持續下去，或是之後突然發生，最好還是現在就採取正確的措施。

小叮嚀 誠心建議：親餵和瓶餵一起上！

我每次都建議親餵的媽媽讓寶寶學習喝奶瓶。最好是寶寶已經會正確含乳，媽媽奶量也穩定之後（大多是兩到三週），就開始一天至少一次瓶餵。培養固定模式，比如爸爸睡前餵一瓶，或是奶奶下午餵一瓶。這個階段寶寶的適應力還很強。我知道這個建議似乎跟其他哺乳專家的說法相違背。有些媽媽接收到的資訊是全程親餵，或者至少等到六個月大再使用奶瓶，原因是避免所謂「乳頭混淆」或是退奶。簡直胡說八道！我經手的寶寶從來沒發生以上兩種情況。

再說，這不只關乎寶寶的健康，你也要考量自己的需求和生活。有些媽媽很樂意全程親餵，或許你就是如此，但請讓我們把眼光放遠，問問自己下列的重點問題，如果任一題回答「是」，請考慮在頭兩、三週就加入瓶餵（如果錯過這個時間點，請見 152 頁「從親餵改成瓶餵」）。

你希望其他人也能一起餵寶寶嗎？**比如孩子的爸爸、奶奶或保母**？同時親餵和瓶餵的寶寶可以給媽媽一些休息空間，並且讓其他人能夠參與哺乳的行列。這一點非常重要，這樣家人才有機會跟寶寶摟抱、接觸、培養感情。

你打算在寶寶滿一歲之前就重回職場，或是做兼職工作嗎？如果你決定要繼續上班，寶寶卻不習慣同時親餵和瓶餵，他可能會絕食抗議。

你打算在寶寶滿一歲之前送他去日托嗎？大部分托嬰中心不收只能親餵的寶寶。

既然你已經試過親餵，知道是怎麼一回事，你還是確定要全程親餵嗎？我收過無數封媽媽寫來的信，問我能不能在某個時間點停止親餵，從六週、三個月到六個月都有。但是這件事沒有什麼黃金時間，沒有所謂斷奶的最佳時機。如果寶寶已經學會瓶餵，一旦你決定要停止親餵，至少轉換過程會比較順利。

你打算親餵最多一年嗎？最好不要在寶寶八到十個月的時候才讓他學習使用奶瓶，他很可能會抗拒。

寶寶一直哭：常見的腸胃問題

寶寶不是一出生就具備所有身體機能，有時候消化系統需要多一點時間發育。腸胃問題最令人頭痛的，就是後面引發的一連串效應和負面情緒，讓問題惡化，更難處理。爸媽通常在搞不清楚問題、不知所措的情況下，開始質疑自己的育兒技巧。這份不安全感會影響他們的行爲，整個人變得很緊繃，哺乳時更顯得擔憂焦躁。

小叮嚀

哭泣遊戲

我習慣針對寶寶的哭泣提出一些問題，找出寶寶不舒服的原因。當然，這只是一部分的線索。我也會詢問出生體重、餵食模式、活動狀況、睡覺習慣等，一一排除飢餓、疲累、過度刺激或綜合三者等因素。

他通常什麼時候哭？如果是吃完奶就哭，可能是脹氣或胃食道逆流。如果每天都在差不多的時間哭，可能是腹絞痛（必須先排除脹氣和胃食道逆流的可能性）。如果哭的時間不固定，可能是寶寶天生就比較愛哭。

他哭的時候，身體是什麼姿勢？如果把腳彎到胸前，可能是脹氣。如果身體很僵直且拱背，可能是胃食道逆流，但也有可能是他在抗拒。

做什麼事可以安撫他？如果拍嗝或舉起腳踩腳踏車有效，表示你幫他把腸胃的氣泡排掉了。如果上半身坐直有效，比如汽車座椅或嬰兒搖椅，那可能是胃食道逆流。做動作、水流聲、吸塵器的聲音有可能會讓腹絞痛的寶寶分心，但是基本上腹絞痛的寶寶很難安撫。

每當有父母說他們的寶寶「一直在哭」，我首先會懷疑是腸胃問題：脹氣、胃食道逆流（嬰兒心口灼熱）或腹絞痛（跟前面兩種狀況不一樣，有時候會搞混）。嬰兒的消化系統尚未成熟，前面九個月胎兒都透過靜脈獲取營養，現在必須自行進食，所以頭六週可能會吃得不太順利。

脹氣、胃食道逆流和腹絞痛是三種不同症狀，但新手父母可能分不出差異，搞得一頭霧水。更糟的是，兒科醫師有時會把三種症狀統稱為腹絞痛，原因之一是研究學者對腹絞痛的定義各持己見。接下來的說明應該能幫助你搞清楚一般人所知的三大症狀：

脹氣

症狀說明：寶寶在吃奶的過程中吞下了空氣。有些寶寶喜歡吞嚥的感覺，就算沒在吃東西，他們也會吞空氣。成人脹氣很痛苦，嬰兒也不例外。卡在腸道的空氣會引起疼痛，身體也沒辦法把空氣分解成更小的體積，只能靠打嗝或放屁排出氣體。

檢查步驟：想想自己脹氣是什麼感覺。寶寶可能會把雙腳抬到胸前，或是刮自己的臉。脹氣的哭聲有個特別的音高和音調，哭聲斷斷續續，看起來像在喘氣，好像快要打嗝的樣子。他可能會翻白眼，哭一哭會停下來做個很像微笑的表情（所以奶奶都會說，**寶寶的第一次微笑其實只是脹氣**）。

解決方式：替寶寶拍嗝時，在左側用你的手掌底部由下往上按摩（左邊肋骨下面柔軟的地方就是胃）。如果沒效，把寶寶抱到你的肩膀，他的雙手掛在你的肩上，雙腳伸直往下，為空氣製造一條直線通道。由下往上按摩，好像你在撫平壁紙，把空氣泡泡推出來一樣。你也可以讓寶寶平躺，舉起雙腳，輕輕踩腳踏車。另一個排氣方法是抱著寶寶靠在自己身上，輕拍他的屁股，讓他知道下半身要用力。如果要舒緩腹部疼痛，就讓寶寶躺在你的前臂，臉朝下，用你的手掌稍微朝他的肚子施力。還有一種作法是把嬰兒包毯折成十公分的布條，當成臨時腰帶，貼著寶寶的腹部裹一圈，小心不要綁太緊。

胃食道逆流

症狀說明：嬰兒心口灼熱，有時會嘔吐。有些極端的案例曾出現併發症，寶寶會吐出帶血液體。成人心口灼熱很難受，寶寶狀況更糟，因爲他們不知道發生什麼事。嬰兒吃東西的時候，食物會從嘴巴進入食道。如果消化系統正常，負責開關胃袋的括約肌會讓食物進入胃袋，留在裡面。如果腸胃發育完全，在寶寶有節奏的吞嚥下，括約肌會按需求開關。胃食道逆流的原因是括約肌尚未成熟，打開之後無法正常關閉，導致食物和可怕的胃酸往回流，灼傷寶寶的食道。

檢查步驟：寶寶吐奶一兩次還不打緊，所有寶寶都會發生一、兩次胃食道逆流，剛吃飽最常發作。有些寶寶發作次數較多，有些則是單純對消化問題比較敏感。如果我懷疑是胃食道逆流，我首先會問：**寶寶當初是胎位不正嗎？分娩的時候，寶寶的脖子有沒有被臍帶纏住？是早產兒嗎？是黃疸兒嗎？出生體重偏低嗎？是剖腹產嗎？家族其他成人或孩童有沒有胃食道逆流的情況？**以上任一題答「是」的話，胃食道逆流的可能性就高一點。

胃食道逆流的寶寶很難好好吃一餐。他可能會嘟囔、嗆奶。因爲括約肌沒打開，食物就沒辦法進到胃部。或者，他會吃完沒幾分鐘就溢奶，甚至是力道強大的噴射式吐奶，這是因爲食物下肚之後，括約肌沒有關起來的緣故。有時候，寶寶吃完一小時還會吐出像鬆散軟起司的嘔吐物，那是因爲胃部痙攣，處在胃袋最上層的消化物就從食道吐出來。他有可能爆屎，也會跟脹氣寶寶一樣吞嚥空氣，差別是他的吞嚥會伴隨一點嘎吱聲。胃食道逆流的寶寶不容易拍嗝，另一個重要跡象是他們只有坐直或靠在肩膀上身體垂直，才會覺得舒服。如果躺平，他們就會哭得歇斯底里。所以每次有父母說「他最喜歡坐在搖椅上」或「只有坐汽車座椅才能睡著」，我就會立刻想到胃食道逆流。

小叮嚀

破除迷思：寶寶沒溢奶就不是胃食道逆流？

傳統診斷胃食道逆流的依據是持續溢奶或噴射式吐奶。但是現在我們知道，一些寶寶有胃食道逆流，但不一定會溢奶或吐奶。因此，胃食道逆流有時會被誤診為腹絞痛。許多兒科醫師已經不再將胃食道逆流和腹絞痛混為一談，但部分傳統的醫師仍會把寶寶所有莫名哭泣的狀況歸咎於腹絞痛（見139頁「腹絞痛」）。另一些醫師則主張胃食道逆流是其中一種腹絞痛，那樣或許能解釋為何有些腹絞痛案例到寶寶四個月大就神奇地消失。屆時未成熟的括約肌會開始強化（肌肉用得越多越強壯），寶寶吃東西吞嚥就會輕鬆許多。

胃食道逆流有個惡性循環，寶寶越是緊繃、哭得越厲害，胃部就越容易痙攣，使得胃酸回流食道，身體更不舒服。如果你已經試過本書所有方法，寶寶還是哭不停，有可能是你用錯方法。比如你抱著寶寶上下輕搖，反而讓胃酸竄上食道。或者你心想：「我得替他拍嗝。」所以你開始幫寶寶拍背，結果把胃酸推上發展未完全的括約肌。你可能會把寶寶哭和不舒服歸咎於腹絞痛或脹氣，沒意識到他有心口灼熱，需要其他特定的解決方法。當你搞不清楚狀況，看不出寶寶哭的原因，規律作息就會亂掉，同時寶寶也精疲力盡。哭了那麼久，寶寶肚子又餓了（哭很耗體力），於是你試著餵奶。但是沒吃多久，寶寶又開始不舒服，或許又溢奶，然後整個過程重蹈覆轍。

解決方法：如果兒科醫師判定是腹絞痛，請再諮詢另一位小兒腸胃科醫師的意見，尤其若家族有其他大人或小孩有胃食道逆流，更要再三確認。胃食道逆流會遺傳，通常檢視家族健康史，進行詳盡檢查，就能判定結果。多數寶寶不必經過實驗室檢驗就能確診。如果發生極端狀況，或者醫師認爲胃食道逆流引起了其他併發症，寶寶就要進行多項檢驗：鋇吞嚥X光造影、超音波、內視鏡檢查、食道酸鹼值測定等。檢驗專家會判定寶寶是否有胃食道逆流以及嚴重程度，通常也能預估症狀何時會消退，並開藥給你，交代後續照顧寶寶的須知。

胃食道逆流最常見的療法是吃藥，包括寶寶專用的抗酸劑和鬆弛劑。這部分交由醫師作主。但除了開車載寶寶兜風，或是整天坐在討厭的機械搖椅之外，你還有其他方法：

1.**升高嬰兒床的床墊**。拿抱枕或幾本書，把床墊墊高四十五度。其他物品也可以，重點是頭部要墊高。讓胃食道逆流的寶寶撐起身體或裹好包巾，他們會比較舒服。

2.**不要用拍打的方式讓寶寶打嗝**。拍背會害他嘔吐或哭，落入惡性循環。你應該在他的左背畫圓按摩。不能拍背是因爲食道就在背部的位置，拍背會刺激原本就在發炎的部位。讓寶寶的雙手垂掛在你的肩上，由下往上按摩，讓食道保持垂直暢通。如果過了三分鐘還沒打嗝，就不必再繼續了。如果肚子裡眞的有空氣，寶寶會局促不安，這時候往上輕輕抱起他，空氣自然會排出。

3.**哺乳時多留意**。注意別讓寶寶吃得太飽或太快（瓶餵容易喝太快）。如果寶寶喝完一瓶奶花不到二十分鐘，表示奶嘴的孔可能太大了，請換成流量較小的奶嘴。如果寶寶吃完開始鬧，請用奶嘴安撫，不要再繼續餵他，以免寶寶更不舒服。

4.**別急著吃副食品**。有些專家建議胃食道逆流的寶寶應該未滿六個月就提前吃副食品，我不同意（見171頁「副食品的建議」）。如果寶寶吃得太撐，心口灼熱會更嚴重。一旦不舒服，寶寶就不肯吃了。

5.**爸媽自己要冷靜**。到了寶寶八個月大左右，括約肌更加成熟，攝取的副食品增加，這時胃食道逆流通常會好轉。大多寶寶滿一歲之後就不會再胃食道逆流了。最嚴重的案例是症狀持續到兩歲，但這種狀況非常少見。如果你們家是少數特例，請坦然接受寶寶需要特殊的餵食方式，至少狀況消退前都是如此。在此同時，盡量讓寶寶舒服一點，安慰自己：時間到了症狀就會消失。

腹絞痛

症狀說明：時至今日醫界對於腹絞痛仍未有明確的定義。多數人認爲是一種綜合症狀群集，特徵是持續大聲哭泣，無法安撫，且似乎伴隨著疼痛和暴躁。有些人認爲腹絞痛可以涵蓋消化問題（食物過敏、脹氣、胃食道逆流）、神經問題（過度敏感或高反應天性）和環境條件不佳（父母容易緊張兮兮或忽略孩子、家裡氣氛緊張）。診斷出腹絞痛的嬰兒可能符合以上任一或所有問題，但是不代表眞的有腹絞痛。有些兒科醫師仍在奉行以前的「3．3．3定律」，即連哭三小時、一週哭三天、連續三週作爲診斷依據。從數據上看來，約兩成的嬰兒都符合此定律。

檢查步驟：如果懷疑寶寶有腹絞痛，我會先檢查是否其實是脹氣或胃食道逆流。就算這兩種狀況被認爲是腹絞痛的部分症狀，至少爸媽有辦法舒緩寶寶的不適。如果眞的是腹絞痛，事情就沒這麼簡單了。腹絞痛和胃食道逆流的一大重要差異是，寶寶雖然都會哭，腹絞痛寶寶會繼續增重，胃食道逆流寶寶則會體重減輕。另外，胃食道逆流的寶寶會邊哭邊拱背，脹氣則會把腳舉高。胃食道逆流和脹氣寶寶會在飯後一小時內哭，腹絞痛則不一定跟吃奶有關。現在有些研究顯示腹絞痛跟胃痛毫無關係，原因反而是寶寶面對外界眾多感官刺激，適應不良又無法安撫自己所致。

解決方法：最麻煩的地方是，寶寶會因爲各種原因哭，肚子餓、不高興就哭，規律作息改變也哭。我曾經在爲寶寶建立規律作息、教爸媽觀察寶寶的暗示、修正哺乳技巧（更換瓶餵寶寶的奶嘴、矯正寶寶吃奶的姿勢和拍嗝的方式），以及排除食物過敏（換一種配方奶）之後，寶寶的腹絞痛就被「治好」了。但是，那些案例看來都不是眞正的腹絞痛。

兒科醫師可能會開輕微鎭定劑（迷藥），並叮嚀你不要讓寶寶受到過度刺激，或是建議各種小秘方，比如利用流水聲、吸塵器或吹風機的聲音轉移寶寶的注意力。有些醫師也會建議增加親餵的次數，但這一點我個人絕對不推薦，因爲假設眞的是腸胃問題，過度餵食只會使症狀惡化。不論你聽到哪些建議，記得眞正的腹絞痛是沒有解方的。你眞的只能陪伴寶寶度過這個階段。有些父母的個性比較能勝任這份工作。如果你不是「自信型」父母（88頁），腹絞痛寶寶可能會搞得你一個頭兩個大。**請向外求援，幫手越多越好。盡量多休息，以免自己被逼到崩潰邊緣。**

六週到四個月：猛長期

進入這階段，先前哺乳的大小問題都差不多解決了。寶寶作息應該更一致，除非有腸胃問題或寶寶對周遭環境很敏感，否則吃飯睡覺的品質也會提升。如果寶寶比較敏感，希望你已經學會接納他的天性，並且更仔細留心各種暗示。現在你已經掌握最佳哺乳方式，知道吃飽後如何讓他舒舒服服，並隨時用常理判斷怎樣對孩子最好。關於六週到四個月的寶寶，我最常收到以下兩種疑難雜症的諮詢：

> **Q** 寶寶晚上沒辦法睡超過三、四小時。
>
> 以前寶寶晚上可以睡五、六小時，現在半夜會醒來很多次，而且時間不固定。

爸媽認爲他們是來諮詢睡眠問題，實際上現階段這兩種狀況都跟食物有關。到了第八週，很多寶寶都能一晚睡五、六小時以上。當然，睡眠時間也要看出生體重和天性，但是滿六週之後，爸媽應該要朝這個方向努力，讓寶寶的夜間睡眠時間越來越長。如果睡眠已經拉長，那麼夜醒通常是因爲寶寶進入猛長期，**在這兩、三天期間，寶寶需要攝取更多食物**。身爲兒語專家，我有幾個妙方可以化解以上兩種狀況：

如果寶寶的體重在平均值以上，而且晚上睡覺從來不超過三、四小時，我首先要問：**寶寶白天小睡幾次？每次睡多久？**有可能白天的小睡干擾到夜間睡眠（詳細探討見296頁，我的建議是每次小睡不要超過兩小時）。如果小睡正常，晚上仍然不能睡超過三、四小時，有可能是白天需要吃更多，睡前也要先餵飽。如果你沒試過這個方法，我建議採取「餵飽飽」（117頁）。

第二種疑難雜症是寶寶以前可以睡五、六小時，現在卻多次夜醒，表示寶寶可能進入猛長期。第一次猛長期在六到八週，之後大約每個月或每六週會發生一次。寶寶五、六個月大的那次猛長期通常表示可以開始吃副食品了。

體型較大的寶寶猛長期可能來得更早，導致爸媽搞不清楚狀況。比如媽媽會打電話告訴我：「我兒子現在四個月大，八二〇〇克，每餐吃二四〇毫升，但他還是會夜醒一、兩次。我知道晚上不該讓他吃副食品。」這時候請運用你的判斷力。你不能再餵奶，但他顯然需要更多食物維持發育。

小心別把親餵寶寶的猛長期誤認爲是含乳姿勢錯誤，或是母乳量不足。這兩種狀況確實也會使寶寶半夜醒來，但是通常未滿六週就會發生。以下問題能幫助我判斷是否爲猛長期：**寶寶是每晚同一個時間醒來，還是每次都不一樣？**如果時間不固定，通常就是猛長期。下面這封電子信件就是很常見的情境：

> 我最近剛開始爲七週大的歐莉維亞建立E·A·S·Y作息，她表現很好，但自從進行作息後，晚上的睡眠反而更亂了。以前她會在兩點四十五分醒來，最近就算白天的吃飯睡覺時間很一致，晚上醒來的時間卻不太規律。我們有寫作息紀錄，但是看不出我們哪裡做得不對，才導致她有時半夜一點醒來，有時遲至清晨四點半才醒來。我們該怎麼做，才能至少讓她恢復以前那樣，固定兩點四十五分醒來呢？

像歐莉維亞這樣的案例，我看一眼就確定是猛長期，因爲她一直以來吃飯睡覺習慣都很好，爸媽似乎憑直覺就已經替她建立作息。另一個明顯跡象是以前寶寶通常是凌晨兩點四十五分醒來，但媽媽寫道：「但自從進行作息後，晚上的睡眠反而更亂了（此爲重點）。」由於寶寶作息變亂的時間，剛好跟建立E・A・S・Y的時機重疊，所以爸媽理所當然認爲睡眠被打亂跟新作息有關。但實際上寶寶只是餓了。爸媽看作息紀錄也找不出原因，因爲問題根源出在寶寶的身體！

假設今天寶寶從來無法睡過夜，現在他一晚醒來兩次。當然，他有可能是進入猛長期，但另一個可能是他正在養成不良的睡眠習慣，爸媽看他醒了就餵奶會更加速惡化。那你怎麼知道到底是哪一種狀況？其中一個判斷線索是醒來的模式：一般來說，慣性夜醒的寶寶時間很固定，就跟鬧鐘一樣準時。夜醒時間不規律的寶寶通常是肚子餓，不過最佳判斷依據還是要看攝取的食物量。餵食的時候，如果寶寶正在猛長期，身體需要更多食物，寶寶就能吃完一整餐。如果才吃幾十毫升，那就幾乎可以確定他是睡眠習慣不佳，而不是肚子餓（慣性夜醒見228頁）。

遇到猛長期很簡單：增加白天的餵食量，晚上沒在夢中餵食的話，就做一次夢中餵食。瓶餵的寶寶白天可以多吃三十毫升的配方奶。親餵寶寶比較複雜一點，你要增加的是哺乳次數，而不是每餐多餵一點。假設寶寶每餐間隔三小時，請縮短成兩個半小時。如果月齡大一點的寶寶正在進行4・4作息（46頁），請改回每三小時或三個半小時餵一次。有些媽媽聽了很疑惑，比如喬妮就告訴我：「感覺好像在走回頭路。我好不容易讓他適應4・4作息了。」我向她解釋，這只是暫時的措施。增加哺乳次數，媽媽的身體才會接收到訊號，爲四個月大的馬修製造更多乳汁。過幾天，喬妮的母乳量就可以應付馬修新的需求量了。

猛長期會打亂寶寶晚上睡前、半夜或小睡的規律作息。就算父母知道孩子會定期進入猛長期，當下也可能沒發現所謂睡眠問題或嚴重的嬰兒床恐懼症，其實跟食物有關。有一位媽媽為六週大的兒子建立作息，進行到第三天的時候，她寫信告訴我前兩天的狀況：「太神奇了。我們照著規律作息走，他都能乖乖在嬰兒床上睡著（有吃奶嘴），我覺得好驕傲。但是，今天（第三天）我們一走進嬰兒房，準備開始小睡前的儀式，他就哭得很凶。他從昨晚就增加進食頻率，我在想他是不是進入猛長期了。他突然討厭嬰兒房是不是猛長期的緣故？」

是的。寶寶（透過眼淚）說：「我不想睡覺，我還沒吃飽，快點餵我。」如果他肚子還很餓，他就會開始把肚子餓跟嬰兒房聯想在一起。寶寶的身體還很原始，但聯想力很強。如果你晚餐沒吃完就被送進房間，你也會開始討厭自己的臥房，覺得這個地方令人心煩！

如果寶寶不接受夢中餵食，你可能要重新評估白天餵食的方式。我照顧過一個小傢伙，當時我和媽媽用盡千方百計，九週大的克里斯就是不肯吃晚上十一點的那一餐。我們已經連續好幾週在晚上五點和八點餵一餐，然後過了三小時，設法在十一點再餵一次。克里斯當時四一〇〇克，也難怪十一點還不餓，但是半夜一點他就會餓醒。於是我們決定調整前面兩餐的餵奶習慣，五點那一餐從二一〇毫升改成六〇毫升，八點那一餐提前一小時，並且從原本的二四〇毫升減為一八〇毫升。

也就是說，兩餐總共少了二一〇毫升。七點吃完之後，接著是洗澡的活動時間，洗完按摩、裹好包巾、放上嬰兒床時，克里斯已經很累了。再來，我們把夢中餵食改到十一點，這時距離上一餐已經過了四小時。這一次，克里斯就乖乖喝完了二四〇毫升。當時，我們還發現他白天需要吃更多，所以每瓶配方奶都各加三十毫升。從此以後，克里斯喝完夢中餵食都能一路睡到早上六點半。

記住，夢中餵食絕不能超過十一點，否則就是在餵夜奶了。一定要避免夜奶，以免寶寶白天的胃口變小，習慣在半夜餓醒討奶喝，變成走回頭路。應該沒人想讓寶寶退回六週大嬰兒的作息吧。

小叮嚀

經典案例：太晚夢中餵食

珍奈打給我，她兒子每天清晨四點半或五點都會醒來。她說：「但我有夢中餵食。」問題是，凱文才四個月大，而珍奈在半夜十二點到一點之間夢中餵食。以凱文的月齡和體重（出生體重三六〇〇克）來說，他晚上應該能睡五、六小時。但珍奈太晚夢中餵食了，打擾到凱文的睡眠，導致他睡得斷斷續續。畢竟寶寶跟大人一樣，如果睡到一半被打擾或是過度疲累，睡眠模式就會受影響。假設我們某一天熬夜，那天晚上可能就會睡不好，輾轉難眠。更糟的是，凱文清晨醒來的時候，珍奈都會餵奶，更加鞏固這個**習慣**。（記住：固定時間醒來是習慣，時間不規律才是肚子餓。）我建議珍奈慢慢把夢中餵食改到十點或十點半，睡到一半醒來就不要再餵（詳細作法見第五章）。另外，我也請珍奈把白天的每一餐都多加三十毫升。

四到六個月：進食更穩定了

這個階段的進食相對很安穩，當然，前提是寶寶有建立規律作息。如果沒有，你可能仍會遇到前面幾個階段的問題，而且現在更難搞定。寶寶餓了一樣會哭，但是依照他的天性（以及你回應他的方式），哭聲應該沒那麼淒厲了。有些寶寶甚至醒來可以自己玩耍一陣子，不會用「快點餵我啦！」的號哭提醒爸媽。

以下是這個階段的寶寶最常發生的問題。每個問題看起來不大一樣，但只要建立或調整規律作息，提醒爸媽寶寶正在成長改變，問題就會迎刃而解。

> **Q** 寶寶的吃飯時間每天都在變。
> 寶寶很快就吃完了，我擔心他吃得不夠多，作息也因此被打亂。
> 寶寶好像對吃奶一點興趣也沒有。
> 現在餵奶變成一件苦差事。

如果有父母來諮詢以上任何一種狀況，你應該已經猜到我首先要問哪一個問題：**寶寶有建立規律作息嗎？**如果答案是「沒有」（通常吃飯時間不固定的寶寶都沒有建立作息），問題就不在寶寶身上，大人才應該修正自己的行為。當然，每天的行程有一些變化是很正常的。但是假如餵奶時間天天都不一樣，我敢說睡眠品質一定也不佳。寶寶必須建立規律作息才行（滿四個月後，應改成四小時E．A．S．Y參見49頁）。

如果父母堅稱寶寶有按照規律作息，我的第二個問題來了：**寶寶每餐間隔多久時間？**如果每兩小時吃一餐，就能肯定問題出在寶寶不吃正餐，因為四個月大以上的寶寶不需要那麼頻繁地進食。小莫拉就是這樣。她已經快滿五個月了，仍然兩小時吃一餐，半夜也不例外。有朋友建議在奶水裡加麥片，「幫助她睡過夜」，這顯然是無稽之談（見173頁小叮嚀）。莫拉還沒開始吃副食品，加麥片反而害她便秘，而且她半夜還是會醒來找媽媽的乳房。我建議爸媽在晚上六點、八點和十點把女兒餵飽，之後整個晚上無論如何不要餵奶。畢竟莫拉已經不是小嬰兒了，爸媽只是無意間養成她不吃正餐的習慣。第一天晚上，可想而知她在十點到五點之間醒來大哭好幾次，但爸媽沒有心軟。每次爸爸都用抱放法（第六章）讓莫拉睡著。那一夜大人小孩都很難熬，媽媽尤其痛苦，她覺得寶寶餓了沒得吃很可憐。但是一到早上，媽媽就發現事情不一樣了。莫拉好久沒有（或者從來沒有）在清晨五點吃奶整整半小時，那天早上卻做到了。接下來一整天，莫拉每四小時吃一餐，每次都吃得很有效率。第二天晚上情況稍微好一點，莫拉只醒來兩次，每次爸爸都安撫她入睡，隔天睡到早上六點才起床。之後一切都上軌道了。我建議爸媽要夢中餵食，到六個月再停掉，換吃副食品。

如果這個階段的寶寶依然每三小時吃一次，她也許有乖乖吃正餐，但我會懷疑父母還在進行月齡更小的規律作息。他們必須把每餐間隔延長至四小時，不過請循序漸進地改變。突然要這個年紀的寶寶多等一小時才能吃下一餐，那就太殘忍了。你可以一天多等十五分鐘，連續四天就能拉長成一小時。這個階段的寶寶比較容易引開注意力，你可以讓他玩玩具、對他扮鬼臉，或者帶去公園散步。不一定只能用奶嘴，那是給更小的嬰兒撐到下一餐用的。

另一種類似的情況是爸媽擔心寶寶吃得「太快」，其實是他們忘了寶寶正在發育。這個年紀的寶寶吃飯更有效率，就算是一大瓶奶，他們也能比以前更快喝完。當然，如果是親餵的寶寶就是看進食時間，配方奶就看一瓶的量。

要判斷喝配方奶的寶寶是否吃得夠多很簡單，只要看他喝多少毫升就行了。連續幾天寫下喝的奶量，這時候每餐應該是一五〇到二四〇毫升，並且**每四小時吃一餐**。加上晚上的夢中餵食，一天總共會吃七八〇到一一四〇毫升。

如果是親餵，這個階段每餐只要大約二十分鐘，因爲以前要花四十五分鐘才能喝完的一五〇或一八〇毫升，現在二十分鐘就能搞定。如果你想確認，可以做一次擠奶檢查（128頁）。現在媽媽應該已經沒有奶量不足的問題了。

不論是哪一種餵法，如果寶寶已經快要滿六個月，就可以開始增加副食品。現在寶寶可以四處移動，他需要更多食物供應活動所需的熱量（見第四章）。

小叮嚀

寶寶太瘦了，還是只是活動量比較大？

通常寶寶行動力增強，對吃飯的興趣就會降低。很多寶寶活動量變大之後，身材就會變瘦。隨著嬰兒肥消失，他們會開始朝幼兒的外型發展。根據你遺傳給他的體格，那可愛的小圓肚可能會縮進去一點。只要他健健康康就不必太擔心。如果有疑慮可以諮詢兒科醫師。

至於寶寶對吃奶「沒興趣」，我只能說這是難免的。四到六個月之間，寶寶的發育躍進了一大步，好奇心更旺盛，行動力也更強。就算吃奶效率變高，比起發掘周遭新大陸，乖乖坐著喝奶的確是無聊多了。曾經媽媽的乳房或奶瓶就能讓他滿足，或許喝奶的時候還會看看嬰兒床上方吊著的轉動玩具，但現在這些把戲已經不夠看了。他可以轉頭看左右邊，伸手觸摸，於是吃奶不再是人生第一要務。甚至有一、兩週他會完全拒絕吃奶，一點也不肯妥協。這時候請主動採取措施，帶他到沒有其他分心事物的地方餵奶，用身體固定住他的小手臂，避免他隨意亂揮。如果寶寶很好動，你可以半裹包巾，讓他不要一直躁動。或者在你的肩上披一條色彩鮮豔的花布，讓他有新玩意可以盯著看。我得坦白說，有時候你只能撐過這個階段，同時驚嘆小寶寶長大了。

六到九個月以上：導正意外教養的惡果

這個階段可說是寶寶人生的大躍進！現在他即將認識眞實世界，至少先從一部分的食物開始。雖然這時候還是會發生喝奶量過多或過少的問題（很多是小時候沒及時改正），不過現在的焦點變成「大人的食物」了。寶寶不再只靠喝奶維生，他必須學會如何咀嚼泥狀食物，接著是切成小塊的食物，最後就能跟你吃一樣的飯菜了（轉換成副食品的所有須知請見下一章）。

我也建議在寶寶七個月大左右就停掉夢中餵食，因爲這時候他已經開始吃副食品了，繼續夢中餵食會妨礙寶寶吃副食品。因爲多喝三十毫升的奶水，就會少吃三十公克的副食品。不過，如同小叮嚀所說，當你開始減少夢中餵食的量，白天就要增加等量的食物，否則寶寶會在半夜餓醒。

小叮嚀

如何停止夢中餵食？

七個月大通常就可以戒掉夢中餵食。每三天漸進調整一次，並確保白天能補足晚上少喝的量：

- **第一天**：白天的第一餐增加三十毫升，夢中餵食減少三十毫升。親餵的媽媽請密集哺乳，讓寶寶攝取更多熱量。把夢中餵食（這時候是減少三十毫升）的時間提前半小時，十一點就改成十點半。
- **第四天**：白天的第一餐和第二餐各增加三十毫升，夢中餵食減少六十毫升。夢中餵食時間改成十點。
- **第七天**：白天的第一、二、三餐各增加三十毫升，夢中餵食減少九十毫升。夢中餵食時間改成九點半。
- **第十天**（九點夢中餵食）、**十四天**（八點半）、**十七天**（八點）、**二十天**（七點半）：每三天就把白天的奶量增加三十毫升，夢中餵食減少三十毫升，最後就會變成晚上七點半只餵幾十毫升。

這個階段另一種常見的煩惱是：

Q 寶寶半夜還是會餓醒。

我想讓寶寶用奶瓶喝奶，但是他一口也不肯吃。

我讓寶寶用學習杯，但他不肯喝奶，只喝開水和柳橙汁。

以上問題跟許多六個月後突然冒出來的狀況一樣，都是意外教養的後果。代表爸媽沒能貫徹始終，或者他們一開始就沒想清楚。

比如第一個煩惱：六個月大（我遇過最誇張的是一歲七個月）還會半夜醒來討奶，是因爲爸媽一直以來都用餵奶來解決夜醒，就算寶寶只喝幾十毫升也照餵不誤。前面說過，如果**寶寶每次夜醒時間**

都不一樣，代表他餓了。到了六個月大，除了猛長期或該開始吃副食品之外，寶寶幾乎沒有理由餓醒。另一方面，如果夜醒時間很固定，那就是意外教養的結果。如果餵夜醒的寶寶吃奶，六個月大以上的寶寶很容易就養成不吃正餐的習慣。當寶寶無意間開始習慣吃消夜，白天胃口就會受影響，這時候問題其實出在睡眠，而不是食物本身。寶寶夜醒時，你不該再餵食，請採取抱放法（第六章）讓他再度入睡。慶幸的是，月齡大的寶寶比較容易改掉，因爲身體的脂肪量能幫助他度過每餐的間隔時間。

第二和第三個煩惱也是意外教養的後果。我前面就建議寶寶兩週大開始喝奶瓶（133頁小叮嚀）。有些父母聽了朋友的建議，或看到別的育兒法，認爲兩週「還太早」。於是過了三個月、六個月、十個月後開始求救，抓狂地問：「我整天都被綁在孩子身邊，因爲其他人餵奶他都不吃！」「我下星期就要回去上班了，我怕他會餓死。」或者「我老公要用奶瓶餵她，結果她哭個不停，老公覺得女兒討厭他。」我外婆說做事情要瞻前顧後，就是要避免這些情形發生。「嗯……我希望幾個月後生活會變怎樣呢？我希望自己是這世上唯一能餵寶寶的人嗎？我願意天天餵，直到他用學習杯爲止嗎？」要是當初先想清楚，之後就不會讓問題像滾雪球般越來越失控。

讓寶寶用學習杯也是同樣道理。以下是常見的情形：爲了讓寶寶願意使用更接近成人用餐方式的學習杯，爸媽在杯子裡裝了母乳或配方奶以外的飲料，通常是果汁，因爲他們想說寶寶一直都在喝奶水，換個有甜味的新奇飲料，說不定寶寶會更願意嘗試。有些人會裝水，因爲擔心寶寶攝取太多糖分（我同意）。想想巴夫洛夫的制約實驗，寶寶就跟那些狗狗一樣。當他喝了好幾個月的果汁或水，某一天突然換成奶水，他臉上的表情就像在說：「喂，這是怎麼回事？這個杯子不該裝奶水啊。」於是寶寶便堅決不喝（解決方法見159頁）。

從親餵改成瓶餵：斷奶的第一步

從親餵換成瓶餵有兩大影響因素：寶寶的反應和你的反應，也就是轉換過程對你們兩個的身心帶來的衝擊。你想換成瓶餵的理由可能是你準備要完全斷奶了，或者你想減少親餵的次數，讓自己輕鬆一點。無論如何，你必須顧及那兩大因素。如果寶寶從以前到現在都是親餵，年紀越大就越難適應奶瓶。但是等寶寶年紀大一點再換成瓶餵也有好處，媽媽的身體比較容易適應改變，可以更快退奶。另外，許多媽媽對於減少親餵次數或停止親餵，會出現很強烈的情緒反應。

先來看看對寶寶的影響。從來沒喝過奶瓶，或是幾個月前喝過，現在已經忘了怎麼喝的寶寶，轉換過程是一樣的。我收到雪花般的信件和來電，一堆媽媽都在訴苦這兩種寶寶很難換成瓶餵。我的網站就有這麼一篇貼文：

> 大家好，我們家寶寶現在六個月大。能不能請大家提供換成瓶餵的好方法？我會繼續親餵，但我偶爾也想休息一下。我們試了三個月，他對奶瓶一點興趣也沒有。我已經試過各種組合：學習杯、奶瓶、母乳、配方奶等。

三個月！想必這位媽媽使出渾身解數又哄又騙，最後媽媽和寶寶都很挫折吧。顯然這位媽媽不急著換成瓶餵，想想如果她跟許多媽媽一樣，沒過多久就要回去上班，那該怎麼辦！舉個例子，我還記得蓋兒親餵巴特三個月之後打給我：「再過三週，我就得回去上班了。我希望到時候可以早上、傍晚、晚上親餵，其他時間用奶瓶餵配方奶。」

小叮嚀

逐漸減少親餵次數——媽媽該怎麼做？

不論是想停止親餵或減少次數，許多媽媽都會擔心少餵一餐之後，乳房會出現不良變化。以下步驟的前提是寶寶願意喝奶瓶，而你的目的是讓親餵次數減至一天兩次，早上和下班各一次。如果想要停止親餵，只要繼續減少餵奶次數，身體就會配合退奶，但你也要協助身體才行。

不要直接跳過一餐，請改用吸乳器。為了避免乳房腫脹，接下來十二天，請繼續親餵早上那一餐，以及在任何你想要的時間親餵第二次。其他平常會親餵的時間，請用吸乳器把乳汁擠出來。第一到三天每個時段吸乳十五分鐘，第四到六天吸乳十分鐘，第七到九天吸乳五分鐘，第十到十二天只要吸乳兩、三分鐘就好。屆時，乳房只會在親餵的兩個時段產生乳汁，其他時間就不必再用吸乳器了。

兩次餵食的中間穿上緊身胸罩。緊身的運動胸罩可以幫助身體重新吸收乳汁。每天做三到五組伸臂運動。把手舉過肩，做拋球的動作，有助於身體重新吸收乳汁。寶寶八個月大之後，媽媽的乳房就幾乎很少腫脹，退奶的速度也比三個月時更快。

無論你是想直接停止親餵，或只是想減少一天親餵的次數，我的建議是確保自己做好準備，貫徹到底，其中一兩天不順利也要堅持下去。當然，如果寶寶已經滿六個月，你可以考慮直接換成學習杯，不用奶瓶。但如果你打算用奶瓶……。

找一款跟媽媽乳頭形狀相近的奶嘴。有些親餵專家告誡媽媽未滿三個月或六個月（兩種說法都有）不能瓶餵，否則會產生「乳頭混淆」。如果寶寶眞會混淆，那也是因爲乳頭和奶嘴的流量不同，並不是奶嘴本身的緣故。挑好奶嘴讓孩子試試看，如果孩子接受，就不要再換其他奶嘴，這樣他就能漸漸適應奶瓶，此時不宜再拿其他奶嘴給他測試。如果寶寶開始嗆奶、噴奶或作嘔，請換一個流速較慢、專門讓寶寶吸吮的奶嘴。一般奶嘴就算寶寶沒在吸吮，乳汁仍會持續滴進嘴裡。

先從每天第一餐開始瓶餵，這時候寶寶最餓。有人說要從他比較不餓的時段開始轉換，我不同意。如果不餓，你要怎麼鼓勵他接受奶瓶？做好心理準備，你會感到焦慮，寶寶也會抗拒不安。

千萬不要強迫孩子喝奶瓶。請從寶寶的角度來看這件事。想像幾個月來都從溫暖的人體吸吮乳汁，突然第一次吃到冰冷的橡膠奶嘴，會是什麼感覺？你可以用溫水先沖過奶嘴，增加吸引力（或至少更接近你的體溫）。輕輕將奶嘴放進寶寶的嘴巴，撥弄他的下唇，刺激吸吮反射。如果五分鐘內沒成功，就要停下來，以免寶寶產生厭惡感。過一小時再試一次。

第一天每一小時試一次。要有毅力。任何一個聲稱自己努力三個月、甚至是一個月的媽媽，都不是真的持續在努力。她們大概試個一兩天、甚至幾分鐘，然後就忘了這回事。接著她開始覺得自己整天被綁住，或是擔心保母餵奶孩子不喝，於是又再試一次。如果不持之以恆，每天嘗試，成功機率通常很小。

讓爸爸、奶奶、朋友或保母試試看，但是只限寶寶第一次接觸奶瓶的時候。有些寶寶只讓其他人餵奶瓶，媽媽餵就抵死不從。交給其他人餵是個讓寶寶開始接觸奶瓶的好方法，但最好不要變成習慣。親餵換成瓶餵是爲了方便，假設你帶寶寶出門，不想在外面親餵，難道每次都要叫爸爸或奶奶來瓶餵嗎？一旦寶寶習慣瓶餵之後，你也要加入瓶餵的行列。

做好心理準備，寶寶會絕食抗議，你必須跟他耗到底。如果寶寶完全拒絕吃奶瓶，別急著撩起上衣。我保證，孩子絕對不會餓死，我知道所有媽媽都在擔心這件事。多數寶寶三、四小時沒喝到母乳，就會至少喝個三十或六十毫升。我看過寶寶整天不喝奶，一直硬撐著等到媽媽回家，但那是少數的例外（寶寶也沒餓壞）。如果你很有毅力，奶瓶大戰大概二十四小時內可以平安落幕。有些年紀較大，尤其是性情乖戾型寶寶，可能要花上兩、三天。

小叮嚀

孩子這麼大了，不該再用奶瓶了？

一般建議寶寶滿一歲，或最晚一歲半時戒掉奶瓶，但我覺得到兩歲再戒也不遲。睡前依偎在爸媽腿上，捧著奶瓶喝幾分鐘，沒什麼大不了的。

如果讓孩子自己決定，許多幼兒會在兩歲自動放棄奶瓶。如果到了兩歲還不肯戒，通常是因為爸媽把奶瓶當成安撫奶嘴。比如兒子在百貨公司哭鬧，媽媽就會立刻塞奶瓶讓他安靜下來。或是爸爸帶著兒子跟友人見面，兒子快要崩潰失控時，爸爸就會立刻把奶瓶塞進他嘴裡。或者爸媽習慣在白天和晚上讓孩子吃奶吃到睡著，有些父母會在嬰兒床放一瓶奶水，好讓自己多睡一個小時。這麼做不只會讓孩子養成壞習慣，也很危險，他可能會嗆到。更何況，讓孩子整天抱著奶瓶喝，就會吃不下副食品。

如果孩子已經兩歲，仍然抓著奶瓶到處走，那就該介入了：

- 跟孩子訂下使用奶瓶的規則：只能晚上睡前喝，或是只能在臥房喝。
- 隨身帶零食，孩子餓了可以吃。孩子發脾氣時換個方式處理（見第八章）。
- 降低奶瓶的吸引力。在奶嘴上剪一個〇．六到〇．九公分的開口，過四天再剪另一個開口，變成一個「X」。再過一週，先剪掉「X」開口形成的兩個三角形，接著再剪掉剩下的兩個三角形，變成一個大方形開口。孩子自然就會對奶瓶失去興趣。

成功之後，每天至少瓶餵一次。爸媽常犯的錯誤就是忘記一天至少要餵一次奶瓶。寶寶永遠都會記得最原本的吃奶方式。假設寶寶一開始是親餵，就算後來媽媽住院一星期改成瓶餵，寶寶也能在媽媽回家後立刻恢復親餵。另一種情況比較少見，不過假設寶寶一開始是瓶餵，媽媽想改成親餵，那麼對寶寶來說，最舒服的哺乳永遠都會是瓶餵。但是，後來學會的第二種哺乳方式如果不持續實施，寶寶就會忘記。我經常聽到爸媽說：「寶寶原本會用奶瓶，現在好像忘了怎麼吃。」他當然會忘，上次用奶瓶都是多久前的事了。遇到這種狀況，爸媽必須從頭來過，使用上述方法再次教會寶寶喝奶瓶。

小叮嚀

經典案例：轉換期

珍娜是跟我合作過的電視節目製作人，她每天都會開車離開公司，塞在五十公里的車陣中，回家親餵七個月大的賈斯汀。她當時心力交瘁，很想要改成瓶餵，換取一點彈性空間。她按照我的建議，每天早上出門前親餵一次，留一瓶事先吸好的母乳交給保母，搞定白天的吃飯時間。結果賈斯汀拒喝奶瓶，絕食抗議。每次珍娜打電話回家確認狀況，都會聽到兒子在哭。「我以為他一定餓壞了。那天應該是我上班最難熬的一天。」珍娜下午四點回到家，賈斯汀還在為了沒吃到乳房而哭鬧。她拿奶瓶要餵奶，賈斯汀依舊生氣地拒絕，於是珍娜平靜地說：「沒關係，你現在還不餓。」到了六點，他就願意喝奶瓶了。餵完之後，珍娜打給我：「我晚上想要親餵一次。」我強調：「不行，除非你明天還想再經歷一次絕食抗議。」我請她連續瓶餵兩天，四十八小時過後再恢復睡前親餵。

「但是寶寶……」媽媽的斷奶失落感與罪惡感

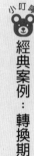

對於決定要斷奶的媽媽，我還有一項建議：請確定你自己想要換成瓶餵。以珍娜的例子而言，她擔心賈斯汀會餓壞，不只是因為她關心兒子的身體狀況，一部分也是因為她覺得害兒子「受苦」而內疚。我敢打賭，珍娜當時一定很搖擺不定。許多親餵的媽媽替寶寶換成瓶餵時，心情都是五味雜陳。親餵這件事會深深觸動母親的情感，尤其女性決定要多留一點時間給自己時，心情一定很複雜。現代社會很強調親餵的好處，許多女性光是動了斷乳的念頭，就會懷疑自己是個失職的壞媽媽。換成瓶餵等於是雙重打擊，一方面內疚，一方面又因寶寶真的不吸吮乳房了，而感到失落。

我曾在網站上看到一長串的文章都在回應一位媽媽的貼文。那位媽媽遇到奶量和哺乳方面的問題，決心要親餵「至少一年」，同時又因為「想要一點自由」而感到罪惡，於是上網問問「有沒有其他人也有同樣感受？」我的天，太可憐了！要是她知道世界上有多少媽媽跟她一樣煩惱就好了。幸好網上的回文都跟我想講的一樣。以下是其中幾句：

- 說到底，你可以自己做決定。你知道怎麼做對你和孩子才是最好。
- 九個月已經很了不起了。不管親餵多久，媽媽都付出了很大的努力。不論時間多短，我都要為曾經試過親餵的媽媽鼓掌。
- 我的心情也很複雜。一方面，我希望繼續親餵，時間越長越好。另一方面，我想找回自己的自由和身分。我想當自己，而不只是負責親餵的媽媽。斷奶時，我很想念那段親密時光。但是另一方面，我的胸部恢復正常，不必再擔心滲奶，晚上不必再穿胸罩。老公也終於解禁囉！

對一些媽媽來說，親餵是很美好的事，我也完全支持，但親餵總有結束的一天。也許這麼說可以降低一點罪惡感：斷奶不只是因爲你已經受夠胸前濕一片，或是上班途中要去擠奶，斷奶也是爲了讓寶寶成長，進入人生的下一階段。一位媽媽坦承：「我第一次用奶瓶時，看到女兒欣然接受，我心都碎了。」女兒在九個月大時斷奶，她發現：「斷奶本身沒什麼，自己心中種種的擔憂假設才是最傷神的。後來我想通了，奶瓶只是另一種健康的哺乳方式，不是要取代我，於是就釋懷了。」

學習杯：我現在是大孩子了！

當你打算開始餵寶寶吃副食品時，也應該考慮讓他使用學習杯，從吸吮奶嘴進化成喝吸管，跟大孩子一樣。這也是寶寶成長的一部分，從接受餵食到自己進食。我之前提過，有些媽媽會直接從親餵換成學習杯，另一些人則是提早開始喝奶瓶，或是晚點才用奶瓶，然後同時也用學習杯。

每當有爸媽說：「我家小孩就是不肯用學習杯。」我都想知道，他們有多努力，教孩子的過程中犯了哪些錯誤，還有他們是否以爲試一次就會有效。一如往常，我提出了一些問題：

寶寶第一次試用學習杯是幾歲？就算寶寶同時接受親餵和瓶餵，六個月的孩子應該要試試學習杯了。你也可以拿紙杯或塑膠杯讓他試試，不過學習杯還是比較理想，因爲有個鴨嘴可以控制流量，寶寶也可以自己拿好杯子，培養獨立性（絕對不要讓寶寶或幼兒拿玻璃杯，四、五歲以下都不行。我見過太多被送進急診室的孩子嘴唇和舌頭插著玻璃碎片）。

多久讓寶寶試用一次學習杯？你必須給孩子三到四週，天天練習，讓他習慣學習杯。如果不天天做，時間就會拉更長。

有沒有試過其他類型的杯子？很少寶寶能一下子就適應學習杯。如果寶寶一開始有點排斥，別忘了對他來說學習杯是個陌生的新玩意。市面上的學習杯款式五花八門，有些是鴨嘴，有些是吸管。親餵寶寶通常較能適應吸管學習杯。不論你買哪一種，請先嘗試至少一個月，不要買兩種換來換去。

把學習杯拿給寶寶時，你用什麼姿勢抱他？有些父母會把寶寶放在餐椅或輔助餐椅上，彷彿寶寶天生知道該怎麼喝。實際上，你應該讓寶寶坐在你的膝上，臉朝外，引導他用雙手握住把手，把杯子拿近嘴巴。動作溫柔一點，挑一個寶寶心情好的時候練習。

小叮嚀

一天該喝多少奶量？

如果寶寶一天吃三次副食品，那一天至少要喝四八〇毫升的乳汁或配方奶（體型大一點的寶寶最多喝到九六〇毫升）。多數父母會分批餵奶，吃完副食品喝一點幫助消化，活動完喝一點解渴。如果寶寶是完全親餵，請等到他徹底學會使用學習杯，或至少接受奶瓶之後再斷奶。

學習杯裡裝了什麼液體？裝了多少？這就是爸媽最常弄錯的地方：他們一次裝太多液體，杯子重到寶寶拿不動。我建議一開始只要裝三十毫升以下的開水、母乳或配方奶就好。請不要裝果汁，寶寶不需要這些多餘的糖分。再說，他可能會把甜甜的飲料和學習杯聯想在一起，之後就不肯喝別的了。

好，可能有些人第一步已經走錯了！現在寶寶很會用學習杯，但不肯拿來喝奶。你不能一下子就禁止他喝果汁，他會不高興，可能還會對學習杯反感，甚至可能脫水（尤其已經斷奶又不肯喝奶瓶的寶寶）。首先，吃完副食品後給他兩個學習杯。第一個裝他習慣喝的果汁或水，第二個裝六十毫升的奶水。等他喝一口水之後，把杯子拿走，試著讓他喝奶。如果他拒絕就放著，一小時後再試一次。就算他已經很會用學習杯了，你也可以抱著他坐在膝上讓他喝。每次接觸新事物大都是如此，只要你持之以恆，把學習變成好玩、開心的事情，不要想著必須馬上教會孩子，通常比較可能成功。

跟斷奶一樣，你看到寶寶喝學習杯可能會百感交集，因爲他已經不再是個小嬰兒了。不要緊，大多數媽媽都是這樣的。放開心胸，好好享受這趟旅程吧。

第四章

食物不只能補充營養

吃對副食品，大人小孩都開心

從接受餵食到自己進食的偉大旅程

寶寶是很神奇的生物。看著他們發育長大總讓我忍不住驚嘆。嬰兒在進食方面的成長變化眞的令人嘆爲觀止。一開始孩子在媽媽舒適的子宮全天二十四小時吸收營養，所需的營養全都透過臍帶輸送，沒有吸吮力道太大或太小的問題，媽媽也不必擔心奶量不足，或是奶瓶餵的角度不對。這段安逸時光到寶寶出生那一刻就結束了。接下來爸媽和孩子都得更努力，才能確保孩子在正確時間吃下適當的奶量，還要注意寶寶脆弱的消化系統不會負擔過重。

出生後頭兩、三個月，寶寶的味蕾尚未發展完全。此時的飲食很清淡，不是配方奶就是母乳，寶寶所需的營養都在裡頭。這個階段很神奇，新生兒就像小豬仔整天吃不停。這時也是寶寶體重增加速度最快的階段。這是一件好事，假設你的體重是七十公斤，按照寶寶的增重速度，一年過後你就會長成二〇五公斤！

爸媽和寶寶得花點時間學習，餵奶才會漸入佳境，但是大多父母最後會發現，比起來餵奶已經算簡單了。接下來，寶寶滿六個月左右，正當你餵奶餵上手，寶寶也準備要吃副食品了。你得幫助寶寶進入重要的發育轉換期，從接受餵食到自己進食。寶寶無法一夜之間學會吃副食品，轉換過程難免會遇到各種阻礙。本章要爲大家介紹副食品之路的甘苦談。寶寶的味蕾開始覺醒，他將逐漸體驗到嘴裡的全新感官，你和寶寶的生活將增添更多樂趣。如果你抱持正面態度和滿滿的耐心，即使一開始吃副食品需要花時間探索，有時會覺得很無力，但觀察寶寶嘗試每種新食物的反應是一大樂事。

斷奶的意思是寶寶不再吃母奶，改吃副食品，但我聽說有些國家在斷奶後，不一定同時改吃副食品。所以這一章會把斷奶和副食品分開解釋。這兩件事當然息息相關，寶寶開始吃副食品後，奶量自然會下降。

斷奶和吃副食品還有另一層重要的關聯：代表孩子長大了。再次回想寶寶進食的變化：一開始你必須抱著他餵奶，他幾乎是躺平、任人擺布的姿勢。接著他的身體變強壯，協調性提高，他可以扭動身體、轉頭，把乳房或奶瓶推開。換句話說，他可以表達自己的意見。滿六個月之後，他可以穩穩坐著，開始用手抓東西，比如湯匙、奶瓶、媽媽的乳房。你會明顯感受到他也想參與吃飯這件事。

這些改變可能會令你欣喜，也可能傷透你的心。我見過許多媽媽對於斷奶悲喜交集，也有人傷心欲絕。她們不希望孩子「太快」長大，有些人等到九或十個月大才讓寶寶吃副食品，因爲不想「操之過急」。我可以理解她們的心情，但是通常寶寶長到十五個月（或更大），這些媽媽就會向外求助寶寶的「飲食問題」了。要不是寶寶不肯吃副食品，就是吃飯習慣很差。也有寶寶拒絕坐進餐椅，或是在吃飯時間陷入角力。本章會告訴你有些問題是幼兒時期的自然現象。其他則是我所謂「食物管理不善」，當父母沒意識到孩子的行爲需要糾正，或是不知該如何應對，就會造成這種意外教養。另外，父母希望孩子永遠不要長大的心態也會造成問題。

醒醒吧，親愛的。你必須放手讓孩子長大，學會自己吃飯。沒錯，比起小嬰兒時期，他現在必須更努力才能學會其中的竅門，你也得加倍有耐心。但是想想成功的回報：孩子喜歡吃飯，願意嘗試新事物，並且對食物產生正面觀感。

從接受餵食到自己進食：冒險旅程尚未結束

這份一覽表列出接受餵食到自己進食的進展、基本作法和常見擔憂（比一般「寶寶有吃飽嗎？」更進階的問題）。本章會介紹吃副食品的詳細資訊，與如何解決一路上遇到的狀況。

年紀	攝取量	建議時間	常見擔憂
出生到 6 週（細節見 120 頁）	90 毫升奶水	根據寶寶的出生體重，每 2~3 小時吃 1 餐	吃到一半睡著，1 小時後又餓了。 每 2 小時就想吃奶。 一直在尋乳，每次餵奶卻又只吃幾口。 吃到一半開始哭，或是吃完沒多久就哭。
6 週 ~4 個月（細節見 141 頁）	120~150 毫升奶水	每 3~3.5 小時	夜醒討奶（看似睡眠問題，妥善的食物管理可解決）。
4~6 個月（細節見 145 頁）	180~240 毫升奶水 如果這時候就開始吃副食品，請讓寶寶坐在嬰兒座椅或腿上，把頭墊高。這個階段只能吃打成細泥、幾乎呈液體狀的副食品。寶寶只能吃梨子泥、蘋果泥，以及單穀物的寶寶麥片（非小麥），以免消化不良。瓶餵或親餵前讓寶寶吃 1~2 茶匙。	每 4 小時。 如果這時就開始吃副食品（我通常不建議），仍應以奶水為主食。	太快喝完奶瓶或乳房，寶寶有吃夠嗎？ 何時該開始吃副食品？ 該試哪些食物？ 如何教寶寶咀嚼？ 餵食的正確方式？

年紀	攝取量	建議時間	常見擔憂
6~12 個月	一開始所有食物都要打成泥。第 1 週先從早餐吃 1~2 茶匙開始，第 2 週吃早餐和午餐，第 3 週吃 3 餐。每週增加一種新食材，新食材一定要在早餐吃，寶寶可接受的食材就移到午餐和晚餐。寶寶看起來很清醒機警的時候才餵他吃副食品。如果一開始不順利，先餵一點奶水降低他的飢餓程度。等到寶寶掌握到訣竅，每餐就要先吃副食品再喝奶。等到寶寶調整好，可以咀嚼時，再增加有點口感的食材。按照寶寶的胃口和能力，慢慢增加到每餐 30~45 克的副食品。滿 9 個月或寶寶可以自己坐著時再讓他吃手抓食物。 6~9 個月的建議食物：口味溫和的蔬果（蘋果、梨子、桃子、李子、香蕉、南瓜、地瓜、胡蘿蔔、四季豆、豌豆）；單穀物麥片；糙米；貝果、雞肉、火雞肉、煮熟白肉魚（比如鰈魚）、鮪魚罐頭。滿 9 個月開始吃手抓食物。你也可以加入義大利麵、味道較重的水果（加州梅、奇異果、粉紅葡萄柚）和蔬菜（酪梨、蘆筍、櫛瓜、花椰菜、甜菜、馬鈴薯、歐洲蘿蔔、菠菜、皇帝豆、茄子）、燉牛肉、羊肉。如果你或另一半對某種食物過敏，寶寶嘗試新食物前請先諮詢兒科醫師。	寶寶需要 2 個月適應副食品，最多 4 個月。滿 9 個月大之後，多數寶寶都能在早餐（約 9 點）、午餐（12 點或 1 點）和晚餐（5~6 點）吃副食品。清晨、每餐間隔時間（當成點心），睡前可以餵奶。滿 1 歲之後，奶水的量就可以逐漸減半，同時增加副食品，使副食品變成主食。此時依照寶寶體重，1 天要喝 480~960 毫升的液體。一旦可以吃手抓食物，每餐一定要先讓寶寶吃手抓食物，再用湯匙餵其他食物。滿 9 個月左右，每餐中間的點心可以改成輕食，比如貝果、餅乾、起司塊，但要注意點心別吃太飽（188 頁）。	一開始要吃哪種副食品？該怎麼教寶寶吃？ 副食品和奶量如何拿捏？ 副食品適應不良（閉嘴巴不讓爸媽用湯匙餵、作嘔、嗆到）。 擔心食物過敏。

年紀	攝取量	建議時間	常見擔憂
1~2 歲	食物不必再打成泥，幼兒可以吃很多手抓食物，並開始自行進食。你可以每週一次讓孩子嘗試一種我列在「謹慎食用」清單的食物，比如優格、起司、牛奶等乳製品（182 頁小叮嚀），以及全蛋、蜂蜜、牛肉、甜瓜、莓果、柑橘類（粉紅葡萄柚除外）、扁豆、豬肉和小牛肉。有些食物建議要更小心，甚至先不要吃，比如堅果類（難以消化、容易嗆到）、甲殼類和巧克力（可能會過敏）。	1 天吃 3 餐，早晚各喝奶 1 次，直到完全斷奶為止，通常最晚是滿一歲半。每餐中間可以給孩子吃健康的輕食點心，不要影響到其他食物的胃口就好。 讓孩子參與至少一頓大人的正餐，把他的餐椅拉到餐桌旁，讓他開始了解家人一起吃飯的概念。	食量變小。 比起副食品還是更愛喝奶。 拒吃某樣食物。 拒用圍兜。 不肯坐在餐椅，或一直想爬出來。 不肯自己吃飯。 每次吃飯都是一場災難，搞得一團亂。 把食物丟在地上。
2~3 歲	滿 18 個月，最晚滿 2 歲時，除非過敏或其他問題，否則孩子應該已經在吃各式各樣的食物。孩子的食量取決於體型和胃口，有些對食物的需求量較少。孩子現在吃的餐點跟大人一樣了，不必再特地為他準備其他食物。	1 天吃 3 餐，每餐中間吃輕食點心。 現在孩子對食物的喜好很明顯，甚至會嗜吃甜食。每餐中間別餵太多點心，也不要吃營養價值過低、糖分過高的零食，以免影響正餐胃口。 1 週至少挑 2、3 天，讓孩子參與全家人的一頓正餐，教他學會與他人共進餐點，同時確保營養充足。	挑食，吃飯習慣不好。 偏食（只喜歡吃某幾種食物） 吃飯怪癖（食物弄碎就哭，豌豆和馬鈴薯不能放在一起等等）。 只吃點心，不吃正餐。 不肯坐在餐桌。 用餐禮儀不佳。 亂丟食物。 故意弄得一團亂。 吃飯愛發脾氣。

食物管理：你在穀倉長大的嗎？

食物管理意思是確保孩子在適當的時間，吃進適當的量，把肚子塡飽。從出生第一天，食物管理就很關鍵。上一章提到，早在零到六週的階段，食物管理問題就會造成進食時間不規律、哭泣、脹氣和其他腸胃問題。不過大多父母發現只要（憑藉一點幫助）建立起規律作息，餵食小嬰兒不是多大的難事。等到開始吃副食品，食物管理才會變得複雜。

對於年紀大一點的孩子，妥善食物管理有四大要素：孩子的行爲（Behavior）、父母的態度（Attitude）、規律作息（Routine）和營養（Nourishment）。四大要素的英文首字母正好可以拼成「穀倉」（Barn）。英語國家的父母常在小孩吃飯亂鬧的時候，問孩子：「你在穀倉長大的嗎？」再仔細想想，那四個字母還可以拼成一種健康食物「麥麩」（Bran）。我遇到的大多吃飯問題都跟一個以上的要素有關，接下來就分別詳細說明四要素：

行爲（Behavior）：每個家庭對於吃飯都有一套價值觀，哪些行爲適當與否各有定義。**說到吃飯，你能接受哪些行爲，又會禁止哪些行爲？**你必須先找出自己的規矩，並且現在就解釋給孩子聽，不要等到他們長成青少年。從寶寶坐進餐椅就開始提醒。比如卡特一家對餐桌禮儀沒什麼要求，就算孩子玩食物也不會被罵。馬丁尼一家的孩子如果玩食物，爸媽就會不准他們吃飯，包括九個月大的佩卓也一樣。只要他開始擠壓食物，到處抹來抹去，爸媽就會把他抱出餐椅。爸媽認爲佩卓玩食物表示他吃飽了，所以會告訴他：「不行，不可以玩食物。坐在餐桌就要好好吃飯。」也許佩卓不完全懂爸媽在說什麼（或者他能聽懂），但他很快就能把餐椅跟吃飯聯想在一起，而不是玩耍。餐桌禮儀也是同樣道理。如果你認為用餐禮儀很重要，在他能開口說「請」「謝謝」「我可以離開了嗎」之前，你就要先替他說出來。相信我，在家懂得乖乖吃飯的寶寶，帶去餐廳絕對輕鬆愉快。但是如果在家裡就在餐椅爬上爬下、雙腳放在桌上，你覺得出門表現能多好？

態度（Attitude）：孩子會模仿大人的行為。如果你挑食、沒坐在餐桌好好吃飯，孩子可能也會不注重吃飯這件事。問問自己，**你覺得食物重要嗎？你注重端上桌的餐點嗎？你喜歡吃飯嗎？**如果答案是「不」，你準備的食物可能就沒那麼吸引孩子。或許你把所有食材煮成黏糊糊的一鍋，或是味道都很平淡。也有可能你自己在節食，吃得太過謹慎。或許你小時候很胖，被其他人嘲笑。我看過媽媽餵寶寶吃低脂飲食，或擔心「吃太多碳水化合物」。低脂和低碳水化合物飲食的營養都不夠均衡，別忘了嬰幼兒的食物需求跟成人不一樣。爸媽不吃某些食物，或稱某些食物「不好」（或貶低某些體型），都是在傳達偏頗的訊息給孩子，日後將造成嚴重的吃飯問題。

爸媽態度的另一個重點是，你要願意讓孩子從經驗中學習。可惜，有些父母沒什麼耐心，或者不願意讓孩子多方嘗試，不喜歡孩子在學習過程中製造的髒亂。如果你老是在幫孩子擦嘴巴，一直唸他吃得「到處都是」，孩子很快就會討厭吃飯這件事。

規律作息（Routine）：我知道你聽「規律作息」已經聽到膩了，但我還是要說：讓孩子在同一時間、同一地點吃飯，而不是匆匆忙忙解決，孩子才知道吃飯很重要，同時也讓孩子知道你很重視他。把吃飯當成優先事項，不要草率了事，忙著講電話或趕去其他地方。如果可以，每週至少留兩天晚上，全家人一起坐下來好好吃頓飯。如果寶寶是獨生子女，你就是他的典範。如果有兄弟姊妹更好，寶寶就有更多學習對象。另外，你的用字遣詞要一致。比如寶寶伸手要抓一片麵包，你出手阻止時應該告訴他要說：「我可不可以吃那個，拜託？」如果之後每一次你都這麼做，等到他能開口時，他就知道該說什麼了。

營養（Nourishment）：我們無法改變孩子的能力或胃口（只有基因能影響孩子），但可以選擇食物種類，至少前幾年爸媽可以決定孩子的飲食內容。孩子或許對食物有個人喜好，甚至有點偏食，但是最終爸媽仍可以確保他吃得健康。如果你自己很注重健康飲食，那你應該很清楚該給孩子吃哪些食物。但是假如你不怎麼注重飲食，請多做功課，了解食物的營養價值。我說的不只是嬰兒期。大約滿兩歲之後，孩子就會跟你吃一樣的餐點，去速食店買「快樂餐」還附贈玩具或許很方便，但是太常吃速食，孩子可能會營養不均衡。記錄孩子的飲食很有幫助，你會更意識到自己給孩子吃了哪些食物。你可以諮詢兒科醫師，跟注重飲食的朋友聊聊，或參考幼兒飲食的書籍。

營養均衡很重要，B．A．R．N也是爸媽必須謹記在心的原則。但是我要強調，孩子會乖乖吃飯，也會突然對食物失去興趣。他可能這個月超愛某種食物，下個月又完全不肯吃。或者他拒吃某種食物好幾個月，有一天突然肯吃了，讓你嚇一大跳。如果孩子不肯吃，請不要強迫，也不要生氣，只要持續把食物擺在面前，讓孩子選擇，就像這位有智慧的媽媽對一歲七個月的兒子做的一樣：

> 不管我煮什麼，或是我們去哪家餐廳，德克斯特都吃得很開心。雖然他每餐吃得不多，但他完全不挑食，我很清楚這是因爲打從一開始我們就讓他嘗試各式各樣的食物。我們從不強迫兒子吃任何料理，當天餐桌上有什麼菜我都會放到他面前，他可以選擇要不要吃。比如綠色花椰菜：他討

厭罐裝的嬰兒花椰菜。前二十次我放在他的盤子上，他都不喜歡（有時候他會吃一小口，有時候不吃），但是有一天他把花椰菜吃掉，之後他就愛上花椰菜了。

我們也不會特別強調要吃哪些食物。我們不會說「小黃瓜都吃完了，好棒喔」或者「把甘藍吃掉，等一下就可以吃餅乾」。因爲這樣等於在暗示小黃瓜、甘藍很噁心，努力吃完才能獲得獎勵。

我的重點是……請讓孩子試試其他選項！幼兒愛吃的東西絕對讓你意想不到。紅洋蔥、甜椒、豆腐、莎莎辣醬、印度料理、高麗菜、鮭魚、蛋捲、雜糧麵包、茄子、芒果、壽司捲，以上都是過去幾天吃的餐點！

繼續往下閱讀的同時，心中請切記B・A・R・N四大要素：行爲（Behavior）、態度（Attitude）、規律作息（Routine）和營養（Nourishment）。首先要介紹四到六個月的副食品，接著是六個月到一歲、一到兩歲、兩到三歲。我會說明每個階段常見的狀況，以及通常會遇到的疑難雜症。當然，我也要再次強調，請不要跳過任何一個階段，因爲六個月大嬰兒遇到的問題，一歲幼兒也可能發生。

四到六個月：做好準備

寶寶滿四個月左右，許多父母就開始盤算要給孩子吃副食品。這時候其實還沒發生問題，爸媽只是在擔心之後該怎麼辦：

> **Q** 何時該開始吃副食品？
> 該試哪些食物？
> 如何教寶寶咀嚼？
> 餵食的正確方式？

大多疑問都是如何爲餵副食品做好充分準備。寶寶天生就會吐舌反射，幫助他們正確含乳吸吮奶汁。大約四到六個月間，寶寶本能吐舌的動作會漸漸消失，表示他們現在可以吞嚥比較厚實的泥狀食物，比如麥片和蔬果泥。有些父母餵寶寶吃副食品時，會把食物嚼爛再給孩子吃。事實上使用果汁機或購買嬰兒食品更爲方便也衛生。

小叮嚀

副食品的建議

有時候兒科醫師會提倡讓胃食道逆流的寶寶吃副食品，理由是固體的食物比較不容易流出胃袋。遇到這種狀況，我建議父母先諮詢腸胃科醫師，確認寶寶的腸胃是否成熟到可以消化副食品。否則寶寶可能會便秘，等於是以毒攻毒。

四個月大的寶寶大概還沒準備好。我（和其他兒科醫師）認爲保險起見，六個月大再吃副食品比較妥當。理由很簡單：未滿六個月，寶寶的消化系統還沒成熟到可以代謝副食品。再說，多數寶寶這時候還不能坐直，斜躺的姿勢不太容易餵副食品。身體坐直的時候，消化道肌肉才容易蠕動，把食物推下食道。想想你自己吃飯時，坐在椅子上不是比躺平更容易進食嗎？更何況，月齡小的嬰兒比較容易發生過敏，所以實在不宜冒險。

不過，這時候確實可以開始盤算餵副食品的計畫，觀察寶寶準備要吃副食品的跡象。問問自己以下問題：

◎寶寶看起來比平常還餓嗎？

除非寶寶生病或長牙（參見190頁小叮嚀），否則食量變大通常表示全液體飲食已經滿足不了寶寶的需求。四到六個月大的寶寶平均每天喝九六〇到一〇八〇毫升的母乳或配方奶，但體型較大、較好動的寶寶，尤其是身材發育很快的，光喝奶水沒辦法滿足成長需求。以我接觸平均體重寶寶的經驗，五到六個月大開始才需要考慮活動量。但是寶寶如果超出平均體重，比如四個月大就已經七三〇〇或七七〇〇克，而且每餐都有喝足奶量，看起來卻仍需要更多營養，表示孩子要開始吃副食品了。

◎寶寶會夜醒討奶嗎？

如果寶寶醒來可以喝光一整瓶奶，表示夜醒的原因是肚子餓。但是四個月大的寶寶不該在半夜進食，所以你首先該做的是停止夜間餵食（參見147頁莫拉的案例）。白天增加奶量之後，如果他看起來還是沒吃飽，就要考慮加入副食品了。

◎寶寶的吐舌反射消失了嗎？

寶寶在尋乳、吐舌頭找東西吃的時候，吐舌反射最明顯。吐舌反射能幫助嬰兒吸吮乳汁，但是會妨礙寶寶消化副食品。想知道寶寶發展到哪個階段，你可以拿湯匙放在他的嘴巴裡，觀察他的反應。如果吐舌反射還在，他會用舌頭把湯匙往外推。就算反射動作已經消失，寶寶仍需要時間學會用湯匙吃東西。一開始，寶寶可能會用吸吮乳頭的方式吸湯匙。

◎你在吃飯的時候，寶寶會不會盯著你看，好像在說：「喂，爲什麼我沒得吃啊？」

最小從四個月大開始，有些寶寶就會開始注意到大人在吃飯，多數寶寶滿六個月後都會注意到，有些甚至會模仿咀嚼的動作。通常這時爸媽就會判斷是時候餵寶寶吃幾匙蔬果泥了。

◎寶寶可以自己坐直嗎？

最好等到寶寶可以控制自己的頸部和背部肌肉，再開始餵副食品。先讓寶寶坐嬰兒座椅，再慢慢換成餐椅。

◎寶寶會伸手抓東西放進嘴巴嗎？

這個動作正是吃手抓食物的重要技巧。

小叮嚀

破除迷思：只要吃飽就會好睡

沒有任何一項科學研究支持「寶寶吃副食品可以延長睡眠時間」的理論。肚子吃飽確實有助於睡眠，但不一定只有吃麥片才有效。母乳或配方奶也可以餵飽寶寶，同時不必冒消化問題或過敏的風險。

小叮嚀

經典案例：未滿六個月就吃副食品？

我曾在少數幾個案例中，建議讓四個月大的寶寶吃副食品，其中一次尤其特別：傑克四個月大就已經長到八二〇〇克，爸媽的身材也很高大，媽媽一七五公分，爸爸一九五公分。傑克每四小時就要喝掉二四〇毫升的配方奶，最近也開始夜醒，醒來都能喝掉一整瓶奶。雖然他已經一天喝掉近一二〇〇毫升的奶水，是他的腸胃容量的極限了，但顯然還滿足不了身體的需求。我很肯定傑克該吃副食品了。

我在其他寶寶身上也見過這個模式。不過他們不是半夜餓醒，而是完整吃完一頓後，過了三小時又餓了。四個月大的寶寶已經不適合三小時吃一餐，這時候就要像傑克一樣開始吃副食品。

不論是哪一種情況，如果寶寶四個月大就開始吃副食品，你一定要確保食材磨得很細。最重要的是，副食品只是輔助，絕不能取代母乳或配方奶。寶寶滿六個月之後才能以副食品為主食。

六到十二個月：救命！我們需要副食品專家！

多數寶寶在這個年紀都準備好正式開始吃副食品。雖然有些提早開始，有些起步較晚，總之六個月是黃金時間。因爲現在他們更好動，即使喝到九六〇毫升以上的母乳或配方奶也已無法滿足需求。轉換過程要花兩、三個月，最後孩子會發展成一天三餐的模式，他會繼續在早上、三餐中間和睡前喝奶。到了八、九個月大，你必須讓孩子吃更多種類的食物：麥片、蔬果、雞肉、魚肉等，寶寶也應該越來越習慣副食品。滿一歲之後，副食品會取代一半的液體攝取量。

差不多在這個階段，寶寶的雙手靈巧度會大幅進步，可以協調每根小手指頭，像鉗子一樣抓起小型物體。他現在可能很愛坐在地毯上拔毛球，不過爸媽最好鼓勵他把新培養的技能用在手抓食物上（參考182頁小叮嚀）。

這六個月可說是最激動人心的時刻，對某些爸媽而言可能也是最挫敗的階段，因爲此時的重點在於不斷從錯誤中學習。寶寶正在品嚐新食物，努力要咀嚼，至少是努力用牙床磨碎食物。一旦開始用手抓食物，他的身體必須發展出協調性，才能把食物精準送進嘴巴。一開始，寶寶可能會吃得滿臉都是，圍兜和地上也會掉滿食物。此時爸媽必須發揮創意、秉持耐心，手腳敏捷（接住飛天食物和飛天餐具）。不妨考慮添購一件防水衣，或防水釣魚衣，至少不會被潑得一身濕（開玩笑的）！

這階段父母感到困惑的疑問，通常會是像這位寶寶七個月大的媽媽所說：「我知道現在有很多哺乳專家，但我和朋友現在需要副食品專家。」我最常遇到的是，對於接下來要吃副食品感到焦慮的父母，或是一開始餵食就遇到問題。通常他們會說：

Q

我不知道怎麼開始，要先餵哪一種食物，該怎麼餵？

現在跟液體比起來，寶寶要吃多少副食品？

我看了很多書，從書上的表格看來，寶寶好像吃太少了。

寶寶不太能適應副食品（原因很多，包括閉嘴巴不讓爸媽用湯匙餵、作嘔、嗆到）。

我很擔心食物過敏，聽說寶寶換吃副食品很多都會過敏。

如果以上說中你的心聲，請容我來當你的副食品專家。照例，先自問幾個問題，回答問題可以幫你看清該從何著手或哪裡該改進。重點是別忘了寶寶進入這個階段時，每個父母不是疑惑連連，就是遇到難題。大家都一樣。另外，現在就糾正錯誤作法，總好過你和孩子在不知不覺中養成壞習慣。

◎寶寶幾歲開始吃副食品？

前面說過，我建議滿六個月再吃副食品。理由是我經常接到寶寶六到八個月大的父母來電，他們從四個月大就開始餵副食品，起初很順利，但之後陷入瓶頸，寶寶反而拒吃副食品。通常伴隨遇到長牙、感冒或其他身體不適。爸媽覺得不對勁，於是打給我：「他原本吃得好好的，我們餵他麥片和水果青菜，結果現在他一口都不吃。」情況通常是這樣的：爸媽開始餵副食品的同時，也減少寶寶吸吮的時間，太早讓寶寶進入下一階段。當寶寶的吸吮時間被迫降低，尤其太早斷奶，他很可能基於補償心態，會想要喝更多奶瓶或母乳。

請保持耐心，繼續讓寶寶吃副食品，同時不要停掉瓶餵或親餵。如果爸媽放鬆心情，寶寶最多只會拒吃一週到十天。千萬不要強迫孩子吃副食品，但假如他看起來餓了，**半夜也絕不能餵奶**。只要白天繼續準備副食品就行了。不必慌張，如果寶寶餓了，他最後一定會試著吃看看。

◎寶寶是早產兒嗎？

如果是，六個月吃副食品還算太早。別忘了他的實際月齡（從出生日算起）跟發育月齡（身體發展成熟的程度）不一樣。比如說他早產兩個月，即使實際年齡是六個月，從發育角度來看，他只有四個月大。換個說法，他出生的頭兩個月其實原本應該待在子宮才對。現在他需要一點時間才能追上同齡寶寶的進展。雖然早產兒到了一歲半，最晚滿兩歲時，外表就會跟足月寶寶無異，但是六個月大時，他的消化系統有可能還無法接受副食品。請恢復全奶水飲食，等到七個半或八個月大再嘗試副食品。

◎寶寶的天性是什麼？

想想寶寶一路以來面對新狀況和轉變的反應。天性永遠都會影響他如何回應周遭，包括適應新食物的能力。請根據寶寶的天性修正餵食副食品的作法：

天使型寶寶通常不排斥新體驗，一步步帶他嘗試新食物就沒問題。

教科書型寶寶可能需要多一點時間適應，但是大多都跟書上說的時程一樣。

敏感型寶寶通常一開始會排斥副食品。既然這些寶寶對光線和觸摸比較敏感，想當然對於嘴巴裡的新感受也要花點時間適應。你必須把步調放到非常慢，千萬不要硬塞，並且要持之以恆。

活潑型寶寶常常會不耐煩，但他們很願意冒險。請先把食物都準備好，再把他放進餐椅。吃飽之後，小心他會開始玩食物，到處亂丟。

性情乖戾型寶寶適應副食品的速度沒那麼快，一旦適應之後，他們也不太願意再嘗試新食物。他們一旦發現喜歡的食物，就會一天三餐都只想吃那些食物。

◎你花多久時間試著餵寶寶吃副食品？

或許問題不在寶寶身上，而是你期望過高。吃副食品跟吸光奶瓶或乳房不一樣，試想寶寶從出生以來只喝過奶水，突然有一團黏巴巴的東西被塞進嘴裡，會是什麼感覺？有些孩子最多要花兩到三個月，才能習慣用牙齦把副食品磨碎的動作。你必須堅持不懈，同時放寬心。

◎你餵寶寶吃什麼？

吃副食品是一個漸進式過程，一開始是非常稀的食物泥，之後才進步成手抓食物。首先，寶寶六個月來都是斜躺的姿勢，現在他的食道必須習慣由坐直的姿勢進食。我建議先從水果開始：梨子很好消化。有些專家也建議起初先餵麥片，但我比較偏好水果的營養價值。少數寶寶可以一吃副食品就上手，你必須先從一茶匙開始嘗試，並且要試很多次。

看了「從接受餵食到自己進食」表格（164頁）就知道，吃副食品是一段緩慢漸進的過程。開始餵副食品的頭兩週，早餐和晚餐只餵一到兩茶匙的梨子就好，寶寶起床、午餐和睡前照樣要親餵或瓶餵。假設寶寶沒有不良反應，接下來就給他吃第二種食物，例如南瓜。新食材要在早餐吃，梨子則在晚餐吃。第三週的早餐不妨試試新的蔬菜或水果，比如地瓜或蘋果。現在寶寶已經吃了三種新食材了，到第四週，你可以換成燕麥，並且午餐也吃副食品，每餐增加到三或四茶匙，具體取決於寶寶的體重和吸收力。接下來四週可加入米飯、大麥片、桃子、香蕉、胡蘿蔔、豌豆、四季豆、地瓜、李子。

你可以購買市售的嬰兒食品，也能自己動手做。替全家人做晚餐時，可順手把馬鈴薯和青菜打成泥。不要把全部食材打成一碗，別忘了現在是幫助寶寶的味蕾發展的時刻。如果所有食材都混在一起，就很難知道他的食物喜好了。當然，爲了增添風味，在麥片裡面加點蘋果醬倒是無妨。但我看過有些媽媽拿出雞肉、米飯和蔬菜煮晚餐，順手把所有食材都放進果汁機打成泥，日復一日拿這種混合食物餵寶寶吃。各位先生太太，寶寶可不是小狗啊！

如果你想要自己做副食品，請自問：「我願意花多少時間準備，實際上又需要花多少時間？」如果沒空也不必慌張，打成泥的準備工作只會持續兩、三個月，寶寶偶爾吃點罐頭食品無傷大雅。更何況市面上也有一些有機嬰兒食品已相對減少添加物，只要購買時看清楚成分標示就行了。

如果你會擔心嬰幼兒「沒吃飽」，請連續一週記錄孩子的飲食狀況。確實，以前喝奶的時候，只要把一整天的奶量加起來，就知道今天吃了多少。但是四湯匙的蘋果醬和燕麥等於多少營養價值呢？你必須用公克數來計算。如果你是自己準備副食品，可以把食物泥冰在冰箱的冰塊盤（一格冰塊等於三十克），這樣更好計算，也方便處理。用微波爐解凍加溫要注意，餵寶寶之前一定要先確認溫度。如果你是買外面的嬰兒食品，也很簡單，包裝上面就有容量標示。如果他只吃半罐或四分之一罐，請留意他吃了幾湯匙，總數用公克來計算。

小叮嚀

多少副食品等於三十毫升的液體？

一格冰塊＝三十毫升

三茶匙＝一湯匙＝十五毫升

市售嬰兒食品請檢查包裝上的容量標示。

手抓食物的計算方式也一樣。比如你買了一二〇克的火雞肉，一包四片肉，等於一片肉三十克（如果超過四片肉，表示每片肉低於三十公克！）起司和其他多數手抓食物都可以用這種方式測重，至少能有個估計值。以上聽起來或許很麻煩，甚至有點複雜（我數學也不大好）所以大多時候，只有寶寶瘦了體重的百分之十五到二十（體重有點起伏很正常），或者明顯活力下降（我也會建議父母去找兒科醫師或營養師諮詢），我才會建議父母計算食物量。

重點是給孩子吃均衡飲食，包括水果、蔬菜、乳製品、蛋白質和全穀物。別忘了寶寶的腸胃還很小，有個方法可以拿捏食物分量：寶寶每長一歲就多吃一到兩湯匙，所以一歲吃一到兩湯匙，兩歲吃二到四湯匙，三歲吃三到六湯匙。一頓正餐通常是兩到三份的食物，寶寶可能吃得更少或更多，端看孩子的體重和胃口。

◎寶寶會排斥湯匙嗎？

用湯匙餵寶寶時，請注意湯匙要放在嘴唇上，只放進嘴巴一點點。如果湯匙放太進去，他可能會作嘔。只要作嘔一兩次，寶寶就足以對湯匙產生負面聯想。如果你想知道那是什麼感覺，請另一半或朋友把湯匙深入你嘴裡就知道了！

如果寶寶不排斥，他可能很快就會伸手想抓湯匙，那就讓他拿吧。但這個階段他肯定還不太會用，不過就算只是拿著玩，也可以幫助他做好將來自己吃飯的準備。當然，你可能會覺得很煩，因爲他每次都想自己拿湯匙。所以我總是建議爸媽準備三、四根湯匙，以備不時之需。先用第一根湯匙餵他吃，湯匙被拿走之後，再掏出第二根湯匙繼續餵。請做好心理建設，他的湯匙八成會掉到地上。

◎寶寶會經常作嘔或嗆到嗎？

如果你才剛開始餵副食品，原因可能是湯匙伸太進去（參考172頁）、一次舀太多食物，或是餵太快，第一口還沒來得及吃完就餵第二口，也可能是食物泥打得不夠細。無論是哪一種理由，寶寶很快就會下結論：「這不好玩，還是喝奶瓶比較棒。」另一種可能是作嘔跟餵食速度和技巧無關，有些寶寶，特別是敏感型，需要多一點時間適應副食品在口中的感覺，所以爸媽需拿出更多耐心（參見77頁）。假如寶寶會作嘔，或者看起來不是很喜歡第一次吃到的副食品，請先暫停，等兩三天再試一次。不要半途而廢，也不要強逼他吃。

如果寶寶已經度過第一階段，開始吃手抓食物，他可能還是會嗆到或作嘔一陣子，尤其是沒吃過的食物。只要別太早讓寶寶吃手抓食物，謹慎挑選給孩子吃的種類，嗆到或作嘔的機率就能降到最低。

比如有位媽媽來信寫道：

艾莉快滿六個月了，所以我準備要讓她吃手抓食物。有人跟我說要給孩子吃含在口中會變成糊狀的食物，比如小塊烤吐司或嬰兒餅乾。

這個嘛，糊狀這部分是說對了，但是六個大的嬰兒吃烤吐司很可能會嗆到。首先。烤吐司有一些麵包屑可能會被艾莉吸進或吃進喉嚨。第二，多數孩子六個月大就吃手抓食物仍嫌過早。他們必須可以自己坐直身體才能吃手抓食物，通常是滿八、九個月大時。況且，我說過寶寶需要一、兩個月先適應嘴巴有食物泥的感受，才能進一步嘗試其他口感的食物。他們必須練習把食物推到上顎，用舌頭把食物擠成泥狀（參見下頁小叮嚀）。

◎你是否持續給寶寶吃副食品？還是有時為了方便、為了重溫哺乳時光，或是為了消弭罪惡感而改成親餵或瓶餵？

如果不持續給寶寶吃副食品，你可能會無意間妨礙寶寶學吃副食品。現代人生活忙碌，撩起上衣或泡配方奶肯定比準備副食品方便。更何況前面提過，有些媽媽不願斷奶，不想放棄哺乳的親密時光。尤其回到職場的母親容易對孩子產生愧疚，所以下班後就想用親餵來補償。不論爸媽有什麼理由無法天天準備副食品，別忘了寶寶是靠一再重複和可預期性來學習。如果某幾天的三餐都餵副食品，某幾天卻只吃一兩餐，寶寶一定會很疑惑。寶寶一旦疑惑，他就會選擇最熟悉、最能安撫自己的吸吮進食。

小叮嚀

手抓食物的注意事項

何時開始：滿八或九個月，或者直到可以靠自己在餐椅上坐直身體。

引導方法：一開始只要把食物放在餐椅的桌面就好。寶寶可能會把食物壓爛，抹得到處都是。沒關係，這是學習經驗的一部分。不要直接拿食物餵他，這樣就跟目標背道而馳了。你應該在寶寶面前吃給他看，因為寶寶會模仿我們的動作。更何況食物那麼美味，他肯定很快就搞懂。每餐一開始先把手抓食物拿到寶寶桌上，之後再餵副食品。如果他不吃，沒關係。記得每餐一開始都要給他手抓食物，最後他就會抓起來吃了。

挑選食物：如果你不確定哪些食物適合當手抓食物，不妨先自己吃看看。食物入口後應該很快就能分解，不能有大小顆粒或碎屑，以防寶寶噎到。吃的時候請假裝自己沒有牙齒，改用舌頭將食物推到上顎，用舌頭多戳幾下食物，最後把食物壓扁。發揮你的創意，燕麥（煮到有點濃稠感）、地瓜泥、薯泥、或大塊鬆散的茅屋起司，都可以當成手抓食物。就看你能忍受寶寶把餐椅弄得多髒亂。熟成水果是很理想的手抓食物，有時候切成大塊或條狀會更有幫助，因為水果通常容易從手中滑落。上餐廳用餐時，如果你另外準備了一份寶寶的食物，寶寶卻殷切地看著你盤中的美食（你得先確認這些料理適合當手抓食物），就讓寶寶吃吃看吧。我看過寶寶大吃各種異國料理。越是放手讓孩子自己進食，他就學得越快，並且越享受吃飯時間。

◎吃飽之後，寶寶會嘔吐、起疹子、腹瀉或排便異常嗎？

如果有，你餵了哪些食物，多久餵一次？他可能對某種食物起了不良反應，甚至過敏。雖然寶寶不會把副食品和身體不舒服聯想在一起，但是寶寶很痛苦或不舒服，就不太願意嘗試新事物。所以我老是告訴父母，一開始餵副食品一定要**慢慢來**，一次只吃一種食物。第一週（如果寶寶偏敏感，就改成前十天）在早餐餵寶寶吃新食材，並且一整週只餵一種新食材。接下來把吃了一週的食材改成午餐吃，早餐再讓寶寶嘗試第二種新食材。只要新食材通過連續吃一週的測試，就可以跟其他寶寶已經適應的食材混在一起，增添新變化。

小叮嚀

經典案例：不願意開始餵副食品的媽媽

二十八歲的麗莎是一位社工，女兒珍娜滿六個月後，麗莎就返回工作崗位。她請了一位很棒的保母，但對於拋下女兒還是有點內疚。保母一來就提出幾項建議，其中一個就是讓珍娜開始吃副食品。麗莎是親餵媽媽，她起初拒絕這項提議：「我認為她還太小了，母乳對她比較好，而且我打算用吸乳器，午休時間回家哺乳。」過了三週，珍娜開始半夜醒來討奶喝。麗莎抱怨一定是保母白天放任珍娜「睡太久」了。保母解釋寶寶的小睡時間跟以往一樣，並說：「問題是母乳已經滿足不了寶寶的需求。」麗莎跟兒科醫師諮詢過後，只好不情不願地答應開始餵副食品。珍娜是個天使型寶寶。她很快就適應新模式，兩、三週內吃了幾種副食品，當然晚上也不再夜醒。麗莎很懷念親餵的時光，但是她告訴自己至少早上和睡前還可以親餵，保留一點親密時刻。

我每次都建議父母在早上嘗試新食材，這樣一來就算發生問題，也比較不會影響到你和寶寶夜間的睡眠。另外，把新食物和其他食物分開吃，寶寶不舒服時才比較好判斷原因。

如果家有敏感型寶寶，或者家族有過敏基因，嘗試新食物就應該更謹慎，因爲孩子過敏的機率更高。過去三十年來，兒童過敏的案例急遽升高，專家預估百分之五到八的兒童有過敏症狀。**給孩子吃容易引發過敏的食物，只會讓情況惡化**，所以請詳實記錄孩子吃的新食材和進食時間。如果寶寶經常起反應，或是反應程度很嚴重，你就可以把詳細進食狀況告訴兒科醫師，讓醫師來判斷。

小叮嚀

牛奶：大孩子的飲料

寶寶滿一歲之後，多數兒科醫師都會建議從母乳或配方奶換成牛奶。換喝牛奶跟吃新的副食品一樣，要慢慢來，確保寶寶不會產生不良反應。一開始先把早上的餵奶換成全脂牛奶，過了幾天到一週（端看寶寶的敏感程度），如果孩子沒有不良反應，比如腹瀉、起疹子、嘔吐，下午的餵奶就可以換成牛奶，最後才讓孩子在晚上喝牛奶。有些人在轉換初期喜歡把牛奶跟母乳或配方奶混在一起，我個人不贊同，因為牛奶會改變母乳或配方奶的成分。如果寶寶起不良反應，你要如何判定是混合的結果，還是牛奶的緣故？

一到兩歲：食物管理不善與吃飯運動會

寶寶滿週歲時，「寶寶該吃多少」就變成一個不好回答的問題，一來每個寶寶的體型和需求不同，二來寶寶的成長速度從一歲開始會減緩。寶寶一歲之前的成長幅度非常驚人，所以需要攝取很多食物，一歲之後胃口自然縮減。有個寶寶滿一歲的媽媽來信說：「這是布特妮目前在吃的食物，不過兩週前她根本拒吃任何東西，所以這是我第一次替她寫吃飯紀錄，眞新奇！」這位媽媽以幽默的方式形容寶寶的吃飯問題，而且處之泰然，但是其他父母就慌張多了：「爲何寶寶的食量變小了？」我跟爸媽們解釋，現在孩子忙著認識新世界，也不必像嬰兒時期一樣吃那麼多了。另外，第一年長牙時，吃飯會受到影響（參見 190 頁小叮嚀），所以幾乎所有寶寶在這個階段食量都會減少。

這個階段的孩子在飲食方面應該豐富許多，他應該試過很多食物，現在也能吃各種副食品和手抓食物。有些孩子一歲才開始吃副食品，有些則是九個月大就開始，但是大多滿一歲後都能順利離乳。大部分兒科醫師都會敦促父母在寶寶滿一歲之後讓他們喝牛奶，以及嘗試其他「謹慎食用」的食物，比如雞蛋和牛肉，因爲這時候過敏的機率已經降低了（除非家族有過敏基因）。

寶寶現在應該一天吃五餐，三餐以副食品爲主，兩餐各餵二四〇毫升奶水，或兩餐加起來四八〇毫升也行。換句話說，原本一半的奶水量應該換成副食品了。但是，假如寶寶這時一天還要喝九六〇毫升的母乳、配方奶或牛奶，你應該要開始降低奶水的比例，增加副食品的攝取量。如果一切順利，寶寶滿一歲兩個月就有足夠的協調能力自己進食，並且在你的幫助下持續進步。當然，不一定每次進展都很順利。

小叮嚀

供給正常食物量，寶寶體重自然會增加

每次帶寶寶去看兒科醫師，醫師都會檢查寶寶的健康狀況、量體重，確保增加的重量符合目前的年齡和體型。如果孩子的精神不佳，一定要告知醫師。一歲到一歲半之間的寶寶如果沒精神，有可能是副食品吃得不夠多，或是沒能從食物獲得養分。如果大於一歲半，此時孩子正值好動的時期，很可能是蛋白質攝取不足。

這階段會遇到兩大問題：食物管理不善及我所謂的「吃飯運動會」（見 190 頁）。

◎食物管理不善

如果寶寶滿一歲還是喜歡奶瓶勝過副食品，通常是食物管理不善的緣故，也許是小時候的問題一直都沒解決，或是沒有完全改善。所以我會把小嬰兒可能遇到的狀況拿來問這些父母：**寶寶幾歲開始接觸副食品？你餵寶寶吃什麼？你花多久時間試著餵寶寶吃副食品？你是否有持續給寶寶吃副食品？**

如果太早開始餵副食品，寶寶可能會反彈（見174頁）；如果最近才開始餵，或是沒有每天持續餵，那你只能耐心陪著寶寶度過轉換期。雖然六個月是開始吃副食品的黃金時間，寶寶可能還是需要多一點時間才能適應。記住，目標是把一半的奶量換成副食品。把寶寶平時在早餐、午餐和晚餐喝的奶量加起來，就是他該吃的副食品量。比如小唐早上都喝一瓶一八〇毫升的奶水，這時候爸媽應該換成等量的副食品，比如六十克麥片、六十克水果和六十克嬰兒優格（換算方式見179頁小叮嚀）。

小叮嚀

倉鼠花招

有些孩子吃到不喜歡的食物，就把食物含在嘴巴裡。這招我稱為「倉鼠花招」，通常會伴隨作嘔。如果你發現寶寶的臉頰鼓鼓的，就叫他吐出來。接下來先不要讓他吃這種食物，一週後再試一次。

三餐的一開始一定要先讓寶寶吃副食品。奶瓶或母乳可以當成正餐之間的「點心」，直到斷奶爲止，也就是一歲半左右。寶寶習慣吃副食品之後，你也可以吃到一半拿出裝開水或奶水的學習杯，讓寶寶餐後喝一杯解渴。

有時候寶寶身體不適，不一定是全部副食品都有問題，而是其中一種出狀況，比如桃子。如果家中幼兒不太喜歡嘗試新食材，或是感覺「很挑食」，某幾樣食物都不吃，那是因爲他正在展現對食物的個人喜好，也有可能是他需要更多時間適應嘴巴裡的新味覺和口感。這時候爸媽要有毅力（也要放寬心），繼續給孩子嘗試陌生的食物。

有些孩子實際上很挑嘴，在這個階段就不喜歡嘗試各式各樣的食物，長大了也會習慣如此。也有一些孩子天生食量小，一個寶寶的「正常」食量對另一個寶寶來說也許太多或太少。如果寶寶沒辦法把食物吃光也沒關係，這樣他才知道什麼叫「吃飽」。就我的經驗看來，只要寶寶按照規律作息，就會願意吃。就算是挑食的孩子，只要願意嘗試新的副食品，就讓他吃個兩茶匙看看，至少試過味道。

小叮嚀

別硬打開嘴巴！

強迫九到十一個月大的嬰兒打開嘴巴，就好比打開鯊魚的嘴搶走一條魚。如果孩子不肯再張開嘴巴吃另一口，拜託，請當作他已經吃飽了。

我的經驗法則是，新食材要連續吃四天。如果孩子不肯吃，可以暫停一週再試一次。如果孩子只吃特定幾樣食物（參見197頁），不必太擔心，成人也有同樣的狀況。但我發現只要父母本身就會吃各式各樣的食物，也鼓勵孩子嘗試多種味道，孩子最後也不太會排斥新食材。另外，如果孩子連續兩個月都很愛吃地瓜，突然有一天不吃了也不必驚訝，順其自然就對了。

如果寶寶拒吃副食品，我都會問：**寶寶會半夜醒來吃奶嗎？**奶水攝取量會影響寶寶吃副食品的欲望，夜奶的影響尤其大（所以我才反對讓幼兒天天捧著奶瓶）。可惜我遇過無數爸媽到了寶寶滿一歲以上仍在夜奶，最糟的狀況是整晚一直醒來吃奶。這些爸媽搞不懂寶寶爲何不吃副食品，其實原因很簡單：他光喝母乳和配方奶就飽了，當然沒胃口再吃副食品！也難怪吃飯時間到了還不餓，對副食品

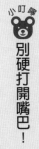

也沒興趣。再說，就算寶寶真的餓了，半夜餵奶也會害他退回二十四小時的規律作息（想要讓嬰幼兒戒掉夜奶，請使用第六章的抱放法）。

◎孩子常吃零食嗎？

正餐以外的零食吃太多，正餐就會吃不下。這個問題在零到兩歲都會遇到，有可能是吃太多零食，或是吃到不該吃的零食。我不反對偶爾給寶寶吃零食，但是我更建議水果、起司等較健康的零嘴。孩子不肯吃飯的時候，不要替他找藉口（「他累了」「他今天心情不好」「他在長牙」「他平常都表現很好」），你應該主動解決問題，限制零食的攝取量，尤其是沒營養、空有熱量的甜食餅乾。

還記得前面講過寶寶不吃正餐的壞習慣，尤其是親餵寶寶每餐只吃十分鐘，沒有按照三到四小時吃一頓的作息（參見123頁小叮嚀）。到了這個階段，如果幼兒一直吃洋芋片、餅乾，同樣問題就會再度上演。家裡幼兒如果沒有一天照常吃三餐，反而一直吃零食，請設下三天期限改變這個吃飯模式。為了讓孩子回到正軌，你必須堅持照正常時間吃三餐，空檔不准吃零食。

吃零食不是壞事。有些個頭小的孩子可以靠零食補充比正餐更多的熱量（參見199頁小叮嚀）。有些孩子胃容量小，本來就只能少量多餐。這時候（營養的）點心就能充當分量小一點的正餐。仔細觀察孩子的吃飯模式，如果他吃不完一餐，體重也在平均值的低點，表示他的食量真的比較小。給他吃一些熱量較高的零食也無傷大雅，例如酪梨、起司和冰淇淋。跟兒科醫師談談少量多餐要如何安排。只要吃對食物，就算分量不多，孩子也能獲得滿滿精力，逛超市也不會吵著要買餅乾。再說，寶寶開始有人際交流之後，吃零食就會變成社交的一部分。每個媽媽都會隨身帶點心，就算你在家謹慎挑選孩子的食物，他在外面也會吃到各式各樣的零食，包括垃圾食物。所以請記得自己準備零食，這樣你才能避免小孩吃到不好的零嘴，或是跑去跟其他父母要東西吃！

小叮嚀

戒零食大作戰！

這是一項為期三天的作戰計畫，可以戒掉幼兒吃零食不吃正餐的習慣：

孩子早上七點起床餵一次奶，九點左右的早餐跟平常一樣，吃一頓小分量的正餐。接下來就不同了。早上十點半，他的體力開始下降，這時你原本會給他吃餅乾或水果，今天請想辦法引開他的注意力，比如帶他出去玩。到了午餐，我保證他會吃得比平常還要多，因為他餓壞了。如果孩子吵著要吃東西，你也可以把午餐提前。

相信我，執行這項計畫只有父母會很心疼，孩子其實沒在受苦。請你努力完成目標：難道你寧願讓他繼續不吃正餐，也不願意等一小時，讓他好好吃一頓正餐嗎？只要你不再讓步給他吃零食，到了第三天（大多案例不必等到第三天），孩子就能好好吃完一頓正餐。

下午小睡起床要吃的零食請取消。如果平常醒來會喝一瓶奶，今天請把奶量減半。很多父母聽到減半都很擔心：「他不是應該多吃一點才有體力嗎？這樣是不是害他餓肚子？」絕對沒這回事。別忘了這項作戰計畫只有**三天**，孩子不會餓死的。你只是讓孩子等到該吃飯的時間才吃飯。

小叮嚀　長牙打壞胃口

長牙跡象：孩子可能會出現以下任一（或全部）跡象，比如臉頰變紅、尿布疹、流口水、啃手指、流鼻水，或是其他鼻涕倒流、發燒、尿液變濃等徵兆。如果親餵或瓶餵時，寶寶一碰到奶嘴或乳頭就退開，可能是牙齦痠痛。由於吃飯很不舒服，寶寶的胃口可能會下降。通常可以在牙齦摸到突起的一小塊，或是看到一塊發紅的牙齦。親餵的時候，媽媽或許也能感受到快冒出來的乳牙。

持續時間：長牙是三天一循環：牙齒冒出頭之前、冒出頭的過程，冒完的後續影響。最痛苦的就是牙齒穿出牙齦的那三天。

如何應對：你可以按照包裝指示給寶寶吃預防劑量的莫疼錠（Motrin），用長牙舒緩軟膏麻痺牙齦。也可以給寶寶咬冰凍過的固齒器、貝果或毛巾，只是他不一定會接受就是了。

這個階段要問的另一個問題是：**你是否覺得寶寶拒吃食物是在針對你？**孩子一歲之前不吃飯，幾乎不是要任性或故意惹爸媽生氣。嬰兒不會故意不吃飯來操縱爸媽，所以通常另有原因，比如長牙、睡眠不足、生病，或單純沒有心情吃飯。不過滿一歲之後，幼兒就有可能發現可以用不吃飯表示抗議。如果你太在意孩子的飲食，緊張兮兮，我保證孩子滿一歲三個月前，就會察覺你的心情。一旦孩子發現父母期待自己好好吃飯，吃飯就會變得不開心。我看過孩子因此拒吃新食物或完全不肯吃飯。

◎吃飯運動會

每次爸媽回答「**孩子願意乖乖吃飯嗎？**」這個問題，我就能聽出孩子是否被迫參加我所謂的「吃飯運動會」。這類狀況包括：

Q 我得跟在孩子屁股後面跑，餵他吃飯。

孩子不肯乖乖坐在餐椅，或是一直想爬出來。

孩子不肯試著自己吃飯。

孩子不肯穿圍兜。

孩子一直把食物丟到地上，或是放在自己頭上。

孩子在培養吃飯技巧時，身體其他方面同時也在大幅發育。很多孩子這個年紀已經可以走路了，還不會走的至少也能爬行。環境中充滿了無盡的新奇事物等他們去發掘，幼兒有很多好玩的事可以做，比起來吃飯並非第一要務。世界這麼大，誰想坐在椅子上動彈不得呢？連十分鐘都嫌久吧？更何況，把食物丟來丟去、壓爛這麼好玩，爲什麼一定要拿來吃呢？家裡有一歲兒或兩歲兒的爸媽就知道，吃飯時間不是一場大災難，就是一場體力消耗戰，而且桌子地上肯定一團亂。許多父母因爲幼兒在吃飯時間很失控來找我諮詢，他們的擔憂多少反應出孩子逐漸萌芽的獨立性和能力，以及兩歲兒的任性。實際上，有些幼兒拒吃特定食物並不是討厭那種味道，而是他想測試自己的控制力。這時候爸媽最好退一步，避免跟孩子角力（下一餐再把那種食物換成有同等營養的另一種食物）。

寶寶滿一歲之後，你就可以開始訂立吃飯的規矩。我知道有些人會抗議：「孩子還太小，沒辦法教他們守規矩。」這話就錯了，親愛的。趁現在孩子還沒變成恐怖兩歲兒之前開始教，否則到時候，每次管教都是一場角力。

接下來閱讀吃飯運動會問題時，請謹記B・A・R・N原則，至少B・A・R代表的意義不要忘記。B是這個階段孩子的各種不良行爲，如果現在不介入，不良行爲就會持續下去。

A是你的態度。父母的態度很重要，你會發現前面父母提出的五個狀況，在在暗示孩子才是掌控大權的人。第一個線索就是，這些句子開頭大多是「孩子拒絕……」「孩子不肯……」。沒錯，孩子現在變成恐怖兩歲兒了，但不要因此把吃飯的掌控權也交給他，爸媽應該要能控制局面（只要能掌控局面，兩歲兒不一定很恐怖。詳見第八章）。

小叮嚀

不要耍花招！不要哄騙！

有些父母把吃飯時間當成遊戲時間，然後不解孩子為何不肯乖乖吃飯。舉個例子，如果你把湯匙當成飛機，跟孩子說：「飛機要飛進嘴巴囉！」那待會兒孩子徒手抓食物玩「滑行降落」也不意外。

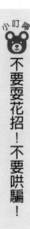

另外，爸媽永遠不該用哄騙的方式叫孩子吃飯。他們肚子餓了自然會吃，眼前有喜歡的食物自然會吃。但是如果爸媽欺騙他們，他們就不肯吃了。用哄騙甚至強迫的方式叫孩子多吃一點，反而會害他們不喜歡吃飯。一旦孩子發現不吃飯爸媽就生氣，他們沒多久就會領悟：「哦，原來我有這招可以對付爸媽。」

要解決這些問題，訂立吃飯規矩，一定不能忘記吃飯時間的R（規律作息）。爸媽可以改變事情的作法，藉此處理吃飯問題。我們必須訂下作息和界線，而且最晚要在孩子滿一歲半之前實施，因爲在那之後，孩子就會開始展現頑固的一面。

這個階段的棘手之處在於拿捏平衡，你必須給孩子一點實驗冒險的空間，同時了解這個發展階段的寶寶會有哪些反應。舉個例子，如果寶寶不肯穿圍兜，你得讓他覺得自己有權決定。你可以給他兩個圍兜兒：「你比較喜歡哪一個？」另一方面，如果你不得不跟在孩子屁股後面，追著要他吃飯，那就是你給他太多選擇自由了。很多父母會問幼兒：「你想吃飯了嗎？」其實應該直接說：「吃飯時間到囉。」別讓孩子選擇要不要吃，直接告訴他「該吃飯了」。就算他拒絕，你還是要讓他坐在餐桌上。一旦肚子餓，他就會開動了。但是，如果孩子開始鬧脾氣，你必須把他抱離餐椅，離開用餐區。給他兩次機會重回餐桌吃飯，否則就等到下一餐再吃，那時候他肯定就餓了。

不肯乖乖吃飯、拒絕坐餐椅，或是想站在餐椅上，某種程度來說是幼兒的自然反應，這些行爲幾乎無法避免。不過我發現，如果爸媽在吃飯時間跟寶寶有互動、聊聊天，這方面的問題就會比較少發生，寶寶會比較願意參與吃飯這件事。你可以問他：「馬鈴薯在哪裡呀？」或指著豌豆說：「豌豆是綠色的。」保持微笑，跟寶寶說話，稱讚他做得很好。當他不吃了，或是看似準備要站起來，你必須搶先出擊：立刻把他抱出餐椅，說：「好囉，午餐時間結束。該來洗手了。」

幼兒坐在餐椅上顯得特別侷促不安，或是很不舒服時，我會懷疑是爸媽要求過高了。**你會讓寶寶坐在餐椅上，等你把晚餐準備好嗎？如果會，寶寶要等多久？**對好動的幼兒來說，兩分鐘就像一輩子那麼長。請先把食物和餐具都準備好，再把孩子抱上餐椅。**吃飽之後，你會把寶寶留在餐椅上嗎？**如果寶寶不吃了，你還讓他坐在餐椅上，他可能會開始覺得餐椅像一座監獄。最近有一位媽媽來諮詢，她想讓一歲半的兒子好好坐在餐椅上把飯吃完。沒想到他不僅拒絕坐餐椅，更糟的是吃飯習慣很差，而且每次爸媽試圖讓他留在椅子上，他都會大聲尖叫抗議。

還有一些孩子從一開始就不肯坐餐椅，每次都把爸媽搞得精疲力盡或大發飆。爸媽可能會跟孩子硬碰硬，導致他更加抗拒。或者爸媽會放棄堅持，變成整天追在孩子後面餵他吃飯。第二種狀況我見過太多了：爸媽抓著湯匙跟在孩子後面，想逮住時機餵那一口稀飯，這麼做其實是自找麻煩。父母應該搞清楚孩子爲什麼討厭餐椅，再溫柔耐心地重新帶他適應餐椅。所以我會問爸媽：**孩子第一次坐餐椅是幾歲？那時候孩子可以自己坐直身體了嗎？**如果孩子還不能至少自己坐直二十分鐘，你就讓他坐餐椅，他可能會坐得不舒服，變得很疲累，也難怪他會討厭餐椅了。

你必須正視孩子的抗拒或恐懼。如果他一被放進餐椅就踢腳、拱背，掙扎著想出來，請立刻把他抱起來，然後說：「我知道你現在還沒準備好要吃飯。」十五分鐘過後再試一次。有時候問題出在爸媽沒有給孩子一套轉換儀式，比如這時候是從遊戲時間轉換成吃飯時間。你不能唐突中斷孩子的活動，直接把他塞進餐椅，那樣並不尊重孩子。他需要時間醞釀睡覺的心情（如何轉換成睡覺時間請見下一章），同樣也需要時間醞釀吃飯的情緒。請用話語告知孩子：「午餐時間到囉！你餓了嗎？我們把積木收一收，一起去洗手吧。」給孩子一段時間把這些話聽進去，接著在尊重孩子的前提下開始收拾積木，帶他去洗手。先說：「好，現在要抱你去坐餐椅囉。」再把他放進椅子裡。

這麼做可化解大部分孩子排斥餐椅的問題。但是，假如你家的孩子已經對餐椅有負面觀感，甚至有點恐懼，請退幾步來處理這個狀況。你必須再次讓吃飯變成一件歡樂的事。首先，你可以讓寶寶坐在你的膝上吃飯，接著讓孩子坐在兒童餐桌，或是坐進輔助餐椅，跟你並肩用餐。兩三週後，再換成餐椅試試看。如果他依然會抗拒，以後可能就改讓孩子坐輔助餐椅。餐椅的使用時間本來就很短，只有六到十個月大的寶寶可以用。等到滿一歲或一歲半，很多孩子寧願坐輔助餐椅，跟家人同桌吃飯。

讓孩子跟全家人一起吃飯，不只能促進孩子的良好用餐行爲，還能大大增加他們自己吃飯的意願。如果孩子不願意自己動手吃飯，父母必須先檢視自己的行爲：**你對孩子自己吃飯抱持什麼態度？你自己會三兩下就吃完一餐嗎？你會擔心孩子吃得一團亂嗎？**每次看到兩歲兒明明有能力自己拿叉子吃飯，卻因爲父母急性子或怕髒亂而被阻止，我都很難過。如果你表現出不耐煩的樣子、不斷清理掉下來的飯菜，或是孩子還沒吃完就急著擦餐椅桌面，孩子肯定很快就發現吃飯一點也不好玩。那他怎麼還會想自己吃飯呢？

另外一個問題是，孩子準備好了沒？每次有父母擔心孩子沒辦法自己吃飯，我都會問：**所謂的「自己吃飯」是什麼意思？**有可能父母必須調整對孩子的期待。多數一歲兒都可以手抓食物來吃，但湯匙還握不好。如果你家的孩子還不會用手拿食物，請在他的餐椅桌面放一些手抓食物，他會慢慢理解你的意思。使用湯匙或叉子就複雜多了。想想看寶寶必須做對多少步驟：用靈巧的手指握住湯匙，把湯匙滑到食物底下，把湯匙舉高，同時不能翻倒食物，最後把湯匙送進嘴裡。大多寶寶至少要滿一歲兩個月才能開始嘗試以上步驟。在那之前，讓他拿著湯匙把玩就夠了。就算他還不會用，他也會拚命搶走你手上那根湯匙，然後才慢慢掌握到訣竅，把湯匙送進嘴裡。當你發現寶寶在做這個動作，就可以開始盛食物到湯匙上，比如會黏在湯匙上的濃稠燕麥就很適合。大多燕麥最後可能會黏在他（和你）的頭髮上，但是你必須給他時間不斷實驗，就算湯匙完全沒進到嘴巴，也不要急著插手。一歲兩個月到一歲半之間，他就會開始成功把食物送進嘴巴。

當然，不論孩子能力是否到位，不論爸媽心放得多寬，所有小孩進入幼兒期之後，總有調皮搗蛋、把飯菜放到頭上的時候。每次有父母爲了孩子一再搞怪來諮詢，我都會先問：**孩子第一次做滑稽動作時，你笑了嗎？**我知道當下是個特別的時刻，他一定又鬼靈精又可愛。誰能忍住不笑呢？問題是比起把麥片放到頭上，其實是你的笑容更讓他開心。他心想：「哇！太酷了，媽咪喜歡我這樣做！」所以他一而再再而三重複，只是做了第二次、第三次、第四次，你開始笑不出來了。你變得很生氣，他則一頭霧水。前天我這樣做，媽咪還覺得很好笑，爲什麼現在她不笑了？

事實很簡單：幼兒喜歡丟東西，這個動作讓他們覺得自己很有力量。他不知道朝你丟玩具球跟丟熱狗有什麼分別。如果他不滿一歲，那還不必大驚小怪，他亂丟東西不是爲了要吸引你的注意，但你必須清楚讓他知道，他不可以這樣亂丟東西。就像一位媽媽看到七個月大的兒子把起司丟到地上時，她只淡定地說了一句：「哦，看來你不想要那塊起司囉。」

如果你運氣很好，還沒親眼見過孩子把盤子蓋在頭上的驚人之舉，請你做好準備，這一幕隨時會上演。等到發生的那一天，請收起你的笑容，對孩子說：「不行，你不可以把食物放在頭上，食物是要拿來吃的。」接著就把飯菜收走。如果在此之前，你已經是這場表演秀的捧場觀眾，那麼下次上演時，請你也要這樣告訴孩子。只不過你可能要多說幾次，才能糾正這種行爲。如果現在不採取行動，我敢保證等孩子進入兩到三歲的階段，他一定會在餐桌上做出更失控的舉動。

小叮嚀

麵包可以撕爛，盤子不能摔爛！

大家都知道，絕對不要給幼兒會打破的盤子。不過，如果盤子一直掉到地上，你也可以乾脆不用盤子。另一種變通方式是改用底部有吸盤的塑膠盤子。等到寶寶力氣夠大（而且夠聰明），可以把吸盤拔起來的時候，你就可以恢復原本把食物放在餐椅桌面的作法。

兩到三歲：偏食與其他麻煩特質

大人能吃的食物，這個階段的孩子幾乎都可以吃了，他們現在的飲食應該要跟大人一致。他可以坐在餐椅或輔助餐椅，跟大人同桌吃飯，也可以帶出門吃餐廳。兩歲兒最令人頭痛，日常生活的每件事都可以變成一場角力。這個階段的幼兒可以是惡魔，也可以是天使，端看他的天性以及爸媽如何應對先前冒出來的問題。可喜的是，隨著他即將邁向三歲的里程碑，這些煩惱也會逐漸好轉。

兩到三歲常見的困擾分成兩種：不良吃飯習慣或怪癖，以及吃飯時間的不良行爲（上個階段的吃飯運動會問題如果沒有根除，就會延續到這個階段），下面就來探討這兩大分類。

「不良吃飯習慣或怪癖」最常聽到的狀況是：

Q

我家小孩吃飯習慣很差。

我家小孩幾乎不吃東西。

我家小孩只肯吃零食。

我家小孩會絕食抗議。

我家小孩堅持按照某一種特定順序吃飯。

我家小孩只吃同樣那幾種食物。

如果碗裡的豌豆碰到馬鈴薯，我家小孩就會崩潰。

我每次都會請父母解釋他們心目中的「良好吃飯習慣」。是說孩子要吃很多呢？還是什麼都吃？「吃飯習慣很好」就像「美麗」這個字，每個人的定義都不同。所以每當父母擔心孩子的飲食狀況，我都會請他們仔細看清楚，想想自己到底在擔心什麼。

這是最近才發生的狀況，還是孩子一直以來都是這樣？這世上的人形形色色，脾氣、體型各有差異，吃飯習慣當然也是五花八門。天性、居家環境、看待食物的態度等個體差異，都會影響孩子的進食模式。有些幼兒吃得比較少，有些味覺較敏感，有些則不喜歡嘗試新食物。有些孩子是天生美食家，有些體型較小，對食物需求量相對較低。還有一些孩子就是比較沒辦法好好吃飯。

到了這個年紀，你應該已經非常了解孩子的個性和平常的表現。如果他一直都不太喜歡吃飯，或是吃得比同齡兒還少，請不要對他的吃飯表現抱持不切實際的期待，因爲這就是孩子原本的樣子。就算他今天吃得比昨天少，那也是完全正常的行爲，說不定他明天會吃得更多。只要兒科醫師認爲沒有異狀，就放心讓孩子自己探索吃飯這件事吧。不要神經兮兮地緊盯他吞下每一口飯。只要持續提供優質食物，營造快樂的吃飯時光，讓他看到你喜歡吃健康食物的樣子，他反而更有可能吃得好。

如果孩子以前吃得很好，最近卻狀況頻頻，是不是因爲同時發生了別的事？他剛學會爬嗎？生病了嗎？長牙嗎？壓力大嗎？以上任何因素都可能讓一個吃飯習慣良好的寶寶頓時對食物失去興趣。

餐桌是孩子的交際場合嗎？只要沒人逼著孩子「吃！吃！吃！」坐上餐桌跟家人一同吃飯，其實對不愛吃東西的孩子是一種很好的經驗。如果有機會跟同齡兒一起吃飯就更棒了。約其他朋友一起玩時，不妨安排一段時間吃點心或輕食午餐，孩子的表現可能會出乎你的意料。當他看到其他孩子在吃東西，就會更專注在食物上（這兩種場合都是加強餐桌禮儀的好時機）。

孩子眞的什麼都沒吃嗎？父母通常沒把液體或零食點心算進來。請詳實記錄孩子一、兩天吃進的所有東西，你或許會很驚訝。說不定他有不吃正餐的習慣，如果眞是如此，孩子其實有在進食，只是不吃你在正餐時間端出來的食物，你可以採取措施糾正這個行爲（參見189頁小叮嚀）。每次父母說：「他都只吃零食。」我都很想問：「那是誰給他零食吃的？好心的小仙子嗎？」我們必須注意孩子的飲食，並爲此負起責任。

就連一開始吃副食品表現很好的寶寶，到這個階段都有可能變成偏食兒童。有些孩子只吃某幾種食物，有些則是挑食到令人匪夷所思的地步。這兩種情況都會讓父母擔心。

小叮嚀

挑食的孩子（和父母）有福了

研究發現四到五歲的幼兒高達三成會挑食或食量小，芬蘭的研究即認為父母「沒必要太擔心」。研究人員找來五百多位孩童的父母進行調查，從孩子七個月大開始追蹤調查。研究顯示，父母對吃飯習慣不好的定義是「經常」或「有時候」吃得太少。到了五歲，吃飯習慣不好的小朋友通常長得比較矮，體重比較輕，但他們出生體重本來就低於平均，表示他們的食物需求量較少。換句話說，**從體型的角度來看**，吃飯習慣不好的小朋友並不是真的吃得比較少。研究結果倒是發現一項差異：吃飯習慣不好的孩子從零食攝取的熱量大於正餐，所以父母更要確保孩子隨時有健康的零嘴可以吃。

幼兒尤其容易偏食，偏食會同時表現在行爲和食物喜好上，比如會長時間只吃一種或少數幾種食物，其他統統拒吃。所以我們一定要給孩子吃健康食物，這樣他肯吃的食物至少有益健康。別忘了，孩子一旦覺得某種食物吃夠了之後，往往會好一陣子都拒吃。我的老么蘇菲以前（和現在）就是個挑食兒。她可以狂吃某種食物最多十天，接著恢復正常飲食一陣子，正當我以爲她的偏食期結束時，她又會看上另一種食物開始狂吃。

吃飯怪癖比狂吃特定食物更讓父母抓狂。以下摘錄一位媽媽在網站上的貼文，凱莉兩歲半的兒子顯然有個怪癖。凱莉說這個「乖孩子」戴文個性「貼心、溫柔又搞笑」，但是他的吃飯怪癖讓她「越來越沮喪」。

> 每次戴文吃到一半，如果食物斷掉，比如香蕉或燕麥棒斷成兩截，他就不肯再吃了。我搞不懂他的想法，只能猜他看過大人吃這些食物的模樣，所以不希望食物斷掉。有沒有其他人家裡的孩子也會這樣，或是有其他奇怪的堅持？

有其他孩子會這樣嗎？事實上很多孩子都是如此。其中一篇回文就說，她家的小孩只要看到餅乾碎掉就會崩潰，第二篇回文說小孩不肯吃「大雜燴」料理，比如燉菜或燉鍋料理。第三篇說小孩只肯吃吐司皮，剩下的都不吃。有些孩子則是堅持要按照特定順序吃飯，比如有個小男孩每一餐一定要先吃一片香蕉。或者他們對食物的呈現方式有嚴格規定，例如不同食物不能碰在一起，或者某種食物一定要放在特定的碗盤裡。這些怪癖說也說不完，每一種都獨樹一幟，原因可能連孩子本人都說不上來。每個人本來或多或少就有一些特別在意的堅持。我唯一能肯定的就是，大部分孩子長大之後，怪癖就會消失……總有一天會的。

在此同時，面對這些怪癖就放寬心吧。如果凱莉對戴文的「食物不能斷掉」怪癖反應太激烈，或是花太多心力「矯正」，有可能會適得其反。

這個階段常見的另一種問題是不良吃飯行為，最常聽到的狀況如下：

Q 我家小孩在餐桌的表現很糟糕，這個年紀哪些行為算正常？

我家小孩在餐桌上坐不住（我稱為「屁股長蟲症」）。

我家小孩吃不下或不想吃就會亂丟飯菜。

我家小孩吃飯很容易耍脾氣，一點小事不順心就暴走。

我家小孩會故意弄得一團亂，比如沾義大利麵醬在桌上（或弟弟妹妹身上）畫畫。

餐桌上許多行為問題都是生活中類似問題的延伸，只是吃飯時間比較容易引起爸媽的注意，尤其是在餐廳，有別人在場時。為了釐清餐桌問題是否只是冰山一角，我會問父母：**這個行為是最近才出現，還是已經持續一陣子了？如果是後者，還有哪些情境會出現這種行為？觸發點通常是什麼？**問題行為通常都不是最近才有，而是意外教養的後果。每次孩子行為不當，父母不是急著擺平就是覺得丟臉，於是選擇視而不見，或是妥協答應要求（這種模式的詳細說明請見第八章「幼兒教養」）。

假設孩子用手指沾義大利麵醬在桌上亂畫。你會怎麼處理？如果你覺得「沒什麼，我待會兒再清乾淨就好」，而且你也沒有對孩子說些什麼，那等於是告訴孩子這種行為沒有錯。但幾週過後，你帶女兒去奶奶家吃飯，她開始在你婆婆昂貴的桌布上「作畫」怎麼辦？我得說，這就不能怪你女兒了，因爲錯在你。你應該教導她義大利麵醬不是拿來畫畫的工具，在她第一次亂畫時，就應該說：「食物是拿來吃的，不可以玩。等一下吃飽就把盤子拿去水槽。」

假設孩子個性比較活潑，喜歡把腳放到桌上，跟著兒歌節奏點腳尖。這個動作對他來說很新奇，但是假如他在餐廳做這種事，對你來說可能很丟臉。你的態度必須一致，而且要持之以恆。不論孩子做了哪些不恰當的行爲，比如把腳放到桌上、拿叉子戳鼻子、亂丟食物等，你必須直接了當告訴他這樣不對：「不行，吃飯的時候不可以（請自行帶入孩子的行爲）。」如果他還不停止，就請他離開餐桌。等五分鐘再請他回來，給他一次機會好好表現。只要你堅持這個處理方式，孩子就知道行爲不當會有什麼後果，也會明白爸媽希望他拿出什麼表現。

亂丟食物也是一樣的處理方式。一歲兩個月大的寶寶嘗試投擲動作時，最好不要大驚小怪（參見196頁）。但當兩、三歲的幼兒故意亂丟東西惹惱你，你就必須告訴他亂丟東西是不對的，然後要求他自己清乾淨。假設你拿一盤雞肉放在幼兒面前，結果他大喊：「不要！」然後把雞肉丟到地上。這時請把盤子拿走，對他說：「不能亂丟食物。」然後將他抱離椅子，五分鐘後再讓他回來吃。給他兩次機會好好表現，如果一直不配合，他那一餐就沒得吃了。

這個方法聽起來很嚴厲，但請相信我，這個年紀的孩子已經懂得利用行爲操縱爸媽。我看過有些爸媽像個外野手一樣，忙著接住孩子亂丟的食物，卻一次也沒告誡孩子這麼做是錯的。他們反而還問：「噢，還是你想吃點起司？」於是亂丟食物變成長期行爲不當。這位小投手不只丟食物，還開始丟玩具和其他危險物品（小波的案例請見387頁），結果每次吃飯你都必須採取相同的處理措施，直到行爲停止。問題是，父母往往精疲力盡，半途就放棄妥協，只在一旁默默收拾殘局。這個問題很常見也很嚴重，因爲爸媽再也不能帶孩子出門。我上餐廳最討厭看到不懂規矩的小朋友，他們把麵包壓碎、亂丟食物，父母卻事不關己，只會叫服務生收拾乾淨，他們絲毫不尊重自己的用餐時間。

父母會說：「他才兩歲，什麼都不懂。」但誰才該教他規矩，又何時才教呢？難道某個魔法仙子會飛進房間給他好好上一課嗎？爸媽就是孩子的老師，我建議越早開始教越好（詳見第八章）。

有時候爸媽如果能更仔細觀察孩子的暗示，不當行爲就能解套。比如爸媽說孩子會耍脾氣，我就反問：**你會注意孩子吃飽的暗示嗎？**就算孩子已經在唉唉叫、把頭轉開、使勁踢腳，有些父母還是會試著讓孩子「再吃一口就好」。他們一直不肯放棄，到最後孩子果然就崩潰了。一旦發現孩子吃飽，你應該要立刻把他帶離餐桌才對。

爸媽有可能會不經意播下不當行爲的種子，日後演變成更嚴重的問題，所以平時務必謹言慎行，不要向孩子傳達錯誤的進食觀念。孩子都吃飽了還要再逼他吃一口，他就學不會控制自己的身體，也不知道什麼才叫吃飽。許多體重過重的成人回首童年，往往會回憶起家裡有一堆點心甜食，父母也都會稱讚他們把飯菜吃得很乾淨。父母常會說：「你把飯菜都吃光啦，好乖喔。」於是他們很快就學會用吃飯來博取父母的認同。如果你本身有飲食方面的問題，比如慢性節食症或懼食症，請正視問題並尋求協助，避免對孩子造成影響。

爲了以防萬一，即使沒有飲食方面的問題，哺乳也會引發多種情緒壓力。我們都希望孩子能健健康康長大，所以孩子不吃飯，父母自然會擔心。有時候我們有辦法解決問題，有時候沒辦法。無論如何，父母都必須負起責任。嬰幼兒要保持飲食均衡，才能睡得好，有體力玩耍。我們必須爲孩子提供所需的營養，同時尊重個體差異和孩子天生的氣質。

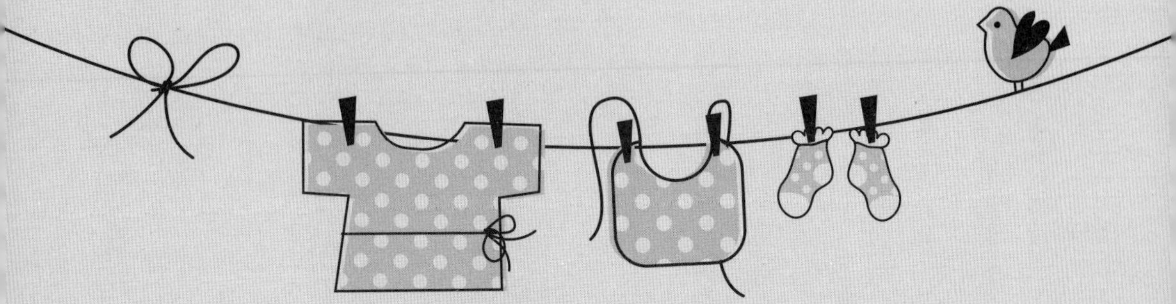

第五章

引導寶寶入睡

零到三個月教戰守則和六大成因

睡覺是一項必須教會寶寶的技能

Q

「我們家五週大的寶寶不肯睡嬰兒床。」

「我們家六週大的寶寶不肯睡午覺。」

「我們家一個月大的寶寶很愛睡午覺，但是晚上就不肯睡了。」

「我的寶寶三個月大了，半夜還是會一直醒來。」

「我兒子十週大，只有趴在我胸口才能睡著。」

「兒子五週大，當注意到他想睡的暗示，就會把他放進嬰兒床，但一放下他就開始哭。」

「八週大的兒子只有坐車才睡得著，我們只好把汽車座椅搬進嬰兒床。」

我的信箱天天都被類似的問題塞爆，主角通常是三個月以下的寶寶，信件主旨例如：「救命！」「我真的很需要幫忙」或「我是睡眠嚴重不足的媽媽」。我一點也不意外，從帶寶寶回家的那一刻起，睡眠就是折磨父母的第一大煩惱。就算上輩子燒好香，生到睡眠習慣很好的寶寶，爸媽也忍不住想問：「寶寶何時才能睡過夜？」育嬰的所有面向都離不開睡眠，睡眠是最重要的一環。一瞑大一吋，寶寶睡飽了才有力氣吃飯玩耍。睡眠不足的寶寶容易脾氣暴躁，發生腸胃或其他健康問題。

家有睡眠障礙寶寶的父母，幾乎都有一個通病：他們不曉得**睡覺是一套需要教會寶寶的技能**。爸媽必須教寶寶如何自行入睡，以及半夜醒來如何再睡回去。零到三個月是奠定良好睡眠習慣的階段，有些父母卻不自覺被孩子牽著走，就這樣養成各種壞習慣。

其實這種行爲一部分要怪罪大眾普遍對嬰兒睡眠的錯誤認知。如果有人說：「我昨晚睡得像個小嬰兒。」表示他昨晚睡得很好，閉上眼睛倒頭就睡，一覺醒來神清氣爽、精神百倍。這眞是少見的幸運兒！畢竟大多人半夜都會翻來覆去，起床上廁所，打開手機看時間，擔心隔天會精神不佳。你知道嗎？其實嬰兒也一樣。如果眞的要精準分析「睡得像個小嬰兒」這句話，意思其實是「我每四十五分鐘就醒來一次」。嬰兒沒有新客戶或是明天的上台簡報要煩惱，這是他們自然的睡眠模式。跟成人一樣，**嬰兒的睡眠週期是四十五分鐘**，在如同昏迷的深眠和快速動眼期的淺眠之間交替。大腦比較活躍的時候容易作夢。以前學者認爲嬰兒不會作夢，但近期研究證實，嬰兒的睡眠時間平均百分之五十到六十六停在快速動眼期，比成人的百分之十五到二十更長。因此嬰兒半夜時常醒來，就跟成人一樣。如果不教嬰兒如何自行入睡，他們醒來就會哭，因爲他們在說：「快來幫我，我不知道要怎麼再次睡著。」如果爸媽也不知道該怎麼辦，意外教養的種子就會在這時候播下。

零到三個月出現的睡眠問題可以歸類爲**不想睡覺**（包括抗拒嬰兒床）或**無法長時間入睡**，或者兩者皆是。接下來我會檢視最常見的睡眠障礙和可能成因，並針對每一種情況**擬定解決方案**，讓爸媽可以採取措施解決問題。每個寶寶都有各自的睡眠問題，這跟**寶寶本身及家庭**有關，所以我不可能涵蓋所有狀況，就算寫十本書也寫不完。世上有一百萬個寶寶，就有一百萬種造成睡眠問題的情境。

不過，爲了幫助你解決問題，至少我可以帶你了解睡眠的基本知識，並從我的角度看待問題。我的目標是幫助你了解我如何評估零到三個月的各種睡眠問題，好讓你學會分析家中寶寶的狀況（請記住，月齡較大的寶寶也會遇到這些睡眠問題，只是寶寶未滿四個月更容易根除）。希望這些資訊可以幫助你認清育兒路上的錯誤決定，並就此導正，讓寶寶能夠順利進入夢鄉。

小叮嚀

原始部落並沒有「睡過夜」的問題

睡眠習慣反應一個文化的進化史。我們那麼想要讓寶寶睡過夜，八成是因為隔天還要上班幹活，所以需要寶寶配合大人的睡眠時間。有些民族則把寶寶視為成人生活的一部分。喀拉哈里沙漠有一支以狩獵採集維生的孔桑族，他們的小嬰兒無時無刻不跟母親肢體接觸，晚上與母親同睡，白天就背在母親身上。他們習慣每十五分鐘就餵少量的奶水。每當寶寶有點哭鬧，母親就會立刻回應，讓寶寶不至於大哭起來。當然在這樣的文化中，他們並不會特別關注嬰兒能否睡過夜。

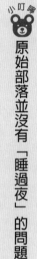

造成睡眠問題的六大成因

任何年齡層的睡眠問題通常不只一種成因。除了晚上之外，白天一整天的活動也會影響睡眠。寶寶的天性和父母的行爲也要考慮進去。比如半夜一直醒來的寶寶，有可能是白天睡太多、吃太少，或是活動過度，也可能是意外教養的後果，或以上皆是。說不定寶寶清晨四點醒來大哭，累到不行的媽媽只能趕快親餵，把孩子奶睡；又或者她只好把寶寶抱上自己的床，希望接下來能一覺到天亮。就算寶寶才四週大，他也能很快習慣特定作法。不久後，他就會把睡覺與吃奶或跟媽媽同床聯想在一起。

另外，今夜睡眠問題的成因不一定跟昨夜一樣。寶寶有可能今夜因爲房間太冷而醒來，明晚又因爲肚子餓醒來，幾天後又因爲身體不適醒來。

你知道我的意思了吧。釐清睡眠障礙的原因就像解謎一樣，名偵探爸媽必須把蛛絲馬跡拼湊起來，接著還要擬定解決方案，也就是必須採取的措施。

小叮嚀

不要自己扛！

睡眠不足是爸媽的問題，不是寶寶的問題。新生兒不在乎晚上睡幾小時，因為他隔天不必做家事或上班。對他來說，一天二十四小時沒有白天黑夜之分。寶寶出生頭六週，請盡量對外尋求協助。跟另一半協調半夜餵奶的時間，不要獨自承擔這一切。記得不要每天輪班，每人應該負責兩個晚上，再休息兩個晚上，這樣才能真的補到眠。如果是單親父母，請呼叫自己的爸媽或好友幫忙。如果沒有人能來家裡過夜，至少請他們白天來幾小時，讓你可以睡個午覺。

許多爸媽搞不清楚「睡過夜」的意思，結果把事情搞得更複雜。事實上，有時候跟尋求諮詢的父母一聊，才發現孩子其實沒有睡眠問題，是爸媽要求太高了。最近有位媽媽打給我，她女兒才剛出生沒多久：「她最多只睡兩小時，我整夜都不能睡……她何時才能睡過夜？」

歡迎來到爲人父母的世界！睡眠不足只是第一階段。另一位寶寶八週大的媽媽寫信給我：「希望他可以晚上七點就寢，早上七點起床。有什麼好建議嗎？」我的建議是，請這位媽媽先做好功課。

請面對現實：月齡小的嬰兒根本沒辦法睡過夜。頭六週大多會夜醒兩次，一次是半夜兩、三點，一次是清晨五、六點，原因是他們的胃容量還不足以撐過一整晚的睡眠。而且他們需要攝取熱量才能成長。首先，我們可以先想辦法排除半夜兩點的夜醒。寶寶一出院回到家，你就應該開始教他入睡技巧，但是最快四到六週，才能達成目標。除了要考慮寶寶的天性和體重，還有其他各種因素。請不要抱持不切實際的幻想。就算寶寶已經超過六週大，可以連續睡更長時間，他仍會在清晨四到六點醒來。對成人來說，一夜睡四到五小時根本不叫睡過夜！但是這個階段也只能咬牙撐過去了。你可以早點上床睡覺，安慰自己：前面這幾個月一下就會過去。

本章宗旨是幫助你了解嬰兒的睡眠能力、分析各種睡眠情境，並訓練父母從我的角度思考問題。如果你家寶寶不容易入睡，或是半夜無預警醒來，請分析所有可能的成因，仔細觀察寶寶，並回想自己的每一步行爲。

爲了降低解謎的複雜度，我把影響零到三個月睡眠的成因分成六大項（見下頁小叮嚀），這些成因互有關聯，有時還會交叉影響。即使寶寶滿四個月，仍會持續影響寶寶的睡眠習慣，直到幼兒時期甚至更久。所以不論寶寶現在多大，你都應該認識這六大成因。其中，有一半跟你如何讓寶寶入睡有關：缺乏規律、睡前準備不足，以及意外教養；另一半跟寶寶有關：肚子餓、過度刺激／過度疲累，以及疼痛／不舒服／生病。

爸媽半夜被吵醒，精神狀態不佳，這時候要抓出睡眠問題的元兇並不容易。更糟糕的是，有時候兇手不止一個！就連我這個兒語專家，也要先提出一連串問題，才能幫助爸媽釐清狀況，不然就跟海底撈針沒兩樣。提出問題之後，我會根據爸媽的回答拼湊線索，找出一個以上干擾睡眠的原因，再擬定計畫教導寶寶入睡。一旦了解寶寶的睡眠和影響因素，我保證你也能成爲睡眠大偵探。

接下來的章節會解釋六大成因，以及每個因素的「重要線索」，指出每個因素常見的狀況，最後再提出解決方案，也就是改善狀況的作法。有些主題已經在其他章節討論過，比如第一章：規律作息，以及第三章：發現並處理寶寶肚子餓和疼痛問題。爲了避免內容重複，某些例子我會請你翻到前面的頁數閱讀。但是這裡將再次提到這些主題，因爲每個主題都跟**睡眠**息息相關。

小叮嚀

六大成因

如果寶寶不肯睡覺，或是睡一下就醒來，原因不外乎父母的行為或是寶寶的身體狀況。

父母行為：

沒有建立規律作息、沒有培養足夠的睡前儀式、意外教養

寶寶身體狀況：

肚子餓、過度刺激、過度疲勞，或兩者皆是

疼痛、不舒服、生病

使用須知

如果你急需解決特定的睡眠問題，請先快速翻閱接下來的內容，只看每個因素的「重要線索」。（六大成因並非按照特定順序編號。）找到最符合寶寶的情境（可能不止一種），再詳讀那個因素。不過你也會發現，很少重要線索只跟一種因素有關。比如有父母告訴我：「寶寶不肯睡嬰兒床。」我馬上就知道肯定跟意外教養有關，但是睡眠問題通常**不只**一個成因，所以多數重要線索，例如「很難靜下來入睡」，會出現不只一次。請務必看完六大成因。就當作是解決睡眠問題的密集課程吧。

第一成因：缺乏規律作息

當父母來諮詢睡眠障礙，通常我會劈頭就問：**你有把他的進食、小睡、晚上睡覺和起床時間記下來嗎？**如果沒有，我判斷他們從來沒為寶寶建立規律作息，或是沒辦法堅持按照作息。

> 小叮嚀 **第一重要線索**
>
> 以下狀況通常代表**缺乏規律作息**至少是睡眠問題的原因之一：
>
> ・寶寶很難靜下來入睡。
>
> ・寶寶半夜每小時醒來一次。
>
> ・寶寶白天睡很好，晚上完全不睡。

缺乏規律作息。E・A・S・Y的「S」代表合情合理的睡眠方式（Sleep）。就零到三個月的寶寶來說，問題通常不在睡眠本身，而是如何讓寶寶進行未滿四個月、平均出生體重嬰兒的E・A・S・Y作息，而成功關鍵就是遵循三小時作息。不是說建立E・A・S・Y的寶寶就不必擔心睡眠問題，畢竟還有其他五個成因會影響睡眠，但是從第一天就開始養成規律作息，通常是好的開始。

解決方案：如果你還沒替寶寶建立規律作息，請重讀第一章，讓寶寶可以預測一整天的行程順序。或者，如果你曾經試過，但半途而廢，就必須再建立一次規律作息。每次到了睡覺時間，請實行我的「4S」舒眠儀式（參見218頁）。別忘了作息跟固定時程表不一樣。你要注意的是寶寶本身，而不是時鐘指針走到幾點幾分。今天寶寶可能早上十點小睡，明天可能十點十五分才睡著。只要「吃飯、活動、睡覺」的順序不變，每天發生的時間相去不遠，寶寶就能獲得合情合理的睡眠。

日夜顛倒的窘境：缺乏規律作息的一大困難就是日夜顛倒。對新生兒而言，一天二十四小時沒有白晝夜晚之分。我們必須在餵奶時間把他叫醒，教他分辨日夜。每次聽到寶寶晚上不睡覺或是頻頻夜醒，我通常懷疑爸媽沒堅守白天的規律作息。日夜顛倒常發生在八週以下的嬰兒，爲了確認眞的是日夜顛倒，我會問：**寶寶白天小睡幾次？一次睡多久？白天小睡時間總共多長？**剛出生幾週的睡眠訓練最大的絆腳石，就是爸媽放任寶寶在白天睡超過五個半小時。這麼做會打亂三小時循環作息，導致寶寶晚上睡不著。也就是說，寶寶把白天當成晚上了。這種狀況我稱爲「拆東牆（夜間睡眠）補西壁（白天睡眠）」。

解決方案：如果寶寶日夜顛倒，請先延長白天的清醒時間。白天小睡一次最多兩小時，超過就要叫醒他。如果任他睡下去，錯過餵奶時間，他就必須在晚上吃奶，補足營養。父母老是哀嚎：「寶寶還在睡覺，把他叫醒很殘忍耶。」錯了，親愛的，這一點也不殘忍，我們只是在教導寶寶分辨白天黑夜，請忘記那些傳統的嬰兒睡眠迷思。

小叮嚀

破除迷思：不要叫醒睡著的寶寶

每個人似乎都聽過「寶寶睡著了，就不要叫醒他」的說法。這根本是無稽之談！寶寶剛出生時不知道日夜之分，他們不曉得如何入睡，也不知道晚上才是主要的睡覺時間。我們必須慢慢教會寶寶這些事。叫醒寶寶並非禁忌，有時候必須如此，他才能順利建立規律作息。

首先連續幾天詳細記錄寶寶的作息。如果白天連續睡超過五小時，或是小睡兩次以上，每次三小時，很有可能就是他日夜顛倒了。你必須採取以下方法再次建立E・A・S・Y：前三天的每次白天小睡最多四十五分鐘到一小時，幫助寶寶改掉小睡過久的習慣。定期餵奶也能確保他獲得充足的熱量。叫醒寶寶的方式是打開包巾，把他抱起來，按摩他的小手（不要碰腳！）後離開臥室，到可以進行活動的地方。有個小秘方可以讓他立刻張開眼睛，那就是讓他坐直身體（絕大多數管用）。如果寶寶很難叫醒，沒關係，繼續試就對了。除非他睡得太熟，否則十之八九會醒來。

減少白天的睡眠時間之後，寶寶會在晚上補眠，這時你就可以每三天增加一次白天的小睡時間，一次增加十五分鐘。白天小睡每次最多一個半到兩小時，這樣才符合四個月以下嬰兒的小睡循環。

小叮嚀

早產兒：睡覺、睡覺、再睡覺

前面章節（176頁）解釋過，如果寶寶是早產兒，他在這個階段的實際月齡（從出生日算起）跟發育月齡不一樣。早產兒需要大量睡眠，一整天幾乎都在睡覺最好。就連早產僅四週的寶寶，剛出生的前四週原本都應該待在子宮才對。所以就算你姊姊的小孩滿八週時，晚上已經可以睡五到六小時，白天可以清醒二十分鐘，也別期望你家八週大的寶寶可以做到。早產兒不一樣，他必須進行兩小時作息，至少到原本的預產期為止，因為那時候才是他**應該**出生的時間。早產兒唯一的任務就是吃飯、睡覺。只要把他餵飽，裹好包巾，讓他在安靜黑暗的房間睡覺就夠了。等到過了原本的預產期，且體重達三千克，就可以換成三小時作息。

早產兒或出生體重較低的寶寶屬於例外。體重輕的寶寶一開始白天會小睡五個半小時，中間只清醒幾分鐘，又會繼續睡到下次吃奶的時間。他的身體還不足以支持更長的清醒時間，所以你只能陪伴他度過這兩、三週。等到過了原本的預產期，就可以慢慢延長白天的清醒時間。以下是典型案例：

蘭迪早產五週，現在已經五週大了。我從他三週大開始採取你的方法，但這星期，午夜餵完奶後，他一直清醒到半夜三點的餵奶時間，中間都在哭鬧。他白天大多還是在睡覺，只有偶爾清醒十五分鐘。他是不是把白天和晚上的睡覺時間搞混了？該怎麼做？我這個星期活像個行屍走肉！

這位媽媽說得對：蘭迪確實日夜顛倒了。雖然她沒有細說蘭迪白天的作息，不過她說了「他白天大多還是在睡覺」，表示蘭迪正在拆東牆補西壁。如果他每次只能清醒十五分鐘，表示他吃奶吃到一半就睡著了。也有可能蘭迪的吃奶效率不高，或是媽媽的母乳量不足，這兩種情況都會造成寶寶夜醒。雖然蘭迪是早產兒，從發育角度來看，他比足月寶寶需要更多睡眠（見42頁小叮嚀），我們還是希望鼓勵他把晚上當成主要睡覺時間。我不曉得蘭迪目前的體重，但我知道他已經過了預產期，所以有可能他已經準備好換成白天兩個半小時一循環的E·A·S·Y作息。現在媽媽必須努力延長蘭迪的清醒時間，就算吃完奶多清醒十分鐘也好。每次看到蘭迪醒著，就應該開始將清醒時間延長至十五、二十分鐘。最後，蘭迪就會改成拆西壁（白天睡眠）補東牆（夜間睡眠）。晚上睡得更好，體重和胃容量也會增加，更能幫助延長晚上的睡眠時間。

作息被打亂：有時父母爲了滿足自己的需求，打亂月齡較小寶寶的作息。**你會整天帶著寶寶出門辦事嗎？**剛出生前幾個月，規律作息是很重要的關鍵，因爲你要訓練寶寶入睡。作息一致是成功之鑰。

解決方案：不是說爸媽永遠不該踏出門一步。但寶寶如果沒辦法靜下來入睡，原因可能是他跟不上你的生活步調。請至少撥出兩週，全心投入建立規律作息，仔細觀察寶寶的暗示，建立良好的睡覺儀式。如果睡眠障礙逐漸好轉或根除，那就證明之前的作息不夠規律。

如果你必須出外做全職或兼職工作，可能就無法完全保證寶寶會按照規律作息。等你下班回家，或是去日托接寶寶回家，寶寶可能會有點暴躁、心情不佳。**即使你自己遵守規律作息，你能百分百確定其他照顧者，例如另一半、奶奶、保母或日托人員，也遵守規律作息嗎？你有沒有花時間解釋給他們聽？**如果你請保母，請先待在家一週，向保母示範所有規律作息，包括舒眠儀式。如果寶寶是送日托中心，請花時間現場為日托人員示範如何照顧你的寶寶，以及小睡前的儀式。給其他照顧者一本筆記簿，請他記下寶寶睡著和起床時間，也可以寫「小睡不安穩」「餵奶困難」等註記。大多日托中心本來就會記錄寶寶的作息，如果這家中心沒做，或是拒絕幫你記錄，那你想必踩到地雷了，不妨偶爾突襲保母或日托中心（更多打亂每日作息的事件請見438頁）。

小叮嚀

確實遵守規律作息的生活範例

以下情況適用於出生第一天就建立E·A·S·Y的健康寶寶。你家的寶寶或許不會百分百符合，端看他的體重、天性，以及你是否持續採取措施幫助寶寶獲得合情合理的睡眠。

第一週：

白天：每三小時餵一次；每三小時睡一個半小時。

晚上：五點、七點密集哺乳，十一點夢中餵食。

起床：清晨四點半或五點。

一個月：
白天：每三小時餵一次；每三小時睡一個半小時。
晚上：五點、七點密集哺乳，十一點夢中餵食。
起床：清晨五點或六點。

四個月：
白天：每四小時餵一次；小睡三次，每次一個半到兩小時，傍晚再小憩四十五分鐘。
晚上：七點吃晚餐，十一點夢中餵食。
起床：早上七點。

第二成因：睡前儀式不足

「睡覺」不是單一動作，而是從第一次打呵欠到最後終於進入深眠的一段旅程。你必須幫助他順利進入夢鄉，作法是找出入睡的黃金時間，進行舒眠儀式。

入睡黃金時間。爲了促進睡眠，你必須看出寶寶想睡的暗示。**你知道寶寶累了是什麼樣子嗎？你一發現就會立刻採取行動嗎？**如果錯過入睡的黃金時間，哄他睡覺的難度就會增高許多。

解決方案：有些嬰兒天生好睡，比如天使型和教科書型寶寶。但是爸媽還是要多觀察，因爲每個寶寶都是不同的個體。請仔細注意你家寶寶累了會有哪些暗示。新生兒只能控制嘴部肌肉，所以呵欠通常是最明顯的線索。寶寶也可能哭鬧（性情乖戾型就會這樣）、躁動（活潑型寶寶），或做出其他非自主動作。有些寶寶會把眼睛睜大（活潑型寶寶），有些會發出像開門一樣的咿呀聲，有些則會吱吱叫。滿六週後，寶寶逐漸能控制頭部，他可能會轉頭不看你或不看玩具，被抱著的時候可能會鑽進你的頸窩。不論寶寶有哪些獨特的徵兆，爸媽一發現就要立刻行動。如果錯過入睡的黃金時間，或是爲了拉長睡眠時間而刻意讓他清醒（錯誤迷思），到時候就更難教他靜下來自行入睡。

小叮嚀

第二重要線索

以下狀況通常代表**睡前儀式不足**至少是睡眠問題的原因之一：

・寶寶很難靜下來入睡。
・寶寶睡著之後，十到三十分鐘後又突然醒來。

舒眠。就算你很擅長看出寶寶疲累的徵兆，也不能直接把他放進嬰兒床，不給他一點時間從活動轉換成睡覺模式（就算活動只是盯著牆壁也一樣）。**你都用什麼方法哄他小睡？你會替他裹包巾嗎？**如果他很難靜下來入睡，你會陪著他嗎？舒眠儀式是一套可預測的重複動作，讓寶寶知道接下來要睡覺了。裹包巾則能讓寶寶感覺舒服又安全。這兩個動作都在提示寶寶：「是時候換個活動，我們要準備睡覺囉。」從寶寶小時候就進行舒眠儀式，不只能教會他所需的入睡技巧，還能奠定信任基礎，等到月齡較大就不怕分離焦慮。

未滿三個月的寶寶，睡前準備通常不超過十五分鐘。有時候爸媽才剛走進嬰兒房，拉上窗簾，裹好包巾，把寶寶放到床上，寶寶就會發出一些咕咕、啵啵聲，隨即進入夢鄉。但就我的經驗看來，多數孩子快睡著時，需要爸媽陪在旁邊給予安全感，才能從活動模式轉成睡覺模式。還有一些寶寶（通常是敏感型和活潑型）可能需要更多儀式。

> 小叮嚀
> **寫睡眠日記！**
>
> 如果父母不太會觀察寶寶，我通常會建議寫睡眠日記，這可以磨練你的觀察技巧。連續四天寫下寶寶何時睡著、睡多久，並記錄前一段活動時間寶寶做了什麼，以及看起來的模樣，我保證你會開始看出一個固定模式。假如寶寶睡覺習慣不好，你也可以從中找出原因。

解決方案：我的「4 S」舒眠儀式是布置環境（Setting the stage，布置適合睡覺的環境）、裹包巾（Swaddling，幫助寶寶入眠）、安靜坐好（Sitting，避免刺激寶寶的肢體），如果有必要就做噓拍法（Shush-pat method，多花幾分鐘利用肢體介入，幫助哭鬧或躁動的寶寶進入深眠）。

1S**布置環境**。不論是小睡或晚上就寢，布置環境的方法是讓寶寶遠離刺激，帶他到更寧靜的地方。走進嬰兒房、拉上窗簾，不妨放個輕音樂。確保睡前幾分鐘，一切都很安寧平靜。

2S**裹包巾**。古人會替嬰兒裹襁褓，許多原始部落也有這項習俗。醫院會替新生兒裹包巾，回到家也要繼續照做。最好先替寶寶裹包巾，再把他放上嬰兒床。

包巾有何優點？未滿三個月的寶寶還不會控制四肢。成人過累會直接昏睡，但嬰兒反而會更興奮，這時就會在空中亂揮手腳。寶寶甚至不知道這些肢體是連在自己身上，在他眼中，那些是外在的物體，所以他會被揮舞的手腳干擾、打亂注意力，裹包巾是一種排除環境刺激的方法。我建議三、四個月以下的寶寶都可以裹包巾，有些寶寶甚至可以裹到七、八個月。

大多醫院都會教裹包巾的技巧，但有些人回到家就放棄了。如果你已經忘記技巧（或沒注意看），在此幫你複習一下：把包巾鋪平（正方形包巾最好用）呈菱形，把上面的直角折下來，最上面變成一條平整直線。把寶寶放上包巾，脖子在平整直線的高度，頭部超出包巾。讓寶寶的左手臂呈四十五度放在胸前，然後把包巾右角拉過胸前，塞進左邊身體下方。接著將下方直角往上折，蓋住寶寶伸展的雙腿。最後把左邊直角拉過胸前，塞進右邊身體下方，確認包巾裹好裹緊。有些父母擔心包巾會限制寶寶的呼吸或雙腿活動，但是研究顯示正確裹好包巾對嬰兒沒有危險，這種古老習俗反而能幫助嬰兒睡得更香甜。

小叮嚀

「我家寶寶討厭裹包巾！」

裹包巾的重要性，強調再多次也不為過。可惜，有些父母認為包巾會限制寶寶的動作，不願意使用。這些爸媽可能自己有幽閉恐懼症，所以將情緒投射到寶寶身上。你可能會說：「我女兒很討厭裹包巾，她會亂揮手腳抗議。」但是揮舞手腳並非寶寶有意識的舉動，往往只是因為過累或是受到過度刺激，沒辦法靜下來入睡。替他裹包巾可以幫助他平靜下來。有些寶寶滿三個月之後**不再**裹包巾，因為那是嬰兒會開始找手指吸吮的平均月齡。但有些寶寶要到滿五個月或更晚，才會開始找手指（所以更須了解自家寶寶的發展狀況）！

到了某個時間點，寶寶以前會乖乖待在包巾裡，現在他會抽出雙手探索，動來動去。有些父母會說：「他現在不喜歡裹包巾了，他會試圖掙脫。」這時我會問：**如果他掙脫包巾，你會怎麼做？**我聽過有位媽媽（並非我的客戶）會拿膠帶捆起來！不少爸媽則是回答：「不再裹包巾。」你應該了解嬰兒獲得行動能力之後，不論裹不裹包巾，他都會動來動去。有些寶寶早從四週大就開始了，因爲他們逐漸能控制脖子和手臂的肌肉。如果寶寶掙脫包巾，只要再包一次就好了（拜託不要用膠帶）。等到滿四個月左右，你可以試著把一隻手留在包巾外，讓他有機會找到自己的拳頭或手指。

3S安靜坐好。裹好包巾之後，爸媽可以用垂直姿勢抱著寶寶，安靜坐五分鐘。垂直姿勢方便寶寶把頭埋進你的頸部或肩膀，遮住視覺刺激。不要搖晃寶寶，也不要踱步。我知道大多人都會這麼做。畢竟電影這麼演，親朋好友都這樣做，但是左右晃動或輕搖只會刺激寶寶，沒辦法安撫他。如果搖晃寶寶或移動太快，反而可能嚇到他。你應該會感受到他小小的身體逐漸放鬆，或許抽動一下，那是他要進入深層睡眠的徵兆。理想上，你應該在寶寶睡著前把他放進嬰兒床。我知道不一定每個寶寶都做得到，但是請你努力達成這個目標。把寶寶放下之前，對他說：「你現在要睡覺了，等你起床我再來找你。」給他一個睡前吻，然後把他放進嬰兒床。他不一定聽得懂，但是他一定有感覺。如果他看起來很平靜，你就可以離開房間，讓他獨自沉入夢鄉。除非他靜不下來，否則你不必等到寶寶完全睡著才離開。如果寶寶有裹包巾，看起來很平靜，你要相信他有能力獨自入睡。美國國家睡眠基金會二○○四年度的「美國睡眠調查」證實，獨立入睡可以培養更良好的睡眠品質。躺上床才睡著的嬰幼兒，睡眠時長勝過睡著才放上床的嬰幼兒，夜醒兩三次的機率也少了三倍。

4S噓拍法。如果寶寶有點哭鬧，或者你正要把他放下去，他就開始哭，表示他已經準備入睡，但需要一點肢體介入才能靜下來。這就是意外教養的開始，爸媽會把寶寶抱起來搖，或是使用外物讓寶寶靜下來。我有另一項建議：請用「噓拍法」。一邊在寶寶耳邊大聲「噓……噓……」，一邊拍背。每次遇到未滿三個月，無法自行入睡的寶寶，我都會用這個技巧。其原理在於這個發育階段的嬰兒大腦無法一次處理三件事情，當他感受拍背、聽到噓聲，就沒辦法再專心哭泣。他會把注意力轉到噓拍上，最後停止哭泣。但是噓拍法有一些注意事項：

先不要抱起寶寶，直接在床上進行噓拍法，如果沒用，再把他抱到肩上，以穩定的節奏輕拍後背的中央，就像時鐘滴答滴答的節奏。拍背的動作要很結實，並且要在背部正中央，不要偏掉，也絕對不要往下拍屁股，否則會拍打到腎臟。

拍背的同時，靠近寶寶的耳朵緩慢發出清晰的「噓……噓……」聲。請拉長噓的聲音，讓聲音聽起來像嗖嗖的空氣聲，或開到最大的水龍頭，而不是火車緩慢前進的突突聲。你的目的是傳達一種自信的感覺，好像在說：「嘿，我知道自己在做什麼。」噓聲和拍背不能太輕柔，你不是在用力打小孩或大吼大叫，只是讓寶寶知道你會好好照顧他。另外，注意不要直接對著寶寶的耳朵，否則會傷害耳膜。噓聲應該要穿過他的耳邊。

當你感覺他的呼吸變沉，身體開始放鬆，請輕輕把他放下，稍微側躺，這樣你才摸得到後背。有些父母抱怨寶寶仰睡很難拍背，所以等寶寶躺回床上，他們就改拍肩膀或胸口。但我覺得效果比較不佳。我比較建議讓寶寶側躺，繼續拍背。如果他有裹包巾，翻身應該不難，翻身之後再用墊高睡枕或捲好的毛巾固定姿勢即可，毛巾兩端用膠帶貼牢就不會散開（膠帶應該這樣用，而不是用來捆住寶寶）。拿墊高睡枕或毛巾捲放在寶寶的腹部之後，我個人會一隻手放胸口，另一隻手拍背。這樣就可以彎腰發出噓聲，不必抱起寶寶。如果房間光線不夠暗，你要用一隻手遮在寶寶眼睛上方（不要直接接觸），擋掉視覺刺激。

一旦寶寶睡回嬰兒床，就繼續用噓拍法讓他願意留在床上，除非他又哭起來。寶寶靜下來之後，我大概會再噓拍七到十分鐘。就算他已經很安靜，我也會繼續拍，直到非常確定寶寶的注意力完全放在噓拍上，才會逐漸放慢拍背的速度，噓聲也會停止。如果寶寶靜不下來，請持續噓拍到他靜下來爲止。如果他哭了，就把他抱起來，放在肩上噓拍。第二次放下時，請繼續噓拍，看看他會不會再哭。如果又哭，就再一次抱起來安撫。

寶寶安靜之後，請離開嬰兒床一步，待在原地幾分鐘，看看他是否陷入深眠，有些寶寶會再醒來。別忘了寶寶度過入睡三部曲需要二十分鐘：入睡黃金時間（你發現寶寶發出想睡的暗示，趕快布置環境）、神遊（寶寶眼神呆滯，這時候應該裹好包巾了）、入睡（寶寶開始搖頭晃腦）。第三部曲最難拿捏，你必須很了解寶寶的習性。如果寶寶無法立刻入睡，表示他需要噓拍法助眠。

有個常見的問題是，你看到寶寶閉上眼睛就心想：「太好了，終於睡著了。」於是你停止拍背，躡手躡腳溜出房間，不料此時他身體一抽動，眼睛睜開，又清醒了。如果你太快離開，就會演變成每十分鐘就要再進去安撫一次，來回共耗掉一個半小時。每次寶寶醒來，你就要再花整整二十分鐘重複所有步驟（如果你家是敏感型、活潑型或性情乖戾型寶寶，他們更快疲累、需要更多舒眠時間，整個過程就會再拉長）。

我每次都會警告父母不要太早停止，這是很常犯的錯誤。比如有一位寶寶五週大的媽媽寫信說：「肯特進入第三部曲之後，都會突然睜大眼睛醒來。唯一讓他入睡的方法就是噓拍法。我不知道要如何教肯特獨自度過第三部曲。一開始他不會哭，但等我們離開房間讓他自行入睡，他就會哭起來。」親愛的，肯特還沒準備好自己入睡，但是噓拍法這項入睡技巧可以慢慢教會他。

不要急，告訴自己：「我會陪著寶寶度過這個階段。」當寶寶的眼睛停止在眼皮底下轉動，呼吸變慢變淺，身體完全放鬆，好像整個人融進床墊，就表示他睡熟了。如果你願意花整整二十分鐘（或更久，因人而異）讓寶寶睡著，接下來就是E．A．S．Y的Y了，也就是留給你自己的時間。你不必再進進出出，一直安撫醒來的寶寶。反覆進出可是比一直待在房間還累人。另外，待在寶寶身邊就能觀察到他的入睡三部曲，你會更了解孩子，且育兒技巧又多學會一項了。

第三成因：意外教養

本書前言強調爲人父母要有P．C，也就是耐心與覺察力。意外教養正是P．C的相反。如果缺乏耐心思考長期的解決方案，爸媽一遇到問題就會想用最快速的方式了結。或者，你可能會認爲寶寶睡不好是自己失職而產生罪惡感，於是在絕望中，不加思索就採取了某一種作法。因爲缺乏相關技巧或知識而去執行其他方法。面對事實吧，親愛的，寶寶不是產品，他們身上沒有附使用說明。

依賴道具。「道具」是指父母使用不受孩子控制的物品或某個動作讓寶寶睡著。這是意外教養的中心主題之一。當我想知道父母如何讓孩子睡著時，通常會問：**你會經常抱著孩子輕搖、踱步或上下擺動，讓孩子睡著嗎？你會用親餵或瓶餵來安撫他嗎？你會讓他在你胸口、嬰兒搖椅或汽車座椅睡著嗎？如果他很煩躁，你會把他抱上自己的床嗎？**如果以上任何一題的答案是「會」，表示你正在使用道具，我保證之後你就得承擔後果。搖晃、踱步、開車都是依賴動作的道具；而親餵、讓寶寶趴在身上、抱在懷裡，或是跟寶寶同床，都是把你的身體當成哄睡道具。

一開始爸媽通常是情急之下開始依賴道具。比如半夜三點，寶寶因爲過累大哭，爸爸只好抱著他在房間裡踱步，沒想到小傢伙就這樣漸漸安靜下來睡著了。就算只是連續幾晚使用道具，寶寶很快就會變成不靠道具睡不著。一個月過後，就算爸爸不想半夜起床踱步，甚至很火大，現在喊停也來不及了。因爲就像他說的：「不這麼做，他就睡不著。」

小叮嚀

第二重要線索

以下狀況通常代表**意外教養**至少是睡眠問題的原因之一：

- 除非抱著搖、餵奶、讓寶寶趴在胸口等，否則寶寶睡不著。
- 寶寶看起來累了，但一把他放下，他就開始哭。
- 寶寶每晚都在同樣的時間醒來。
- 寶寶夜醒時，我會餵他吃奶，但他吃不多。
- 寶寶小睡最多半小時到四十五分鐘。
- 寶寶清晨五點就會起床。寶寶拒絕睡嬰兒床。奶嘴一掉下來，寶寶就會醒來。

我照顧過一個叫澤維爾的小男孩，他健康快樂，各方面都很好，只不過他以爲客廳沙發是他的床。爸媽已經養成習慣用輕搖、踱步等方法讓他入睡，就算沒有任何動作，也一定要抱著才行。等澤維爾好不容易睡著，爸媽就會把他放在沙發上，以免走到嬰兒房的途中或是放上床時，他又醒過來。澤維爾會夜醒好幾次，因爲他每次張開眼睛，都搞不清楚自己在哪裡，別忘了他一開始是在爸媽身上睡著的。醒來之後，他也不知道如何獨自入睡。等到我跟澤維爾見面，他已經十四週大，這一百多天來，爸媽從來沒有睡過一次好覺！更遑論生活品質。他們不敢在晚上使用洗碗機和洗衣機，不能邀請朋友來家裡作客，當然夫妻也沒有任何時間獨處。

小叮嚀

道具 vs. 安撫物

道具和安撫物是兩回事，端看控制權在父母還是寶寶的手上。道具是**父母**可以選擇並控制的方法，小毯子、心愛的玩具等安撫物是**孩子**選用的物品。道具通常在寶寶剛出生幾週就開始，安撫物則是寶寶滿六個月之後才會出現。

奶嘴可以是道具，也可以是安撫物：如果奶嘴一掉，寶寶就醒來，要靠爸媽把奶嘴塞回去，那就是道具。如果寶寶沒有奶嘴也能繼續睡，或是可以自己把奶嘴放回去，那就是安撫物。

有時候爸媽使用道具並不是爲了孩子，而是想滿足自己的需求。喜歡跟寶寶親密接觸、享受親餵的媽媽，很願意給予「更多關注」幫助哭鬧的孩子入睡，卻沒想到這樣其實對孩子有害。我完全贊成抱抱孩子，安撫他，對他付出關愛，但是你必須注意自己的行爲、時機，以及無意間對孩子傳達的訊息。當爸爸抱著女兒踱步，媽媽靠親餵奶睡，寶寶接收到的訊息就是：「睡覺前要做這些事情。」如果你對新生兒採用道具，他很快就會習以爲常。等到三、四個月大，突然不用道具了，他會用哭聲告訴你，他需要那個道具。

解決方案：每次要採取行動之前，先想清楚會有什麼後果。

等到寶寶五個月大，你還願意半夜抱著他踱步或哺乳嗎？十一個月大呢？兩歲呢？你願意一直跟他同床共枕，直到他不想要爲止？現在就對道具說不，好過日後花力氣戒掉壞習慣，因爲到時候絕對困難許多。

如果你已經深陷寶寶不用道具睡不著的困境，別擔心，月齡較小的寶寶要改掉壞習慣相對容易。

請停止使用道具，改用4S舒眠儀式（219頁）。如果寶寶需要更多安撫，就採取噓拍法。改掉道具習慣可能要花三天、六天，甚至整整一星期，但是只要貫徹決心，寶寶就能戒掉你造成的壞習慣。

小叮嚀

經典案例：奶嘴也可能變成道具

如果用錯方式，奶嘴也可能變道具！一位寶寶七週大的媽媽來信說：「我一看到『想睡的暗示』，就開始讓海瑟靜下來，準備睡覺，就跟你書上教的一樣。但是，每次他才剛睡著，或是奶嘴掉下來，他就會醒來開始哭……奶嘴也不肯吃了。我不能放任他一直哭，所以只好把他抱起來安撫，檢查一切都沒問題，再讓他睡覺。接著他又會再哭……這個模式可以重複好幾個小時，白天小睡特別嚴重。我該怎麼辦？就讓他哭嗎？還是像書上說的做，這麼做太殘忍了？」

寶寶如果可以自己找到奶嘴放進嘴巴，那就是孩子的安撫物。但是從上述的案例看來，奶嘴已經變成道具了。線索就是「這個模式可以重複好幾個小時」。海瑟不可能暗自盤算：「**太好了，只要我把奶嘴吐掉，媽媽就會衝過來抱我。**」事實上，是媽媽在無意間讓海瑟以為睡前一定要吸奶嘴和抱抱。研究發現，**剛出生**的寶寶在電視上看到可預期的重複圖案之後，他們就能預測接下來會播出的圖案。這個案例的媽媽不只給寶寶視覺刺激，同時還有觸覺，所以海瑟會期待每次睡前都要做同一套流程。我建議這位媽媽不要再用奶嘴，改用4S舒眠儀式，多花點時間等待海瑟完全睡著。

太快介入的壞處。我往往可以從寶寶的睡覺模式（經常夜醒或固定時間夜醒）看出爸媽不小心犯的錯。如果寶寶半夜醒來好幾次，我必須查清楚：**寶寶一個晚上會醒來幾次？**建立規律作息的新生兒夜醒不超過兩次。如果你的寶寶每小時，甚至每兩小時就醒來，並且已經排除肚子餓和疼痛因素，那麼很可能是你做了某件事，讓他喜歡在晚上醒過來。滿六週大的嬰兒大腦開始成熟，開始具備聯想能力。如果你之前都用特定方式處理夜醒，他就會開始預期每晚都要做一樣的事，否則就用哭聲抗議。

不要誤會，寶寶並非故意操縱爸媽，至少現在還不會（操縱行爲見第七章）。但是意外教養都是從剛出生幾個月內養成的。每次父母說：「他不肯讓我……」或「他拒絕……」通常表示爸媽已無力掌控局面，非但沒有引導寶寶，反而還被寶寶牽著鼻子走。另一個關鍵問題是：**寶寶夜醒或小睡提早醒來時，你會怎麼做？你會匆忙進入嬰兒房嗎？你會跟她玩嗎？你會帶他回自己床上一起睡嗎？**

讀到這裡，你已經知道我不認同放任嬰兒哭泣的行爲，但有時候父母分不清半夢半醒和醒來的差別。如果以上任何一題的答案是「會」，表示你可能太快介入，反而打擾到寶寶的睡眠，或是直接打斷睡眠。如果按兵不動，寶寶可能會再度自行入睡，「小睡時間太短」或「頻頻夜醒」的問題就能一併解決。清晨太早醒來也是同樣道理。有些爸媽一聽到寶寶醒來就會衝進房間，跟寶寶說：「早安啊，我一整晚都好想你。」拜託，才清晨五點耶！

解決方案：你可以仔細聽，適當回應寶寶的哭聲，但不要直接衝進房間處理。每個寶寶從深眠進入淺眠時，都會發出一些細微的聲音，我稱之爲「寶寶語」，聽起來很像在自言自語。你必須了解你家寶寶的聲音。寶寶語和哭不同，如果只是寶寶語，寶寶通常一下就會睡著。如果你在半夜或小睡途中聽到寶寶發出聲音，請不要急著衝過去。如果他在清晨五點或五點半醒來，你知道他餓了（前提是寶寶有規律作息，你也有記錄白天的奶量），就安靜地餵奶，再次裹好包巾，五點半繼續睡回去。必要時用噓拍法安撫他，餵完直接睡，不必活動。等到眞的睡飽後，要注意起床後跟寶寶講話的語調，不要一副寶寶整晚沒人陪很可憐的樣子，要說：「你看，你自己躺在床上好舒服喔，做得眞棒！」

慣性醒來。有些成人會慣性醒來，寶寶也一樣。差別在於，我們醒來之後看看手機，抱怨一聲：

「天啊，才四點半，昨晚也是這時候醒來。」翻身後又可以重新睡著。有些寶寶也辦得到，但有些寶寶醒了就哭，爸媽就會衝進房間，而意外地強化了寶寶醒來的習慣。爲了釐清寶寶是否會慣性醒來，我會問：**寶寶每晚都是同一時間醒來嗎？**如果是，而且連續超過兩天都是同一時間，表示這是慣性夜醒。有可能你走進嬰兒房，使用了某種道具，比如抱起來輕搖或是用親餵奶睡。這麼做或許能讓他再睡著，但這只是治標不治本，你需要徹底的解決方案。

解決方案：慣性醒來的寶寶十有八九不需要喝奶（除非是猛長期，請見141頁）。只要重新裹好包巾，視情況給安撫奶嘴，用噓拍法讓他靜下來就行了（注意：除非寶寶已經開始依賴奶嘴入睡，否則我建議讓未滿三個月的寶寶吃奶嘴安撫自己，因爲大多數的嬰兒都不會因此變得依賴奶嘴）。將周遭環境的刺激來源減到最小，不要左右上下搖晃嬰兒。除非排便或尿布濕透，否則不必換尿布。採取4S儀式，直到確定寶寶進入深眠再離開房間。另外，你要想辦法打破夜醒的習慣。假設已經排除疼痛、不舒服等因素，白天也增加奶量，晚上採取「餵飽飽」排除飢餓因素（參見117頁），那就該採用我的「先下手爲強法」：與其躺在床上被寶寶吵醒，你應該把鬧鐘調成他清醒時間的前一小時，換你叫醒他。他可能不會完全醒來，但是他的眼睛會在眼皮底下轉來轉去，口中喃喃自語，身體稍微扭動。成人的深層睡眠被打擾時，也會有相同反應。請連續執行三個晚上。

我知道你想說什麼：「你瘋了吧！」我知道「先下手爲強」聽起來完全違背常理，但眞的有效！有時只要一個晚上就能中止慣性夜醒，不過我還是建議連續執行三晚。如果沒效，就要重新評估慣性夜醒是否有其他原因。如果你已經排除其他可能因素，就再做一次「先下手爲強」，至少連續三晚。

破壞信任關係。很多爸媽來找我諮詢之前，或多或少已試過其他方法。作法變來變去也是種意外教養，一直換規則對寶寶來說並不公平。我認為我的策略是合情合理的睡眠方式，一種同時尊重爸媽和寶寶需求的中庸之道。這種睡眠方法並不浮誇或極端，只要爸媽作法一致就行了。其他育嬰專家提倡更極端的睡眠法，一派是與寶寶同床共眠，另一派是不立即回應寶寶的哭聲，又稱為「費伯法」或「哭泣控制法」（逐次增加放任寶寶哭的時間）。每一種睡眠法都有優點，而且有一大票父母背書。如果這些極端作法對你的寶寶有效，那也沒關係。但我懷疑你會翻到這一章，就是因為寶寶還有一些睡眠困擾。如果你一開始就跟寶寶睡同一張床，之後卻換成費伯法，恐怕會破壞寶寶對你的信任。

小叮嚀

先下手為強？崔西，你在開玩笑吧？

每次聽到我用「先下手為強」策略來治夜醒，父母都覺得不可思議。將鬧鐘調到寶寶經常醒來的前一小時，走進嬰兒房，輕輕推他的身體，稍微按摩一下腹部，然後將奶嘴放進他嘴裡。這麼做會讓寶寶變成半夢半醒的狀態。完成後就可以離開了，他會再睡回去。這麼做是將控制權重新交回你手上，而不是每天夜裡祈求今晚寶寶不會慣性夜醒（光祈求是沒用的）。提早一小時喚醒寶寶，就能打亂習慣醒來的模式。

每次有爸媽說寶寶「不喜歡睡覺」或「討厭嬰兒床」，我一定會問：**寶寶都睡在哪裡？嬰兒搖籃？嬰兒床？嬰兒床是放在嬰兒房、跟兄弟姊妹共用的房間，還是你的房間？**寶寶如果排斥嬰兒床，十之八九是爸媽做事沒有瞻前顧後。我接著會問：**寶寶剛出生時，你是不是奉行「同床共眠」的作法？**如果是，直覺告訴我，你並沒有從實際角度去思考這個作法，也不知道寶寶何時該離開爸媽的床，獨自入睡。如果寶寶一直都是自己睡，而你半夜貪圖方便把他抱回自己房間，那就是意外教養了。

上述兩種極端作法我都不推崇。我不認為同睡一張床能幫助寶寶發展獨自入睡的技巧（還要犧牲你跟另一半的兩人世界），不回應寶寶的哭聲則會破壞親子的信任關係。我主張爸媽應該教孩子自行入睡，不論是搖籃或嬰兒床都好，而且應該從回到家第一天就開始鼓勵自行入睡。

如果你選擇同床共眠，寶寶（和你的另一半）都接受，而且孩子睡得很好，就繼續下去吧。確實有爸媽很認同這種作法，這是雙方共同的決定，他們會互相支援。我很少接到這類父母的諮詢，因為他們的寶寶沒有睡眠問題。但是有些父母選擇同床共眠，是因為他們聽說如果不跟小孩睡，就沒辦法跟孩子培養感情（在我看來，建立親密關係的方法是隨時關心寶寶，觀察他的需求。就算沒跟寶寶同床，孩子仍然跟爸媽很親近）。有些父母跟孩子同床，純粹是為了滿足自己對親密關係的需求，或是他們聽過這種作法，覺得很棒，卻沒仔細思考自己的生活方式是否適合。就我所知，通常是爸媽其中一人比較贊成同床，於是說服另一人採取這種作法。最後出於多種理由，兩人覺得同床共眠不可行。

於是爸媽採取了另一種極端作法：把寶寶放逐到走廊另一端的嬰兒床。這時還沒學會自行入睡的寶寶當然就開始抗議了，他扯開喉嚨用力尖叫，彷彿在說：「喂，這裡是哪裡啊？本來睡在我旁邊的溫暖體溫呢？」這時爸媽也很頭大，因為他們不知道如何安撫抗議的寶寶。

遇到這種情況，我一定會問：**你會放任寶寶大哭嗎？**我不認同放任哭泣的嬰兒不管，就連五分鐘也不行。寶寶不知道你去了哪裡，也不曉得為什麼突然沒人理他。換個譬喻，今天你跟情人約好見面，結果他整整兩天搞失蹤，之後不論他怎麼解釋，你也很難相信他。信任是所有人際關係的基礎。每次聽到父母說他們任由寶寶哭一、兩個小時都不理，我都嚇到汗毛直豎。有些嬰兒會大發脾氣，用力哭很久，最後哭到嘔吐。有些則是耗盡體力，變得過度刺激，最後還肚子餓，爸媽和孩子都搞得困惑又疲累。許多寶寶只要有過一次大哭沒人理的經驗，就會越來越難睡好覺，每到就寢時間就會抵抗，甚至害怕自己的床。同時，白天的活動時間也會徹底打亂，寶寶再也無法規律作息。他又累又不高興，奶還沒吃完就累到睡著，吃飯睡覺沒一件事獲得滿足。

如果你試過其中一派極端作法，之後卻又換去另一派，會使得寶寶過得很糟，而且不再信任你。連睡眠問題都沒解決，那你就必須重回起點，確保白天作息良好，晚上用 4S 舒眠儀式讓寶寶入睡（參見 219 頁）。重點是千萬拜託不要半途而廢。重新開始之後，事情一定會有不順利時，你可能要花三天、一週、一個月才能改掉壞習慣，但是只要你按照我的建議持之以恆，最後一定會成功。

當然，如果你曾經任由寶寶哭，現在他很害怕自己被拋棄，那事情又更複雜一點了。首先，你必須重新取得他的信任。每次寶寶發出聲響，你必須立刻介入，滿足他的需求。換句話說，你必須以前所未有的專注力觀察他的反應，照料所有需求。諷刺的是，經歷過信任危機的寶寶通常更難安撫。你原本拋下他不管，現在又回來照顧他，只會讓他更加困惑。而且他現在太習慣哭，就算你更勤於回應，也可能一時之間很難安撫。

解決方案：做好心理準備，就算寶寶只有三、四個月大，你還是要花幾週才能重建信任關係（以下段落適用八個月大以下的嬰兒，月齡更大的嬰兒或幼兒還有其他技巧，請見後面兩章）。採取和緩穩定的行動，告訴他你就在他身邊，永遠不會離開。每一步可能要三天到一週，直到他夠信任你，才能安心待在嬰兒床。整個過程可能要三至四週（我曾經遇過信任崩壞且嚇壞的寶寶，我甚至必須爬進嬰兒床跟他一起睡！詳見 286 頁「公主徹生末眠」）。

仔細注意他想睡的暗示。第一次出現徵兆，你就要開始 4S 舒眠儀式，包括噓拍法。替他裹好包巾，雙腿交叉跟他一起坐在地板上，背靠牆壁或沙發。等他靜下來後，不要把他放上嬰兒床，改在你的膝上放一個厚實的標準尺寸睡枕，讓他睡在枕頭上。繼續陪著他，用噓拍法讓他進入深眠。等待至少二十分鐘，再輕輕解開交叉的雙腳，讓枕頭滑落到地上。接著坐在枕頭旁邊，讓他一醒來就能看到你。你可以冥想、看書、戴耳機聽有聲書，或是躺在他旁邊小睡一下。你必須整晚跟他待在一起。爲了重新獲得寶寶的信任，這是必要的犧牲。

第二週，重複一樣的作息，但是原本放在膝上的枕頭，現在要改放在你前方的地板上。他準備好要睡覺時，就將他放上枕頭。這次一樣要整晚待在他身邊。第三週，拉一張椅子坐在嬰兒床旁邊，將那顆枕頭放進嬰兒床。這次把寶寶放上枕頭之後，你的手要放在他的背上，讓他知道你就在旁邊。前三天，你要待到他深眠爲止。第四天開始，手不必放背上，但是一樣要待在嬰兒床旁邊。第七天起，你可以在他深眠之後離開房間，但是他一哭醒，就要立刻回房間。最後，第四週可以抽掉枕頭，讓他

小叮嚀

經典案例：化解嬰兒床恐懼症

最近黛兒來找我諮詢，她誤判了六週大兒子的暗示。她原本很肯定小艾弗朗的夜哭是睡眠問題。由於她自己也睡眠不足，所以她試了哭泣控制法，結果情況更加惡化。艾弗朗連兩天大哭沒人理，開始對嬰兒床感到恐懼，他的體重也未達平均數字，黛兒認為是焦慮的緣故。但我請她做一次擠奶檢查，才發現黛兒奶量不足，艾弗朗一直都沒吃飽。我先教她如何增加奶量（參見129頁小叮嚀），同時請她消弭艾弗朗的恐懼，彌補破壞的信任關係。黛兒花了整整一個月，從放枕頭在膝上，進步到艾弗朗可以睡回自己的嬰兒床。從那之後，這個小男孩吃飽睡足，心情也更好了。

睡在自己的床墊上。如果不行，就繼續用枕頭，一週後再試一次直接睡床墊。

這個方法聽起來很乏味，而且不容易執行。但是如果不現在採取行動，根除嬰兒床恐懼，情況只會越來越糟，未來幾年孩子會非常黏人。最好還是現在就重建親子信任關係。

第四成因：肚子餓

嬰兒夜醒通常是肚子餓了，這個問題其實有解。

餵飽飽。如果寶寶晚上每小時都醒來，或是一晚至少醒兩次，我會問你：**寶寶白天多久餵奶一次？**我的目的是搞清楚寶寶白天是否喝足奶量，幫助他撐過晚上的睡眠。除了早產兒以外（見42頁小叮嚀），未滿四個月的寶寶應該每三小時吃一次。如果寶寶超過三小時才吃一次，表示他可能吃得不夠，半夜才會醒來補充熱量。

新生兒的胃容量無法一次裝太多食物，所以晚上每三、四小時就會醒過來。這段日子十分煎熬，但是爸媽也只能咬牙撐過去。等到月齡大一點，就可以先停止半夜兩點的那一餐，盡量把夜間餵食時間延長到五、六小時一次。如果寶寶超過六週仍然會夜醒（通常滿六週可以停止兩點的那一餐），我一定會問：**吃完晚上最後一餐後，寶寶通常幾點醒來？**如果他仍在半夜一、兩點醒來，就表示攝取的熱量不足。

解決方案：白天每三小時吃一次，確保晚上可以睡更久。除此之外，你可以採取「餵飽飽」（見117頁），睡前把寶寶餵飽一點，作法是密集哺乳（增加傍晚的奶量）加上夢中餵食（晚上十點或十一點餵一次，盡量讓寶寶邊睡邊吃）。

小叮嚀
第四重要線索

以下狀況通常代表**肚子餓**至少是睡眠問題的原因之一：

・寶寶夜哭醒來好幾次，可以喝下完整一頓奶。
・寶寶晚上最多睡三到四小時就會醒來。
・寶寶以前晚上可以睡五到六小時，現在卻會突然夜醒。

掌握肚子餓的暗示，立刻回應。寶寶餓了就要餵。不過有個常見的問題是，寶寶剛出生前幾週，爸媽一聽到哭聲就以爲是肚子餓。所以我在《超級嬰兒通》中詳細解釋了各種哭聲和肢體語言。寶寶哭可能是肚子餓，或是脹氣、胃食道逆流或腹絞痛。也有可能是過累、太冷或太熱（參見38頁小叮嚀），爸媽一定要學會判斷寶寶的各種暗示。

寶寶哭的時候，哭聲和表情動作是如何呢？仔細看，如果寶寶在舔嘴唇，開始尋乳，表示肚子餓了。他會伸出舌頭，左右轉頭尋找食物，就像雛鳥一樣。雖然他還太小，沒辦法把拳頭精準地伸進嘴巴啃咬或吸吮，但他可能會把拳頭伸到我所謂的「飢餓三角洲」，也就是從鼻子到嘴巴的三角地帶。他會揮舞手臂，試著把拳頭放在飢餓三角洲，但是當然位置會很不精準。如果你沒有即時瓶餵或親餵，他就會開始用哭聲表示肚子餓。他會從喉嚨後面發出像咳嗽的聲音，然後才發出第一道哭聲，起初很短，之後會變成穩定的「哇哇哇」節奏。

當然，寶寶如果是半夜餓醒，你就無法先從肢體動作判斷他是否餓了。但是只要仔細聽，多聽幾次，你就會聽出不同的哭聲。如果你不太確定，可以先給奶嘴。如果奶嘴有效，那就裹好包巾，讓他重新睡著。如果沒效，那就是肚子餓或疼痛。

每晚會固定時間醒來嗎？先前解釋過，夜醒時間不固定幾乎都是肚子餓。如果你不確定每次夜醒的時間，請連續幾晚做紀錄。除此之外，還有幾項問題要確認：

寶寶的體重是否穩定成長？寶寶滿六週後，我會特別注意體重是否有穩定增加，尤其媽媽是親餵新手的話，更要檢查這個因素。通常母乳要經過六週才有穩定供量。寶寶體重沒增加，表示喝的奶量不夠多，原因可能是母乳量不足，或是寶寶不會吸吮。

解決方案：如果寶寶體重沒有穩定增加，請諮詢兒科醫師。你也可以自己做擠奶檢查，排除乳量不足的因素（128頁）。如果寶寶時不時就把奶頭吐出來，可能是奶量流速較慢，你必須先讓乳房「暖身」，才能穩定產出母乳：先用吸乳器兩分鐘，再開始親餵。如果寶寶抓不到吸吮的訣竅，請諮詢含乳專家，檢查寶寶的含乳姿勢是否正確（125頁），或者是否有其他生理因素導致他無法正確吸吮。

猛長期。或許你沒有哺乳方面的困擾，寶寶的作息也很規律，但是大約滿六週、十二週，以及之後每過一段時間，寶寶都會進入猛長期。他會某幾天突然胃口大增，就算平時晚上可以睡五、六小時，那幾天卻會突然夜醒討奶。我接過寶寶兩個月、三個月、四個月大的父母來電：「寶寶原本像個天使，現在卻變成惡魔。一晚醒來兩次，兩邊乳房都喝得一乾二淨。好像永遠吃不飽。」我問：**寶寶之前可以晚上連睡五、六小時嗎？**如果父母說寶寶原本睡得很好，最近卻突然夜醒，我都會判定是猛長期。舉個例子：

戴米安十二週大，兩週前我開始讓他在嬰兒床上小睡。多數時候，他都能很快入睡，一睡就是一個半小時。一週前，我們也開始讓他晚上睡在嬰兒床。他睡前不會哭，但是半夜會醒來，大約每兩到三小時就醒一次。睡覺之前，我會裹好包巾，給他奶嘴。半夜他唉唉叫時，走進去嬰兒房就會看到包巾已經解開，奶嘴掉在床上。我把奶嘴放回去之後，他就會睡著，這時我再替他裹包巾，心裡祈求他可以一覺到天亮。但是這個循環一直沒斷過。如果我不去看他，他就會一直哭。我已經不曉得該怎麼做了！請幫幫我！

這是進食問題被誤認為睡眠問題的典型案例。媽媽的著眼點是寶寶剛睡嬰兒床不適應，但她忽略了肚子餓也是可能因素。有個明顯線索是戴米恩每兩、三小時就醒來，聽起來是餵奶的間隔時間。為了釐清問題，我會提出所有肚子餓相關的問題，包括媽媽是否選擇親餵，因為有可能是母乳不足，導致戴米恩半夜餓醒。無論是什麼成因，我會建議增加戴米恩白天的奶量。

許多父母遇到猛長期會不知所措，有些人不知道猛長期的存在，有些則是不知該如何處理，結果他們開始餵夜奶，而不是增加白天的奶量。一旦開啓餵夜奶的先例，你就踏進了意外教養的陷阱。

解決方案：你必須很清楚自己的育兒方式。注意寶寶白天和晚上吃了多少奶量，如果寶寶喝的是配方奶，而且每一餐都喝完，你可以再給他多一點。比如一天原本吃五餐，一餐一二〇毫升，結果寶寶開始夜醒，醒來可以喝下一二〇毫升，那表示他白天還缺一二〇毫升的熱量。這時只要維持一天五餐，每餐多喝三十毫升就行了。

親餵比較複雜，因為你必須讓身體知道現在要製造更多奶量。請連續三天採取措施，增加奶量。

方法有二：

A.每餐餵完再用吸乳器一小時，就算總共只吸出幾十毫升，你也要把剩餘的母乳都擠出來，留到下一餐給寶寶加量。連續做三天，到了第三天，身體就能自然分泌出寶寶所需的額外奶量。

B.每次餵奶時，先讓寶寶喝完一邊乳房，再讓他接著喝另一邊乳房。兩邊都吃光之後，再回到第一個乳房。就算乳房感覺已經清空，只要寶寶有吸吮動作，身體就會繼續製造母乳（古代爲別人家孩子哺乳的乳娘就是利用這個原理）。讓他再次吸吮第一個乳房幾分鐘，接著換第二個乳房，同樣吸吮幾分鐘。這個方法會延長哺乳時間，好處是可以促進乳房分泌乳汁。

使用奶嘴。每次父母說：「寶寶整夜都想吃奶。」我都懷疑寶寶其實只是憑本能想吸吮，而爸媽誤以爲是肚子餓。爲了釐清狀況，我會問：**寶寶有用奶嘴嗎？**有些人建議寶寶需要額外安撫時再給奶嘴，我倒認爲這個階段的寶寶想吃多久奶嘴都無妨。奶嘴可以讓寶寶靜下來，而且很少寶寶會因此變得依賴奶嘴（見226頁小叮嚀），一旦開始依賴，我就會建議爸媽戒奶嘴。不過就我的經驗看來，多數寶寶可以自己吸奶嘴吸到睡著，就算進入夢鄉，奶嘴掉出來，他們仍然睡得很香甜。小睡提前醒來，或是寶寶夜醒，都是使用奶嘴的好時機，可以測試他是眞的餓了，還是有吸吮需求。

有些爸媽很排斥奶嘴，一位媽媽就提出異議：「我不希望孩子咬著奶嘴在百貨公司走來走去。」我完全同意這句話。如果寶寶已經滿四個月，小時候沒用過奶嘴，那我絕對不會建議現在才開始用。但是假如寶寶只有兩週大，要他在百貨公司走來走去還早得很呢。我會建議父母從三、四個月，或再大一點（只限在嬰兒床上吃奶嘴）開始戒奶嘴，但是月齡還小的嬰兒需要較多的吸吮時間，他們還沒辦法找到自己的手指頭，所以吸吮是唯一安撫自己的方式。

拒絕讓月齡小的嬰兒使用奶嘴的爸媽，通常會因此形成一個不良模式。寶寶如果只能吸吮奶瓶或乳頭，那他不是吃奶效率不佳，就是爸媽餵食太多次。比如這位媽媽的來電：「寶寶一直抱著乳房吸不停，他已經吃一小時了。」如果寶寶下巴很放鬆，表示他沒有認眞在吃，只是在吸吮。同樣道理，寶寶想要安撫自己入睡時，會依照本能想吸吮。看起來好像是肚子餓，實際上只是入睡前的動作。爸媽這時如果誤讀暗示，就會餵寶寶吃奶。吃奶也可以安撫寶寶，但他其實不需要多吃這一餐，只要能吸吮就夠了。以上是開啓意外教養的例子。寶寶如果習慣吃奶要花一小時，他就會開始不吃正餐。如果習慣睡前餵奶，以後就會變成沒吃奶就睡不著。

當然，也有一些寶寶一開始不愛吃奶嘴，比如這封信：

> 莉莉現在五週大，個性很敏感。我選擇親餵，她吃完可以保持清醒，但是一到小睡時間，她非得要再喝幾分鐘的奶，否則就不睡。莉莉不吃奶嘴，我已經試過所有舒眠方法，但是目前看來只有奶睡有效。你能幫幫我嗎？

若媽媽持續用親餵奶睡莉莉（常見的意外教養），我保證幾個月後，一定會後悔（可能不用幾個月）。別忘了，嬰兒平均要花二十分鐘才能睡著，要是感官特別靈敏的寶寶，可能要更多時間。

解決方案：媽媽必須趁莉莉清醒時，持續讓她試吃奶嘴，而且一不喜歡就要換另一種，從形狀跟媽媽乳頭相似的奶嘴開始嘗試。另外，如果她只是把奶嘴塞進莉莉嘴巴，沒有用正確的方式放進去，寶寶通常會拒吃。比如把奶嘴放在舌頭上，寶寶的舌頭會被壓平，就不會用嘴唇把奶嘴吸住，正確作法是把奶嘴放在上顎的位置。媽媽必須持之以恆，試到莉莉願意吃奶嘴爲止。

第五成因：過度刺激

過度刺激或過度疲累的寶寶很難睡著，睡眠會變得很不安穩，沒多久就醒來。因此幫助寶寶入睡的其中一項關鍵就是，一看到他打哈欠，或是身體抽動一下（入睡黃金時間請見217頁），就要趕緊開始舒眠儀式。

無法小睡。從白天的小睡模式可看出晚上的睡眠問題是否源自過度刺激或疲累。**寶寶白天的小睡時間縮短了，還是他一直都無法睡超過四十分鐘？**如果寶寶的小睡時間從以前就很短，那可能是他天生的生物節律就是如此。如果小睡時間不長，但白天不會焦躁，晚上也睡得很好，那就沒有問題。但

小叮嚀

第五重要線索

以下狀況通常代表**過度刺激**至少是睡眠問題的原因之一：

- 寶寶很難靜下來入睡。
- 寶寶經常醒來或睡得不安穩，還會夜哭。
- 寶寶下午不肯小睡。
- 寶寶睡著沒幾分鐘，會突然抽動一下醒來。
- 寶寶不肯小睡，好不容易睡著也只能睡三十到四十分鐘。

是，假如是睡眠時間突然縮短，往往是因為白天受到過度刺激，晚上因此睡不好。別忘了有良好的白天小睡習慣，晚上才能睡得香甜。成人累過頭可以倒頭就睡，還能找時間補眠，寶寶卻是越睡不飽越亢奮。（所以為了讓寶寶睡得更熟更久而延後睡覺時間，其實是反效果。）

請看這封內容很典型的信：「我家寶寶三個月大，每次我把他放上嬰兒床準備小睡，他不是立刻大哭，就是只睡十到二十分鐘。有什麼好建議嗎？」有些八到十六週的寶寶可能會開始出現二十到四十分鐘的「快速充電」小睡。如果寶寶清醒時心情很好，晚上也不會夜醒，表示他不需要更多小睡時間（抱歉了，我知道你希望小睡時間越長越好）。但是如果寶寶小睡醒來很不高興，夜間睡眠也斷斷續續、不安穩，表示小睡時間縮短確實是個問題。有可能他受到過度刺激，所以進入深度睡眠二十分鐘左右，就會因為身體抽動而醒來。如果爸媽發現寶寶醒了，就立刻把他抱起來安撫，而不是讓他自己睡著，狀況就會更加惡化。

解決方案：檢視白天的活動，尤其是下午的行程。盡量不要邀請太多人來家裡作客，或是出門辦一堆事。白天和晚上睡前不要從事太刺激的活動。鮮豔的色彩或是搔癢太多次都可能讓嬰兒亢奮。最重要的是，花多一點時間進行舒眠儀式（見219頁），包括噓拍法。過度刺激的寶寶通常需要兩倍的時間才能靜下來，他們不是逐漸入睡，而是突然睡著，所以有時候也會因為身體突然動作而醒來。進行舒眠儀式後，請等到寶寶進入深眠再離開房間（小睡問題請見296頁）。

錯過黃金入睡時間。我發現有時候爸媽會無視寶寶的想睡暗示。**你是不是常常延後寶寶的睡覺時間，因為你認為待會兒可以睡更久？**這個睡眠迷思對寶寶非常有害。真相是，如果你硬是讓寶寶保持清醒，超過入睡黃金時間，他會進入過度疲累的狀態。這時候不僅無法睡更久，反而會睡得不安穩，甚至完全睡不著。

解決方案：堅持按照作息，觀察寶寶的暗示。寶寶如果能維持一致的小睡時間，爸媽和寶寶都會更開心。偶爾偏離作息沒關係，但是有些寶寶很容易受到影響。請好好認識寶寶的習性。如果家裡有敏感型、性情乖戾型或活潑型寶寶，建議不要偏離作息比較妥當。

你會因爲想多陪寶寶，或是讓自己或另一半下班可以跟寶寶相處，而刻意延後睡覺時間嗎？我了解上班族白天思念寶寶的心情煎熬，但是要嬰兒配合大人的上下班時間未免太自私了。寶寶需要睡眠。如果不讓寶寶睡覺，他醒著跟你相處時，恐怕也不會太愉快，因爲這時他已經過度疲累，不太開心了。如果你或另一半希望多跟寶寶相處，請提早回家，或是撥出其他時間。很多上班族媽媽會提早起床做早晨的例行活動。爸爸則負責夢中餵食。不論怎麼做，都不要剝奪孩子的睡覺時間。

小叮嚀

從今天開始，安排一段靜悄悄時間

父母都怕孩子輸在起跑點，想讓孩子很快的認識所有顏色，看完所有具教育意義的幼兒影片，這就難怪孩子會受到過度刺激了。在這個凡事講求快速的社會，我們必須為嬰兒安排一段靜悄悄時間。白天請安排較溫和的活動，比如盯著轉動玩具，跟家人或柔軟的動物寶寶相依偎。靜悄悄時間也可以在嬰兒床上進行，讓他知道這裡不只可以睡覺，也可以躺著安靜玩耍。再過幾個月，寶寶行動力增強後，這段靜悄悄時間會幫上大忙（參見106頁「獨自玩耍：情緒適能的基礎」）。

發育干擾。生理發育通常會引發過度刺激，寶寶的身體成長實際上會妨礙睡眠。**寶寶的身體最近有什麼變化嗎？開始會轉頭、找手指頭或翻身？**父母常會抱怨：「我明明把寶寶放在嬰兒床正中央，兩、三個小時過後他開始哭，我進房間一看，他整個人縮在角落。他是不是撞到頭啊？」是的，確實有可能。還有人說：「寶寶學會翻身之前都睡得好好的。」就算爸媽睡前讓寶寶側躺，並且裹好包巾，寶寶總有辦法掙脫包巾，翻身變成仰躺。問題是，他沒辦法再翻回原本的姿勢，所以他可能會醒來，而且不太高興。另外，這個階段的寶寶身體協調還很差，他們可能會被自己揮舞的手腳給驚擾到。他們會把手伸出包巾外，拉自己的耳朵和頭髮，戳戳眼睛，同時覺得奇怪：「是誰在弄我？」他們可能會無意識地用手指抓床單，把自己吵醒。他們也會開始意識到自己能發出聲音，這些聲音有時候很有趣，有時候反而會吵到自己。

解決方案：看著寶寶逐漸學會掌控自己的身體，當爸媽的一定很高興。你一方面無法停止寶寶的發育，一方面也樂見寶寶長大。但是總有些時候，發育過程會明顯干擾到寶寶的睡眠。假設翻身一再害寶寶睡不好，請拿墊高睡枕或毛巾捲放在寶寶的身體任一側，讓他不要亂動。白天的時候，你也可以開始教他翻身到另外一邊，只不過等他學會可能要兩個月！有些成長階段就只能靜靜等待結束，其他問題則可以用包巾解決。

活動量增加。從早上到下午，光是進行日常活動，比如換尿布、觀察四周環境、聆聽狗吠、門鈴聲和吸塵器的低鳴，寶寶的疲累程度就會越來越高。下午三、四點時，寶寶其實已經很疲倦了。想想現在父母有多少活動可以帶小孩做，你就知道寶寶有時簡直吃不消。寶寶白天受到多少刺激？你是否增加了活動量？如果有，他那天是否睡得比較不安穩？

過度刺激是寶寶睡眠問題的一大原因。如果寶寶看起來很享受某個共學團或音樂教室，你可能會覺得犧牲一天的睡眠也無妨。但是如果睡眠問題持續超過一天，那你最好重新衡量一下。敏感型寶寶對刺激原本就高度敏感，寶寶瑜伽或各種寶寶活動或許並不適合。建議等幾個月再試看看。曾有位媽媽跟我說：「寶寶整堂課都在哭。」那就是很明顯的徵兆了。

解決方案：如果太多活動影響到寶寶的睡眠，以後下午兩、三點就不要再出門。我知道這不可能完全做到。假設你必須在下午三點半出門接老大回家的話，就要做其他安排，或是接受事實，寶寶可能會在車上睡著，這種小睡的睡眠品質會比睡在嬰兒床差一點。考量到現實情況，這個睡眠問題就無法避免。你可以選擇讓他留在車上，把這一趟當成一次小睡。或者，如果他在車上睡不好（有些寶寶不喜歡睡在汽車座椅），你必須回家安撫他，並且在晚餐前的傍晚，盡量讓他睡四十五分鐘。這四十五分鐘不會妨礙晚上的睡覺時間，反而會讓他睡得更香。

第六成因：身體不適

寶寶餓了或累了就會哭，身體疼痛、太冷、太熱或生病也會哭。究竟寶寶哭的原因是哪一種呢？**檢查身體不適的暗示**。我一再強調，建立規律作息之後，你就有更多依據可以判斷寶寶哭的原因。但同時，你也要善用觀察力。

寶寶哭的時候，哭聲和表情動作如何？寶寶的表情扭曲、身體變僵硬、睡著或入睡前抬高雙腿或亂踢，以上都是身體疼痛的徵兆。疼痛的哭聲更尖銳，音調比肚子餓更高。另外，疼痛哭聲也分成好幾種。比如脹氣的動作和哭聲就跟胃食道逆流不一樣，安撫寶寶入睡的策略也不同（見134頁）。

最重要的是，這個年齡層的寶寶會哭，通常不是因爲意外教養，而是有需求沒滿足。如果寶寶一碰到嬰兒床就哭，確實有可能是意外教養的緣故。他已經習慣被爸媽抱著，所以以爲一定要有爸媽抱，他才能睡著。但是寶寶躺到嬰兒床上就哭，也有可能是胃食道逆流。水平姿勢會讓胃酸往上跑，灼傷食道。**他只肯在汽車座椅、嬰兒座椅或嬰兒搖椅睡覺嗎？**前面解釋過（137頁），胃食道逆流的一大線索是寶寶只能在直立時睡著。麻煩的是他們已經習慣直立睡姿，於是其他姿勢都很難入睡。

小叮嚀

第六重要線索

以下狀況通常代表**身體不適**至少是睡眠問題的原因之一：

- 寶寶很難靜下來入睡。
- 寶寶經常夜醒。
- 寶寶睡沒幾分鐘就醒來。
- 寶寶常在直立姿勢下睡著，比如嬰兒搖椅或汽車座椅。
- 寶寶看起來很累，但是我一把他放到床上，他就開始哭。

解決方案：如果你懷疑寶寶因爲腸道疼痛睡不著或一直醒來，請翻回134頁，了解如何分辨脹氣、腹絞痛和胃食道逆流，以及各種處理建議（另見本章257頁「胃食道逆流的惡性循環」）。與其依賴搖椅、開車載他到處繞，或是把汽車座椅放進嬰兒床，你應該採取措施，讓他更適應自己的床。任何平躺的地方請增加頭部的高度，包括嬰兒床和尿布台。拿一條嬰兒包毯折成三分之一寬度，像腰帶一樣包住寶寶的腰部，再用另一條包毯裹身體。很多爸媽都會讓胃食道逆流的寶寶趴睡，但其實腰帶的輕度壓力可以舒緩腹部疼痛，而且遠比趴睡安全。

便秘。長時間久坐看電視的老人容易便秘，小嬰兒行動力不足，其實也容易便秘。**寶寶一天排便幾次？**如果答案是：「他已經三天沒便便了。」我就會再問：**他是喝配方奶還是母乳？**因爲這兩種哺乳方式的「正常」排便次數不一樣。配方奶寶寶三天沒排便可能是便秘。喝母乳的寶寶比較不容易便秘，他們幾乎每餐吃完都會便便，但是偶爾會突然三、四天沒排便。這是正常現象。嬰兒的身體可以完全吸收母乳，在體內製造脂肪細胞。如果親餵的寶寶莫名哭起來，還把膝蓋抬到胸口，看起來很不舒服的樣子，那可能是便秘。其他症狀包括腹脹、胃口變小、尿液顏色變深、氣味變濃，尿液變化也顯示寶寶有點脫水。

解決方案：配方奶寶寶如果便秘，請把每日水量增加至少一二〇毫升，並在每吃完一餐後一小時，就讓他喝三十毫升的水（還要確認配方奶的奶粉和熱水比例是否正確，請見121頁小叮嚀），握住他的腳踩腳踏車也有幫助。

母乳寶寶也是一樣的方法。只不過最好先等一週，確認是否眞的便秘了。如果眞的很擔心，請諮詢兒科醫師，醫師會評估是否有其他問題。

尿布濕了不舒服。未滿十二週的嬰兒通常不會因爲尿布濕而哭，尤其現在的尿布很快就會吸乾尿液。不過即使月齡還小，有些嬰兒尿布一濕就會醒來，尤其是天性敏感的性情乖戾型和敏感型寶寶。

解決方案：換好尿布，重新裹包巾，安撫寶寶入睡。塗一層厚厚的屁屁膏，尤其是晚上，保護屁股不受尿液刺激。

太熱太冷不舒服。未滿十二週前，爸媽要負責調節寶寶的體溫。他會表現出太熱、太冷或濕黏的暗示。**寶寶起床時，你會摸一摸他的身體嗎？他有沒有流汗、濕黏或有點冰涼？**嬰兒房可能會太熱或太冷，入冬時尤其要注意。摸摸他的手腳，把手放在他的鼻子和額頭上，如果摸起來有點冰涼，表示他會冷。寶寶醒來時，尿布很濕嗎？還是都吸乾了？尿液會變冷，連帶降低他的體溫。另一方面，有些寶寶容易過熱，連冬天也不例外。夏天時，有些寶寶手掌、腳底和頭部會濕濕黏黏，因爲他們會縮起拳頭和腳掌。

解決方案：提高或降低嬰兒房的溫度。如果寶寶會冷，替他裹上第二條包巾，或是換一條更溫暖的材質，安撫他入睡。不妨在連身睡衣裡多穿一雙襪子。如果他常常把包巾踢掉，你可以考慮換穿刷毛的連身睡衣，保暖一整夜。

如果寶寶有點熱或濕黏，千萬不要讓嬰兒床正對或接近冷氣風口。如果外面有點熱，你也可以在窗戶前方擺電風扇，把空氣吹進房間，但風口不要直接吹到寶寶（蟲咬比過熱更難處理，請確保窗戶一定要有紗窗）。連身睡衣底下不要穿汗衫，同時改用較薄的嬰兒包毯。如果寶寶還是很熱，可以試試我用在法蘭克身上的方法：法蘭克天生怕熱，每晚睡衣都睡到濕透，最後我們替他脫掉睡衣，只穿尿布就裹包巾。

處理六大成因的優先順序

前面說過，六大成因沒有特別排序，而且很多睡眠問題是多重因素所造成。比如沒有建立規律作息的父母，通常也沒有固定的睡前儀式。每次聽到寶寶受到過度刺激或過度疲累，我都會懷疑一部分是意外教養作祟。大多睡眠困擾的背後確實有至少兩個、三個、四個因素，這時候爸媽就會問：「那要先處理哪一個問題？」

請參考以下五大基本指南：

1. **不論當下還要處理哪些因素，採取哪些行動，你一定要維持或建立規律作息，還有固定的舒眠儀式**。遇到每個很難靜下來入睡或頻頻醒來的寶寶，我都會建議爸媽做 4 S 舒眠儀式，等到寶寶進入深眠再離開房間。

2. **先調整白天的作息，再處理晚上的問題**。所有人半夜只想好好睡覺，不想處理事情。再說，通常把白天作息調整好，晚上問題就自然解決，不必多費功夫。

3. **優先處理最緊急的問題**。請用常識判斷，如果你發現寶寶夜醒是因爲母乳奶量不足，或正在猛長期，那第一件事就是增加奶量；如果是寶寶身體疼痛，那在疼痛消退前，採取什麼技巧都沒用。

4. **當 P．C 爸媽**。處理睡眠問題需要耐心和覺察力。保持耐心才能帶來改變，請先做好心理建設，每個新方法至少要三天才會見效，如果親子信任關係破裂，那就需要更久。秉持覺察力才能讓意識更敏銳，仔細觀察寶寶想睡的暗示，以及他對新作法的反應。

5. **退步在所難免**。有時父母會打來：「他原本已經做得很好了，結果今天又清晨四點醒來。」這是很常見的情況，小男嬰尤其普遍。這時請重返起點，從頭再做一次，而且拜託千萬不要又換一套作法。一旦決定試某一套方法，請持之以恆，必要時再重試一次。

接下來分享一系列現實案例，讓你了解以上指南如何影響我的思考方式。這些案例來自不同家庭寄給我的信，姓名和部分情節已經過修改。讀完下列案例後，你一定能從每封信中看出蛛絲馬跡，跟我一起解決問題。

什麼時候該放手，讓寶寶自行入睡？

還記得我們必須教月齡小的寶寶自行入睡嗎？如果你之前試過別的方法，現在可能要花上數週，甚至一個月，才能改掉原本的習慣，或是消除寶寶的恐懼。有時候爸媽會有點疑惑，就像海莉的媽媽想問：「我們什麼時候該放手，讓寶寶自行入睡？」

我們非常喜歡你的書，尤其之前「放任寶寶哭」的方法並不管用。海莉九週大，她以前沒辦法在白天固定小睡，多虧你的書，她不只白天睡得好，晚上也能睡六到七小時，真是謝天謝地。有時候海莉可以立刻睡著，但大多時間她會先鬧一下，亂揮手腳。手腳一亂動她就睡不著，或是睡一下就醒來。遇到這種時候，我們會在腰部以下裹包巾（過累或過度刺激就裹全身），陪在她身邊發出平穩的「噓」聲，並拍她的腹部。這招很管用，但我們擔心她會養成習慣，不用這招就睡不著。現在只有白天小睡會如此，晚上沒問題。我們何時該停止幫助海莉入睡呢？如果她沒哭，但是一直不肯睡，我們該袖手旁觀嗎？如果她又開始哭呢？我們實在不確定何時該放手，讓她自行入睡。

月齡小的嬰兒如果需要幫忙，我們都得伸出援手。不必擔心她會被「寵壞」，這時爸媽應該專心觀察寶寶的暗示，滿足她的需求，並且持之以恆。就這個案例來看，爸媽還不必收手，他們必須繼續幫助海莉入睡。我懷疑之前「放任寶寶哭」的方法已經破壞海莉對爸媽的信任，海莉不知道爸媽到底會不會陪在她身旁。而且，如果她睡前會「鬧一下，亂揮手腳」，表示她過度疲累，可能還受到過度刺激。爸媽可能在白天小睡前進行太多刺激活動，或許也沒進行適當的睡前儀式，讓海莉從活動模式轉成睡覺模式。我會建議爸媽每次都用包巾裹好全身，不要只裹下半身（別忘了未滿三個月的寶寶不曉得那對手臂長在自己身上。他們一疲累就會亂動，接著就會被自己的雙手干擾睡眠）。聽起來海莉需要更多安全感和安撫動作。爸媽必須在小睡和晚上睡前進行舒眠儀式，並持之以恆，否則接下來一定會後悔。

當父母的需求凌駕寶寶的需求時

有些父母被自己的需求蒙蔽雙眼，看不見問題真正的癥結。他們似乎忘了寶寶需要學習如何入睡，就算學會安撫自己，嬰兒也無法一晚連睡十二小時。許多案例所謂的問題，其實是父母的需求無法滿足，或是父母希望寶寶能配合他們的生活方式，以免造成不便。請看這位媽媽的來信，她準備回去上班，希望寶寶能配合她的時間。

我兒子桑德十一週大，我才剛開始嘗試你的育兒法。現在是第四天，有兩件事讓我很困擾：一、他晚上八、九點就累了，我怕如果那麼早就睡覺，他會半夜把我吵醒。通常他一晚睡五到七小時，有一天睡七小時，隔天睡九小時，接下來卻又變回清晨四點就起床。我該讓他晚上八點就睡覺，看看是否只是小睡嗎？二、他清晨四點到四點半會把我吵醒。我是不是應該給他奶嘴？如果沒效，那要餵奶嗎？這樣會不會養成半夜吃奶的習慣？另外，如果我選擇用奶嘴讓他入睡，那應該用奶嘴安撫他多久？再過十天，我就要回去做正職工作了，我真的很怕他半夜一直吵，把我們母子倆的體力都榨乾。

天啊！光是讀這封信我就好累。桑德的媽媽顯然很困擾，壓力很大。但她說十一週的桑德已經可以連睡七小時和九小時，就我的標準來看已經很棒了，一堆爸媽根本搶著要這種嬰兒！

這位媽媽最大的擔憂其實是兒子會「變回」清晨四點起床，干擾她的睡眠。我懷疑這是猛長期的緣故，因為桑德可以連睡更多小時，表示胃容量已能支持七小時的睡眠。為了驗證我的直覺，我必須弄清楚桑德白天的作息：他吃多少奶量，是配方奶還是母乳？我懷疑他是餓醒的（慣性夜醒是意外教養的後果，但如果有其他線索指出寶寶沒吃飽，就另當別論）。如果桑德真是餓了，媽媽就要餵奶，並且增加白天的奶量。但如果她開始在半夜餵桑德，養成桑德吃夜奶成習慣，問題就真的大了。

話說，這封信其實還藏著更大的問題。如果這位媽媽希望孩子不會影響自己的上班生活，她應該退一步綜觀全局。首先，桑德顯然沒有建立規律作息。否則不會到晚上八、九點才睡覺。我的育兒法是晚上七點就寢，十一點夢中餵食（夢中餵食大概要餵到桑德開始吃副食品為止）但是這位媽媽感覺有點沒耐心，也不太實際。桑德已經快滿三個月了，寶寶月齡越大，要改掉壞習慣就需要越多時間。

這位媽媽才過四天，就因爲情況沒改善而焦躁。她必須了解有些寶寶就是要花更多時間（我也不曉得她所謂「剛開始嘗試你的育兒法」是什麼意思，聽起來桑德根本沒有建立E．A．S．Y作息）。一旦選擇一種育兒法，就必須堅持到底。至於回去上班這件事，如果她是親餵，我會問她桑德開始喝奶瓶了沒，到時候又是誰要來照顧孩子。她必須顧全更多重點，而不是只擔心自己會有多累。

錯誤的介入方式：未滿三個月不要採取抱放法

有些父母將我的「抱起放下法」（詳見第六章）用在未滿三個月的寶寶身上，但月齡小的嬰兒還無法承受這種刺激，所以幾乎無效。更何況，下一章會解釋抱放法是教寶寶安撫自己的方式，未滿三個月的寶寶學這個太早了，只能用噓拍法。通常爸媽對月齡太小的寶寶進行抱放法，是因爲寶寶基於意外教養和其他因素睡不好，而手足無措的爸媽一聽到任何妙方都想用，卻沒發意識到寶寶還太小。

按照崔西的定義，我家兒子是天使型寶寶。伊凡約四週大，每次白天小睡，大概有一半機率躺一下就睡著，但是十分鐘後又醒來哭鬧扭動。他一個星期前學會翻身，動作大到會掙脫包巾。有時候他太激動，我必須做超過一小時的抱放法才能讓他睡著。他甚至會鬧到整個小睡時間都過了，沒睡覺就得餵奶。我該怎麼辦？他平常都很乖，就這一點特別困擾。

首先，抱放法只會讓情況更糟，因爲你一直把寶寶抱起來，害他過度刺激。另外，這位媽媽的作法可能不太正確。她可能把兒子抱起來之後，就讓他在懷裡睡著。接著再把他放下去，他就會嚇到醒來。如果眞是如此，表示媽媽已經造成意外教養的壞習慣。我建議回到基礎，花時間爲伊凡做4S舒眠儀式。畢竟她說兒子可以輕鬆入睡，但是會扭動醒來，可知那十分鐘只是睡眠的第一階段，她應該多留十分鐘，確保他眞的睡熟。她可以站在嬰兒床旁邊，一旦兒子張開眼睛，就一手輕拍身體，一手遮住眼睛上方，擋掉視覺刺激，我保證伊凡會再度睡著，不再醒來。但是只要睡眠循環中斷，她就要重新來過。如果現在不花時間改善狀況，伊凡很快就不再是天使型寶寶了！

要緊事，首先辦

本章一開始就解釋，很多睡眠問題都有多重成因，父母聽了當然很絕望。有些人發現他們一直以來都用錯方法，有些則還沒意識到。無論如何，我們必須搞清楚最迫切的問題是什麼。下面莫琳的例子令人難忘，她在信裡說：

迪倫七週大，從出生到現在都睡不好。一開始他日夜顚倒，而且很討厭睡在搖籃，程度有增無減。他曾經在搖籃裡哭超過一小時，連抱放法都沒用。他經常不肯睡覺，就算眞的睡著，過了五、十、十五分鐘就會驚醒，沒辦法再自行入睡。他一整天都想要抱抱，只要抱著就很好睡。現在情況越來越糟了，他連坐汽車或推車都很難睡好，睡一睡就驚醒（以前坐車很好睡）。我很認同你的觀念，也想要讓迪倫保持健康獨立的睡覺習慣，但我試過書裡各種方法，似乎都對迪倫無效（我覺得他很符合活潑型寶寶的敘述）。我得讓迪倫建立規律的睡眠作息，但無論是在什麼情況下，他都無法順利小睡或保持熟睡。

莫琳在信裡似乎不斷把原因推到迪倫身上（「他不肯睡覺」「他想要抱抱」「他討厭睡搖籃」「他無法順利小睡或保持熟睡」），卻避談自己對兒子的行爲該負起的責任。

莫琳說「一開始他日夜顛倒」，顯然她對兒子的期望過高了。剛出生的寶寶沒有日夜概念，爸媽若沒教他分辨日夜（213頁），他們不會知道自己其實日夜顛倒。她說迪倫「沒辦法再自行入睡」，我倒想問，有誰教過迪倫如何自行入睡嗎？看起來這對父母只教迪倫睡前就是要抱著哄才能睡著。

莫琳透露最多線索的一句話就是「他曾經在搖籃裡哭超過一小時」。迪倫哭了那麼久沒人理，信任關係肯定已經崩壞了，也難怪他很難安撫。更糟的是，父母之後又採用各種哄睡道具，比如抱著睡、放進推車，或開車載他，簡直雪上加霜。情況變糟只能說不意外。迪倫經常「過了五、十、十五分鐘就會驚醒」，表示他受到過度刺激。

換句話說，從出生第一天，爸媽就沒有尊重過迪倫，也沒有專心聆聽他的需求。他哭是想跟爸媽溝通，但爸媽並沒有聽進去，也沒有採取行動回應他的請求。如果他一開始就不喜歡搖籃，爲什麼不考慮換成其他選項呢？有些寶寶對環境特別敏感，尤其是活潑型和敏感型寶寶。搖籃的床墊通常比較單薄，只有五公分，也許迪倫睡起來並不舒服。我敢說之後迪倫體重增加，越來越意識到周遭環境時，睡起來肯定更不舒服。

簡而言之，這對父母一再使用道具，沒有好好回應迪倫的需求。我懷疑莫琳用過抱放法（「我試過書裡各種方法」），卻沒看清楚月齡小的嬰兒不適用。所以該從哪個問題著手呢？顯然這位媽媽必須建立規律作息，白天每三小時喚醒迪倫吃一餐，就可解決日夜顛倒的問題。但是首先，她必須換掉搖籃，解決迪倫睡不舒服的問題，同時重建信任關係。她應該先採取墊高睡枕法（222頁），慢慢讓迪倫睡進嬰兒床。爸媽要做4S儀式，建立睡前程序，包括裹好包巾、坐在迪倫身邊、做噓拍法，重點是不能只進行一晚，必須每次睡覺都要執行儀式。每次都有人待在迪倫旁邊，直到熟睡爲止。

另一個牽涉到多重因素的常見睡眠問題是，爸媽沒建立規律作息，反而被寶寶牽著鼻子走。寶寶會很困惑，無從預測下一步要做什麼。父母也更難正確看出寶寶的暗示。這種狀況會引起迴盪效應，使全家人陷入混亂和困惑，不僅睡眠有問題（父母、寶寶和其他手足都會受影響），寶寶的個性也會出現劇烈的負面轉變。喬安爲了六週大女兒寫的信就是很好的範例。我敢說小艾麗一開始是個天使型寶寶，但是很快就變成性情乖戾型：

……她吃奶瓶吃得很好，不會半途睡著，還會微笑，但我不太會判斷她的想睡暗示。我覺得我白天大多時間都在鼓勵她睡覺，光是安撫、拍背就可以花上一小時，最後才睡二十分鐘。於是她白天大多過度疲累，性情暴躁，讓我很擔心。

艾麗平常都可以睡過夜，我覺得她已經懂得分辨日夜。她可以連睡六、七小時，接著再睡另一段長覺。有時候只要晚上六、七點餵一次，早上六、七點再餵一次就行了。爲什麼白天睡覺時間就那麼短呢？她常常醒來又氣又累，哭個不停。我會一邊拍腹部或揉一揉，悄聲和她說話，她會漸漸進入第三部曲，自行睡去，但是沒過多久就突然醒來，想開始玩耍，好像已經睡滿一小時一樣。

我該怎麼做才能讓她白天睡得好？我試過建立E．A．S．Y作息，但她上一個循環的小睡時間太短，所以下一個循環吃沒多久就想睡覺。我正在接受產後憂鬱症的治療。老大愛莉森三歲了，當初照顧她的時候，我也得了產後憂鬱症。愛莉森白天小睡都是四十五分鐘，晚上睡得很好。當時我也花了很多時間鼓勵她白天多睡一點，最後我放棄了。幸好她從四、五個月大之後，晚上就可以連睡十二到十五小時，直到滿一歲半爲止。現在則是連睡十一到十二小時。就算她白天不肯睡，我也沒什麼好抱怨的。

喬安說她「試過建立E．A．S．Y作息」，實際上她卻被寶寶牽著鼻子走。她讓艾麗連續睡兩個長覺，等於跳過兩次餵奶時間。六週大的寶寶白天應該每三小時吃一餐。晚上能睡六、七小時很理想，但她不該再讓艾麗繼續「再睡另一段長覺」。她都睡了十二到十四小時，「白天睡覺時間那麼短」也是理所當然。如果艾麗現在已經三歲，那就無妨，但她現在只是個小嬰兒。喬安顯然有自己的情緒問題，她可能很感謝寶寶沒在早上把她吵醒，但是相對也要付出代價——艾麗「醒來又氣又累」，那是因爲她肚子很餓。

如果媽媽能在早上把艾麗叫起來吃奶，她的白天小睡會進步很多。換句話說，媽媽必須遵守E．A．S．Y作息，早上七點、十點，下午一點、四點，晚上七點都要各餵一餐，晚上十一點再夢中餵食一次。從艾麗的過往表現看來，她吃完夢中餵食就能一路睡到隔天早上七點。

這位媽媽得好好認識自己的女兒，接納艾麗的天性。有件事很有意思，喬安明明握有寶寶的重要資訊，卻沒把線索拼湊起來。艾麗是妹妹，她跟姊姊其實有很多相似之處。愛莉森白天小睡只有四十五分鐘，但晚上睡得很好。喬安說她「放棄了」改變愛莉森原本的睡眠循環，但她卻沒有這樣對艾麗。我很肯定，只要白天每三小時餵一次，晚上好好睡一個長覺，艾麗的心情就會開朗起來。至於白天的小睡，艾麗或許跟姊姊一樣，每次只要睡四十五分鐘就夠了。喬安必須接受這樣的作息。

胃食道逆流的惡性循環

我收過無數封「寶寶從來不睡覺」或「寶寶一直醒來」的求救信，有些寶寶已經確診爲胃食道逆流，爸媽仍無法減輕不適感，讓寶寶睡著。有些父母則是不曉得寶寶其實在忍受疼痛，但我已從信裡看出寶寶絕不只是「睡得不安穩」，他根本是痛到睡不著。胃食道逆流會把全家搞得人仰馬翻，程度嚴重的寶寶更是一刻不得安寧，整天作息都被打亂。所有因素中，消除疼痛是第一要務。然而有些父母就算知道寶寶有胃食道逆流，卻想像不到所有問題都是互相影響的。比如「寶寶五週大的絕望媽咪」凡妮莎就是很好的範例。

> 我們試了許多書中的睡眠技巧，但是效果並不顯著。提摩西一表現出想睡的暗示，我們就會把他放上嬰兒床。頭兩個晚上，他連睡了五小時，但是從那之後過了一週，他再也無法連睡五小時。他似乎會卡在第三部曲。一開始他先打哈欠，放空盯著遠處，接著快要入睡時，身體會突然震一下，然後就醒了，接下來又得從頭來過。他會哭起來，在安撫之後，會漸漸靜下來，然後惡性循環又捲土重來。每次睡覺都搞得很累，花幾個小時才能搞定。白天小睡的狀況更糟。我們想要維

持相同作息，但是力不從心。他的胃食道逆流很嚴重，所以很常哭得太凶，哭到嘔吐，我們極力避免發生。我們做了書中的測驗，提摩西介於活潑型和敏感型之間，請幫幫我！

首先，他們和許多父母犯了同樣的錯，他們太早離開嬰兒房了。爸媽必須陪在敏感型和活潑型寶寶旁邊，直到進入深眠爲止，更何況提摩西是這兩種性格的綜合型。當提摩西從第三階段醒來時，爸媽必須在旁安撫。另外，他們還得處理胃食道逆流，作法是提高平躺時頭部的高度，包括尿布台和嬰兒床。他們也應該諮詢兒科醫師或小兒腸胃科醫師，用抗酸劑或止痛劑舒緩提摩西的症狀。寶寶如果很痛，最先要做的就是舒緩疼痛感。請用墊高睡枕把床墊提高四十五度，用腰帶包住腹部再裹包巾，並且吃藥緩解症狀（138頁）。如果不先止住疼痛，再多舒眠技巧都沒辦法讓寶寶睡著。可惜，很多父母往往逼不得已才會餵寶寶吃藥：

葛琴十週大，我擔心餵奶時間太長和脹氣會影響她的睡眠時間。這幾天我都照著書裡建議做（連續多次噓拍、提高床墊高度、經常拍嗝、降低視覺和氣味刺激），但沒有效果。我不太確定接下來還能做什麼。我應該繼續嘗試，還是有哪個步驟漏掉了呢？狀況已經嚴重到該帶葛琴去看小兒科了嗎？我真的好累，也許葛琴還太小，沒辦法讓她照我的意思做。我已經很恪守崔西的「瞻前顧後」原則了。目前這樣看來，這些作法沒辦法持久……。

葛琴肯定有消化問題，很可能是胃食道逆流，因爲餵奶時間太長和脹氣都是常見症狀。媽媽提到

「狀況已經嚴重到該看小兒科了嗎」，表示她不認為應該優先帶寶寶看醫生，緩解疼痛，再處理其他問題。如果你懷疑寶寶有腸胃問題，請先去諮詢兒科醫師，而不是等症狀嚴重才看醫生。

家有胃食道逆流寶寶的父母要特別注意，不要安撫寶寶到他不哭才停手，這樣很容易造成意外教養。雖然你當下急得像熱鍋上的螞蟻，也不要為了安撫寶寶而使用道具。有些道具確實能抬高寶寶頭部，讓胃食道逆流寶寶安靜下來，比如汽車座椅、嬰兒座椅、趴在爸媽胸口，或是嬰兒搖椅。我理解爸媽很想趕快讓寶寶舒服一點，但是一使用道具後，等到胃食道逆流消失，寶寶還是會仰賴這些道具入睡。以下是一則典型案例：

> 我女兒塔拉九週大，她有胃食道逆流，所以從一週大開始，就睡在嬰兒座椅裡。除了趴在我的胸口和嬰兒座椅，其他地方她都會吐得很嚴重，沒辦法睡覺。現在塔拉增重了（五五〇〇克），也有固定吃藥，我希望她能開始睡嬰兒床。醫師建議我用費伯法，結果塔拉哭得歇斯底里，我很清楚自己沒辦法再做一次。我在你的書裡讀到「意外教養」，我知道自己已經犯下錯誤。我該如何讓塔拉學會仰躺在嬰兒床睡覺呢？每次我讓她平躺，她就會拱背尖叫，我和老公都快瘋了。

想必你已經猜到，塔拉的爸媽必須改掉嬰兒座椅和胸口趴睡的習慣。他們必須把床墊墊高，四十五度大約等於嬰兒座椅的高度。再來，他們已經試過費伯法（見105頁），所以每次睡覺必須多花點時間陪在塔拉旁邊，確定她進入深眠再離開，藉此重建信任關係（見232頁）。我提這個案例是想強調另一個重點：如果塔拉在一週大就診斷出胃食道逆流，現在已經過了兩個月，她的體重應該要是出生時的兩倍。那麼當初開的抗酸劑量，可能已經不足以舒緩塔拉**現在**的症狀。爸媽必須再去看一次醫生，確認劑量符合寶寶的體重。

讀到這裡，你覺得如何？閱讀上述案例時，你能診斷出徵兆，提出該問的問題，並擬定一套解決方案嗎？現在你能分析自家寶寶的狀況了嗎？我了解目前爲止有非常多資訊等著你消化，但是看書的好處就在這裡，你可以一再翻閱複習觀念。我保證這些睡眠資訊能伴你度過未來的年年月月。我的所有觀察心得和技巧都是建立在睡眠的基礎知識上。寶寶未滿三個月前，爸媽分析問題的能力越強，就越能自在迎接未來嬰幼兒的大小狀況。接下來第六、七章要帶你了解寶寶滿三個月的後續階段。

第六章

抱起放下法

四到十二個月的睡眠訓練法寶

意外教養造成的嚴重後果

我見到詹姆士時，他才五個月大，不論白天夜晚都不肯睡嬰兒床，一定要睡在爸媽床上，黏在媽媽身邊才睡得著。這可不是什麼全家人同床共枕的美麗畫面。媽媽賈姬必須每晚八點躺上床，早上下午都得躺在詹姆士旁邊，他才肯小睡。可憐的爸爸麥可下班回到家都得躡手躡腳進房間。他解釋：「如果燈還亮著，表示他還沒睡；如果燈關了，我就得像小偷一樣偷溜進去。」賈姬和麥可為了兒子改變所有生活方式，但詹姆士還是睡不好。事實上，他夜醒好幾次，賈姬必須親餵才能讓他再度睡著。第一次見面時，賈姬即坦承：「我知道他不餓，他只是想找人陪。」

詹姆士和其他一歲以下有睡眠困擾的寶寶一樣，問題的根源從一個月大就開始萌芽。一開始詹姆士看起來「不肯」睡覺，於是爸媽輪流抱著他坐搖椅。等他快睡著時，爸媽就把他放上嬰兒床，這時他又會突然睜開眼睛。絕望之餘，媽媽開始讓詹姆士趴在胸口安撫他。媽媽溫暖的體溫讓寶寶感到安心，累壞的媽媽就這樣抱著兒子躺在床上，兩人雙雙睡著。從此詹姆士再也沒睡過自己的床。每次詹姆士醒來，賈姬就讓他趴在胸口，希望他快快睡著。「我盡可能不要餵他。」但是可想而知，賈姬最後仍舊妥協，把詹姆士奶睡。由於晚上頻頻夜醒，想當然詹姆士白天睡得比較好。

讀到這裡，你應該已經看出這是十分典型的意外教養。我真的接過數千封來信和電話，都是父母說四個月大以上的寶寶有以下狀況：

Q……仍然經常夜醒。
……一大早就把爸媽吵醒。
……小睡時間都很短（或者不肯小睡）。
……爸媽不介入就睡不著。

以上狀況概括了寶寶第一年最常見的睡眠問題。如果爸媽不採取行動改善狀況，問題會越來越嚴重，起碼持續到幼兒階段。我特地提到詹姆士的案例，就是因爲所有常見問題他都有！

三、四個月大的寶寶應該有規律作息，白天晚上都睡在自己的嬰兒床。他們應該可以自行入睡，即使醒來也能再度睡著，晚上也能睡過夜，至少連睡六小時。但是許多嬰兒並非如此，他們到了四個月、八個月、一歲，甚至一歲以上都還睡不好。每對父母找上我時，聽起來就跟賈姬和麥可一樣。他們知道自己某個時間點踏出錯誤的第一步，卻不曉得如何挽救，急需旁人協助。

面對月齡較大的寶寶，爲了釐清問題癥結，必須了解寶寶一整天的作息。以上所有問題的根源都能歸咎於缺乏一致又合宜的規律作息（比如五個月大的寶寶還在進行三小時循環）。當然，意外教養也是原因之一。

一般而言，幾乎所有問題的形成過程都很類似：前幾個月寶寶睡不好，或是時間很不規律，爸媽就想要靠道具解決。他們把寶寶帶到自己床上、讓他在嬰兒搖椅和車上睡著，或者媽媽靠親餵，爸爸靠抱著踱步把寶寶哄睡。只要連續兩、三個晚上，寶寶就會開始仰賴道具入睡。每個案例的解決方法一定有一項是重新建立良好的規律作息。爲了建立或改變三個月大以上的寶寶作息，我會教爸媽使用

「抱起放下法」，簡稱抱放法。

如果寶寶睡得很好，作息很規律，那就不需要抱放法。但是如果你都翻到這一章了，我想你家寶寶應該睡得不太安穩。本章只講一個重點：抱放法，包括抱放法的原理，以及不同年齡層的作法。我會提出一歲前常見的典型睡眠問題，帶你看看幾個不同階段的真實案例，再講解抱放法如何能解決問題。本章後半段也會特別介紹小睡問題，這是每個年齡層都會遇到的狀況。最後，由於有太多父母來信聲稱抱放法對他們的小孩沒效，所以我將一一指出爸媽不小心做錯的地方。

什麼是「抱放法」？

我的寶寶睡眠技巧採取中庸之道，而抱起放下法就是整個理念的基石，可以解決睡眠問題，同時教會寶寶自行入睡。小孩再也不需依賴父母或道具入睡，也不會害怕自己被拋棄。爸媽不該讓孩子自己摸索如何入睡，應該陪在他身邊，而不是放任他大哭。

抱放法適合三個月到一歲、還不會自行入睡的寶寶。有些特別棘手的案例，或是從來沒建立過規律作息的寶寶，可能過了一歲還是需要用抱放法解決睡眠問題。抱放法跟４S舒眠儀式（參見219頁）不衝突，抱放法比較像是最終手段，用來消弭意外教養的後果。

如果孩子在睡覺時間無法熟睡，或者必須仰賴道具入睡，你必須在壞習慣根深柢固、甚至惡化之前徹底根除。比方小珍寧兩個月大時，一定要「坐推車才睡得著」，現在四個月大了，變成媽媽「一定要開車載她繞一圈，她才睡得著」。道具上癮跟所有依賴關係一樣，時間越久，程度越加劇。這時候抱放法就派上用場了，用途如下：
- 讓原本依賴道具的寶寶學會在白天和晚上自行入睡。
- 爲月齡較大的寶寶建立全新的規律作息，或是恢復爸媽半途而廢的作息。
- 幫助寶寶從三小時作息換成四小時。
- 延長過短的小睡時間。
- 鼓勵清晨早起的寶寶繼續睡（太早醒來肯定是父母做了什麼，非寶寶天生的生物節律）。
抱放法不是魔法，你必須付出大量心力（所以我常建議父母分工合作，輪流顧寶寶，見306頁和133頁的小叮嚀）。畢竟你不再用之前的道具哄寶寶，寶寶一沾到床，肯定會哭起來，因爲他已經習慣原本的入睡方式，比如瓶餵、親餵、抱著搖或踱步。寶寶絕對會抗議，因爲他不知道你想做什麼，所以你要把他抱起來，讓他知道你很清楚你在做什麼。抱放法要按照寶寶的年齡、體格強壯程度和活動力，採取不同的作法（接下來會介紹每個年齡層的作法），基本原理如下：

寶寶一哭就去嬰兒房，首先把手輕放在他背部，輕聲安撫他。未滿六個月的寶寶可以用噓拍法，超過六個月的寶寶就不適合，因爲噓拍法反而會干擾睡眠，尤其是噓聲，所以只要把手輕放在孩子背上，讓孩子知道有人在身邊。如果他還在哭，就把他抱起來，但是哭聲一停止就要放下去，連一秒也不能多等。你只是在安撫他，不是哄睡，寶寶必須自己睡著。如果他邊哭邊拱背，請立刻把他放下，寶寶在哭的時候，千萬不要逼他就範。只要把手放在他背上，持續肢體接觸，讓他知道你在身邊，同時說話安撫他：「親愛的，睡覺時間到了，你只是要睡著了。」

就算他一離開你的肩膀，或是還沒放到床上就開始哭，你一定要先把他放上床墊。如果他繼續哭，再把他抱起來。這個動作的概念是安撫寶寶，給他安全感，讓他釋放情緒。基本上，你的動作是在說：「哭沒關係，爸爸媽媽就在這裡。我知道你很難睡著，但是我會在這裡幫你。」

如果你把寶寶放下來，他開始哭，就再把他抱起來。如果他拱背，就不要硬逼他。他會掙扎扭動，一部分原因是他正在嘗試入睡。那些推擠、下彎的動作只是他的小小身體正在試圖靜下來。不必愧疚，他沒有弄疼自己，也不是在針對你，更不是生你的氣。他只是從沒學過如何入睡，所以有點挫折，現在你就在他身旁提供協助，讓他安心。成人失眠會在床上翻來覆去，寶寶也只是在試圖入睡。

抱放法平均要花二十分鐘，但也有可能超過一小時。我不確定最高紀錄是多少，但我曾有幾次抱起放下超過一百回。很多父母不太相信這個方法，他們很肯定這對他們的寶寶沒效，不覺得抱放法是一種手段，尤其媽媽們會說，如果不奶睡寶寶，我還有什麼方法？我還能怎麼安撫他？答案是還有你的聲音，以及肢體介入。信不信由你，爸媽的聲音也是一種強大的手段。用溫柔的語調對寶寶說話，必要時多重複幾次「你只是要睡著了，親愛的」，寶寶就會知道爸媽沒有要拋棄他，你只是要幫助他入睡。熟悉抱放法的寶寶會逐漸受到爸媽聲音安撫，最後就不再需要抱起來。只要聽到爸媽輕柔安撫的話語，寶寶就能感到安心。

如果你做了正確的抱放法，寶寶哭就抱起來，不哭立刻放下去，他就會漸漸安靜下來，哭聲減弱。

一開始慢慢放鬆時，他可能會變成小聲啜泣，每個哭聲中間帶點抽氣聲，聽到這種哭法就表示寶寶快睡著了。只要繼續把手放在他背上，用手的重量和溫柔的話語告訴他你就在身邊。不必拍、不必發出噓聲，不要離開房間……直到確定寶寶進入深眠爲止。

抱放法能給予安心感，重建信任關係。爲了讓寶寶學會自行入睡，讓你擁有自己的時間，就算必須做五十回、一百回，甚至一百五十回，你也準備好了，是不是，親愛的？如果不是，恐怕這本書並不適合你。這世上沒有輕鬆速成法。

抱放法沒辦法預防寶寶哭，但是可以避免寶寶害怕自己被拋棄，因爲寶寶哭的時候，你全程陪在旁邊安撫他。他哭不是因爲討厭你，或是你弄疼他。他哭只是因爲睡覺的方式改變了，他覺得很挫折。只要改變習慣，寶寶都會哭。但那只是挫折的哭，跟沒人理的哭完全不一樣。沒人理的哭聲聽起來更絕望、更恐懼，幾乎接近原始的哀嚎，因爲那種哭聲的目的就是呼喚父母趕緊過來。

以前述小珍寧爲例，當媽媽不再用推車或開車哄睡，她就很不高興。起初她一哭再哭，想說：「媽媽，你在做什麼？我們不是這樣睡覺的。」但經過幾晚的抱起放下，她已能不靠道具入睡了。

爲了發揮抱放法的效果，爸媽必須依照孩子的月齡調整作法。畢竟四個月大和十一個月大的嬰兒，處理方式絕對不同，你必須配合寶寶的需求和特性採取合適的抱放法。以下四個年齡層：三到四個月、四到六個月、六到八個月、八個月到一歲，我將簡單介紹每個階段的寶寶特徵，以及睡眠問題如何隨年齡增長而稍微變化。（一歲以上的睡眠問題請見第七章。）當然，許多常見的問題，例如夜醒和小睡時間過短，即使長大一點也不會自動消失。我也會說明該問哪些問題，才能釐清事情全貌。當然，我也會多問其他關於睡眠模式、進食習慣、活動等問題，就像我之前強調的，不能只挑特定年齡層閱讀。就算寶寶已經過了某個月齡，那些問題仍然能提供實用資訊，幫助你了解寶寶的睡眠狀況。接著我會解釋每個年齡層該採取哪一種抱放法。各年齡層都有一個眞實案例，說明不同狀況和不同發展階段該如何實施抱放法。

三到四個月：調整作息

你可能會很驚訝，這個章節竟然只講三到四個月，而不是三到六個月。原因在於滿四個月是寶寶的轉換期，多數寶寶此時可以從三小時作息換成四小時（見49頁表格）。四個月以下的寶寶一天小睡三次，小憩一次，四個月的寶寶則是小睡兩次，小憩兩次。以前一天要五餐（七點、十點、一點、四點、七點）加夢中餵食，現在則是四餐（七點、十一點、三點、七點）加夢中餵食。以前吃完只能清醒三十到四十五分鐘，現在則能清醒兩小時以上。

四個月的轉換期有時會跟猛長期（見141頁）同時發生。不過這次猛長期跟小時候不一樣，不僅白天要增加奶量，還得延長每餐間隔時間。如果你覺得聽起來很奇怪，只要記得這時候寶寶的胃容量變大了，吃奶效率也更高，所以同樣一餐的時間，他可以吃得比以前更多。另外，現在他的活動量即將提升，清醒時間也更長，所以需要更多熱量維持身體運作。如果此時不調整作息，或者到現在還沒建立規律作息，許多睡眠問題就會「莫名其妙」冒出來。其實只要建立作息或調整好作息，這些問題也能「莫名其妙」消失。同樣道理，如果你沒發現寶寶正在猛長期，半夜醒來就給他餵奶，那即使他之前可以安穩睡過夜，也會「突然」出現睡眠問題。

三個月的寶寶行動能力有限，但嬰兒的成長其實非常快速，他能移動頭部、手臂和雙腿，甚至翻身。這時警覺性更強，更注意環境。如果你很熟悉他的哭聲和肢體語言，現在應該可分辨飢餓、疲累、疼痛和過度刺激的反應。肚子餓的寶寶一定得餵食，但如果是疲累或挫折，你應該做的是，教他如何重新睡著。他可能會邊哭邊拱背。若沒裹包巾，挫折的寶寶還會把腳踢到空中，再甩到床墊上。

◎常見問題：

如果寶寶沒有建立規律作息，或是還沒換成四小時作息，那他很可能會在半夜醒來、小睡時間過短、太早醒來，或以上皆是。假設爸媽一直以來都被寶寶牽著鼻子走，沒有正確引導孩子，就會像這位寶寶四個月大的媽媽一樣：

賈斯蒂娜一直都沒有建立規律作息。小睡的時候，只要我稍微安撫一下，她就能乖乖入睡，但是不管嬰兒房氣氛多放鬆，她都會在半小時內醒來，一副沒睡飽的樣子。

媽媽聲稱賈斯蒂娜害她「很難遵守E．A．S．Y作息」，但是問題其實在媽媽身上，而非女兒。她必須負起責任引導孩子。如果父母習慣依靠自己的身體或動作讓寶寶入睡，問題只會更嚴重。

另外，這個年紀的寶寶漸漸進入深層睡眠之後，身體和嘴唇都會放鬆，於是奶嘴就會掉出來。很多寶寶仍可以繼續睡，有些則是少了奶嘴就立刻醒來。寶寶會醒來，表示奶嘴成了入睡道具（參見

227頁）。掉奶嘴問題會持續到七個月大左右，之後寶寶就能自己把奶嘴放回嘴裡。同時，如果你一直把奶嘴塞回去，等於是在強化意外教養的影響。你應該把奶嘴放一邊，用其他方式安撫他入睡（如果寶寶到現在還沒吃過奶嘴，最好就不要讓他吃）。

◎關鍵提問：

寶寶有建立規律作息嗎？如果沒有，你必須爲他建立作息（參考52頁）。**你還在讓寶寶進行三小時作息嗎？**你必須開始幫他轉換成四小時作息了。過程就跟替四個月大的寶寶建立E・A・S・Y作息一樣（詳細解釋見268頁）。**寶寶的小睡時間縮短了嗎？**這個現象也可能表示寶寶需要換成四小時作息了。從四個月大左右，寶寶可清醒至少兩小時。有些寶寶更早，有些較晚，但如果他們還在進行三小時作息，餵奶時間就會壓縮到小睡時間（參見49頁對照表）。即使到目前爲止白天都睡得很好，此時他們的小睡時間可能會開始縮短。這個過程很和緩，直到小睡時間變成四十五分鐘以下（參考296頁），許多父母才意識到這件事情。平常會注意小睡時間的人，通常能及早發現寶寶越睡越少。不要拖到最後一刻，請立刻換成四小時作息。

寶寶想吃奶的次數變多了嗎？比如十點才要餵奶，但他看起來已經餓壞了？夜醒時，他是不是可以吃完一整頓？如果是，他可能進入猛長期了。這時一樣要換成四小時作息，但不要增加餵奶的次數，你應該執行新的餵奶計畫（參見49頁）。先增加早上七點的奶量，過了三、四天再逐漸增加每餐的奶量。奶瓶就多喝三十毫升，親餵就喝光兩邊乳房，以便增加母乳量。如果他的胃口沒變大，可能是寶寶還沒準備好，但你必須開始密切注意他的食量。滿四個月或四個半月後，寶寶每餐可以間隔四小時。早產兒是例外。如果他的實際月齡是四個月，但是提早六週出生，那他的發展月齡其實只有兩個半月

（參見214頁小叮嚀）。

寶寶會提早醒來嗎？這個年紀的寶寶不一定會醒來就哭著討奶，跟成人一樣，每個寶寶反應不同。很多寶寶會自言自語，如果一直沒人進房間找他，他就會再睡著。所以說爸媽要會看寶寶的暗示，如果寶寶哭是因爲肚子餓，那就要餵奶，餵完立刻睡回去。如果他睡不著，就用抱放法幫他入睡。當你開始增加白天的奶量，從三小時換成四小時作息，他的清醒時間應該會跟著穩定下來。但是假設他醒來只喝幾口，你就知道他不是挨餓，只是想找安撫。**以前你是否都會直接進房間餵奶？**如果是，表示寶寶已經養成用哭聲博得親餵或瓶餵的壞習慣，你應該改用抱放法讓他睡著。

抱放法該怎麼做？面對月齡還小的寶寶，除了上述的基本步驟，你第一次進房間時，可能要先替他重新裹好包巾。裹包巾請在嬰兒床上完成，接著用輕柔的話語和堅定的拍背，讓寶寶在床上靜下來。如果行不通，再把他抱起來，直到他不哭爲止，但是不要超過四、五分鐘。如果寶寶不想被抱，把背拱起來或把你推開，請把他放下，讓他躺在床上用噓拍法安撫他。如果沒效，就再把他抱起來。面對三、四個月大的寶寶，抱放法平均要花二十分鐘。好消息是，就算你的意外教養已經讓寶寶養成壞習慣，這時候改掉還不算太難。唯一例外是你又試了控制哭泣法，打破信任關係，那就比較棘手了。

小叮嚀　早早起床……是寶寶還是你？

我最近和一位媽媽見面，她的兒子奧利佛八個月大，白天都能好好睡兩小時，晚上六點就寢，一路睡到隔天五點半。但媽媽不喜歡那麼早起，她說：「我一直想讓他晚點再睡。」奧利佛平時作息規律，過得開開心心，最近卻突然在晚上變得很憂鬱。媽媽已經知道晚睡這一招行不通，以前從不抗拒睡覺的奧利佛，現在卻很難入睡，媽媽束手無策。她問：「還是我應該放任他哭，不要理他？」絕對不行。

這位媽媽自己製造了一個問題，現在她得負起責任解決。寶寶有自己的生理時鐘，如果他可以從晚上六點睡到隔天五點半，共睡十一個半小時，那是很理想的睡眠時間，而且他白天小睡也很正常。你可以試著把就寢時間延後到六點半或七點，但每次只能延後十五分鐘，以免寶寶過累。寶寶的生理時鐘可能會反抗，若是如此，請你維持六點的就寢時間。你覺得早起太累，那就早點睡覺吧！

改變白天作息，就能解決晚上的睡眠問題

四個月大以上的寶寶如果還在進行三小時E‧A‧S‧Y作息，白天的小睡時間就會亂掉，進而造成夜醒。如果他們沒有自然轉換成四小時作息，我們就得幫助寶寶（如果寶寶從來沒建立過規律作息，請見44頁了解建立E‧A‧S‧Y的方法）。

以下是四個月大寶寶的專屬計畫，每三天調整一次，多數寶寶都很受用。但如果你家寶寶需要更多時間，也不必擔心。比如274頁表格寫餵食三十分鐘，但你的寶寶可能要吃四十五分鐘。如果寶寶已經習慣四十五分鐘的小睡，你可能要多花點心力讓他習慣時間較長的小睡。重點是一步步調整成正確的作息。表格後面還有一則林肯的故事，說明我們如何幫助寶寶轉換作息，並利用抱放法延長白天

的小睡時間。

第一到三天：利用這段時間觀察寶寶的三小時作息，看看他吃多少、睡多久。通常三個月大的嬰兒一天吃五餐最理想（上午七點、十點和下午一點、四點、七點），但是很多寶寶做不到（爲了使表格簡潔，我只列出寶寶餵食、活動和睡覺時間以節省你的時間）。

第四到七天：早上七點，寶寶起床就餵奶，接著把早上的活動時間延長十五分鐘，其他餵奶時間都延後十五分鐘。比如十點的第二餐改成十點十五分，下午一點的第三餐改成一點十五分。寶寶仍會有三次小睡（九十分鐘、七十五分鐘或兩小時）和一次三十到四十五分鐘小憩，但每次小睡間隔會稍微拉長，並隨計畫持續增加。換句話說，他的清醒時間會越來越久。可利用抱放法延長小睡時間。

第八到十一天：早上七點，一樣是寶寶起床就餵奶，但是早上的活動時間要再延長十五分鐘，其他餵奶時間也都延後十五分鐘。最原本十點的那一餐現在變成十點半，下午一點變成一點半，依此類推。傍晚的小憩也要取消，以便延長其他三次小睡的時間，早上大約要睡九十分鐘到一百分鐘，下午則是兩小時。剛取消小憩的那幾天，寶寶到了下午會很累。你可能要提早晚上六點半讓寶寶就寢。

第十二到十五天（以上）：現在開始把寶寶早上的活動時間再延長半小時，後面的餵奶時間也都跟著延遲。最原本十點那一餐現在改成十一點，下午一點改成兩點，依此類推。傍晚的小憩仍舊是取消狀態，以便拉長其他小睡時間，早上大約是兩小時和一個半小時，下午則是一個半小時。這個階段很難熬，請堅持下去。如果寶寶因爲沒有小憩而特別疲累，請讓他早點就寢。如果你一直有做密集哺乳，請在晚上七點就寢前把他餵飽。

我已預期到父母會有什麼反應：「崔西，你不是說不能奶睡嗎？」沒錯。奶睡會讓寶寶依賴奶瓶

超過四個月大寶寶適用的作息調整示範

1~3 天	4~7 天	8~11 天	12~15 天	目標
E：07:00	E：07:00	E：07:00	E：07:00	E：07:00
A：07:30	A：07:30	A：07:30	A：07:30	A：07:30
S：08:30 (90 分)	S：08:45 (90 分)	S：09:00 (90 分)	S：09:15 (105 分)	S：09:00 (2 小時)
E：10:00	E：10:15	E：10:30	E：11:00	E：11:00
A：10:30	A：10:45	A：11:00	A：11:30	A：11:30
S：11:30 (90 分)	S：11:45 (90 分)	S：12:00 (90 分)	S：12:30 (90 分)	S：13:00 (2 小時)
E：13:00	E：13:15	E：13:30	E：14:00	E：15:00
A：13:30	A：13:45	A：14:00	A：14:30	A：15:30
S：14:30 (90 分)	S：15:00 (75 分)	S：15:15 (1 小時)	S：15:30 (90 分)	S：17:00 左右小憩（30-45 分）
E：16:00	E：16:15	E：16:30	E：17:00 餵奶	EAS：19:00 洗澡、密集哺乳、睡覺
A：16:30	A：16:45	A：17:00	A：洗澡	E：23:00 夢中餵食
S：17:00 左右小憩（30-45 分）	S：17:00 左右小憩（30-45 分）	S：沒有小憩！	S：密集哺乳後 19:00 睡覺	
E&A：19:00 餵奶、洗澡	E&A：19:15 餵奶、洗澡	EAS：18:30 或 19:00 餵奶、洗澡、睡覺	E：23:00 夢中餵食	
S：19:30	S：19:30	E：23:00 夢中餵食		
E：23:00 夢中餵食	E：23:00 夢中餵食			

註：1.E 是餵奶；A 是活動；S 是睡覺。

2. 每個小孩情況不同，請根據 P．C 原則調整作息，本表僅供參考。

或乳房入睡，是最常見的意外教養。奶睡的寶寶無法自行入睡，也比較常夜醒。但是奶睡和睡覺時間餵奶是兩回事，睡覺時間餵奶是睡前餵一餐加夢中餵食（寶寶根本沒醒），幫助寶寶連睡五、六小時。我建議先餵奶、洗澡再睡覺，但也可以先洗澡再餵奶，看寶寶適合哪一種。有些寶寶洗完精神好，就先洗澡再餵奶。有些寶寶睡前喝奶會喝到很想睡，甚至快睡著。你必須搞清楚哪一種順序對寶寶最好。總之，晚上七點的睡前餵奶跟奶睡不同，奶睡的意外教養是指每次睡覺前都得先喝奶才睡得著。

目標：這時寶寶的早上餵奶時間已經調整成七點和十一點。接下來三天到一週（以上），請努力將下午的餵奶時間再延長十五或三十分鐘。現在是下午兩點十五分和五點各餵一次，你的目標是改成三點和六點或七點。一旦延長清醒時間，寶寶可能會需要小憩補充體力。照現在的方向持續下去，一天五餐就能調整成一天四餐（上午七點、十一點和下午三點、七點），三次小睡也能調成兩次兩小時小睡，分別在早上和下午，再加上傍晚的小憩，如表格的最後一欄所示，寶寶的清醒時間也會增加到兩小時。

真實案例：適應四小時E．A．S．Y作息

三個半月大的林肯把全家人搞得雞飛狗跳，小梅來諮詢時解釋：「他不肯自行入睡，晚上也無法重新睡著。如果還沒睡著就把他放上嬰兒床，他會哭不停。不是唉唉叫，是用力尖叫的那種。我不信放任寶寶哭那一套，所以我會去找他，但他實在很難安撫，除了奶瓶什麼都不要。白天有時候會小睡，但是睡著的時間和時長永遠不一樣，或者乾脆白天都不睡。他晚上從沒睡過夜，每次醒來時間都不一

樣。他可以連睡五、六小時，醒來喝掉一八〇毫升的奶瓶，再繼續睡個兩小時。但有時他又只吃幾十毫升，我看不出任何規律。」小梅很擔心，她跟老公一直睡不飽，耐心被磨光了。「林肯跟塔米卡完全相反。塔米卡四歲了，她三個月大就能睡過夜，白天也睡得很好。我真的不知道該拿林肯怎麼辦。」

我問她林肯多久吃一餐，她說每三小時，但是林肯顯然沒有規律作息，而且他夜醒時間不規律，睡五、六小時醒來就能喝掉一八〇毫升，明顯是進入猛長期。我們必須先處理猛長期，把白天的奶量增加，同時也要解決缺乏規律作息的問題，否則小梅永遠看不懂寶寶的暗示。另外，小梅還犯了一些意外教養的錯誤，所以現在林肯必須依靠媽媽和奶瓶才能睡著。首先要讓他建立E．A．S．Y作息，解決肚子餓，並幫助小梅學會觀察寶寶的哭聲和肢體語言。

林肯快要滿四個月了，所以目標會是把三小時作息調整成四小時。我們會用抱放法協助調整，但是我先提醒小梅，整個轉換過程可能要花兩週以上。因爲林肯還要再兩週才滿四個月，他可能無法立刻適應四小時作息，所以得逐次增加每餐間隔時間，尤其之前的進食模式很不規律，改變得慢慢來。我建議採用274頁的計畫，數百個類似案例都是靠那份計畫轉換成功：我請小梅每三天將餵奶時間往後調，一開始延後十五分鐘，之後再延長三十分鐘，另外要加入半小時的活動時間。如此一來，原本四次四十分鐘的小睡，就能改成兩次長時間小睡和一次小憩。

轉換過程中，小梅一定要持續記錄寶寶的餵奶、活動、小睡和晚上就寢時間。早上應該每天七點起床，晚上七點或七點半就寢，接著十一點夢中餵食。但是，一旦延長活動時間，寶寶的餵奶和小睡時間也會改變，逐次增加十五和三十分鐘。我平常老是說要注意寶寶，不要盯著時鐘看，但是唯有這種情況，以及超過四個月的嬰兒要首次建立E．A．S．Y作息（參考53頁），我才會破例請爸媽注意時間。尤其如果爸媽還看不懂寶寶的暗示，就更要按照當下的時間點，判斷寶寶需要什麼。要是搞不清楚寶寶是餓了還是累了，爸媽就會一股腦地頻頻餵奶。

我跟小梅解釋，林肯的睡眠習慣很不規律，所以不指望他能習慣新作息。我們必須訓練他，這時候抱放法就派上用場了。抱放法可以在白天拉長林肯的小睡時間（比如該睡一個半小時，寶寶睡四十分鐘就醒來），在半夜幫助他重新入睡。如果清晨太早醒來，抱放法也可以讓他睡回去。

想當然，林肯很抗拒新的作息。第一天他早上七點起床，這是一個好的開始。小梅照常餵他吃奶。到了八點半，林肯開始打哈欠，看上去有點累，但我建議小梅讓他保持清醒，等到八點四十五再小睡，這樣才能逐漸調整成四小時作息。小梅成功延遲入睡時間，但是林肯睡了四十五分鐘就醒來。原因可能有二：一來他本來就習慣短時間小睡，二來剛剛延遲了睡覺時間，他可能已經過累，所以睡不好。你知道我向來主張寶寶累了就要睡，但此刻是特殊情況，我們正在調整林肯的生理時鐘。其中的平衡必須拿捏得當：要稍微延遲睡覺時間，以便增加寶寶清醒的時間，但又不能讓寶寶過累。通常一次延遲十五到三十分鐘，還在四個月大寶寶的接受範圍。

我們的目標是把林肯的小睡時間延長到至少一個半小時，最終要睡兩小時。林肯九點半醒來時，我向小梅示範如何利用抱放法讓他再睡回去。寶寶一開始非常抵抗，小梅持續做了近一小時。由於餵奶時間快到了，我便請小梅停下來，帶他離開嬰兒房。接下來小梅只能讓寶寶做些非常輕量平靜的活動，因爲林肯原本應該還在睡覺的。到了十點的餵奶時間，林肯果然又累又暴躁。不過剛剛哭哭停停，讓他肚子餓了，所以他好好地吃完一餐。接下來小梅要讓寶寶清醒到十一點半，才能進行第二次小睡，中間過程實在辛苦，但小梅做到了。她趁寶寶吃奶瓶時替他換尿布，一發現寶寶快睡著，就會把奶瓶抽出來，把寶寶換成直立坐姿。多數寶寶像洋娃娃，一坐直就會張開眼睛，沒法睡覺。

十一點十五分，林肯累到不行。小梅開始進行４Ｓ舒眠儀式，試圖不用奶瓶讓兒子睡著。她又做了一次抱放法。雖然這次抱放次數減少了，林肯還是撐到十二點十五分才睡著。我提醒小梅：「一點鐘要準時叫醒寶寶，別忘了你還在訓練他的身體適應良好的睡眠作息。」

小梅聽了半信半疑又絕望，但她還是照著指示，遵守一到三天的計畫。即使短短三天，小梅已經感覺到不同。林肯離規律作息還有一段距離，但他已能更快靜下來入睡。隨著小梅繼續按照計畫走，雖然林肯有時會退步，到了第十一天，她發現至少他們正朝著目標前進。寶寶改掉不吃正餐的習慣，每餐吃得更多，抱放法花的時間也越來越短。

小梅累壞了，她不敢相信過程竟然如此艱辛。但她可從作息紀錄看出，一切正在好轉，於是她又有動力繼續下去。林肯以前會在半夜兩點半醒來，現在夢中餵食後，他變成四點半才醒來，小梅給奶嘴之後又能多睡一小時，五點半才醒來。醒來後，小梅餵他吃一餐，以前吃完寶寶就會清醒，現在小梅會用抱放法讓他再睡回去。抱起放下花了四十分鐘，但是林肯一路睡到七點，應該說他到七點還在睡。小梅很想讓寶寶繼續睡（她自己也很想睡！），但是她牢記我說過，做任何決定都要瞻前顧後，如果今天她讓林肯睡超過七點，新作息會被打亂，之前的努力就泡湯了。

第十四天，林肯的活動時間更長了，早上和下午小睡也達到一小時。自從使用抱放法，林肯不再依賴奶瓶入睡，小梅已不需抱放法了。現在林肯醒來，小梅只把手放在他身上，他就能再度入睡。

破除迷思：晚點上床，晚點起床

很多父母來諮詢寶寶太早醒來的問題，我很驚訝許多兒科醫師都會跟父母說：「那就試著讓寶寶晚點睡。」這麼做只會讓寶寶過度疲累而已。寶寶一表現出想睡的暗示，就應該立刻讓他睡覺，否則晚上的睡眠會很不安穩，而且早上還是會同一時間起床。

四到六個月：剷除老問題

寶寶的體格成長之後，行動力可能反而造成睡眠困擾。他的手臂和雙腿行動力更強，手掌可以伸出去抓住物體，身體也更強壯。他可以膝蓋著地，在床上把身體往前推。睡前你把他放在床中央，過幾個小時卻發現他整個人縮在角落。感到挫折時，他可能會試圖膝蓋著地，把身體從床墊上抬起來。疲累時，他的哭聲會分成三、四次非常明顯的漸升強度：每次開始哭之後，哭聲會越來越響亮，越來越失控，接著一瞬間達到顛峰，再逐次減弱。如果你想糾正意外教養，或者錯過她想睡的暗示，使寶寶過度疲累，你會目睹到許多肢體語言：抱她的時候，她會往後拱背，或是雙腳往下推。

◎**常見問題**：

很多問題在月齡小的寶寶身上就見過了，只是當時沒處理好，所以持續到現在。如果寶寶會因爲手腳擺動醒來，又不懂得自行睡回去，那他很有可能也會夜醒。有些父母忍不住在這個階段就開始餵副食品，或是在奶瓶加入麥片。有人說吃副食品能讓寶寶睡得更好，其實這種說法只是迷思（見173頁小叮嚀），更解決不了意外教養。睡覺是一種後天學會的技能，不是靠吃飽引發睡意。如果寶寶已經習慣睡一下就醒來，也沒人教他如何睡回去，到了這階段就變成是問題了。

◎關鍵提問：

跟前面幾個階段一樣。通常小睡是最大問題，所以我會問：**她的小睡時間一直都很短嗎？還是最近才縮短？**如果才發生，我會再問家裡有什麼變化，餵食狀況、是否有新成員或活動（參見296頁）。如果家裡沒什麼新變化，就再問：**寶寶小睡醒來會暴躁、不高興嗎？晚上睡得好嗎？**如果白天沒事，晚上也睡得好，那可能是他的生物節律天生如此，白天不需太多睡眠。若白天很暴躁，表示寶寶需要睡更久，就用抱放法延長小睡時間。

抱放法該怎麼做？如果寶寶會把頭埋進床墊、頭部左右轉動、用膝蓋著地，或是左右翻身，請先不要把他抱起來，因為他會踢你胸口，或扯你頭髮。這時候應該繼續用安撫的語氣低聲對他說話。待會兒抱他時，記得最多抱兩、三分鐘，只要寶寶一停止哭泣就要放下，哭了再抱起來，然後重複循環。這個階段的寶寶發現作法不一樣的時候，更容易用肢體反抗新作息，而此時父母最常犯的錯誤就是寶寶抱太久（參見後續莎拉的故事）。記得寶寶一反抗就把他放下來。比如他可能會把頭往前壓低，用手腳把你推開。這時候只要說：「好，我要把你放下來了。」他可能還是繼續哭，因為他還在反抗模式，那就再把他抱起來。如果他又反抗，就把他放回床上，看看他能否逐漸讓自己靜下來，或者進入像唸咒般的哭聲。讓寶寶平躺，握住他的小手對他說：「嘿、嘿，好了，噓。你只是要睡著了。嘿、嘿，沒關係。我知道很困難。」

家有五個月大寶寶的父母常說：「我把他抱起來，他就會靜下來，但是我正要把他放下去，都還沒碰到床，他就開始哭。我該怎麼辦？」你還是要把他放下去，中斷肢體接觸，然後說：「我要再把你抱起來囉。」如果不這麼做，寶寶會以為哭了就有人抱。所以一定要先把他放回床上，再抱起來。

小叮嚀

唸咒般的哭聲

孩子滿三、四個月的時候，你應該已經了解他的各種暗示，包括肢體語言和哭聲，以及他的個性。你應該可以分辨出需要幫忙的真哭聲，以及很多寶寶快睡著之前，會發出的古怪「唸咒」哭聲。**如果是唸咒般的哭聲，就不必把寶寶抱起來**，只要在旁邊看寶寶能否安撫自己入睡。如果是真的哭聲就要抱起來，因為寶寶正在說：「我有個需求必須滿足。」

抱放法要成功，一部分要靠爸媽分辨真哭和唸咒哭聲。每個寶寶的唸咒哭聲都很獨特，你得了解自己寶寶的哭聲是什麼樣子。寶寶如果身體累了，他會眨眼睛、打哈欠，如果是過度疲累，手腳就會開始亂揮，同時發出「哇……哇……哇……」的聲音。唸咒哭聲跟唸咒一樣，是用相同的音高和音調不斷重複放送。如果是真哭，哭聲會越來越高亢激動，所以這兩種哭聲並不相同。

真實案例：抱太久

洛娜打電話來求救，五個月大的莎拉讓她一個頭兩個大。莎拉前四個月都睡得很好，洛娜說：「她一哭我就會去抱她。但是現在她會夜醒，鬧一小時都不肯睡。我一直進房抱她，讓她靜下來，但是沒

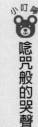

過幾分鐘她又會哭起來。」我請洛娜回想莎拉第一次夜醒的狀況，她說：「當時我很驚訝，因爲她從來沒有這樣過。我和艾德立刻衝進房間看看究竟發生什麼事，我們眞的很擔心。」

我跟洛娜解釋，寶寶很快就能理解：只要這樣哭，有人就會衝過來安慰我（這個案例還是兩人都衝過去）。莎拉很快會把抱抱跟睡覺聯想在一起。我知道這句話聽起來很矛盾，因爲我的抱放法也會把寶寶抱起來。問題是，很多父母在寶寶不哭之後仍繼續抱著，這樣已經超出寶寶原本的需求。尤其在這個年齡階段，爸媽要注意不要抱著寶寶太久。

這個案例我特別注意到，凡是爸媽提到「她以前都……」就表示有問題，通常是發生了某件事，影響到寶寶的睡眠。所以我問洛娜，家裡是否有任何變化，結果確實如此。洛娜解釋：「我們把嬰兒床從主臥室移到嬰兒房。頭兩個晚上她睡得很好，結果現在她開始夜醒。」洛娜突然打住，抬起眼看我：「對了，我同時也開始做兼職，週一到週三要工作。」

對五個月大的寶寶來說，她的生活簡直一夕間天翻地覆。但起碼父母都很主動照顧寶寶，積極想解決問題。首先，我們從爸媽都在家的週末開始執行計畫，但同時我也要知道洛娜去上班的白天，寶寶交給誰照顧。所有照顧寶寶的人都得嚴守睡眠策略，不分日夜和週間週末。所以我建議奶奶也一起來學習。雖然莎拉目前只有夜醒，但是考量到家裡變動很多，她的小睡也有可能受到影響。保險起見，我請三個人一起來了解計畫。

由於莎拉習慣媽媽半夜來抱她，所以我建議先由艾德來做抱放法。艾德負責週五和週六，洛娜不能進去幫忙，週日和週一才換她負責。我提議：「如果你會忍不住進去幫忙，就回娘家睡兩晚。」

艾德輪班的第一晚特別難熬。以前他都能繼續睡覺，或至少不必起身照顧莎拉，睡覺通常是洛娜負責照料。但是艾德很願意也很想幫忙，他當晚抱放超過六十次，莎拉才慢慢睡著，不過艾德對於達成任務感到很自豪。隔天晚上莎拉夜醒，艾德花十分鐘就搞定。星期天早上我登門拜訪，洛娜坦承她起初不相信艾德做得到，結果讓她大吃一驚，她還建議艾德多輪班一晚。最後，莎拉週日晚上只是稍微醒了一下，很快就自己睡著了，爸爸甚至不必進房間。

接著三天晚上，莎拉順利睡過夜。然而到了週四晚上，她又醒來了。我早先就警告過洛娜和艾德，寶寶可能會退步，尤其是慣性夜醒的情況，所以至少洛娜已有心理準備。她進房爲莎拉做抱放法，才做三次寶寶就睡著了。接下來又過了幾週，當初的夜醒已化成遙遠的記憶。

小叮嚀

打造歡樂嬰兒床

如果寶寶不喜歡嬰兒床，請在非睡覺時間把他放上床，把床鋪打造成遊戲天地。在床上放一堆好玩的玩具（睡覺時間記得收走），跟他玩躲貓貓。一開始先在房裡陪著他，你可以做自己的事，比如收衣服，但一邊跟他說話。當他開始享受玩具，不把嬰兒床當成監獄，而是一個放鬆好玩的地方，你就可以慢慢讓他在房間獨處。只是要小心不要做過頭，寶寶哭也要立刻回應。

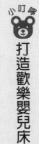

六到八個月：動如脫兔的寶寶

這個階段的寶寶行動力又更強了。他正在努力學會自己坐直，或者坐直後繼續挑戰把自己拉起來站好。大約快滿五個月，最晚到開始吃副食品時，他晚上已經可以睡六、七小時。夢中餵食大約在七、八個月時停止，這時候寶寶每餐能喝一八〇到二四〇毫升，副食品也吃得不少。注意，夢中餵食不能突然停掉，否則會干擾睡眠。你必須先逐漸增加白天的奶量，再減少晚上的夢中餵食（戒掉夢中餵食的逐步計畫見150頁小叮嚀）。

◎常見問題：

寶寶的體能和行動力增加之後，睡眠反而會受到影響。當他睡一睡醒來，如果沒有立刻睡著，他可能會開始坐起身，甚至站起來。如果他還沒掌握坐下的技巧，他可能會很挫折，並且大聲叫你。處理這種狀況時，請小心不要造成意外教養。如果寶寶剛開始吃副食品，也可能會出現腹痛情形（新食材一定要在早上吃，見183頁）。這個階段別忘了考量長牙和接種疫苗，這兩件事都會打亂寶寶的睡眠作息。有些寶寶從七個月大開始出現分離焦慮，分離焦慮對小睡的影響大過夜間睡眠，不過多數寶寶不會那麼早開始（參見289頁）。

◎關鍵提問：

寶寶夜醒的時間是固定還是隨機？夜醒是一、兩次，還是整晚頻頻醒來？醒來會哭嗎？你會立刻進去安撫他嗎？我說過，隨機夜醒通常是猛長期或白天奶量吃不夠。經驗法則告訴我們，寶寶夜醒，表示白天奶量要增加。另一方面，慣性夜醒幾乎都是意外教養（見228頁）的後果。但是寶寶月齡越大，就越難改掉習慣。如果晚上只夜醒一次，請試第五章的「先下手為強法」（230頁小叮嚀）：與其躺在床上擔心清晨四點被吵醒，可提早一小時先叫醒寶寶！如果一晚夜醒很多次，表示原因不僅是寶寶的生理時鐘亂掉，還有他每次醒來，你都會衝去安撫他所致。如果這個情形已經持續好幾個月，你得靠抱放法幫他改掉夜醒習慣。寶寶一感到疲累，你會立刻進行舒眠儀式嗎？到了六個月大，你應該早就熟悉寶寶的想睡暗示。如果他開始鬧，連換個姿勢場景也沒用，他肯定是累了。**安撫寶寶的方式跟以往一樣嗎？他一直都睡不好嗎？以前你都怎麼安撫寶寶？**如果寶寶以前不會這樣，我就會詳細追問一整天做了什麼事：平常作息如何、活動時間做什麼、最近有什麼變化等。**白天小睡次數有減少嗎？**這個年紀的寶寶仍需兩次小睡，如果跳過一次小睡，白天睡眠可能會不足。**寶寶是不是活動力很強，可獨自坐著移動位置、爬行或坐起來？平常都做些什麼活動？**你可能要注意睡前活動不能太激烈，尤其是下午時段。**寶寶開始吃副食品了嗎？吃了哪些食材？新食材是否只在早上吃（見183頁）？**有時還沒適應新食材，寶寶可能會肚子不舒服。

抱放法該怎麼做？有的父母會說：「他被抱起來反而更不高興。」這個現象通常發生在六到八個月的寶寶，這個階段的孩子很會用肢體反抗。此時，你要開始讓寶寶也參與抱抱這件事。以前你會直接彎下腰把他抱起來，現在你要張開手臂，對他說：「過來媽媽／爸爸這裡，我把你抱起來。」然後

小叮嚀

歡迎在家試試……

如果寶寶很討厭嬰兒床，或者身旁沒人就睡不著，有時我會爬進嬰兒床跟寶寶一起睡（參見下頁凱莉的故事），或至少上半身躺在寶寶旁邊。注意，體重超過七十公斤請勿爬進嬰兒床。女士們（尤其是小個子）請搬張小凳子爬進去，否則胸部會被欄杆卡住！注意：當你爬進去跟寶寶躺在一起，有些寶寶會把你推開，代表這招對**你的**寶寶無效。請接受這個暗示，離開嬰兒床。

等他也伸出手臂回應。抱起寶寶後，立刻把他的身體轉成水平躺姿，對他說：「沒關係，你只是要睡著了。」不要搖動，立刻放他下來。安撫寶寶時，不要跟他對到眼，否則他會忍不住跟你互動。你可能要幫他控制自己的手腳，一旦他開始亂動手腳，他就不知道怎麼靜下來，寶寶需要你的幫忙。六個月大的寶寶大部分已經不裹包巾了，但是你還是可以拿包毯裹住身體，只留一隻手臂在外面。溫柔堅定地握住他的小手（順便用前臂貼緊寶寶身體兩側）也可幫助他安靜下來。

一旦他開始靜下來，你會看到寶寶正在安撫自己。這時哭聲可能會變得有點像唸咒（見281頁小叮嚀），不必理他，只要靜靜陪在他身邊就好。你可以把手放在他身上，但是不要噓拍，這個年紀的寶寶會被噓拍吵醒。如果寶寶又哭，請先伸出你的手臂，等他也伸出手臂回應，再把他抱起來。持續輕聲對他說話，如果他又伸出手要抱抱，就將他抱起來，重複一樣的動作。寶寶靜下來後，你可以離開嬰兒床一步，以免他看到你。這一點要看寶寶的特性，有些寶寶看到爸媽就會分心，更難入睡。

真實案例：公主徹生未眠

「每次到了睡覺時間，凱莉就會大暴走！爲什麼會這樣？她到底想告訴我什麼？」八個月大的凱莉晚上從來睡不好，過去幾個月更是變本加厲，雪儂已經瀕臨崩潰邊緣了。「我試過抱起來安撫，不哭就放回床上。但是一放下去她就更不高興。」雪儂坦承每到凱莉的晚上睡覺時間，她就會很恐懼，最近甚至連白天都出狀況。「不論是在床上、車上或推車，她只要快睡著就會像這樣失控尖叫。她會揉眼睛、拉耳朵，所以我確定她累了。嬰兒房光線很暗，只留一盞夜燈。我試過開夜燈、關夜燈、放音樂、不放音樂……我已經走投無路了。」雪儂讀過我的書，她補充：「我從不讓她在我身上或床上睡著，這不是意外教養的後果，她就是這麼失控。」

要不是雪儂的信透露出蛛絲馬跡，我可能會和她一樣一頭霧水。首先，信裡提到：「打從一出生就這樣。」儘管媽媽認爲她沒有意外教養的問題，我倒是能肯定凱莉很依賴媽媽入睡，因爲抱起來已經變成一種道具。當然，孩子哭了就要安撫，但是雪儂抱凱莉的時間太長了。雪儂會觀察寶寶想睡的暗示，這一點値得稱讚，但我懷疑她沒有立刻進行舒眠儀式。等到八個月大的寶寶揉眼睛、拉耳朵，那已經是非常疲累的狀態，媽媽必須更早讓她睡著。

月齡大一點的孩子，改變習慣的過程要更緩和。我請雪儂先在白天小睡時，用抱放法教凱莉靜下來，晚上再繼續用抱放法。隔天她打給我：「崔西，你說的我都照做了，但是情況更糟，她尖叫到頭都快爆炸了。我想這絕對不是你要的效果。」

於是我們採取備案計畫，如果月齡大的孩子從小就睡不好，通常必須用上這一招，畢竟我們面臨的是非常根深柢固的壞習慣。隔天我直接去家裡幫雪儂，到了凱莉小睡時間，先做平常的舒眠儀式，我一把凱莉放上床，她就開始哭，跟雪儂說的一樣。於是我把嬰兒床的側邊柵欄完全放下來，整個人爬進去跟凱莉躺在一起。眞想讓你看看我鑽進嬰兒床時凱莉的表情，雪儂也驚訝極了。

我躺在凱莉旁邊，與她的臉頰相貼。我沒把她抱起來，只用聲音和身體安撫她，就連她靜下來深眠，我也沒離開。一個半小時過後，凱莉醒了，我還在她的旁邊。

雪儂想不通：「這樣不就是跟寶寶同床睡覺嗎？」我解釋最終目的是讓凱莉獨自睡嬰兒床，但是現在她的能力還不足。而且我察覺她會害怕嬰兒床，不然爲何尖叫得如此淒厲？所以說，最重要的是她一醒來就看到旁邊有人陪。再說，我們並沒有把凱莉帶到雪儂的床上，我睡的是她的嬰兒床。

後來我深入問了雪儂一連串問題，雪儂坦承過去幾個月曾試過控制哭泣法「一兩次」，但是「一點用都沒有」，所以又放棄。聽到這一段，心中的疑惑撥雲見日，我立刻明白凱莉不只睡眠習慣不好，還有嚴重的信任問題。雪儂只試過控制哭泣法一兩次，但每次她對女兒的態度都一百八十度大轉變。一下子任她哭到天荒地老，一下子又去抱她。雪儂顯然不知道，她的行爲把女兒搞糊塗了。更糟的是，雪儂用控制哭泣法傷害了凱莉，使她的情況更加惡化，現在雪儂必須爲自己挑起的一切負責。

遇到這種情形，我們必須先重建信任關係，才能使用抱放法。經過一番談話，雪儂終於意識到自己確實犯下很多意外教養的錯誤。到了凱莉的第二次小睡時間，我先爬進嬰兒床，再請雪儂把凱莉抱來給我。我先躺下，讓凱莉躺在我身邊，我再爬出嬰兒床。凱莉此時開始尖叫。我用輕柔安定的語氣對她說：「好了，好了。我們沒有要離開，你只是要睡著了。」一開始凱莉哭得很激烈，但是我輕摸了她的肚子十五下，她就睡著了。當天晚上，雪儂繼續用抱放法讓夜醒的凱莉睡回去。她發現抱起來安撫、不哭了就放下去，跟以前抱著哄睡完全不一樣。我也鼓勵雪儂讓凱莉多躺在床上玩一會兒。「在床上放玩具，凱莉清醒的時候，就放她在裡面玩。要讓她覺得嬰兒床是個好地方（見283頁小叮嚀）。時間一久，就算你離開房間留她一人，她也不會抗議。」

過了一週，凱莉開始喜歡在嬰兒床上玩耍。她的白天和夜晚睡眠越來越一致，雖然偶爾還是會醒來哭喊找媽媽，至少雪儂已經知道如何正確使用抱放法，讓女兒快快入睡。

八個月到一歲：意外教養最嚴重的時候

這個階段的寶寶大多都會扶著走路，甚至已能自己走路，而且全都會把自己拉起來站好。現在寶寶睡不著時，會拿玩具當飛彈亂丟。寶寶的情緒世界更豐富了，記憶力也更好，還能理解因果關係。分離焦慮最早從七個月大開始，到了這個階段，症狀會完全突顯（見105頁）。所有孩子或多或少都有分離焦慮，因爲他們年紀夠大，足以發現東西或有人不見了。如果找不到心愛的娃娃或小毯子，他們可能會哭，所以當他們發現「媽咪離開房間了」，心裡會想：「她會再回來嗎？」另外，你也要開始注意寶寶看的電視或網路影片內容，因爲這些圖像會印在他們腦海中，干擾睡眠。

◎常見問題：

寶寶精力更旺盛了，也更好玩了，你可能會忍不住想跟他多玩一會兒，晚點再讓他睡。但是七、八個月的嬰兒，尤其白天的小睡次數變少的嬰兒，其實更要早睡。寶寶會因爲長牙、人際生活變豐富，及恐懼感而偶爾夜醒。但夜醒持續發生的話，幾乎都是意外教養導致。當然，有時候壞習慣早在幾個月前就已扎根（「噢，他一直都睡不好，現在又在長牙」）。如果寶寶一夜醒，爸媽就衝進房間抱起來哄，而不是幫助他靜下來，教他重新入睡，那麼新的壞習慣很就快就會養成。寶寶嚇到當然要安撫，長牙了就要替他消除疼痛，這兩種情況確實需要多給寶寶一些擁抱，但是你必須畫清界線，以免反應過度，否則他會發現你很心疼，之後很快就學會用哭聲來操縱你。這個年紀因意外教養引起的睡眠問題，比起更小時更難看穿成因，是因爲常摻雜了多種長期問題（見293頁艾蜜莉雅的眞實案例）。

這個階段的作息可能也會不穩定，每家寶寶的情況不大一樣。有幾天早上寶寶願意小睡，其他天又整天不睡，或是下午不睡覺。多數寶寶這時候早上小睡四十五分鐘，下午再睡一次長一點的午覺。有些會從兩次一個半小時的小睡，變成一次三小時小睡。爸媽只要順其自然，記住這些變化再過幾週就會消失，即能避免造成意外教養。千萬不要出於慌張，找個治標不治本的方法用在寶寶身上（改變白天作息的詳細說明見272頁）。

◎關鍵提問：

寶寶爲何會夜醒？第一次夜醒你如何處理？之後寶寶都在同一時間夜醒嗎？如果寶寶每天都在半夜準時叫你起床，那絕對是他養成了壞習慣。尤其寶寶快滿九個月時，如果夜醒時間不規律，有可能是猛長期害他肚子餓了。**如果寶寶已經連續幾天都夜醒，你的處理方式是否都一樣？你會把他抱回自己床上嗎？**養成壞習慣只需兩、三天。**寶寶夜醒時，你會餵他喝奶嗎？**如果他吃得一乾二淨，那就是猛長期；如果只吃幾口，那就是意外教養。**這種狀況只會發生在你身上嗎？還是另一半也會遇到？**通常我會聽到父母之一主張是分離焦慮，另一位則反對。有時候媽媽會覺得寶寶是由她負責，而且她做得比另一半好。我們必須決定由誰作主。當然雙方可以分工合作，最好是每兩個晚上輪班一次，不過前提是兩人都能在寶寶睡覺前回到家，而且互相了解彼此，看法相同。然而，假設其中一人容易抱著寶寶太久，或是不太注重按時睡覺，或是依賴道具讓寶寶睡著，爸媽之間的分歧就會逐漸導向睡眠問題。**你會因爲寶寶長大了，就稍微讓他晚點睡覺嗎？**這麼做等於打壞你原本建立的規律作息，擾亂寶寶的睡眠。**寶寶長牙了嗎？吃飯正常嗎？**如果寶寶已經長了幾顆牙，有時候其他牙齒會一次冒出來。有些寶寶長牙很痛苦，會流鼻水、屁股痠痛，睡得不安穩。他們會因此不想吃東西，接著半夜餓醒。

也有寶寶是牙齒不知不覺就長出來了，沒有任何伴隨症狀。

如果懷疑寶寶是嚇到睡不好，我會問：**他曾經吃副食品嗆到過嗎？最近有什麼事情嚇到他嗎？有沒有小朋友會欺負他？家裡最近有什麼變化？比如新保母、媽媽回去上班、剛搬家？**原因通常都是寶寶遇到新事物，或是發生了某件事。**你給寶寶看了新的電視節目或網路影片嗎？**他的年紀已經可以記住畫面，之後想起來可能會嚇到。**你把嬰兒床換成兒童床了嗎？**很多人認為寶寶滿一歲就可以換睡兒童床，在我看來還太早了（轉換成兒童床的說明見 322 頁）。

抱放法該怎麼做？寶寶哭著找你時，先走進嬰兒房，但是要等他站起來。八到十二個月的寶寶不要抱著，反而能更快冷靜下來。所以除非他眞的很激動，否則不必抱起來。事實上，面對超過十個月大的寶寶，我都只做抱放法的放下部分，不再把寶寶抱起來（見 328 頁）。如果你跟我一樣個子不高，可以在房間擺一張小凳子，方便你把寶寶抱起來。

站在嬰兒床旁邊，一隻手臂伸到他的膝蓋後面，另一手臂環住他的背，將他平放在床墊上，這樣他才不會看到你的臉。每次都要等到寶寶完全站直，再用同樣方式先抱起他，再立刻平放回床上。把手放在他的背上，讓他感到安心：「沒關係，寶貝，你只是要睡了。」你可以多利用聲音安撫這個年紀的寶寶，因為他們能聽懂更多。另外，請開始教寶寶認識自己的情緒，之後就算不用抱放法，你也要繼續教寶寶（詳情見第八章）。「我不會離開你的，我知道你只是很挫折／害怕／太累了。」寶寶會再站起來，你或許得多重複幾次才能讓他睡著，端看造成睡眠問題的意外教養程度有多嚴重。一再重複同樣的安撫話語，並說：「睡覺時間到了。」或「午覺時間到了。」你一定要讓寶寶認識這些字彙，讓他對睡覺產生好感。

他會慢慢用光體力，從站起來變成坐直，請繼續把他放平。滿八個月後，寶寶的記憶力已可慢慢記住爸媽離開了會再回來，所以你陪在他旁邊做抱放法，是在鞏固你們之間的信任關係。其他時刻你也可以告訴他：「我要去廚房囉，馬上就回來。」寶寶會明白你說到做到，信任關係就更加堅定。

如果孩子沒有某個令他安心的小東西，比如柔軟的毯子或塡充玩偶，這時候可以爲他找一個安心小物。寶寶躺好之後，拿一條小毯子或小動物放在他手裡，對他說：「這是你心愛的小毯毯（或小動物的名字）。」然後繼續重複：「你只是要睡著了。」

有爸媽以前做過抱放法或其他方法，現在寶寶十到十二個月大了，這些爸媽經常會問：「寶寶已經會自行入睡了，但如果我在他進入深眠前離開房間，他就會醒來大哭。這樣我要怎麼離開房間？」這種被迫留在房間的狀況，跟抱著寶寶踱步沒兩樣，請務必避免。等寶寶習慣抱放法，可以很快入睡時，你可能還要再等兩、三天（以上），才能全身而退（離開房間）。第一晚，寶寶靜下來以後，請站在嬰兒床旁，他可能會抬起頭看看你還在不在。如果他看到你就開始分心不睡覺，請先站著，然後往下蹲，盡量避開他的視線。任何情況下都不要講話，也不要跟他對到眼。等到確定他進入深眠再離開房間。隔天晚上，重複同樣步驟，只是這次離嬰兒床遠一點。接下來每個夜晚，你要離嬰兒床越來越遠，同時越來越靠近門口，最後你就可以安心踏出房門了。

如果孩子有分離焦慮，開始會黏人，一秒都沒辦法放下來，你至少要把身體探進嬰兒床，向他保證：「好，我就在這裡陪你。」如果哭聲越來越激動，請再把他抱起來。如果之前試過控制哭泣法，請做好心理準備，第一晚寶寶會哭得很凶，並且一再確認你是否還在，因爲他預期你會拋下他離開。遇到這樣的寶寶，我會把充氣床帶進嬰兒房，至少第一晚跟寶寶一起睡過夜。第二天晚上，我會把充氣床搬出去，只做抱放法。通常第三天晚上，問題就解決了。

真實案例：多重問題，一次解決

派翠夏寄了一封信給我，她很擔心十一個月大的艾蜜莉雅。我打了幾通電話問清楚詳細狀況，派翠夏把電話開擴音，讓老公丹也一起參與。我選這則案例是想讓大家知道，意外教養的影響其實很難一眼看穿，每個習慣都會相互影響，而且稍微遇到一點突發狀況，比如長牙，情勢就會更加複雜。另外，伴侶若意見不合，也會搞砸原本可以挽救頹勢的計畫：

二到六個月大期間，艾蜜莉雅原本可以乖乖睡著，並且睡過夜。自從六個月大開始長牙後，情況就一路惡化。白天小睡時，我無意間養成用推車讓她睡著的壞習慣，持續好幾個月才終於改掉。晚上如果她睡不著，我們也會抱她回臥室一起睡。不過現在這招不管用了，她連躺在我們床上都不肯睡，白天晚上我都必須放搖籃曲，抱著她搖到睡著。我們的睡前儀式是看書、喝奶瓶和聽音樂抱著搖。我沒有每天給艾蜜莉雅洗澡。

我才剛使用抱放法，有時她會哭得更慘更凶，最後我受不了放棄，就又再放音樂把她搖睡。我正跟老公講道理，告訴他我們必須教會女兒自行入睡。她十一個月大才教會不會太遲？我不曉得這年紀半夜還該不該餵奶。以前只要我把奶嘴放回去，她就會立刻睡著，現在卻怎樣也不肯睡。另外我老公沒辦法忍受哭聲超過一分鐘，所以這件事更棘手了。就算艾蜜莉雅只是唉唉叫或根本不哭了，他還是會繼續抱她。我還在試著跟他溝通。請幫幫我，我不管做什麼都看不到效果。

過去幾個月，小艾蜜莉雅學到只要哭得夠凶夠久，有人一定會來抱她、搖她。你大概看出關鍵句子了：她原本可以。所以這對父母從第一天就做了意外教養，儘管派翠夏說坐推車睡覺的壞習慣「終於改掉」，之後他們卻又改用搖晃的動作讓艾蜜莉雅睡著，而且是一要睡覺就這麼做。接著，艾蜜莉雅開始長牙，爸媽又介入更多。更複雜的是，聽起來丈夫和妻子的意見不同。丹似乎有嚴重的「可憐小寶貝」症候群，意思是父母聽到孩子哭聲就非常愧疚，願意做任何事讓寶寶停止哭泣。

不過我很喜歡這對夫婦，因爲他們非常眞誠，很願意改變自己的行爲，而且他們也很清楚自己做了什麼。派翠夏很明白自己從沒教過艾蜜莉雅入睡，也知道她跟老公犯了各種意外教養的錯誤。我認爲她甚至曉得，她在信裡指出老公的錯誤（「就算艾蜜莉雅只是唉唉叫或根本不哭了，他還是會繼續抱她」），只是爲了讓自己好過一點。但是派翠夏不是眞的想讓老公當代罪羔羊。事實上，派翠夏很高興聽到我說：「第一件事，請了解你們是彼此最重要的隊友。不必糾結誰做了哪些事，現在要緊的是必須擬訂一份計畫。」

我告訴他們一定要做抱放法，她一站起來，爸媽就要把她放成平躺姿勢。以前他們把艾蜜莉雅搖到睡著，現在必須教她如何睡在嬰兒床上。我醜話說前頭：「她一定會氣到不行，並且非常非常沮喪。但是請提醒自己，她的哭聲是想表達：『我不知道該怎麼做。你們能不能幫我？』」我還提議由派翠夏做抱放法。「丹，你是個好爸爸，非常投入育兒，但是你也說了，自己不忍心看艾蜜莉雅哭。所以最好還是交給媽媽做抱放法，感覺她比較能堅持到底，如果是你可能會半途放棄。你應該跟很多父母一樣，害怕自己是棄子女於不顧，或是擔心如果不立刻回應哭聲，女兒就會不愛你。」

丹坦承我說對了：「艾蜜莉雅出生時，我看著寶貝小女兒，就覺得必須保護她不被外界傷害。每次她哭，我都覺得辜負她。」丹不是唯一這麼想的人。很多父親都認為保護孩子是自己的責任，尤其是小女孩的父親。但是艾蜜莉雅需要的是教導，不是解救，所以我和丹約好了，他答應絕不插手。

第一晚過去，派翠夏打電話給我：「我照你說的做了，丹也遵守承諾。他待在另一個房間全程旁聽，沒有進來干預。不過我想他也睡不著吧。抱放法做超過一百次是正常的嗎？連我都覺得好像在折磨這可憐的孩子。我在嬰兒房待超過一小時。」

我先恭喜派翠夏成功堅持計畫，並且跟她保證她做得很對。「你只是在教她睡覺。但是之前你讓她學會只要哭夠久，你就會抱她，所以她在想這次要哭多久，你才願意抱她。」

到了第三晚，事情好轉一些，派翠夏只花四十分鐘就成功安撫女兒。丹很佩服老婆的毅力，派翠夏卻很失望。「《超級嬰兒通》說的三天神奇魔法，結果不過如此。」我解釋很多案例確實在三天內發生轉變，但是艾蜜莉雅的舊習慣已經根深柢固。派翠夏應該看看艾蜜莉雅進步了多少，從第一天到現在，讓女兒睡著所花的時間已經大幅減少。

到了第六天，派翠夏欣喜若狂。她說：「奇蹟發生了。昨晚我只花兩分鐘就讓她睡著了。雖然我還是得輕聲說話安撫她，但她先唉唉叫一下，然後抓了心愛的小毯子翻過身就睡著了。」派翠夏越來越接近成功了。我告訴她所有孩子都需要安撫。很少有寶寶可以一放上嬰兒床就進入夢鄉。我提醒她一定要持續進行相同的睡前儀式：念故事書、親密依偎，接著放上床睡覺。

兩週過後，派翠夏打來報告近況。艾蜜莉雅已經連續八天安然入睡，現在的問題是爸媽擔心好景不常。我提醒她：「如果你心裡一直擔憂這件事，我保證艾蜜莉雅會發現。請專注在當下，不要多想。就算她真的退步了，你也知道該怎麼應對。育兒這檔事就是好壞都要承擔，如果孩子有百分之九十九的時間睡得很好，百分之一需要多安撫幾句，那就安撫吧。寶寶就是這樣。」

一個月過後，派翠夏再度打來報告：「我覺得自己超棒的。有一天艾蜜莉雅半夜醒來，我們猜她在長牙，不過我知道該怎麼做。我餵她吃嬰兒專用的莫疼錠止痛，然後陪在旁邊安撫她。丹有點半信半疑，但是之前抱放法都很有效，所以他也沒說什麼。當然，我的方法奏效了。現在不論遇到什麼狀況，我都準備好了。」

小睡二三事

前面每個章節都提過白天小睡的問題，包括寶寶不肯小睡、小睡時間過短或是不規律，這些問題每個年齡層都會遇到。小睡是E．A．S．Y作息很重要的一環。如果白天睡眠充足，寶寶的進食習慣就會更好，晚上也能連睡更多小時。

遇到小睡問題的父母最常抱怨：「寶寶小睡最多只有四十五分鐘。」這並不奇怪，人類的睡眠週期大約是四十五分鐘，有些寶寶只睡了一個週期，沒能進入下一個週期重新睡著，所以就醒了（晚上也會發生）。他們可能會發出一些聲音或是唸咒般的哭聲（見281頁小叮嚀），如果此時父母衝進房裡，寶寶就會習慣短時間的小睡。

如果寶寶入睡前就過度疲累，小睡時間可能會過短或完全不肯睡（可能根本睡不到四十分鐘）。有時候爸媽如果拖太久才讓寶寶睡覺，小睡時間就會被打亂。寶寶打哈欠、揉眼睛、拉耳朵或甚至抓臉，表示到了入睡的黃金時間，爸媽這時要趕緊讓寶寶睡覺，尤其是四個月大以上的嬰兒。如果爸媽沒發現暗示，等到寶寶過累才讓她睡覺，小睡時間往往就會縮短。

過度刺激是干擾小睡的常見成因，所以你必須幫寶寶做好睡前準備，不要跳過舒眠儀式直接把寶寶放上床，我發現大部分父母都很清楚睡前儀式的重要性，比如洗澡、放寧靜搖籃曲、依偎時間等，但他們忘了白天小睡也需要睡前儀式。

小睡不宜過短或過長，否則會打亂作息。這個階段的小睡不良習慣不只會打亂作息，還會使寶寶抗拒作息，因爲長時間過累的嬰兒沒辦法按照常軌作息生活。媽媽喬吉娜就是個很好的例子：

我讀了你的書，覺得E．A．S．Y作息很適合黛娜，但是黛娜再一週就滿四個月了，她從來沒有建立過規律作息。白天只要我安撫一下，黛娜就能睡著，但是無論嬰兒房的氣氛再怎麼放鬆寧靜，她總是最多睡半小時就醒來，而且看起來還很想睡。因此，我很難照著E．A．S．Y作息走，畢竟距離上一餐最多才兩小時，她沒辦法一起床就吃奶。請給我一點建議，謝謝。

黛娜不需要增加餵奶次數，這是父母常犯的錯誤，她需要的是延長小睡時間，才能讓E．A．S．Y回到常軌。喬吉娜必須空出幾天，用抱放法延長黛娜的睡眠週期。黛娜在這個年紀應該要有兩次至少各一個半小時的小睡。如果她睡了半小時就醒來，接下來一小時喬吉娜就要做抱放法讓她睡著，過了一小時再叫她起床。第一天黛娜會吃得很慢，畢竟她一定很累，不過小睡時間過短的習慣會慢慢改善，黛娜也能建立規律作息（這時候喬吉娜應該讓黛娜進行四小時作息，參見49頁）。

小叮嚀

何時該干預小睡？要怎麼做？

你必須相信自己的判斷，並且運用常識，決定何時該干預寶寶的小睡。一旦你摸透了寶寶的暗示（希望寶寶四個月時你已經做到了），只要平時專心觀察，小睡其實不需要費心思猜測：

- 如果寶寶**偶爾**提早醒來，起床後看起來很開心，那就無妨。
- 如果寶寶提早醒來，起床後開始哭，通常表示他沒睡飽，請用抱放法幫助他重新入睡。
- 如果寶寶**連續**兩三天都提早醒來，那就要注意了。寶寶可能正在養成壞習慣，你不能讓他習慣只睡四十五分鐘。請用先下手為強法或抱放法及早糾正。

小睡習慣不好通常表示整體睡眠有問題，但我們幾乎都會先處理白天小睡，因爲白天睡飽，晚上才能睡好。爲了延長小睡時間，請先連續三天記錄寶寶的整日作息。假設是四到六個月大的寶寶，他早上七點起床，大約九點就要小睡。如果你有做二十分鐘的舒眠儀式（見218頁），寶寶仍睡四十分鐘就慣性醒來（大約十點），就要讓他重新睡著。（六到八個月大的寶寶也是早上九點小睡，九到十二個月的寶寶是九點半。不論是哪個月齡階段，延長小睡的原則都相同。）

延長小睡有兩種方法

1. **先下手爲強法**：不要被動等寶寶醒來。寶寶睡著半小時後，會開始脫離深度睡眠（睡眠週期通常是四十分鐘），這時候你要進房間，趁他還沒完全清醒輕輕拍他，直到他的身體再度放鬆。你可能要輕拍十五到二十分鐘，如果他開始哭，就用抱放法讓他重新睡著（見264頁）。

2. **抱放法**：如果寶寶完全不肯小睡，可以用抱放法讓他睡著。或者，如果他睡四十分鐘就醒來，你也可以用抱放法讓他睡回去。不論是哪一種情況，第一次使用這個方法時，可能整段小睡時間你都在做抱放法，然後就到下一個餵奶時間了。這時你們兩個一定累壞了！但是按照作息跟延長小睡一樣重要，所以你必須按時餵他，接著盡量讓他清醒半小時，才能再次小睡。第二次小睡想必也要做抱放法，因爲這時寶寶已經過度疲累了。

平常不按照作息，被寶寶牽著鼻子走的父母，聽到我的改善小睡建議都很困惑。他們想要讓寶寶睡久一點，但忘了規律作息仍要照常進行，畢竟小睡也是整天作息的一部分。有一位媽媽說：「他早上七點起床，但有時候到八點才肯吃奶。那小睡時間是否也要延後？」首先，寶寶最遲要在七點十五分或七點半吃早餐，別忘了這是規律作息。接著九點，最遲九點十五分，寶寶就應該小睡，因爲這時候他已經累了。聽到這裡，父母就會問：「這樣不就等於睡前餵奶嗎？」不是的，寶寶滿四個月後，吃一餐不再需要花四十五分鐘。有些嬰兒可以在十五分鐘內喝完一瓶奶，或是喝光一邊乳房。這麼一來，睡前就還有一小段活動時間。

改變小睡習慣是非常折騰人的任務，比起解決夜醒問題，建立良好的小睡習慣需要投注更多時間。通常解決夜醒只要花個幾天，小睡卻要一、兩週。那是因爲晚上時段比較長，白天一段小睡大約只有九十分鐘，時間到就要餵奶。但是我保證抱放法的所需時間會越來越短，寶寶也會越睡越久。當然，前提是你沒有半途而廢，或是落入下一章節列出的任何一個陷阱。

抱放法無效的十二個原因

按照我的計畫做，一定會看到效果。不過自從《超級嬰兒通》出版之後，我收到了數千封來信詢問抱放法。這些爸媽從朋友口中或《超級嬰兒通》（書中只有概述抱放法的基本原理）得知抱放法，他們的來信跟下面這封信大同小異：

> 我現在完全搞不清楚狀況，非常絕望。海蒂一歲了，我才剛用抱放法。如果她醒來坐在床上，沒站起來，我該怎麼辦？要一直跟她說話嗎？還是要發出噓聲？要不要拍她？我該離開房間再回去（立刻或等到她哭？）還是直接站在嬰兒床旁做抱放法？夢中餵食該如何戒掉？現在夢中餵食是晚上十點半，爲什麼她清晨五點半或六點就醒了？有什麼方法可以改嗎？我眞的非常希望能夠收到回覆，拜託務必回信。

至少這位自稱「絕望的媽媽」承認她完全搞不清楚狀況，束手無策。其他來信滔滔不絕描述寶寶的問題（「他不肯……」「她拒絕……」），最後才堅稱：「我試過抱放法，對我家小孩就是沒效。」這堆如雪花般飛來的信件都聲稱抱放法沒用，於是我重新審視過去幾年的數百件案例，分析父母通常會在哪些地方犯錯：

1. 寶寶還太小，不適合抱放法。

前面提過，抱放法不適合未滿三個月的嬰兒，他們受不了一直抱起放下，容易過度刺激。另外，哭泣會消耗大量熱量，到時爸媽很難分辨寶寶是餓了、過累還是身體痛。因此，未滿三個月的寶寶使用抱放法並無效果。我反而會請父母檢視寶寶的睡眠作息，確保規律一致，再用噓拍法讓寶寶靜下來入睡，千萬不要依賴道具。

2. 爸媽不了解爲何要用抱放法，所以做得不正確。

噓拍法是安撫寶寶的技巧，如果還不夠，就要用抱放法教寶寶安撫自己。我從不建議先從抱放法開始。爸媽應該先讓寶寶躺在床上加以安撫後，先進行舒眠儀式，像是調暗房間光線、播放音樂、親吻寶寶等，然後讓他睡覺。若突然間寶寶哭了該怎麼做？別急著衝進去抱他，先彎腰在他耳邊發出「噓……噓……噓……」，用手遮住眼睛上方，蓋住視覺刺激。如果寶寶未滿六個月，可以有節奏地拍背（噓拍法無法安撫超過六個月的寶寶，反而會害他們分心，參考265頁）。超過六個月的寶寶只要將手放在背上即可，如果安撫不了，就使用抱放法。

由莎拉的故事（見281頁）可知，有些父母抱孩子的時間過長，給予的安撫超過實際需求。三、四個月的寶寶最多抱四到五分鐘，月齡越大，抱起來的時間越短。有些寶寶一被抱起來就不哭了，父母就會說：「他抱起來就不哭，但是一放下去又開始哭。」這種現象表示爸媽抱孩子抱太久了，爸媽本身變成安撫寶寶的道具！

3. 爸媽不曉得應該檢視寶寶一整天的作息，並加以調整。

光看睡眠習慣或睡前的活動時間並不能解決問題，你必須同時觀察寶寶的進食和活動。現代的嬰兒幾乎天天都在過度刺激的邊緣，市面上有太多玩意，以及各方壓力逼著父母購買這些產品，包括嬰兒搖椅、自動擺動的椅子、會發光並播放音樂的轉動玩具等。好像一刻都不能讓寶寶靜下來似的。但嬰兒其實不需要這麼多聲光刺激，他們越是平靜越容易入睡，神經發展也越健全。記得，嬰兒一定會注意到懸在頭部上方的物體。爸媽通常在活動時間聽到寶寶第一聲哭鬧，就認爲「他覺得無聊了」，於是隨手拿個玩具在他面前晃動。當你聽到第一聲哭鬧，表示有事情發生了。發現第一聲哭泣或第一次哈欠時，你越快採取行動，就有機會讓孩子靜下來睡著，連抱放法都不用做。

4. 爸媽沒有注意寶寶的暗示和哭聲，也不懂得觀察肢體語言。

你必須按照寶寶的年齡選擇適當的抱放法。如果寶寶才四個月大，我會跟爸媽說「最多抱四到五分鐘」，但這個數字只是一個估計值。如果不到四分鐘，寶寶的呼吸就變深沉，身體更加放鬆，那當然就可直接放到床上，否則會變成抱太久，超出原本的需求。另外，我也告訴父母只有眞正的哭泣才需要抱起來，唸咒般的哭聲不必回應（見281頁小叮嚀）。如果你聽不出差異，就有可能太早抱他起來。另外，有時候太依賴道具，往往讓人忘記怎麼做對寶寶最好。爸媽總是把寶寶搖到睡著，或是用乳房安撫他，所以聽不出寶寶受挫的哭聲。不是說爸媽不夠細心，只是他們太習慣訴諸特效藥，等到發現誤入歧途已太遲，要重回正軌又得費一番功夫。我們眞正該做的是讓寶寶培養睡眠好習慣，教他長期有效的入睡方式。我長時間和嬰幼兒相處，很熟悉寶寶的表情、揮舞手臂以及把雙腿甩在床墊上的意義。我可以立刻聽出自我安撫的唸咒哭聲，與眞正需要介入的哭聲，因爲各種五花八門的狀況我都見過了。親愛的，不必因爲你得花更多時間分辨就感到灰心，你只有一個寶寶可以研究啊！

5. 爸媽沒發現寶寶長大了要換用另一種抱放法。

抱放法不是全齡適用的技巧。四個月大的嬰兒可以抱四、五分鐘，六個月大只能抱兩、三分鐘，九個月大則是抱起來就要立刻放下去。拍背動作能讓四個月大的寶寶感到安心，卻會讓七個月大的寶寶睡不著（詳情見第六章「抱起放下法」）。

6. 爸媽受到自己的情緒影響，尤其是罪惡感。

有些爸媽安撫寶寶時，會用一種同情寶寶的口氣說話，這是「可憐小寶貝」症候群的症狀之一。如果你用愧對孩子的語調說話，抱放法就會失效。

每次有媽媽跟我說：「一切都是我的錯。」我都暗想：「拜託，這位媽媽，快把你的罪惡感收起來。」有時候寶寶睡不好，跟媽媽一點關係也沒有。長牙、生病、消化問題等，都不是爸媽能控制的範圍。確實意外教養是一種「錯」，是爸媽害寶寶養成壞習慣。但是罪惡感對誰都沒好處，幫不上寶寶，也幫不了爸媽。所以每當有父母發現自己一直在妨礙寶寶獲得合情合理的睡眠，自責地說：「都是我害的。」我都是語帶輕鬆地回應：「你能認清原因是好事，現在該往前看了。」

有時媽媽們也會問：「是不是因爲我回去上班，白天他都看不到我的關係？」這句話背後的意思是媽媽認爲寶寶很想她，晚上想多跟媽媽相處，所以媽媽就延後寶寶的上床時間。與其讓寶寶晚睡，媽媽應該調整自己的行程，至少讓保母按時送寶寶上床。

爸媽帶著內疚感面對寶寶時，寶寶並不會心想：「太好了，我成功讓爸媽感到愧疚了。」他反而會注意到這種情緒，並且模仿。內疚的爸媽通常很困惑、猶豫不決，無法專心執行策略，堅持到底，以上行爲都會使孩子感到恐懼。嘿，如果連我爸媽都不知道該拿我怎麼辦，那我會變怎樣？我只是個嬰兒耶！抱放法的成功條件之一，是爸媽必須散發出自信，用肢體語言和語調告訴寶寶：「不必擔心，我知道你很挫折，但我會幫助你度過這一關。」

內疚的父母更容易妥協（見309頁第十二個原因），因爲他們做抱放法的時候，會覺得自己傷害了寶寶，或是剝奪了孩子需要的愛。抱放法絕對有效，但是你必須把抱放法視爲教學手段，而不是一種懲罰，或是傷害寶寶，讓寶寶覺得爸媽不愛他的舉動。如果有父母問我：「這件事我得做幾次？」除了表示父母有點懶惰，或者不想改變作法，另一種可能是父母感到愧疚，他們把抱放法視爲苦口良藥。但是事實並非如此。抱放法是在教寶寶安心睡在自己床上，使寶寶放心，並讓他知道你會陪著他培養獨立入睡的技巧。

7.嬰兒房的環境不適合睡覺。

做抱放法時，周遭令寶寶分心的事物必須減到最少。如果房間灑滿陽光、開著刺眼的日光燈，或是立體音響在遠處咆哮，抱放法就很難發揮作用。當然，房間還是需要一絲光線，來自走廊的燈光或一盞小夜燈，你才能看見寶寶的肢體語言，以及離開房間的暢通路徑。

8.爸媽沒考慮到孩子的天性。

不同個性的寶寶適合不同的抱放法。等你開始用抱放法時（最早從四個月大開始），你應該已經很了解寶寶的喜好，知道他何時會暴走，又該如何安撫。天使型和教科書型寶寶比較容易安撫，性情乖戾型的個性比較衝，受挫時比較會拱起背，把你推開。你大概以爲活潑型寶寶也一樣，但我發現並非如此。不過活潑型和敏感型寶寶的抱放法還是要多做幾次才能入睡，因爲他們往往哭得很凶，非常挫折。他們也很容易受到干擾，所以你必須一一排除光線太亮、廚房的飯菜味飄進房間、家裡的聲響、其他孩子在嬉戲等因素，或至少把這些干擾降到最低。

話說回來，無論寶寶是什麼類型，抱放法的作法基本上是一樣的。只是有些寶寶要做得更久。另外，睡前的活動程度越小，抱放法就會進行得越順利。直接把寶寶從玩具遊戲墊抱到床上是行不通的，你必須做至少十五至二十分鐘的舒眠儀式（見219頁）。敏感型和活潑型寶寶尤其需要調暗房間的燈光，用手遮住視覺刺激。有些寶寶，尤其是敏感型寶寶不太會乖乖閉上眼睛，他們會開始研究周遭環境，無法轉換成睡覺模式。所以你會看見有些寶寶一哭起來，彷彿全世界都被他排除在外，他就是需要這麼激烈的方式才能切斷外界的干擾。小時候，你可以用噓拍法把他的注意力從哭泣轉移到噓拍動作，現在超過六個月大了，你必須改用輕柔的話語和適當的抱放法安撫他。

9.爸媽其中一人沒準備好。

爸媽兩人必須同心協力，抱放法才有效。有些情況是這樣：其中一人受夠了寶寶的睡眠問題，想要改變現況。比如爸媽連續好幾個星期睡眠不足，爸爸終於開口：「一定有什麼辦法可以改善問題吧，不然現在寶寶每天晚上都得跟我們睡。」如果媽媽還受得了，或是實際上很喜歡跟寶寶同床，認爲自己能讓寶寶更有安全感，她就會表示：「我老公希望寶寶可以睡過夜，但我其實沒差。」

另一種類似情況是爺爺奶奶來家裡看孫子，奶奶說：「他這個年紀應該可以睡過夜了吧？」媽媽（暗自同意，但是不知道該怎麼做）聽了很羞愧，於是事後打來找我諮詢，我卻聽得出來她還沒準備好採取行動，也不是眞的想改變自己的行爲。她一聽完我的計畫，就想要修改計畫內容。「但是每週四、週五我都要做這做那的，你現在說我不能出門？」或者她會提出一堆假設：「如果我不介意跟寶寶同床呢？如果他哭超過二十分鐘呢？如果他氣到嘔吐呢？」這時我會出聲打斷，並反問：**你對這項計畫有多投入？你覺得現在生活過得如何？先不管老公和媽媽怎麼說，你自己覺得現在的作息需要改變嗎？**請各位爸媽誠實回答。我可以提出一百種解決方案，但是如果爸媽有一千個不想改變的理由，而且一直堅稱方法肯定沒用，那當然就不會有效了。

10. **爸媽沒有明確分工。**

我在派翠夏和丹的案例（見293頁）解釋過，爸媽需要一項明確的計畫，才能成功改變寶寶的睡眠模式。而且要擬定備案，以防突發狀況。同時，爸媽要注意**抱放法一次只能一個人做**。愛希利爲了五個月大的崔娜寫了以下這封信，正好示範爸媽如何在無意間破壞了計畫，以及爲何有些人會這麼快放棄（見309頁第十二個原因）：

> 過去五個月來，我們都把崔娜搖到睡著，現在我正在嘗試抱放法。第二天效果最好，拍肚子二十分鐘，她就睡著了。今天是第五天，我卻已打算放棄。今天早上她完全睡不著，我先開始做抱放法，後來老公進來換手，結果老公一抱她，她就哭得歇斯底里，換我抱才冷靜下來。這樣正常嗎？我眞的很希望抱放法有效，崔娜可以學會自行入睡，但我不曉得我到底哪裡做錯了。

這是很常見的情形：媽媽做到累了、火氣上來了，於是爸爸必須接手，但是爸媽沒發現爸爸進房間對寶寶來說是一種干擾。就算爸爸做的方式跟媽媽一模一樣，剛剛前面做的也等於白費了。爸爸跟媽媽是不同人，而且我們都知道寶寶對爸媽的反應不一樣。另外，如果兩人都在房間，寶寶容易分心，尤其是六個月以上的寶寶。因此，我常建議爸媽各自負責兩晚，輪流一次一個人做就好。

有些案例我會建議以爸爸爲主，或是頭幾個晚上由爸爸負責。因爲有些媽媽的體力無法應付長時間抱放，或者媽媽以前試過抱放法又放棄，那這次最好先讓爸爸做兩、三個晚上。有些媽媽知道自己做不來，比如本章開頭的詹姆士案例，媽媽賈姬一聽完我的解決方案就坦承：「我覺得自己最後還是會把他奶睡，因爲我聽到哭聲就受不了。」賈姬一直認爲自己最懂寶寶的需求，在此之前也不太願意讓爸爸參與育兒。遇到這樣的父母，我甚至會建議媽媽外宿幾天。

爸爸做抱放法的效率通常比媽媽好，但是也有一些爸爸是「可憐小寶貝」症候群患者。就算爸爸已經下定決心解決睡眠問題，實際做起來也不輕鬆，相信我。爲詹姆士做抱放法之前，爸爸麥可還得先跟他相處兩個晚上，因爲詹姆士不習慣給爸爸抱，所以麥可第一次想安撫他時，他哭得更厲害。他只想要媽媽，那是他唯一熟悉的人。

決定由爸爸負責之後，媽媽千萬不要半途插手。我常提醒媽媽：「就算小孩想找妳，也要交給爸爸處理，不然爸爸會變成壞人。」同樣地，爸爸必須堅持到底，不能做到一半把小孩丟給老婆說：「換妳了。」抱放法有一點很神奇，即使爸爸之前參與度不高，或是問題都交給老婆解決，只要抱放法成功，就能加深夫妻和親子感情。媽媽會對爸爸刮目相看，爸爸也會對自己的教養能力更有信心。

11. 爸媽抱持不切實際的期待。

我必須再三強調：抱放法不是魔法，沒辦法「治好」腹絞痛或胃食道逆流、減緩長牙的疼痛，或是讓頑固的寶寶變得聽話。這只是一種以常理手法延長寶寶睡眠時間的方式。剛開始做抱放法，寶寶一定會很挫折，哭得很厲害，但是有你一直陪在他身邊，他並不會覺得自己被拋棄。之前也說過，敏感型、活潑型和性情乖戾型的寶寶會更難搞定。不論是哪一種情況，改變本來就需要時間，寶寶也會退步。請記住你面前的寶寶已經過度疲累，沒有規律作息，之前還一直藉意外教養哄睡呢。現在你必須採取更極端的方式改掉這些錯誤。抱放法是在折磨寶寶嗎？不是，但你正在改變他原本習慣的作法，所以他會很挫折。他會大哭、拱背，在床上像條小魚一樣翻來覆去。

我為數千個寶寶做過抱放法，時間長一點的需要一小時才睡得著，等於抱起放下九十次，甚至超過一百次。當我遇到十一個月大的艾曼紐，每一個半小時就醒來討奶，經驗告訴我只做一個晚上絕對不夠。艾曼紐第一天晚上十點就醒來，我知道十一點能讓她睡著就要偷笑了。我對她父母說：「半夜一點還會再醒來。」果真被我說中了。好消息是，雖然那一晚她最多只能連睡兩小時，不過每次做抱放法所需的時間越來越短。

我能做出這些預測，都是基於長年經驗。以下是這幾年從數千個寶寶身上觀察到的四大常見模式，你家的寶寶不一定完全符合敘述，但至少你可以有個基本概念：

- 如果抱放法很快就讓寶寶睡著，做二十到三十分鐘就成功，那麼寶寶大約可以連睡三小時。所以假設你從七點開始，他會睡到十一點半左右；接著你在十一點半做第二次抱放法，清晨五點或五點半做第三次。

- 如果你的孩子已經超過八個月大，過去幾個月仍然會頻繁夜醒，你也一直用意外教養的方式將他哄睡，那麼抱放法可能需要做超過一百次。最後寶寶終於睡著時，第一次也不會睡超過兩小時。我唯一能給的建議是，寶寶一睡著，你也要趕緊把握時間睡覺，然後做好心理準備，接下來幾個晚上都要反覆起床做抱放法。
- 如果孩子白天的小睡時間很短，介於二十到四十五分鐘，那你第一次做抱放法時，他通常只能多睡二十分鐘，因爲他還不習慣睡超過四十五分鐘。寶寶醒來後，繼續做抱放法讓他睡著，或是持續到進食時間爲止。絕對不要讓他睡超過吃飯時間。
- 如果你試過控制哭泣法，放任孩子哭很久，抱放法就需要更多時間（不論白天晚上）才能消除孩子的恐懼感。有時候你必須先重新建立起信任關係，才能開始做抱放法。抱放法一定有效，不過寶寶可能會連兩天睡過夜，第三天又再度夜醒。這時爸媽就會打來：「崔西，這方法沒用耶，他又開始夜醒了。」這不代表抱放法沒用，只是你必須持之以恆，再做一次。

12.爸媽很氣餒，不願堅持下去。

每當寶寶鬧得特別厲害，很多父母就覺得抱放法沒效。抱放法一定有效，但是你現在放棄，當然看不到效果。你必須持之以恆，所以說記錄寶寶的初始狀態和進步程度很重要。就算寶寶只比昨天多睡十分鐘，那也是進步。諮詢時，我都會帶自己的筆記本，告訴父母：「這是寶寶一週前的表現。」你必須告訴自己寶寶進步了，鼓勵自己堅持下去。活潑型、敏感型和性情乖戾型寶寶需要多費心，但是千萬別放棄。

教寶寶自行入睡沒有什麼折衷的辦法，最糟糕的就是半途而廢。你或許要持續抱起放下一陣子，寶寶才能睡著。請做好長期抗戰的心理準備。相信我，我很清楚抱放法非常艱辛，尤其媽媽更不容易。所以發生以下狀況我也不意外：

第一晚就放棄。之後我問他們：**那天晚上抱放法做了多久？**他們說：「十到十五分鐘，然後我就受不了了。」十分鐘絕對不夠，睡眠問題根深柢固的寶寶，甚至得做超過一小時。相信我，第二次抱放法的時間一定會縮短。每次我做家庭訪問，陪父母一起做抱放法（爲了解決夜醒或白天小睡過短的問題），媽媽通常坦承：「我從來沒有做超過二十分鐘。」如果是晚上，他們會說：「通常這時候我已經放棄，直接奶睡。」如果是白天則說：「通常這時候我已經放棄，就算我知道他接下來一整天都會不高興，我還是會讓他起床。」這次有我在旁邊，他們就不得不堅持到底。但是很多爸媽在家自己做時，都無法撐到最後一刻。

試過一晚就停止。如果你之前持續用意外教養的方式哄睡寶寶，那現在就要用一樣的毅力持續做抱放法改掉壞習慣。我知道書裡有些建議聽起來不合常理，比如提前叫醒寶寶可以讓他睡更久。如果內心深處不相信這項技巧，一旦沒有立即見效，爸媽就會馬上改試別的作法。正因爲爸媽一直變換方法，寶寶搞不清楚狀況，抱放法就更難呈現效果。

稍有進展就停止。比如寶寶從二、三十分鐘的小睡進步到一小時，媽媽覺得一小時就夠了，但是四小時作息的小睡時間其實要更長；加上寶寶逐漸長大，熱量消耗更多，如果小睡未達一個半小時，他就會變得易怒、不願意合作，而且更容易疲累。爸媽必須繼續做抱放法，以免再度發生睡眠問題。

一開始成功解決問題，但是寶寶一退步（睡眠問題常見的情形），爸媽卻不再使用抱放法，改用其他方式。其實寶寶還記得抱放法，如果繼續使用，就能在更短時間內讓寶寶重回正軌，每次做抱放法的時間也會縮短。

小叮嚀

抱放法如何堅持到底

有句話說：「堅持下去一定會有奇蹟。」以下是幫助你堅定信念的幾項生存技巧：

- 仔細規畫再開始行動。一個人做抱放法的壓力非常大，因為很辛苦！如果你很清楚自己的個性，擔心有一天會受不了，請不要獨自嘗試抱放法，找個人一起分擔吧！就算身邊沒有另一半、爸媽或好朋友可以輪班（見306頁第十個原因），至少也要找個人為你加油打氣。這個人不一定要會帶小孩，只要能陪在你身邊，聽你抱怨有多辛苦，提醒你這麼做都是為了讓孩子睡飽，讓全家恢復安寧。
- 從星期五開始做抱放法，另一半、爸媽或好朋友才能在週末伸出援手，提供上述的協助。
- 進嬰兒房前先戴耳塞。這麼做不是要忽略寶寶，只是稍微降低哭聲的音量，以免耳朵受不了。
- 不要覺得孩子很可憐，抱放法能幫助他獨自入睡，是爸媽送給孩子的絕佳禮物。
- 如果萌生放棄的念頭，請自問：現在放棄會怎樣？假設寶寶已經斷斷續續哭了四十分鐘，你決定放棄，走回幾個月前哄睡的老方法，等於孩子莫名其妙哭了四十分鐘！一切又重回起點，孩子不懂得安撫自己，你也會覺得自己一事無成。

當然，這世上沒有解決所有睡眠問題的萬用公式，但我個人從來沒遇過抱放法化解不了的狀況。右側的「小叮嚀」有一些幫助你堅持下去的策略。記住，只要你拿出當初養成舊習慣的毅力，新作法一定能改變現況，但是務必保持耐心，堅持到最後。努力終究有回報。

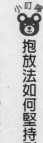

另外別忘了，請把握嬰兒期解決睡眠問題，以免拖到幼兒期更加棘手。事實上，就算寶寶還沒滿一歲，你也可以先翻到下一章，看看假如現在不解決問題，之後會面臨哪些狀況。說不定這是激勵你採取抱放法的最佳方式喔！

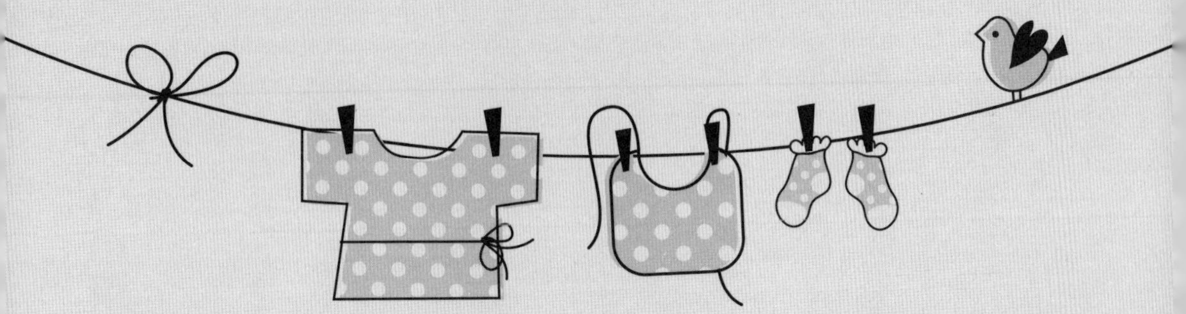

第七章

為何還是睡不飽？

一歲以後的睡眠問題

小小孩睡不飽，全家人都不好過

根據美國國家睡眠基金會的調查，嬰幼兒普遍睡眠不足。在此特別挑出幼兒（定義爲十二到三十五個月）的調查資料，報告的字裡行間可看出基金會非常重視教孩子自行入睡，並保持熟睡：

- **過了嬰兒期，睡眠問題仍未解決：**父母和嬰兒不是唯一睡眠不足的族群，六十三％的幼兒都有睡眠相關問題。幼兒問題包括一週至少兩、三個白天或晚上會拖延上床時間（三十二％）、完全不肯睡（二十四％），或白天過度疲累（二十四％）。超過五十％幼兒晚上至少夜醒一次；十％幼兒夜醒多次，且每次清醒時間平均爲二十分鐘。大約十％甚至清醒四、五十分鐘以上。
- **大多嬰幼兒太晚睡。**嬰兒（零到十一個月）的平均就寢時間是晚上九點十一分，幼兒是八點五十五分，將近半數的幼兒超過九點才上床睡覺。我見過很多例子，像是爸媽下班後想跟孩子多相處，所以延後就寢時間；或是爸媽從來沒讓孩子在適當的時間就寢，導致現在提早上床卻睡不著。我建議未滿五歲的幼兒晚上七點或七點半就寢，但是根據調查報告，只有一成左右的幼兒（或嬰兒）這麼早睡覺。然而不論是嬰幼兒，平均起床時間都是早上七點出頭。就算不是數學天才，也能看出孩子爲何睡眠不足（也難怪睡眠不足是孩子過動、具攻擊性的成因之一。睡不飽無法減緩這些症狀，只會更加惡化）。
- **許多父母不認爲孩子有睡眠問題：**當父母被問及孩子的實際睡眠時數，以及他們認爲孩子應該睡多久，約三分之一的幼兒父母回答孩子睡得不夠多。但是，當問及孩子的睡眠時數是否過少、過多或剛好，多達八成五的父母回答「剛好」。而且，儘管幼兒的睡眠障礙相當普遍，實際上只有一成父母關注此事。（我覺得那一成的父母，跟抱怨孩子夜醒四十五分鐘以上的父母根本是同一群人！）

調查報告指出我天天見證的一個常見問題：爸媽遇到睡眠問題往往不見棺材不掉淚。他們打給我求救的時機，不是媽媽隔天要回去上班了，擔心睡眠不足無法應付工作，就是爸媽爲了孩子持續夜醒而爭執，吵到夫妻感情不睦。

- **父母依然對幼兒進行意外教養：**將近半數的幼兒（四十三％）一定要爸爸或媽媽在房間陪著才能睡著，二十五％幼兒則是快睡著才被抱上床。這表示孩子必須靠爸媽或其他照顧者哄睡，無法自行入睡。另外，半數父母會讓夜醒的孩子自己再睡回去，但是調查也顯示五十九％的父母會進房間安撫，四十四％會陪孩子直到睡著爲止，十三％會帶孩子回父母房間，五％則讓孩子同床。我懷疑最後兩項數據實際上更高。有個媽媽寶寶網站做過一份線上問卷，其中一題是：「你會讓寶寶睡在你的床上嗎？」超過三分之二的人回答「偶爾」（三十四％）或「總是如此」（三十五％）。或許父母填寫網路匿名問卷時，更願意誠實作答。

好消息是，調查指出父母教會孩子自行入睡後，孩子較能維持良好的睡眠品質。他們不會提早醒來、白天願意小睡、晚上很容易入睡，而且半夜也不會醒來。舉個例子，躺在床上自己入睡的孩子，睡眠時數多過快睡著才被抱到床上的孩子（九・九小時和八・八小時），半夜頻繁夜醒的機率少了三倍（十三％和三十七％）。很少或從不需要父母待在房間陪睡的孩子（表示孩子可以自行入睡），半夜醒來的機率就越低。

從報告可見，有些孩子已經養成良好的睡眠習慣，可以自行入睡。同時卻還有六十九％的孩童，一週會發生幾次睡眠問題，也難怪他們的父母一年缺乏多達兩百小時的睡眠。如果這麼多大人小孩都睡眠不足，家裡每個成員肯定都會受影響，關係也會緊繃到最高點，比如父母常對孩子發脾氣、手足吵架、夫妻爭執等。報告指出，現代社會凡事講求快速，也是睡眠不足和睡眠失常如此普遍的因素之一。睡眠基金會的喬迪．明德爾博士是聖約瑟夫大學的心理學教授，專攻睡眠失常領域。他解釋：「現代社會的壓力不只影響到成人，連帶也影響孩子。」這則警訊告訴我們，父母不只要關心孩子清醒時的狀態，也要注意晚上的睡眠品質。

我認為另一個因素是許多父母都沒教孩子如何入睡。他們不知道睡眠是一項需要後天學習的技巧，以為寶寶自然而然就能自行入睡。等到嬰兒長成幼兒，麻煩大了，爸媽還不曉得哪裡做錯，該怎麼解決問題。

下兩個章節會概述第二年（小幼兒）和第三年（大幼兒）的睡眠問題。幼兒的年紀分層是按年齡分，乍看範圍很大，實際上幼兒在一年間的細微發展差異不會影響睡眠模式，介入手法也都相同，所以不再以月齡分層。我會重新回顧前面提過的睡眠策略，解釋幼兒該如何應用這些方法，並介紹幾則典型案例，讓大家了解技巧的實際作法。

一到兩歲幼兒的睡眠問題

第二年幼兒的生理發育變化，以及增強的獨立意識，會造成某些睡眠問題。所以每當父母孩子白天或晚上的睡覺「不正常」，我會問：**寶寶會走路了嗎？會說話了嗎？**滿一歲之後，寶寶開始學習走路。就算較晚起步的寶寶，雙腿也已經很有力了。前面章節解釋過，體能增強之後，睡眠就會受到影響，尤其是剛進入新發育階段的前期。有些孩子半夜會在睡夢中站起來，沿著嬰兒床四周走路。走到一半醒來，不明白爲何自己站著，也不知道如何坐下去。除此之外，肌肉痙攣和腳踩空的墜落感也會讓寶寶醒來。想想寶寶一天跌倒多少次啊。

我不建議讓小幼兒看電視或網路影片，因爲這些媒體會讓他們過度刺激，或是在腦海中烙下干擾睡眠的影像。滿一歲之後，快速動眼期會降到睡眠的百分之三十五，但是小幼兒還是有很多時間在作夢。幼兒會作惡夢，惡夢就是恐懼時刻的再現，不過他們更常夜驚，夜驚跟惡夢不一樣，跟身體活動與受到刺激有關（見321頁表格），幼兒會在睡夢中重現這些時刻。

其他家人也要列入考量：**家裡有哥哥姊姊會惹他嗎？**幼兒開始走路之後，哥哥姊姊會開始逗弄他，當然他們沒有惡意，只是覺得好玩，但幼兒可能會不高興，晚上也會因此夜醒。

幼兒的好奇心和行動力更加旺盛，最常拿來形容一到兩歲孩子的字眼就是「什麼都感興趣」。他現在還無法說出完整句子，但是已經很愛講話，也聽得懂你說的每句話。早上你可能會聽到他對著動物玩偶嘰哩呱啦，表示他知道如何自己玩耍。這時候不必急著進房間抱寶寶，讓他發展獨自玩耍的能力，你可以在床上多睡一會兒。

原本睡得好好的寶寶，到了幼兒期卻開始出現睡眠問題，這時應該先注意健康和周遭環境。**家裡的作息改變了嗎？孩子在長牙嗎？最近有從事新活動嗎？孩子最近生病嗎？其他家人的工作、健康、回家時間有變化嗎？**你需要回想幾週或幾個月前的情形，審視當時發生什麼事，你又是如何回應。

舉個例子，金妮最近聯絡我，她一歲四個月的兒子無緣無故開始夜醒。我提出一連串問題，金妮堅稱家裡沒有任何變化，後來她才想起：「小班五、六週前感冒了，而且仔細想想，他從那之後就都沒睡好。」果不其然，我再追問下去，金妮曾「爲了安撫他」讓小班跟她同床。

這個年紀的白天小睡也有點複雜，孩子通常會從兩次一個半到兩小時的小睡，轉換成一次長覺（見335頁小叮嚀）。說起來容易，實際轉換過程可能波折不斷，把你搞得筋疲力盡！幼兒可能會連續幾個早上不肯小睡，之後又重拾早上的小睡習慣，而且理由不明。嬰兒只要白天睡飽，晚上就能睡好，但是超過一歲之後，白天太晚睡就有可能干擾夜間睡眠。如果幼兒習慣晚點才睡午覺，我通常建議爸媽把午覺時間提前，並且最晚三點半就要叫醒他。否則剩下的時間不夠讓孩子完全放電，心甘情願地就寢。話雖如此，凡事總有例外：如果孩子前幾天睡眠不足需要補眠、生病了只想睡覺，或者某一天你就是覺得他得多睡一點，那就不必準時叫他起床。

這個階段最大的發育進展，就是孩子懂得因果關係了，從操作玩具就能看出這項能力，但意外教養也因此更容易發生。以前你把寶寶搖到睡著或奶睡，他會慢慢習慣這個動作，就像巴夫洛夫的制約實驗。主人每次端出食物都會搖鈴，不用多久，狗狗聽到鈴聲就會先流口水。但是孩子懂得因果關係之後，意外教養就不止是單純的條件反射。你（有意或無意）教孩子的每一件事，都會存入他的小小腦袋，以供未來之需。如果這個階段不謹言慎行，幼兒就會反過來操縱父母！

假設你們家一歲三個月的孩子半夜三點醒來，原因可能是長臼齒，或是作惡夢；當天的活動量特別大，或是爺爺陪他大玩特玩；或者單純是他從深度睡眠醒來，剛好一個聲響或一道光線激起他旺盛的好奇心。幼兒對所有事物都很感興趣，所以半夜醒來就很難再睡回去。

尤其幼兒第一次夜醒時（很少有孩子長成幼兒才第一次夜醒），絕對不要踏入意外教養的陷阱。如果你衝進去抱他，心想：「這次就唸一本故事書安撫一下吧。」我保證隔天晚上他會再度醒來，要求你唸故事書給他聽，說不定還會提高條件，要求唸個兩本書、來一杯飲料，還要抱抱。因爲他已經看出自己的行爲和你的行爲有關聯。「我發出這種聲音，媽媽跑進來，做了一些事。」到了第三天晚上，他就能融會貫通：「我發出這種聲音，媽媽進來房間，唸故事書給我聽，抱著我搖。她要把我放回床上時，我再度發出這種聲音，她就再抱著我搖一會兒。」此時，你已落入了幼兒操縱的巨大圈套。

要判斷父母是否陷入圈套很簡單。我通常會問：**孩子白天會發脾氣嗎？**一旦幼兒學會操縱父母，這種行爲就會隨時隨地上演。多數小霸王在清醒時間都會出現類似的行爲模式（這些行爲問題詳見下一章），比如吃飯、穿衣、和其他孩子玩耍。別忘了，這個年紀的幼兒最愛說「不」！他們喜歡「不」帶來的權力，所以很愛講。

當父母一直用意外教養的方式哄睡寶寶，提早醒來、夜醒、小睡不規律、依賴道具等睡眠問題就跟身體發展比較無關，重點是根深柢固的壞習慣。我有兩個關鍵提問可以判定孩子是否有長期睡眠問題：**孩子從來不曾睡過夜嗎？孩子一直很難入睡嗎？**如果兩題都答「對」，表示這個孩子從沒學會獨自入睡，也不曉得醒來要如何睡回去。接著我就得提出一堆問題詳細追問，了解爸媽慣用的哄睡道具，像是：**現在你都怎麼讓孩子睡著？他睡在哪裡？媽媽還在親餵嗎？會把孩子奶睡嗎？孩子半夜哭，你會心疼嗎？會立刻衝進房間嗎？會把孩子帶回你房間睡嗎？小時候，你可以在他完全熟睡前離開房間嗎？白天小睡時間多長，睡在哪裡？試過控制哭泣法嗎？**這些問題能幫我評估意外教養的嚴重程度。

有些案例一看就知道問題出在哪，比如下面這封超典型的來信：

> 我女兒一歲十個月大，還沒學會自行入睡，我每天晚上都要陪她睡覺，現在我又懷了第二胎。我老公什麼忙也沒幫上。女兒每晚都想要我陪她睡，老公又在旁邊亂講話。請幫幫我！

很遺憾，這對爸媽非常茫然，大多來諮詢的父母都是這樣。將近兩年來，這個孩子想跟誰睡、想睡哪，都能稱心如意，而且也還沒學會獨自入睡的技巧，因此當務之急必須擬定超級詳盡的解決方案，確定爸媽兩人都同意執行計畫，而不是各自爲政，甚至爲了不同方法爭執。除此之外，如果親子的信任關係破裂，狀況就更棘手。孩子獨處時會缺乏安全感、沒自信，所以第一次介入睡眠問題，一定要包括重建信任（見229頁）的步驟。

為何幼兒睡到一半尖叫？		
狀況	**作惡夢** 快速動眼期的生理經驗，也就是俗稱的「惡夢」。孩子會在夢境中重新經歷不愉快的情緒，或是先前的創傷經驗。他的大腦處於活動狀態，身體（除了快速轉動的眼睛）則是休息狀態。	**夜驚** 真正的名稱是「意識不清的喚醒」（夜驚是青春期的罕見現象），跟夢遊一樣是一種生理經驗。孩子無法從深眠轉換成快速動眼期，結果意識卡在中間醒不來。身體是活動狀態，大腦則還在休息。
發生時間	通常是下半夜，快速動眼期睡眠最集中的時候。	睡眠的前 1/3 部分，約前 2、3 小時。
孩子驚嚇的模樣和聲音	孩子醒來尖叫，但是你進房間看他的時候，他的意識清醒，或者很快就清醒過來。他應該還記得夢境，惡夢有時會持續多年。	孩子先是一次高聲尖叫，眼睛睜開，身體很僵硬，可能還冒冷汗，雙頰通紅。你去看他的時候，他認不出你，事後也沒記憶。
應對方法	安撫孩子，如果他還記得夢境細節，就鼓勵他說出來。夢境對孩子來說很真實，不要否定他的恐懼。用大量擁抱讓孩子安心，甚至陪他躺一會兒，但是不要帶他回你的臥房。	發作時間約 10 分鐘（短至 1 分鐘，長至 40 分鐘），不要叫醒孩子，免得時間拉長。此時父母通常比孩子更不安，所以盡量放輕鬆，只用言語安撫他，並保護他不要撞到家具。
預防方法	弄清楚造成孩子壓力或恐懼的原因，白天避免接觸這些事物。遵守就寢時間和舒眠儀式，如果孩子害怕有「怪物」，為他點一盞夜燈，並檢查床底下。	作息盡量保持一致，避免過度疲累。如果經常發生，或者家族有夢遊基因，請諮詢兒科醫師或睡眠專家。

小叮嚀 從嬰兒床到兒童床

不必操之過急（孩子至少要滿兩歲），但是如果下一胎快要出生了，那也不要拖太久。記得寶寶出生前三個月開始進行。

務必跟孩子詳談這件事，讓他全程參與：「我覺得是時候讓你睡一張跟爸爸媽媽一樣的床了。你想不想自己挑幾張新床單？」如果孩子未滿兩歲，請先選購有可拆式護欄的兒童床。

換成兒童床之後，**不必**改變就寢規則和作息，這時候更應該保持一致。

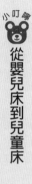

規定孩子在睡覺時間不能踏出房門，必要時可以加裝安全門欄，**不必**感到內疚。如果小時候他早起會自己玩耍，現在卻要進房間找爸媽，你可以放一個鬧鐘，或是為電燈設定時開關，告訴他鬧鐘響了或燈亮了才可以出房間。

務必確保房間安全無虞，蓋住插座、收好電線，並把低層抽屜鎖起來，以免他拉開抽屜往高處爬。

務必做好百分百防護措施，尤其是三歲以下的幼兒。床要靠牆，放一層床墊就好（不要加彈簧床墊底座），以免離地太遠。至少前幾個月先拉起床邊護欄。

兩歲以後幼兒的睡眠問題

第二年的許多問題到了第三年仍在持續，不過大幼兒的心智能力提升，對周遭事物的敏感度也提高。家裡和周遭變動對孩子的影響更大，他們的好奇心也比之前更旺盛。如果你邀朋友來家裡作客，他們會覺得所有踏進家門的人都是玩伴。他們不想錯過任何一刻，以前外界的聲響吵不醒他，現在他聽到卻會醒來。

他們的體能也進步了。**幼兒會爬出嬰兒床，去房間找你嗎？**有些幼兒早在一歲半就完成這項壯舉，不過有些幼兒不是故意爬出來的。未滿兩歲的幼兒，頭身比例還不均衡。當他靠在嬰兒床的邊欄上，頭的重量可能會使全身翻出床外。但滿兩歲之後，他可能就會設法站在擋板上，爬出邊欄，半夜跑去房間找你。這個階段，父母通常會考慮換成兒童床。我建議至少等到兩歲以後再換，越晚越好，因爲嬰兒床可以降低孩子半夜跑去找你的機率（唯一例外是孩子有嬰兒床恐懼症，參考 233 頁）。**孩子半夜進房間找你，你會怎麼反應？**如果你一週放任一、兩次，之後麻煩就大了。

大幼兒對家中變化極度敏感，所以我一定會問：**家庭生活有什麼變化嗎？**新生兒報到、家人逝世、父母婚姻問題或離婚、父母交新伴侶、新保母、更複雜的交際場合等，任何新變化都會干擾幼兒的睡眠，尤其如果他從沒學會自行入睡或安撫自己，情況就會更嚴重。這個年紀的幼兒社交能力也在增強，如我先前所強調，活動也會影響睡眠。**最近是否參加了新的團體，比如健寶園、親子蒙特梭利、寶寶瑜伽、寶寶有氧等？**別忘了深究細節：**團體活動的實際內容是什麼？孩子需要做哪些活動？其他孩子個性如何？**一旦面臨太多壓力，原本睡眠習慣很好的孩子也會偏離正軌（幼兒還不該上正式課程，或是交給體育「教練」帶），更糟的狀況是，孩子可能在團體中被同儕嘲笑或欺負（參見 367 頁愛莉西亞的故事）。

這階段的睡眠問題對父母來說更累人了。孩子學會講話後，就會要水喝、要聽故事、要再一次抱抱，睡前總是無止盡的討價還價。以前爸媽還可以告訴自己「他還不懂事」「他沒辦法控制」，現在幼兒長大了，爸媽就更容易失去耐心。如果壞習慣已根深柢固，而爸媽卻不讓孩子稱心如意，他可能因此生氣，搖嬰兒床抗議、白天鬧脾氣。大幼兒很清楚自己做了某些行爲，爸媽就會立刻衝過來。

如果家裡兩、三歲兒有睡眠問題，請務必回顧成長史。**孩子曾經睡過夜嗎？**很多案例必須從起點開始。另外也要審視孩子過往的情緒世界，如果以前有霸道行爲，現在這位小霸王應該更變本加厲。很多方面都能看出端倪：撞頭、推人、打耳光、咬人、拉頭髮、踢人、在地上耍賴、抱起來時故意僵直身體等。如果爸媽沒在清醒時間糾正這類行爲（見381頁），晚上幼兒累了就更難搞。

父母經常把幼兒的操縱行爲誤認爲分離焦慮。分離焦慮通常始於七到九個月大，十五到十八個月大時會逐漸消失，當然前提是父母有持續安撫孩子，並且沒訴諸意外教養化解孩子的恐懼。因此，每當兩歲兒的父母跟我說：「我家孩子有分離焦慮，半夜會醒來。」真相十之八九是幼兒正在操縱父母。睡眠問題的成因不是孩子的恐懼感，而是父母用意外教養的方式（見101頁）處理一般的分離焦慮。

但是請不要誤會，這個年紀的幼兒理解力變高了，所以確實會感到恐懼。孩子能夠清楚掌握身邊發生的事：弟弟或妹妹要出生了、爸媽在生彼此的氣、別的小朋友總是搶他的玩具、《海底總動員》的小魚跟爸爸走丟了。大幼兒也很容易受影響，最近我聽到一件很有趣的軼事：一個兩歲半的小男孩看著爸爸把一樓的窗戶全都鎖起來。爸爸對兒子解釋道：「這樣小偷才不會跑進來。」當天晚上，小男孩半夜三點驚醒，大喊：「小偷跑進來了！小偷跑進來了！」我家大女兒三歲時，也有類似的經歷。當時《E．T》這部電影很紅，我想說孩子應該可以接受，讓她看看也不錯，結果莎拉看完作了好幾個月的惡夢，一直覺得外星人要從貓門鑽進來。

滿兩歲之後，父母通常會放寬看電視和打電動的限制，也難怪孩子晚上會作惡夢。所有影片、遊戲等務必先審查一遍，確定兒童適宜，再讓孩子看。你確定孩子會喜歡《小鹿斑比》和《海底總動員》嗎？還是說斑比和尼莫的媽媽被殺害的情節會嚇到孩子呢？說故事和唸書的題材也要注意，嚇人的劇情或灰暗色調的圖像可能會烙印在孩子腦中。最重要的是，如果孩子天天都看電視、用３C產品，睡前務必做舒眠儀式。真要說來，我個人是建議完全不要讓孩子看電視和手機、平板。

幼兒睡眠問題的解決對策

本書解釋過多種作法和策略，都適用幼兒的睡眠問題，只是要稍作調整。以下是幾點重要提醒，搭配實際案例說明。每項要點的說明文上方特別標出相關「睡眠問題」，方便你搜尋利用。

突然不喜歡睡前儀式。

孩子仍需要規律作息，但作息要隨著年齡調整。蘿拉爲了一歲七個月的兒子打來諮詢：「卡洛斯現在很不喜歡睡前儀式，以前他很愛洗澡，現在卻很討厭。」我詢問最近卡洛斯的生活和行程，發現他們家最近去了一趟蘿拉的故鄉瓜地馬拉，而且卡洛斯正在上新的音樂課。我向媽媽解釋，這些變化肯定會產生影響。旅途會改變原本的規律作息，音樂課則是全新的社交經驗。除此之外，卡洛斯現在活動力更強了，舒眠儀式必須跟著改變。比如就寢時間改成六點或六點半，對許多小幼兒更理想。另外，這個年紀睡前洗澡可能會過度刺激，蘿拉必須提前爲他洗澡，比如晚餐前的四、五點，或是晚上僅簡單擦拭身體，早上再洗澡。蘿拉先是抗議：「爸爸晚上才有時間幫他洗澡。」當然，這是她的選擇，但我坦白說：「好吧，但你要知道你考慮的是自己，而不是孩子。」幸好卡洛斯是教科書型寶寶，適應力很強，蘿拉也很有創意。她建議爸爸早上帶著孩子一起淋浴，而卡洛斯也很喜歡跟爸爸一起做這項新儀式。

盡量讓睡前儀式保持一致，利用儀式及早發現問題。睡前儀式除了念故事書和抱抱之外，既然幼兒的理解能力增強，你也可以考慮睡前跟孩子聊個天，就像茱莉和一歲十一個月的梅根一樣。茱莉上班都帶著梅根，她坦承：「每天生活都充滿變化。」茱莉寫了封長信給我，在此節錄其中幾段，以表揚她的足智多謀和敏銳的觀察力。茱莉很了解女兒的個性（敏感型寶寶），她仔細觀察梅根，一一篩選各方建議，最後訂出一項理想的睡前儀式：

幾個星期前，我寫了一篇文請教女兒的睡眠問題。我當時想要教她自行入睡，結果變成每天晚上她要唱歌、大笑、聊天足足兩小時才肯睡！她的白天小睡原本是穩定的一個半至兩個半小時，現在變成只睡四十分鐘。她白天不會鬧脾氣，睡覺前也不會哭鬧，單純就是沒睡意……有人說梅根白天表現太乖了，一整天都非常配合，所以晚上忍不住任性一下，沒辦法立刻靜下來睡著。我覺得很有道理……。

所以，我首先建立了睡前儀式：唸兩本書、一個晚安吻、在床上講兩個小故事、唱一段搖籃曲，就這樣。另外有人建議跟她聊聊當天發生的事，我倒是沒想過要這麼做！於是我決定在唸書前跟她聊天，她一定有很多話要講，所以我們一邊完成睡前事項，一邊聊當天的各個時段。等到穿好睡衣進入房間，一天也差不多聊完了。我做的最後一項改變，就是把她的嬰兒床布置成舒適的小

拖很久才睡著，小睡時間不固定。

窩。梅根在我公司小睡時，總是睡得比在家裡香甜。公司嬰兒房的嬰兒床比標準尺寸還小，房間本身也只有一五〇×一六〇公分。

我想到崔西說敏感型寶寶需要像子宮一樣的氛圍，所以我在床墊上鋪了一條非常柔軟的人造麂皮絨毯，她一躺上去就愛死了。我也剪了一段我蓋的羊皮毯，大約半個嬰兒床大，再把羊毛修短一點，但還是很舒適，而且有媽媽的味道。最後，她還有一只小抱枕（十五×十五公分），一面是人造麂皮絨，一面是搖粒絨。最近她要求我在床邊放一條捲好的毯子，就像嬰兒期放一條毛巾捲一樣。

梅根看起來就像睡在繭裡的毛毛蟲，但她超喜歡！某天晚上她鼻塞很嚴重，我說我可以抱著她直到睡著。結果五分鐘後，她竟然說想要躺回嬰兒床。眞難想像這孩子原本在我床上睡了一年，最喜歡在我懷裡睡著。

總之，我不確定這篇文對其他人有沒有幫助，但是我很確定梅根需要睡在小而安全的環境，並且在變化不斷的白天結束後聊聊今天發生的事，並且進行固定的睡眠儀式，幫助她靜下來。我知道兩歲長臼齒的時間快到了，希望現在的作法能幫助我們度過這一關！

睡前拖時間，半夜醒來。

梅根的舒眠儀式不一定適合你家寶寶，這個例子是要讓大家知道，仔細觀察孩子的需求，可以幫助你設計出最適合孩子的睡前儀式。

另外，你也可以利用睡前儀式及早發現問題前兆，睡前先解決，以免夜長夢多。比如一歲九個月的傑森最近開始清晨四點醒來，理由是：「我好渴。」所幸，傑森是連續兩天提前醒來，瑪麗安於是發現不對勁，立刻打給我。我建議她準備一個防漏學習杯，裡面裝水，放在嬰兒床上。我解釋：「把杯子變成睡前儀式的一部分，晚安抱抱和晚安吻之前，跟傑森說：『水就放在這裡，醒來渴了可以喝。』」

作惡夢

另一個案例是兩歲的奧莉維亞會作惡夢，因此我建議爸爸在睡前特別提到「古奇」，那是可以讓奧莉維亞安心的小狐狸玩偶。我請爸爸在道晚安前，對女兒說：「別擔心，奧莉，古奇會一直在這裡守護你。」想想怎麼做最能讓你的孩子感到安心，目標是讓孩子相信自己能平安度過一整晚。如果做某件事能讓孩子更有安全感，比如檢查床底下，那就加入睡前儀式吧。聊聊當天的生活點滴也是很棒的點子，可以幫助孩子消除恐懼感。就算幼兒還不太會說話，你也可以跟他說說白天發生的事情。

孩子從嬰兒床換成兒童床時（見322頁小叮嚀），更需要維持一貫的睡前儀式。除了新床以外，其他方面請努力保持原樣。有趣的是，很多孩子換成兒童床之後，仍維持睡嬰兒床的習慣，不會自己下床離開房間。當然還是有些孩子會下床，試探新床是否代表全新的自由。維持同樣作息，睡前說幾則故事、就寢時間和晚安儀式都照舊，才能讓孩子知道：就算換了新床，還是要照老規矩來。

半夜哭鬧

晚上孩子睡到一半哭起來，不要急著進房間。幼兒期也要維持嬰兒期的作法（希望你們家有這個習慣）：先觀察再行動。如果孩子沒哭，就不要進房間，你可能會聽到他在自言自語，沒關係，他待會兒就睡著了。如果他真的哭了，試著分辨是唸咒般的哭聲，還是真的需要幫助（見281頁小叮嚀）。若是前者，請先按兵不動；若是後者，請安靜地走進房間，但不要跟他說話，也不要有任何交流。

「抱放法」變成「放下法」。幼兒比嬰兒重，比較難抱起來，加上床墊又降低了，所以我不建議再把孩子抱起來，只要把他放下即可。換句話說，先等孩子站起身子（爸媽進房前，很多幼兒就已經站起來），不要抱起來，直接把他放回床上躺平。同樣要邊說話安撫他：「睡覺時間到了」或「睡午覺的時間到了」。

當然，孩子若受到意外教養的影響，放下法就需要更多時間。就算你已經知道問題出在哪，影響也得過一陣子才能消除。比如貝琪寫信給我的時候，她完全知道諾亞的問題出在哪。那封信件主旨是「一歲半幼兒的睡覺時間完全不受控」。這是一個典型案例，摻雜多種老生常談的主題：長時間意外教養，再加上幼兒的生心理能力增強，以及生病和住院：

想要被抱著搖睡，無法自行睡回去

> 由於意外教養的緣故，諾亞需要人抱著他搖到睡著。放上床後，他有時候可以醒來又自己睡著。幾天晚上我們聽到他大叫、自言自語，之後又睡回去。但其他時候都是一醒來就哭。現在他一醒來，就不肯回嬰兒床睡覺！我一離開嬰兒床，他就會哭，白天小睡也一樣。他從出生到現在都這樣，有什麼好建議嗎？他體重十一．八公斤，在床邊抱他起來或放下去都很吃力。他最近生病（因脫水住院，四天前出院），今天回診時醫生說他已經恢復健康了。我是在諾亞住院那段期間看到崔西的書，眞是相見恨晚，晚了十七個月啊！

這顯然是老問題，只是一直沒解決，現在又加上幼兒問題，使情況更複雜。有趣的是，貝琪說諾亞「從出生到現在都這樣」。事實是貝琪和老公讓諾亞學會：只要我哭，爸媽就會跑來，抱著我搖。現在諾亞已經快十二公斤，這項差事變得很吃力（不過他們沒跟諾亞同床，這一點值得嘉獎）。現在，意外教養已經超出條件反射，諾亞現在是有意識地操縱父母。所以我們需要兩步驟計畫：首先，不能再把諾亞搖到睡著，他哭鬧就用放下法；爸媽應該待在房間，讓諾亞看到爸媽確實陪著他，但是爸媽不能跟諾亞對話，並且無論如何，不要把諾亞抱起來。原因不只是他變重了很吃力，還有這是意外教養的一部分，爸媽必須戒除。他們可以安撫兒子：「沒關係，諾亞，你只是要睡了。」這個階段的幼兒已經可以理解。即使這一年半來爸媽都用錯誤的方式哄睡諾亞，只要現在堅定執行計畫，效果一定會讓爸媽嚇一跳。

不肯讓我離開房間。

如果必須重建信任關係，你可以拿一張充氣床放在嬰兒床陪孩子睡覺，取得信任後再做放下法。我再三強調：曾經覺得自己被拋棄而留下創傷的寶寶，到了這個年紀，睡眠問題更嚴重，解決問題也要花更久時間。孩子認定你會拋下他，所以他必須一直確認你是否還在。我遇過幾個很棘手的案子，孩子有嚴重的嬰兒床恐懼症，沾到床就瘋狂尖叫。就算成功放他下去，你也不能離開半步。這時候，我會帶一張充氣床，至少第一天晚上睡在孩子的房間。一開始把床鋪在嬰兒床旁邊，如果睡眠問題是最近才發生，或許睡一個晚上，充氣床就能功成身退。通常到了第三晚，就能消除孩子的恐懼感。但是，若是長期睡眠問題，我建議每三個晚上移動一次充氣床，慢慢拉離嬰兒床（往門邊靠近）。

每個案例各有不同之處。有時候撤掉充氣床後，我會在嬰兒床旁擺一張椅子，坐著等孩子睡著才離開。接下來幾天晚上，逐漸把椅子拉離嬰兒床。（詳盡的真實案例請見332頁艾略特的故事。）

半夜跑下床。

如果幼兒以前從來沒睡過嬰兒床，請直接讓他睡兒童床。如果孩子有長期睡眠問題，現在他十五、十八個月，甚至兩歲，你才剛開始教他自行入睡，而且在此之前孩子都跟你同床，那這時候再睡嬰兒床就沒意義了。你應該讓他睡兒童床，而不是嬰兒床（見322頁）。白天帶他去挑選自己的床，或至少選購寢具，讓他挑選喜歡的角色或圖案。下午讓他跟你一起鋪床，第一天晚上跟他一起睡在房裡。他睡新的兒童床，你則睡在旁邊的充氣床。之後逐日把充氣床往房外移動，最終撤掉，改拉一張椅子坐在旁邊，直到他睡著再離開。最後，他就能自己一人睡了。如果半夜孩子進房間找你，請溫柔地帶他回床上睡覺，途中不要說話。如果這是長期問題，請加裝安全門欄，告訴孩子他必須待在自己的床上。哪怕你只跟他同床一晚，我保證問題絕對會惡化。遇到棘手案例，我會建議爸媽把孩子的房間布置成歡樂天地，每次他乖乖待在房間就給予獎勵（見 340 頁亞當的故事）。

若要根除問題，父母必須使出渾身解數，讓孩子睡在自己床上。我想到一位名叫路克的兩歲小男孩，他不僅跟爸媽同床，還一定要拉著爸爸或媽媽的耳朵才睡得著。媽媽發現路克唯有躺在書房的沙發才能獨自入睡，於是他們把那張沙發搬到他的房間，旁邊擺了全新的兒童床。接下來兩年，路克拒絕睡床，每天都在沙發上睡覺。因爲他很熟悉沙發，覺得很安全。

害怕嬰兒床。

當孩子突然害怕嬰兒床，父母有時會摸不著頭緒，比如蕾絲莉爲了一歲半的薩曼莎找我諮詢，她發誓女兒一直都可以「睡整夜」，最近兩個月才開始夜醒。「她在其他地方都能睡，但是一放進嬰兒床，就會醒來，哭得歇斯底里，甚至咳嗽咳到嘔吐。」蕾絲莉提到「害怕」「尖叫」，這些字眼都是很明顯的跡象。我立刻懷疑薩曼莎的父母試過控制哭泣法。結果情況比我想得還糟，他們試過不止一次。蕾絲莉說：「沒錯，我們曾經試過放任她哭泣，但是不一定管用。」她渾然不覺這就是睡眠問題的根源。寶寶受到了心理創傷，而且一歲半的幼兒要重建信任更困難。在她眼中，嬰兒床的邊欄擋在她和媽媽之間，嬰兒床感覺就像一座監獄。與其讓薩曼莎重新適應嬰兒床，爸媽現在應該幫助她換到兒童床。

去房間找孩子，不要讓她爬上你的床。如果孩子來房間找你，請立刻帶她回兒童房，白天也要照做。定下家規，告訴孩子進爸媽房間前要先敲門。許多陷入困境的父母提出無數個疑問，他們擔心訂定規矩會傷害孩子。這完全是胡說八道！隨著孩子長大，你必須教他們敲門，爸媽進孩子房間也要敲門，做好榜樣，孩子才能學會尊重和理解個人界線。如果她沒敲門就闖進來，只要跟她說：「不行，你沒敲門就不能進來。」

如果孩子有嬰兒床恐懼症，你必須重建信任關係，那麼前幾天你可能要睡在充氣床上陪他，但你不能永遠睡在那裡。充氣床只是給予孩子安全感的緩衝之計。

當然，多數孩子夜醒找爸媽的情況並非憑空出現，而是長期意外教養的後果。只不過他長成幼兒之後可以直接走進父母房間，因此問題感覺更為嚴重。我發現有些爸媽面對孩子的睡眠問題會自欺欺人。比如我收到這封珊卓的來信，我很清楚她話只說了一半：

半夜進房間找爸媽。

> 艾略特晚上沒辦法自己睡覺，我們必須跟他一起躺在地上的加大雙人床墊。他每兩、三小時就會醒來，生氣地跑進我們房間，要我們回床墊跟他一起睡。請幫幫我！讓這孩子別這麼黏我和老公！他的房間是拉門，沒辦法上鎖，他會自己開門。說真的，我不知道還能忍受他的哭聲多久，他曾經患了四個月的腹絞痛，二十四小時哭不停。我們該如何改掉這個壞習慣，讓他自己睡覺？他一直很淺眠，我們需要幫助！

看來珊卓和老公有聽從建議，不讓一歲半的幼兒跟他們同床。但他們也沒努力加強艾略特在夜間獨自睡覺的能力。讀到這裡，你應該已經從信件看出幾個關鍵線索，也準備好提問。首先，爲什麼艾略特睡在地上的加大床墊？我猜一開始有人陪他一起睡在上面，那個人可能是媽媽，現在丈夫希望妻子回房間睡覺。無論是哪一種情況，肯定都是父母讓孩子養成睡地上的習慣。

這個案例我不建議用充氣床，因爲他們已經每天陪他睡了。現在應該跳過同房陪睡的階段，直接改坐椅子。到了睡覺時間，爸爸或媽媽（看誰意志力比較堅定）要拉一張椅子進房間，跟艾略特解釋：「我會待在這裡，直到你睡著。」三天後，先把椅子往拉門靠近三十公分，再帶艾略特進房間做睡前儀式，不要讓孩子看見你在移動椅子。每三天就把椅子往拉門的方向靠近一點，並且每天晚上安撫艾略特：「我還坐在這裡喔。」等到椅子要搬出房間的那一晚，告訴孩子：「現在我們要把椅子搬出去，但是我會在這裡陪你，直到你睡著。」然後遵守承諾，站在嬰兒床外幾十公尺處，靜靜守著孩子。椅子搬出房間後，希望孩子已學會安撫自己。如果孩子仍會夜醒，半夜跑下床，爸媽必須立刻送他回房間，讓他躺好，並告訴他：「我知道你不高興，但是你只是要睡著了。」接著站在旁邊，隔一段距離對他說：「我就在這裡陪你。」但是小心不要跟孩子對到眼或說話，或是允許孩子操縱父母。最後，父母只要安靜做放下法，讓孩子躺回床上，並且持之以恆。至於不讓艾略特離開房間這件事，爸媽本來就不該把孩子反鎖在房間裡，但他們可以加裝安全門欄，艾略特就無法去房間找他們。

如果孩子從小就睡眠習慣不佳，你必須分析並重視孩子的成長史，但是別讓恐懼主宰當下的行爲。再仔細閱讀珊卓的信，我特別注意到以下這句：「說眞的，我不知道還能忍受他的哭聲多久，他曾經患了四個月的腹絞痛，二十四小時哭不停。」可能我見過太多腹絞痛寶寶的媽媽，所以一眼就看出珊卓尚未從艾略特那四個月的慘況中恢復，好像她隨時都在等待另一顆炸彈引爆。我也認爲由於爸媽沒教艾略特如何自行入睡，所以他在嬰兒階段一直睡不安穩，但是珊卓只輕描淡寫地說他很「淺眠」。現在孩子一歲半了，爸媽不由得擔心起來：問題有結束的一天嗎？這種來自過往經驗的焦慮會妨礙爸媽採取行動，著手解決問題。罪惡感、怒氣和擔憂都無濟於事。所以我常會提醒父母：「以前是以前，現在是現在。過去無法抹消，但是傷害可以挽救……只要持之以恆。」

擔心問題永遠無法解決。

使用先下手爲強法延長睡眠時間。先下手爲強法（見 230 頁小叮嚀）幼兒也適用。遇到早上提前醒來或是夜醒的孩子，我常建議父母使用先下手爲強法。事實上，有些案例必須先做先下手爲強法，才能使用其他解決方法。比如凱倫家有一歲五個月大的麥克，以及四週大的布洛克。她想把麥克的兩次小睡改成一次，但麥克每天早上六點就起床了，我們必須先解決這個問題，否則他沒辦法撐到中午或下午一點才睡覺，到時候也會因爲太累而睡不好。所以首先要讓麥克晚點起床，接著再慢慢調整早上的小睡（見下一段）。我建議凱倫五點就去麥克的房間，提前一小時叫他起床。凱倫立刻回答：「沒問題。」讓我很驚訝，因爲大多父母聽了都會瞪大眼睛。她又說：「那個時間我也要起來餵寶寶。」我請凱倫替麥克換尿布，跟他解釋：「現在還太早了，我們繼續睡吧。」然後立刻讓他睡回去。我知道麥克不會完全醒來，他會再度睡著，說不定睡前還會鬧一下，但是至少可以擺脫提前醒來的習慣。凱倫的目標是讓他睡到七點，早上才會更有體力。

太早起床，還沒中午就累了。

想把兩次小睡改成一次。

改變要慢慢來。有時候父母自己想到好辦法，卻有點操之過急，沒預留時間讓孩子適應新作息。孩子記憶力很好，他們會預測接下來的活動，所以如果作息改變太大，幼兒的戒斷症狀就會很激烈。別指望他們會乖乖配合新作息。比如凱倫來找我之前，她直接取消麥克早上的小睡，希望活潑型的兒子可以下午睡一覺就好。結果麥克過度疲累，早上還是在車上睡著的，而且睡得很不安穩。凱倫不該一次取消整個小睡，她必須逐步縮短小睡時間。

一旦麥克不再提前起床，我們就可以執行計畫的第二部分（參見左側小叮嚀）。之前他是九點半睡覺，凱倫要盡量拖到十點，如果麥克適應不良，就改到九點四十五分。三天後，凱倫再次將小睡時間延後十五或三十分鐘。他可以早上吃個點心，睡醒再吃午餐。改變是急不得的，整個過程大概花了一個月，麥克有幾天還退步，提前醒來了，並且在早上睡長覺。這是正常現象，麥克還在適應新作息，而且他才剛升格當哥哥，他的小腦袋還在努力釐清狀況。

小叮嚀

循序漸進地讓兩次小睡變成一次！

逐漸延後早上的小睡時間，最後早上就不必再睡覺了！下列建議時間表的前提是孩子滿一歲，平常早上九點半會小睡。每個孩子的時間不同，但是都要遵守慢慢改變的大原則。

一到三天：比平常晚睡十五到三十分鐘，改成九點四十五分或十點。

四到六天：如果可以，延後三十分鐘再睡，也就是十點半。九點或九點半先吃點心，讓他睡兩小時或兩個半小時，下午一點再吃午餐。

第七天開始到計畫成功：每三天延後一次小睡時間，他可以早上十點或十點半吃點心，十一點半睡覺，下午兩點吃午餐。其中幾天下午，孩子可能會鬧一陣子。

目標：最後孩子就能一路清醒到中午，吃過午餐，玩耍一會兒，再睡個長長甜美的午覺。可能有幾天孩子撐不住，早上非得睡覺不可，那就順其自然，不要睡超過一小時就好。

試過一晚就放棄。

拿出毅力，培養新習慣。如果你一直在進行意外教養，孩子睡不著或半夜醒來就會期待你來哄睡。當你突然改變作法，比如半夜三點不餵奶、不讓他進你房間，直接把他放回床上，我敢保證，他肯定會反抗！如果你堅持新作法，拿出自信與決心，成果會讓你嚇一跳。但是假如你三心二意，孩子就會立刻察覺，並且變本加厲，高聲尖叫、更常夜醒等樣樣都來，逼你投降。

安撫和「寵壞」是兩回事。幼兒期是特別混亂的一段時間，孩子更需要父母的安撫。幼兒通常會減少一次小睡，但是改變無法一步登天。今天他可以撐到下午才睡，隔天早上就不行了。再說，幼兒生活充斥著非常多新玩意。雖然幼兒正不斷成長，越來越獨立，但他們仍需要知道遇到困難時，爸媽會陪在身旁。我十分同情父母，畢竟有時很難分辨哪些行爲是「正常」，哪些又是反應過度：

小睡醒來鬧脾氣。

> 羅伯特快兩歲了，從我有印象以來，他每次白天小睡起床都很暴躁，整整一小時尖叫哀嚎，然後突然就沒事了。我試過各種方法。如果我坐在他旁邊，他會伸手討抱，但是一抱起來又掙扎著要下去。他會喊口渴，卻又不肯喝水，好像連他也不知道自己想做什麼。我試過不理他，讓他醒了繼續待在床上，但是不管用。他都是趴睡，手腳縮在身體底下，至少能睡兩到三小時。中途被吵醒，就很不高興，這個狀態下如果有人來家裡，或是發出聲響，他就更暴躁。早上起床倒是沒這個問題。有沒有人也遇過相同情況？現在從他要睡覺到睡醒之前，我都不敢讓人來家裡。

這位媽媽只有羅伯特一人可以觀察，我則已經看過數千個寶寶。首先，羅伯特聽起來像是性情乖戾型寶寶，他們起床後通常需要多一點時間才能完全清醒。但無論是什麼類型，每個人起床後的反應都不一樣。除此之外，羅伯特是個非常典型的幼兒，爸媽一定要加以安撫。安撫孩子和寵溺孩子不一樣，安撫是出自同理心，目的是給予安全感。羅伯特的媽媽必須給他時間慢慢清醒，在他準備好之前不必強迫。她可以抱著兒子說：「你只是剛起床，媽媽就在這裡。等你準備好，我們再下樓。」我猜媽媽可能催促過兒子，反而導致過程拖得更久。如果她耐心等待，不催不哄，羅伯特說不定只消坐幾分鐘，突然注意到旁邊的玩具，就會拿起來玩了。或者他會抬起頭對媽媽微笑，好像在說：「好了，現在我完全醒了。」

如果孩子在第二年或第三年發生睡眠問題，請檢視你自己的作法，過去到現在你是怎麼做的。本章開頭引用的睡眠調查顯示，幼兒普遍有睡眠問題，但是睡眠問題並不會互相感染，可見是現代社會的快速步調影響到幼童。除此之外，父母的態度也是一大關鍵。有些人巴不得寶寶永遠不要長大，給寶寶過多安撫，並出於自己的需求讓寶寶跟自己同床。請自問：**你真的準備好放手讓孩子長大，讓他獨立自主嗎？**孩子才兩、三歲，問這個問題似乎很蠢，但你不能等到考駕照的年紀，才開始考慮賦予孩子自由、教他們獨立。你應該現在就播下種子，平衡教養責任與愛和關懷。別忘了，夜晚缺乏獨立能力的孩子，白天行爲也會受影響。孩子睡得好，清醒時也比較不黏人、唉唉叫或行爲不當。

另外，一直犯下意外教養，或是採取特定作法（比如跟孩子同床）的父母，通常在寶寶長成幼兒之後改變想法（見 343 頁尼可拉斯的故事）。爸媽可能計畫再生一個，或是媽媽將重返正職或兼職的工作，結果幼兒仍然一晚夜醒兩、三次。很多來信求助的爸媽都是以上兩種狀況之一。想當然，這時候爸媽會更急著矯正睡眠問題，尤其是跟孩子同床的父母。

下則文章就是典型的焦慮父母：

孩子只想跟爸媽睡。

我們兒子一歲七個月，從小就跟我們睡，現在我要生第二胎了，不能再跟他同床！我們不敢隨便嘗試新方法，比如放任寶寶哭……聽起來太殘忍了……大家有什麼好建議嗎？

寶寶還小的時候，爸媽很容易合理化睡眠問題：「長大就不會這樣了。」或者「這只是一個階段。」而且幼兒睡眠問題會讓爸媽感到丟臉，他們很怕聽到這類質疑：「你說他到現在還會夜醒？」尤其媽媽要生寶寶了，或者睡眠不足影響到白天的工作表現，爸媽就會擔心：我們有睡飽的一天嗎？問題是，就算你很需要睡飽，也不代表寶寶可以馬上配合，更何況你從來沒好好教他如何自行入睡。

有時候父母會自欺欺人，我數不清有多少父母堅稱「能做的都做了」。克勞蒂雅來信說，她想爲孩子建立良好的睡眠習慣。各位讀信時，別忘了尋找蛛絲馬跡：

試過所有方法，還是無法睡過夜。

你好，我試過所有方法，幫助艾德華睡過夜，並安撫自己，現在已經無計可施了。我們有一套睡前儀式，百分之九十九的時間，他都能安然入睡不哭鬧。我們從沒把他抱到睡著，也從來沒有奶睡過。他不吃奶嘴，「牛牛」是他的安心玩偶。

他每天晚上都在不同時間醒來，哭著找我們。我們通常會等一下，看他能不能睡回去，有時候可以，但是大多時候，他會越來越焦躁。所以我或哈利會進房間，不跟他說話，只確認他有躺好，抱著牛牛，接著拿杯子給他喝一口水就離開房間。這時候他通常可以睡回去。聽起來好像不嚴重，但是我有兼職工作，晚上艾德華睡了，我還得準備工作事項。像這樣每晚至少被吵起來兩次眞的很累，尤其我常常被吵醒就睡不著。

我們試過完全不進去安撫他，結果他站在床邊，哭得滿臉都是鼻涕，激動到無法自行入睡了。

克勞蒂雅做對了很多事：建立良好的睡前儀式、不奶睡、給兒子一個安心小物。但她也誤會了我的幾項建議。把寶寶搖睡跟睡前抱抱不一樣，說實在，這位媽媽聽起來不懂得變通。克勞蒂雅沒發現她已經犯下意外教養（雖然是出自好意）：她和哈利每次都會餵艾德華喝水，那杯水成了哄睡的道具。但最明顯的還是信件最後一段：「我們試過完全不進去……」換句話說，他們曾不止一次放任艾德華大哭，當然艾德華會「激動到無法自行入睡」。我想問問艾德華無法自行入睡的那百分之一的時間，她都怎麼做？是不是也放任兒子大哭呢？無論如何，我已經知道艾德華的爸媽沒有從頭到尾堅持一種作法。艾德華半夜醒來，不僅無法自行入睡，他也不曉得這次爸媽會不會進來安撫他。

該從哪裡著手呢？首先，克勞蒂雅和哈利必須重新建立與孩子的信任關係。我會請他們其中一人拿充氣床進房間，跟兒子一起睡。艾德華醒來就要幫助他睡回去。一開始先實驗一週，讓他們有機會看到兒子夜醒之後的行爲。接下來，我會慢慢將充氣床移出房間，但是艾德華一哭，他們就要進去做放下法。他們必須等到艾德華完全站起來，再把他放回平躺姿勢，同時要戒掉喝水習慣，改在床上放一個防漏學習杯，艾德華眞的渴了，就能自己拿來喝。

我會跟克勞蒂雅和哈利促膝長談，讓他們明白艾德華的夜醒是他們一手造成的，所以現在他們必須犧牲一、兩週的睡眠，徹底根除壞習慣。否則，接下來幾年，仍然無法一夜好眠。

本章最後，我特別提出兩則詳盡的實際案例。兩位主角都是兩歲幼兒，情況也都極其棘手。

醒來遊蕩，
常常想鑽進
爸媽的床。

特例❶：惡夢般的幼兒

瑪琳第一次打給我就忍不住哭了，她提到兩歲的兒子亞當：「這是個惡夢……不對，他就是個惡夢。他不肯自己一個人睡，半夜醒來兩三次，醒來就到處遊蕩。有時候他想爬到床上跟我們一起睡，有時候只是討水喝。」我陸續問了幾個問題，發現亞當是活潑型寶寶。瑪琳解釋：「我不會對他讓步，但每天時時刻刻都在跟他鬥，實在很難應付。他非常頑固，想要掌握每件事。比如他在玩耍，我想離開房間，他就會立刻暴走，大哭著說：『媽媽不要走。』分離焦慮不是早就結束了嗎？我們有時候真的會理智斷線。」

首先，我們面對的是活潑型幼兒，而且正處於「恐怖兩歲兒」階段。我聽完就立刻明白，這不是親子角力大賽，而是兩年來意外教養不斷累積的後果。這對父母一開始沒能引導亞當，反而被他牽著鼻子走。瑪琳告訴我：「過去兩年，我們聽了不同專家的建議，但是都不管用。」我猜那是因爲爸媽不斷變換規矩，現在換亞當反過來操縱他們。有些孩子確實天生霸道，活潑型幼兒就有這種傾向。但活潑型孩子也能學會聽話，前提是父母要懂得**下指令的正確方式**（待第八章詳述）。

我還懷疑瑪琳所謂的「專家的建議」包含控制哭泣法。否則都兩歲了，亞當爲何還堅持媽媽要時時陪在身邊？瑪琳承認他們試過控制哭泣法：「但是不管用，他整整大哭三小時，最後還吐了。」我聽了大吃一驚。整整大哭三小時。儘管瑪琳很想「讓亞當乖乖聽話，說什麼都照做，並且睡過夜」，顯然這個案例如果不先重建信任關係，其他問題都別想解決。或許大哭三小時本身不是所有問題的源頭，但肯定是個重大因素。

亞當的情況很複雜，需要父母長期投入解決方案。當然，這個家庭有些嚴重的行爲問題必須處理，但沒睡飽的孩子根本無從管教。首先，我們得回歸基礎，檢視亞當的睡覺作息。亞當的爸媽會照常說故事，睡前抱抱，然後另外多給他一杯水放到床上，跟他解釋渴了可以自己喝水，不必去找爸媽。

更重要的是，我們要重建亞當對父母的信任。我們把充氣床放到亞當房間，前三天瑪琳陪他一起睡。她起初抗議，因爲她不想要晚上七點半就睡覺。我建議：「如果你還不想睡，可以帶一本書和手電筒進房間，至少他睡著以後，你可以看書。」到了第四天晚上，亞當睡著後，瑪琳就離開房間。幾小時後，亞當醒來，瑪琳立刻進去房間安撫，接下來陪他睡到天亮。再隔一天，亞當就睡過夜了。

第一週，我向瑪琳解釋她必須特別關注亞當，讓他知道不論發生什麼事，媽媽都會陪著他。幸好，瑪琳可以空出一整週專心陪兒子，不必擔心其他事務。她會跟兒子說：「我們去你房間玩吧。」一旦兒子開始專心玩玩具或從事其他活動，瑪琳會一派輕鬆地宣布：「我去一下廁所。」第一天，亞當立刻抗議，但我們有所準備。我教瑪琳在口袋準備一個計時器：「計時器一響，媽媽就會回來。」兩分鐘後，鬆了一口氣的瑪琳回到房間，亞當有點緊張，但微笑著迎接她回來。

第二週一開始，亞當在房間玩，瑪琳用各種藉口每次離開房間五分鐘（「我得看看晚餐煮好了沒／我得打通電話／我得去烘衣服」）。接著，是時候把充氣床移出房間了。瑪琳並沒有特地告知亞當，由爸爸在亞當吃晚餐時把床搬走。那天晚上，他們做了相同的睡前儀式，然後跟亞當解釋：「今天我們要刷牙、唸一本書，然後說晚安，跟平常一樣。我會把燈關掉，坐在這裡陪你一會兒。等到計時器一響，我就會離開房間。」他們把計時器設成三分鐘（對孩子來說就像永恆一樣長），免得亞當睡著了又被計時器吵醒。

第一天晚上，亞當果然想試探爸媽。爸爸一關門，他就開始哭，爸爸立刻回房間，再次設好定時器：「我會坐在這裡陪你幾分鐘，然後我就要走了。」後來這個狀況又發生好幾次。一旦亞當意識到哭也沒辦法換回以前的待遇，他便下床走進客廳。爸爸不發一語，立刻帶他回房間。第一天晚上，父子耗了兩個小時。第二天晚上，亞當就只下床一次。

瑪琳和傑克開始在白天用計時器讓亞當留在自己房間，有瑪琳在旁協助，現在他更適應一個人玩耍了。不過我們的最終目標是教會亞當別在清晨六點就跑進爸媽房間。首先，我們必須讓亞當習慣一個觀念：起床時間到了再離開房間。瑪琳和傑克先是跟亞當玩遊戲：「我們來看看你能不能一直待在房間，計時器響了才出來。」每次亞當贏了，爸媽就給他一顆金星，集滿五顆星之後，就帶他去以前沒去過的公園玩，獎勵他乖乖待在房間。

最後，爸媽跟亞當說，他已經長大了，可以用「大男孩時鐘」。他們慎重地將亞當人生第一個米奇造型電子鐘掛起來，告訴他每天早上只要大大的數字「7」跑出來，他就可以起床離開房間。他們爲亞當示範鬧鐘的功能，並解釋：「鬧鐘一響，你就可以起床離開房間。」這項策略還有最重要的一步：爸媽替亞當設好七點的鬧鐘之後，自己也設了六點半的鬧鐘。第一天早上，他們在亞當的房門外等候，鬧鐘一響，他們就立刻進去。「好厲害喔！鬧鐘響之前，你都一直待在自己的房間耶。今天又有一顆星星可以拿了！」第二天早上，爸媽重複同樣的動作。第三天早上，他們等著看亞當會怎麼做。想當然，他又等到鬧鐘響才起床離開房間。亞當一打開房門，爸媽就大力讚美他。

亞當並沒有奇蹟似地變成乖乖聽話的小孩，他仍然會操縱爸媽，一逮到機會就試探大人的底線。但是，至少現在主導權回到爸媽手上，他們再也不會任孩子擺布。每次亞當表現出霸道的一面，他們不再絕望地放棄管教，而是擬訂計畫，主動糾正孩子。之後幾個月，亞當有時仍會企圖拖延就寢時間，偶爾半夜醒來，但是比起瑪琳一開始找上我的時候，他的睡覺和行為表現絕對改善許多。下一章會提到，如果孩子已經過度疲累或睡眠不足，他的行為問題處理起來就更為困難。

特例❷：全天親餵，晚上依賴奶睡

只能奶睡，仍跟爸媽同床，但弟弟妹妹要出生了。

尼可拉斯的故事反映出我近來越來越常遇到的現象：兩歲（以上）幼兒仍然全天親餵，而且晚上必須喝奶才睡得著。安妮打給我的時候，尼可拉斯已經一歲十一個月。「不管白天或晚上，他一定要吃到乳房才能睡覺。」我問安妮為何這麼晚才處理這個問題，她說：「我和葛蘭特是採取跟孩子同床的作法，所以晚上餵奶不是問題。但是我最近發現自己已經懷孕四週了。我眞的很希望寶寶出生前，尼可拉斯可以斷奶，並且跟我們分床睡。」

我跟安妮說，這個問題已經拖太久了，必須馬上處理。首先我問她：「你眞的確定要斷奶嗎？老公願意幫忙嗎？」這兩個問題攸關計畫是否能成功，爸媽必須立刻讓尼可拉斯斷奶。白天比較容易，每次尼可拉斯想吃乳房，他們可以用各種活動或點心引開他的注意力。到了晚上，就交給爸爸全權負責。每次遇到這種長期親餵的案例，我都把夜晚的工作交給爸爸，或至少媽媽以外的人，畢竟這樣對孩子比較不殘忍。媽媽已經親餵將近兩年，寶寶會無法理解為何媽媽突然不讓自己吃奶。至少換成爸爸出面，寶寶就不會指望有奶可吃。

這個案例還有另一件事要考慮。尼可拉斯已經一歲十一個月，不該睡嬰兒床了。我建議爸媽直接買一張兒童床，並在門口加裝門欄。長期親餵要斷奶沒有捷徑，如果兩星期能解決就要偷笑了。以下是我爲這家人量身打造的解決方案：

第一到三天。首先，尼可拉斯要跟爸媽分床睡，從睡在爸媽中間，變成睡在旁邊。安妮和葛蘭特買了一張新的兒童床，放在他房間。他們把床墊拿出來，放在主臥房床墊的旁邊，跟爸爸睡的位置相鄰。第一天晚上，他哭著想爬回安妮旁邊，每次爸爸都會介入，把他放回自己的床墊，並且做放下法。尼可拉斯哭得撕心裂肺，臉上滿是驚恐憤慨，像在說：「喂，我跟你們同床睡了兩年耶。」

那天晚上大人小孩都沒睡好，所以隔天我建議安妮去客房睡，這樣小孩爬上床也找不到媽媽。另外，安妮是突然間完全停止餵奶，所以她必須照顧好自己的身體，包括換穿貼身胸罩，並且獲得充分休息（如果安妮說她可能會忍不住進房間救葛蘭特，我會另外建議她回娘家或借宿朋友家）。

第二天晚上，葛蘭特跟昨晚一樣，不論尼可拉斯哭得多慘，他都持續做放下法。我先前就提醒過葛蘭特，如果必要，他可以跪在床墊旁，但絕對不能到床墊上。葛蘭特一直對兒子說：「媽媽不在這裡。我會握著你的手，但你必須睡在自己床上。」葛蘭特非常可靠，他一直堅守原則不放棄。那晚，兒子鬧了兩、三次脾氣，最後終於第一次在自己床上睡著。第三天晚上，他哭鬧的時間變少了，但問題還沒解決，前面還有一大段路要走。

第四到六天。第四天，我建議安妮和葛蘭特告訴尼可拉斯，爲了獎勵他乖乖睡在自己的床上，他可以爲自己的房間挑選一套特別的床單和枕頭套。他選了最愛的恐龍邦妮，媽媽告訴他會用新床單把床墊包好，帶回他的房間放到新兒童床上。

那天晚上，安妮回到主臥室，尼可拉斯在自己房間，睡在包著邦妮床單的新兒童床上，葛蘭特則是帶著充氣床睡在兒子旁邊。雖然已經比第一天晚上好一點，但尼可拉斯仍然睡得不安穩，這也是可以理解的。要不是爸爸不斷保證會整晚陪著他的話，尼可拉斯會一直想下床。一開始他確實一再試圖離開，葛蘭特都得讓兒子躺回去。每次葛蘭特要把他放下去，他的腳一碰到床墊，就想立刻再站起來。葛蘭特很堅守放下法的原則，而我已事前提醒葛蘭特：「小心不要把放下法變成遊戲。」這個年紀的孩子發脾氣時，如果爸媽一直把他放回床墊，他可能會想：「噢，眞好玩。我只要站起來，爸爸就會把我放下去。」我告訴葛蘭特不要跟孩子有眼神接觸，也不要說話。我解釋：「現在只要有肢體接觸就夠了。」

第七到十四天。第七天起，葛蘭特開始逐漸把充氣床往門口的方向移動。我向他解釋：「你可能要再睡一週，才能把充氣床搬出兒童房。你必須堅定信念，一天天往門口移動。等到搬出去的那天，不要說謊騙兒子或偷偷離開。直接告訴他：『今天晚上，爸爸要回自己房間睡覺了。』」

到目前爲止，晚上都不需要安妮出馬。畢竟我們的目的是斷奶，如果可以交給爸爸最好了。爸爸開始介入後，睡前儀式就要交給爸爸做，不要再換回媽媽。畢竟兩年來，安妮都把尼可拉斯奶睡，並讓他跟爸媽同床（如果是單親家庭，或者爸爸不願介入，至少前三天晚上，媽媽要找人幫忙，以便開始退奶，詳情見153頁小叮嚀。如果沒人協助，媽媽有可能會半途放棄，繼續把孩子奶睡。）

最後，尼可拉斯第一週結束就成功斷奶，但第二週結束時，爸爸還睡在他的房間。安妮很高興重獲自由，葛蘭特卻不想繼續睡充氣床。於是夫妻倆決定繼續讓尼可拉斯跟他們同床，至少現在不必靠哺乳把他奶睡了。安妮解釋他們爲何做此決定：「跟孩子同床的作法挺適合我們家。尼可拉斯會繼續跟我們睡，寶寶出生之後就睡搖籃，到時候再看著辦吧。」

我看過許多這樣的例子，原本的目標尚未完全達成，爸媽就決定放棄，因爲他們不想再付出更多努力，也不覺得最後會成功，或者他們徹底改變心意。也有可能三者皆是。我們有什麼立場評論父母做的決定呢？我每次都跟客戶說：「這是**你們家**的事，你們可以接受就好。」

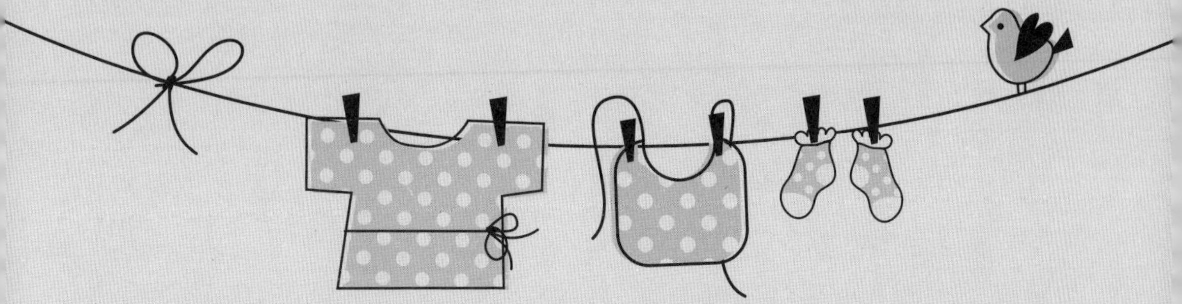

第八章

幼兒教養

引導孩子學會情緒 F·I·T

小心名為「別讓孩子不開心」的傳染病

卡蘿第一次打給我諮詢兩歲兒問題時，堅稱：「柯特妮之前一直是天使型孩子，但是她最近突然一不順心就鬧脾氣。如果我們不抱她，不給她玩具，或是盪鞦韆還沒輪到她，她就立刻崩潰失控，眞的很難搞。我和泰瑞完全不知道該怎麼辦。兩歲小孩想要的關愛和其他一切，我們能給的都給了。」

每次父母堅持幼兒行爲「莫名其妙」出問題，我都不會立刻相信。除非家中遭逢巨變，或是孩子本身受到創傷，否則幼兒的情緒反應不會無緣無故起變化。鬧脾氣起初往往只是輕微的情緒發洩，但是隨著孩子長大，如果沒人教她正確的行爲，情緒發洩就會變成大鬧脾氣。

我想知道卡蘿和泰瑞如何處理柯特妮的情緒，於是又問道：「她開始崩潰失控時，你們都怎麼處理？」所有孩子都有情緒，重點是父母如何回應。「你們會拒絕她的要求，或是阻止哭鬧行爲嗎？」

卡蘿回答：「不會，她以前從來不會崩潰失控。我們會想盡辦法逗她開心，跟她說道理。我們從來不想讓她覺得自己被忽視或遺棄，所以非常努力不讓她哭。我猜我們一直都有滿足她的需求，這種教養方式很有效，她過得很快樂。」

幾天過後，我見到這對即將邁入四十歲的友善父母。卡蘿是平面設計師，柯特妮一歲前，卡蘿都在家工作，現在則是一週工作兩天半。泰瑞開了一間五金行，所以回家時間很固定。平日晚上，他們盡量全家人一起吃飯。言談之間，我得知卡蘿和泰瑞爲了懷孕吃盡苦頭，努力多年好不容易懷上柯特妮。他們非常疼愛這個心肝寶貝，生活凡事都以她爲重。

一頭紅色捲髮的柯特妮很討人喜歡，就兩歲兒而言，她的口條非常清晰，是個人見人愛的快樂孩子。她帶我去看她的房間時，我還納悶這眞的是卡蘿口中會鬧脾氣的小女孩嗎？一踏進房間，我心想，這對父母還眞是能給小孩的都給了。這個小妹妹的玩具簡直比玩具反斗城的倉庫還滿！市面上各種寓教於樂的玩具在架子上堆得老高，房間其中一面牆的書架排滿了圖畫書，另一面牆則是柯特妮專屬的電視和DVD機，她的影片收藏連好萊塢大亨看了都要羨慕！

我和柯特妮獨處幾分鐘後，卡蘿進房間說道：「親愛的，我要請崔西去書房了，我和爸爸有事要和崔西談談。」柯特妮立刻回說：「不要！我要崔西陪我玩。」我跟她保證幾分鐘後就會回來，但她完全聽不進去，而且開始躺在地上亂踢。卡蘿一邊溫柔地勸她，一邊想把她抱起來，但柯特妮就像隻小動物般抵抗。我刻意不插手，想看媽媽和衝進房間的爸爸會如何應對幼兒的情緒發洩。卡蘿顯然覺得很丟臉，所以妥協了。「好了，柯特妮。崔西還沒有要走啊。不然你跟我們一起去書房，我們有泡茶，你可以吃餅乾。」

卡蘿和泰瑞跟我這幾年見過的許多父母一樣。他們什麼都願意給孩子，就是少給一項重要的觀念：守規矩。更糟的是，爸媽往往是爲了讓她停止哭鬧，才答應她的要求。每當柯特妮難過或生氣，爸媽就備感罪惡，所以他們大手筆買了一堆玩具轉移她的注意力。柯特妮只要稍微鬧一下，爸媽就會妥協，無意中強化了幼兒操縱父母的能力。

卡蘿和泰瑞正是「別讓孩子不開心」傳染病患者，這個現象不分年齡層、收入、種族，老來得子和雙薪家庭特別容易中標。我在造訪各國家庭的過程中發現，現代人似乎覺得父母的職責就是讓孩子快樂，所以不太敢管教孩子。但是沒人能二十四小時都很快樂，這不是現實生活的全貌。父母必須幫孩子認識自己的全部情緒，並學會與情緒共處，否則等於是剝奪了孩子學習安撫自己、與他人相處的權利。孩子必須學會聽從指示、同理他人、結束手邊的活動換做其他事，這都是情緒適能的技巧。

因此，比起讓孩子快樂，我們更應該訓練孩子的情緒適能。情緒適能不是保護孩子不被自己的情緒傷害，而是教他們如何面對日常生活遇到的挫折、無聊、失望和挑戰。實際作法是訂立規矩，幫助孩子認識情緒，並引導他們控管情緒。父母必須處於主導地位，孩子才能信賴你，知道你說話算話。

情緒適能可以加深親子關係，提升寶寶出生第一天開始累積的對父母的信任感。對成長中的幼兒來說，信任基礎一定要打好，這樣一來孩子感到恐懼、憤怒和興奮時，他們才知道可以找爸媽談談自己的感受，不必擔心爸媽會反應過度。

這一章要帶你了解情緒適能的基本元素：爲何爸媽必須處理幼兒的失控情緒（像柯特妮那樣鬧脾氣），幼兒失控時又該如何處理，以及爲何要當個客觀父母。客觀父母懂得後退，掌握孩子的本質，並看透當下的行爲。他們也知道該如何避免摻入自己的情緒，適當回應孩子，不去否定孩子的情緒。

引發情緒失控的危險因素

孩子的情緒特質會在一到三歲時期出現變化，但有一項重要的主題貫穿整個發展階段：父母的引導，以及訂立規矩。你必須教孩子分辨好壞對錯，讓他知道如何認識並管理自己的情緒。否則，他感受到非常強烈的情緒就會無所適從。尤其當他遭受限制，挫敗感一湧上來，就會出現我所謂的「失控情緒」。

孩子出現失控情緒時，她不能理解自己發生了什麼事，也無力阻止不斷升高的情緒循環。可以想見，容易情緒失控的幼兒往往很難融入群體。相信你知道我在說哪一種小朋友（「以前我們會找巴比一起玩，但他實在太不受控了，所以後來就沒再找他」）。可憐的巴比沒有錯，只是從來沒人教他如何安撫自己的情緒，失控時又該如何處理。當然，巴比可能天生就是活潑型寶寶，容易情緒爆發，但天性不代表一切。失控情緒也可能導致孩子開始罷凌別人，因爲罷凌行爲就是將不受控的情緒和挫敗感發洩在他人身上。

下表提出容易使孩子情緒失控的四種因素：孩子的天性、環境因素、發展階段問題，以及最關鍵的父母的行爲。這四大因素互有

引發情緒失控的危險因素			
孩子的天性與情緒／交際類型	**環境因素**	**發展階段問題**	**父母的行為**
容易情緒失控的孩子通常屬於： ・性情：性情乖戾型、活潑型、敏感型 ・情緒／交際類型：隨和但缺乏自信、高反應、極度敏感	容易情緒失控的孩子通常： ・家裡沒有妥善的兒童安全防護措施 ・沒有地方可發洩精力 ・家裡有重大變化或陷入混亂	容易情緒失控的孩子通常正處於： ・分離焦慮 ・無法清楚表達自己的階段 ・兩歲階段 ・長牙階段	容易情緒失控的孩子，其父母通常是： ・主觀父母（參見357頁表格） ・發現孩子的不當行為沒有馬上糾正 ・行事原則不一致 ・爸媽標準不一樣，並為此起爭執 ・面對會造成壓力的事件，不懂得先替孩子做心理建設

影響，不過有時候其中一項是明顯主因。後續將簡短爲大家說明每一種因素和狀況。

孩子的天性與情緒／交際類型

特定天性的孩子比較容易崩潰失控，比如敏感型、活潑型和性情乖戾型幼兒需要父母花費更多心思培養情緒適能。舉個例子，喬夫是個敏感型幼兒，需要更多時間才能適應新狀況。如果喬夫還沒準備好，媽媽就催他或強迫他跟其他孩子互動，他就會嚎啕大哭。除了出生就具備的天性，孩子也會在人際關係中發展出特定的情緒／交際類型：

◎**開朗的孩子很能融入群體**。

你可以訓斥他的不當行爲，他學得很快，也很願意分享自己的東西，甚至會把玩具拿給其他小朋友。他在家很聽話，會乖乖收玩具。這一類的孩子通常是群體的領袖，但他自己並不追求擔任領袖，而是其他小朋友自願追隨他。父母不必擔心他的交際生活，他是天生的萬人迷，大部分狀況都能輕鬆適應。不用說也猜得到，開朗的孩子大多是天使型或教科書型寶寶。如果父母懂得將孩子的精力引導到正確的活動和興趣，活潑型孩子也可以是天生領袖。

◎**隨和但缺乏自信的孩子寧願自己玩**。

在家總是很淡定，除了受傷或疲累，否則不太會哭。他會仔細觀察其他小朋友的互動，如果比較具侵略性的孩子想要他手上的玩具，他會立刻交出去，因爲他已經知道對方會有什麼反應，並且感到害怕。比起極度敏感的孩子，他的恐懼程度較低，但父母還是要注意孩子當下處於什麼狀況。讓他接觸其他孩子和新狀況是好事，但是你一定要在一旁陪他。不用擔心他沒融入群體，而且你應該感到欣慰，他有自信可獨自玩耍。若想擴展他的交際圈，你可以找同樣隨和但沒自信的孩子，或跟他處得來的開朗孩子當玩伴。很多性情乖戾型幼兒都很適合，部分天使型和教科書型幼兒也行。

◎**極度敏感的孩子很容易不高興**。

只要稍不如意，他就很不高興。從嬰兒到小幼兒期，他都會纏著父母抱抱。遇到新狀況往往會黏在爸媽身邊。參加團體活動時，他喜歡坐在媽媽腿上看其他小朋友，不願意進一步互動。他很愛哭，如果另一個小朋友太靠近、搶走他的玩具，甚至媽媽關心其他小朋友，都會惹他不開心。他經常發牢騷，好像全世界都在跟他作對。有些極度敏感孩子也很易怒，因爲他們很容易挫折。爸媽一定要讓他按照自己的步調走，遇到新狀況要特別關心他。很多敏感型和部分性情乖戾型孩子都屬這個類型。

◎**高反應孩子精力很旺盛**。

他非常有自信，有時甚至有點侵略性，容易衝動。多數幼兒都認爲全部的東西都屬於他，但是這類孩子反應特別強硬。他很強悍、遊刃有餘，不時動手動腳。他很快就發現可以藉由打人、咬人、踢人或其他暴力行爲達成目的。如果你強迫他跟別人分享他的東西，他可能會尖叫崩潰。在別人眼裡，他往往像個小惡霸。這類孩子需要進行很多活動，消耗旺盛的精力。爸媽一定要了解哪些事會讓他暴走，注意孩子快失控的徵兆，阻止他鬧脾氣。高反應的孩子很願意接受行爲糾正，可以多用集滿貼紙換獎勵的方式鼓勵他們的好表現。一般活潑型孩子和部分性情乖戾型都屬於這個類型。

天性不太會改變，情緒／交際類型則會隨著成長進化。一位隨和但缺乏自信的孩子長大後**可能**會比較願意與人互動，高反應孩子上幼稚園之後可能會變溫和，但是這些改變通常是在父母的引導下發生。所以說父母和孩子的「情緒適合度」（見88頁）非常重要，爸媽的本性可能會與孩子的個性起衝突，也可能相輔相成。隨著孩子成長，我們會從他們面臨各種狀況的反應逐漸了解他們。但是爸媽也別忘了回過頭看看自己，想想自己的弱點是什麼，孩子做什麼事容易犯了我們的大忌。成熟的大人可以調整自我，採取對孩子最有利的行動，也就是客觀父母的本質（參見357頁說明）。

環境因素

一到三歲的幼兒理解能力與自我意識逐年突飛猛進，所以幼兒對環境變化特別敏感。孩子就像情緒海綿，就算成人覺得兩歲兒不懂爸媽離婚或家人去世是怎麼回事，幼兒還是能察覺爸媽的心情，發現家裡變得不一樣了。搬家、生小寶寶、改變日常作息（比如重返職場）、爸媽其中一人得了流感，在家休養一星期，或其他偏離常軌的事，都會影響幼兒的情緒。

同樣道理，如果幼兒參加新的團體，認識新的小朋友（小惡霸），因此變得更愛哭、更侵略或更黏人都是可以想見的結果。孩子最早從九個月開始就跟大人一樣對他人有好惡之分，特定類型的孩子相處起來，往往其中一方容易情緒失控。如果孩子一而再跟人吵架，而且總是搞到有人受傷，不論他是挑起爭端或是被找碴的人，都表示他跟對方處不來。請尊重孩子對玩伴的好惡，家人也一樣。他可能不太喜歡爺爺或某個阿姨，你可以多讓孩子跟對方試著相處，但是不要逼他。

當然，生活原本就充滿各種意想不到的插曲。我並非建議父母把孩子當成溫室的花朵，只是平時記得多觀察蛛絲馬跡，也許孩子正受到周遭變化的影響，比平常更需要你的引導和保護。

另外，幼兒需要可以發洩精力的安全場所。如果家裡沒有做好兒童安全防護措施，你得常常追在孩子屁股後面，一下說「不行」，一下說「不要拿」，我保證幼兒會越來越挫敗，累積到最後就會崩潰。耐摔和不重要的物品就讓孩子碰吧，告訴他家裡有些物品一定要爸媽幫忙才能拿。還有，幼兒對嬰兒期的玩具已經不感興趣了，你必須把環境改造得更刺激、更有挑戰性：汰換舊玩具，提升遊戲難度，在家裡清出一個空間讓他自由來去，做各種實驗。戶外也要有一個可以安全探索的地方。尤其冬季氣候嚴寒的地區，大人小孩如果關在家裡太久會很焦躁，最好是替孩子穿上層層保暖的衣物，帶他們出去踢球跑步，躺在雪地上玩耍。

發展問題

嬰幼兒發展階段有幾個時期情緒動盪特別大（特別是整個幼兒時期）。當然，你不能、也不想阻止孩子長大，不過在這些孩子比較難掌控情緒的階段，你可以多多關注他。

◎**分離焦慮**：

前面提過，分離焦慮多始於七個月大，可能到一歲半才結束。有些孩子沒什麼差別，有些則需要父母謹慎建立起信任關係（見91頁）。如果孩子還想坐在你的腿上慢慢適應新群體，你卻硬把他抱下去，屆時他長成歇斯底里的幼兒也別意外。你應該給他多一點時間，尊重他的情緒，與其找高反應孩子當玩伴，不如多認識其他個性溫和的孩子。

◎**字彙量不足**：

多數孩子都會經歷一段無法用精確詞彙表達需求的時期，搞得大人小孩都很挫折。比如他指著櫃子唉唉叫，你可以把他抱起來，跟他說：「想要什麼，指給我看。」然後教他：「噢，你想吃葡萄乾。你會說『葡萄乾』嗎？」他當下可能還不會講，但是你已經在幫他發展語言能力。

◎進入猛長期，行動力大增：

前面吃飯和睡覺的章節提過，孩子進入猛長期和學會爬或走路的身體發育期，睡眠可能會受到干擾。睡不飽的孩子隔天會更敏感、更具攻擊性，或者純粹心情不好。如果孩子前一天晚上沒睡好，當天請盡量安排溫和的活動，不要在孩子狀態不佳的時候給他新挑戰。

◎長牙：

長牙很難受，孩子可能會情緒失控（照顧長牙幼兒的秘訣，見190頁小叮嚀）。如果父母覺得孩子很可憐，連他行為逾矩也不忍訓斥，還為他找藉口：「他在長牙不舒服，沒辦法。」幼兒就更容易行為不當。

◎兩歲兒：

滿兩歲後，幼兒確實會「莫名其妙」出現問題行為。他彷彿一夜間變了個人，前一秒還是個貼心乖寶寶，下一秒就變得負面又霸道，翻臉的速度比翻書還快。也許剛剛還玩得很開心，一眨眼就開始放聲尖叫。但是，你要是早早就培養孩子的情緒能力，兩歲兒不一定會很恐怖。在這個風不平浪不靜的發展階段，你必須提高警覺，防止孩子情緒失控，更努力堅守原則，教孩子遵守行為規範。

父母的行為

以上因素都有可能使孩子情緒失控，但是如果要我按照影響大小排序四個危險因素，「父母的行爲」絕對是第一名。父母不會直接造成不當行爲，就像他們無法指定孩子何時要進入哪個發展階段。但是父母面對特定階段的態度，或是回應孩子反抗、挑釁或鬧脾氣的方式，會影響孩子未來是否能管好自己的行爲，以及不當行爲是否會持續下去。

◎客觀與主觀教養：

請參考下表了解一下客觀父母與主觀父母的差異。客觀父母以孩子的個體需求爲主，主觀父母則以自我的情緒爲主。他們帶著偏見看孩子的行爲，所以很難做出適當回應。主觀父母不是袖手旁觀就是做出錯誤反應，導致孩子持續不當行爲。說實在的，誰希望自己的孩子動手打人、說謊，或亂丟玩具砸中其他小孩的額頭？但是父母不出

主觀與客觀教養一覽表	
主觀父母	**客觀父母**
‧在孩子身上看到自己的影子 ‧根據自己的情緒做出反應，任由情緒蒙蔽理智 ‧認為孩子的行為是自己的錯，感到內疚 ‧合理化孩子的行為，或是替孩子找藉口 ‧不去釐清真正的狀況 ‧無意間縱容孩子的不良行為 ‧過度稱讚孩子或在不該稱讚時讚美孩子	‧把孩子視為獨立個體，而非自己的一部分 ‧根據當下情況做出反應 ‧尋找能解釋孩子行為的線索，蒐集證據（367 頁） ‧教孩子新的情緒技巧（解決問題、因果關係、談判協商、表達情緒） ‧讓孩子承擔後果 ‧當孩子表現良好，或者展現出良好的交際技巧（友善待人、願意分享、願意配合），便適時給予讚美

面介入，就等於是縱容孩子的不當行爲。

◎雙重標準：

你不能在家做一套，出外又是另一套。當孩子第一次做出不當行爲，比如亂丟食物、攻擊他人或是鬧脾氣，父母往往會大笑，因爲他們覺得很可愛、孩子長大了，或者孩子只是在展現活力。他們沒意識到大笑的反應會強化孩子的行爲。等到有一天他們帶孩子出門，同樣的問題又上演，父母就會感到丟臉。但是假如你在家縱容孩子亂丟食物，你覺得孩子上餐廳會突然很守規矩嗎？孩子不會明白爲何爸媽上次哈哈大笑，這次卻板起臉不高興，所以他會再丟一次，彷彿在說：「你們怎麼不笑了？之前不是覺得很好笑嗎？」

另一種雙重標準是父母意見不合，孩子也可能因此情緒失控。父母其中一人可能心腸很軟，不論孩子做什麼都覺得很有趣、很酷、很勇敢，另一人則是堅持要教孩子守規矩。比如小查理開始在課堂上打人，媽媽很擔心，回到家跟爸爸提這件事，爸爸卻一笑置之：「他只是在保護自己罷了。我們可不希望他變成膽小鬼，是吧？」爸媽可能會在孩子面前爭執，這絕對不是好事。

孩子在每個成人面前本來就會有不同行爲，但如果有「在客廳不要吃東西」的家規，爸爸最好不要在媽媽前腳才剛踏出家門，就立刻跟兒子癱在沙發上大吃洋芋片，還跟兒子說：「媽媽會生氣，我們不要告訴她。」

◎沒替孩子做好心理建設：

有時遇到可能造成壓力的事件，父母沒花時間事前替孩子做心理建設，孩子就可能情緒失控。從幼兒的角度來看（進行活動前，一定要先從幼兒角度思考有無不良影響），從一般的約朋友出來玩、去兒科診所，到生日派對，都有可能造成壓力。我有個朋友自告奮勇為孫子舉辦兩歲生日派對，那天我提早到現場，看著大人忙著在後院布置城堡和氣球（看上去有五百顆）。對成人來說，這個慶生場景非常夢幻，但可憐的壽星喬夫完全被蒙在鼓裡，那天下午被帶去後院，看到一位盛裝打扮的海盜、超多小朋友，有些跟他同齡，很多孩子比他大，還有三十位左右的大人，他整個嚇傻了，哭得歇斯底里，令人很心疼。隔天，我朋友說：「我不知道這個年紀的孩子會不會不領情，但那天下午喬夫一直跟我待在房間，不肯出去。」不領情？喬夫才兩歲，沒人事先告訴他要辦生日派對。難道還指望他會開心嗎？這孩子根本嚇壞了。我不得不問朋友：「說實話，這場派對是為誰而辦的？」她不好意思地說：「我懂你的意思了，確實我更注重其他大人和大孩子是否盡興。」（另見95頁小叮嚀。）

檢視主觀父母的心態

每次父母說：「我兒子不肯……」或「我兒子很不聽話……」，我都很難接受，他們說得好像孩子的行為跟他們無關似的。本章開宗明義就指出，現在太多父母很怕惹孩子不高興，所以乾脆把掌控權交給幼兒。他們擔心一旦明訂規矩，孩子就會不愛他們。主觀父母可能也不太懂如何在不當行為剛萌芽時立刻根除，而拖到最後不得不處理。他們通常不是不夠堅定就是作法變來變去。更糟的是，父母等太久才介入，不當行為的循環就更難破除。結果往往是父母也發脾氣，所有人都失控。

情緒適能不佳的父母，無法教孩子培養情緒適能。在我看來，成人情緒適能的本質就是客觀，能夠退一步客觀評估情況，不讓情緒左右自己的反應。客觀父母很少來找我諮詢。希望我能幫忙解決孩子行爲問題的絕大多數是主觀父母。他們下意識按照自己的情緒行動，沒有顧及孩子的最佳利益。客觀父母並非把自己的情緒摒除在外，正好相反，他們非常了解自己的情緒，只不過面對孩子時，他們不會任由情緒主宰自己的行爲，主觀父母才會這麼做。

◎**舉個例子：**

一歲半的海特跟媽媽去逛鞋店，看到櫃臺擺了一個大玻璃罐，裡面裝滿了棒棒糖。他想要立刻拿一根棒棒糖來吃，但媽媽不准，於是海特當場在店裡崩潰失控。主觀父母立刻心想：「天啊，拜託他不要鬧。」媽媽可能一開始先跟他講條件（「等我們回家，你就可以吃一根特製的無糖棒棒糖」），或許她過去都是這樣處理，而且多以失敗收場，所以隨著每次海特提出霸道要求，媽媽的憤怒和些許內疚（「孩子會這樣都是我害的」）便會逐漸高漲。當海特開始哭鬧，媽媽就更加憤怒，認爲海特的胡鬧是在針對自己（「他怎麼可以又這樣對我，太過分了」）。等到海特決定躺在地上耍賴，雙手亂搥媽媽的鞋子，不好意思繼續在眾人面前管教小孩的媽媽就只好妥協。

主觀父母會根據自己的情緒做出反應，而不是抽離自己的情緒，根據孩子的內在情緒適當回應。那是因爲孩子做的每一件事，主觀父母都會當成自己的投射。他們很難接受孩子的天性（「他平常都是個小天使啊」），往往會否定孩子的情緒（「好了，海特，你一定不想吃了棒棒糖，待會晚餐吃不下吧」）。說了這麼多，這位媽媽就是不敢說出眞心話：「不行，現在不可以吃糖。」

主觀父母太常在孩子身上看到自己的影子，孩子的情緒彷彿就是他們的情緒。他們往往不懂得安撫孩子的心情，尤其是憤怒和悲傷，說不定是因爲他們本身就不擅長排解強烈的負面情緒，或者孩子讓他們想到自己，也有可能兩者皆是。主觀父母不太會畫界線，比起身爲父母，他們更像孩子的同儕。

他們會以建立孩子自尊的名義無限上綱，處處為孩子的行為找藉口，哄騙孩子。卻幾乎不會想到：「我是孩子的爸媽，應該阻止這種行為。」

如果有個媽媽跟我說：「兒子跟爸爸（或奶奶）出門都表現很好，我帶就不行。」我會懷疑她是個主觀父母。她對孩子的期望可能比另一半更高，這份期待反映的是她想要的小孩，而不是孩子眞正的能力。她必須自問這種期待是否實際。幼兒不是小大人，他們還要過好幾年才能眞正控制衝動。除此之外，有可能爸爸眞的比較會管教孩子，教孩子分辨是非對錯，當孩子越界，爸爸會適時糾正。媽媽必須思考：「爸爸（或奶奶）做了什麼，是我沒做到的？」

主觀父母的孩子是操縱與情緒勒索的專家。所有孩子都會試探父母的底線，尤其是幼兒。一旦父母言行不一，不懂得畫分界線，他們很快就會發現。孩子本性不壞，他們只是從父母身上學到：會吵的孩子有糖吃，如果光吵還不夠，那就大鬧脾氣。所以連收拾玩具這麼簡單的一件事，主觀父母也得花一番力氣跟孩子鬥法。比如媽媽說：「好了，該把玩具收起來了。」孩子立刻大叫：「不要！」於是媽媽再說一次：「快點，親愛的，我會幫你一起收。」她拿起一個玩具放回架上，兒子無動於衷。「來吧，親愛的。你自己不收，我就不幫你了。」兒子還是不動如山。媽媽抬頭看了時鐘，發現差不多該煮晚餐了，爸爸很快就會到家。她不發一語把玩具收拾乾淨，還是自己來比較快，至少她是這麼想的。但是就現實看來，她教了兒子兩件事：一、媽媽說話不算話；二、就算媽媽是認眞的，只要說「不要」，然後開始鬧，媽媽就會放棄。

孩子失控時，主觀父母往往感到困惑、丟臉、內疚。他們的反應很極端，不是發怒，就是過度或不必要的讚美。如果他們自己的父母非常嚴厲，或者他們感受到其他父母帶來的社會壓力，覺得必須養出一個「好」小孩，主觀父母就會擔心孩子不快樂，感受不到父母的愛。一旦孩子跟所有幼兒一樣出現不當行爲，主觀父母不僅不懂得客觀蒐集證據，檢視孩子是否正在養成不良習慣，反而還選擇忽視或合理化孩子的行爲（拋出各種「推托之詞」）。主觀父母首先會替孩子找藉口，試著講道理或安

小叮嚀

主觀父母常用的推托之詞

主觀父母會為孩子找藉口，合理化不當行為。他們會拿孩子的狀況當理由，對於真正的問題避而不談，完全無助於增進孩子的情緒適能。更糟的是，孩子再這樣下去遲早會在外面發生問題，父母卻一再逃避管教的責任。每次家裡有客人，或是爸媽帶孩子出門，當發生不當行為時，爸媽往往會搬出以下這些推托之詞。

「他餓了就會這樣。」

「他今天心情不好。」

「你也知道他是早產兒，早產兒都……（下接各種藉口）。」

「我們家的人都這樣。」

「她最近在長牙。」

「他是個很棒的孩子，我真的很愛他，但是……」（父母一再強調孩子很棒，卻無法接受孩子的本性，只希望有人能施法把孩子變成他們心目中的乖小孩。）

「他大多時候就像個天使一樣。」

「孩子的爸工時很長，通常都是我在顧小孩，我不想要一天到晚拒絕他的要求。」

「他累了，昨晚沒睡好。」

「他身體不舒服。」

「我是不擔心啦，長大就會變乖了。」

撫孩子，接著孩子越鬧越誇張，父母就會一下子翻臉發飆。父母會告訴自己，發飆是因爲孩子太過分了。但實際上是父母自己不斷累積怨氣，忍到最後像火山一樣猛烈爆發。

重點是，主觀父母會在不知不覺中造成意外教養。他們不斷妥協，答應孩子的要求，使孩子覺得自己權力很大，不良行爲當然會持續下去。另一方面，父母將主導權交到孩子手中，也等於失去自尊和孩子對自己的敬重。父母容易對孩子發怒，還會遷怒到周遭的人身上，完全是雙輸局面。

學習當個客觀父母

如果你發現自己符合主觀父母的描述，也別擔心。只要你決心改變作法，學習當客觀父母並不難。一旦習慣當個客觀父母，你就會更有自信。更棒的是，孩子察覺到你的自信，就能更安心信任你會在必要時幫助他。

想當客觀父母，當然得先當P．C父母：接納孩子的天性，察覺孩子在特定發展階段經歷的變化。客觀父母曉得孩子的強項與弱項，可以事前爲孩子做心理建設，以防發生問題。他們也有足夠耐心，陪伴孩子度過艱難的時刻，他們很清楚教養需要花時間。比如一位媽媽在線上發表的一篇文章；她一歲四個月的兒子對玩具的占有欲很強，最近開始在團體裡拉扯推人，讓她很擔心。有位客觀的「以賽亞的媽媽」回文分享了她的育兒策略：

我兒子也是一歲四個月，現在他跟其他小朋友玩的時候，我必須坐在旁邊陪他。當然這只是暫時的！他還在學習如何分享，如何跟其他人一起玩，我必須教他正確的觀念。所以我直接坐在旁邊，「示範」給他看。如果他開始想攻擊別人，我會握住他的手，教他如何輕輕觸碰別人，並且解釋對待朋友要溫柔一點。如果他想搶走別人的玩具，我也會握住他的手，跟他講道理：「不行。比利還在玩。你已經有卡車了，球要讓比利玩。等他玩完再換你。」他很討厭等待，所以他會再搶一次，而我也會照樣握住他的手，再跟他解釋一遍。如果他動手第三次，我就會把他抱起來離開現場。這麼做不是懲罰或暫停隔離，只是要轉移他的注意力，不讓他搶玩具得逞。這個階段的重點是預防孩子做壞事，教他正確的行為。這是成長的必經階段，我們必須讓孩子知道我們希望他怎麼做。過程大概要花一年吧！爸媽要投入很多時間，非常耐心地一再提醒。孩子還不太會控制自己的衝動，現在爸媽從旁提供孩子大量的協助，再大一點才會更好教。

像以賽亞的媽媽這樣的客觀父母，知道爸媽有責任把小孩教好，因為小孩不是天生就知道自己的行為是對是錯。當然，有些孩子天生比較受教，可以輕鬆融入群體，懂得如何和其他孩子一起玩。儘管孩子有天生上的差異，身為孩子的第一位老師，父母還是要擔起教養的責任。客觀父母不會跟孩子討價還價，或是被動等待孩子「把道理聽進去」。幼兒沒辦法講道理，尤其是瀕臨崩潰或已經崩潰的幼兒。你必須拿出成年人的樣子，表明你最清楚該怎麼做。

回到在鞋店吵著要吃棒棒糖的海特。客觀父母會堅定地告訴他：「我知道你想吃棒棒糖，但是不行，你不可以吃。」說不定他們早就做好準備（身邊帶著一個幼兒，走到哪都有可能遇到零食誘惑），隨身攜帶零嘴，這時候就可以拿出來代替棒棒糖。如果海特仍然堅持要吃糖，客觀父母會先忽視他的要求，海特再鬧下去，他們就會帶兒子離開店裡（「我知道你現在很不高興。等你冷靜下來，我們再去買你的新鞋子」）等孩子停止哭鬧，爸媽會給他一個擁抱，恭喜他成功處理自己的情緒（「好棒喔，你冷靜下來了」）。

客觀父母能坦然面對自己的情緒，但從不拿來羞辱孩子（「你這樣害媽媽很丟臉」）。有必要時，他們才會跟孩子分享自己的心情。（「不行，不可以打人，這樣媽媽會很痛，媽媽會傷心。」）最重要的是，客觀父母會三思而後行。如果孩子跟另一個小朋友玩一玩開始扭打，他們會先蒐集證據，了解實際情況，不帶情緒地評估狀況，然後才採取行動。即使孩子說：「我討厭你。」（很多幼兒得不到想要的就會這樣說。）客觀父母也不會擔心或內疚，他們仍會堅持做該做的事，並且對孩子說：「你這樣想，我很難過。我看得出來你很生氣，但答案還是不行。」狀況解除後，父母會恭喜孩子成功控管自己的情緒。

小叮嚀

面對孩子不當行為的四不原則

- 孩子不值得稱讚時，就不要讚美他，請誠實表達你對孩子行為的看法。
- 不要試圖講道理，這招對大多幼兒都沒用。你必須立下切合實際的規矩，讓他們能安全地探索。
- 不要光說不練。在孩子情緒失控前適時介入，在孩子面前也要做好榜樣。
- 不要逃避教養責任，尊重孩子，同時也要糾正他們的不當行為！

家有幼兒彷彿置身地雷區，整天隨時都可能爆炸，從一個活動換到下一個活動的引爆機率更高，比如玩完玩具要收拾、坐進餐椅準備吃飯、洗完澡、睡覺前。孩子疲累、周遭有其他孩子，或者你們處在陌生環境時，災情肯定更慘烈。但無論置身哪一種情境，客觀父母都會事先做好規畫，手握主導權，把握每個教育孩子的機會。不要在氣頭上凶巴巴地教訓孩子，請用溫和冷靜的口氣引導孩子（見373頁的「F・I・T」基本原則）。

化解孩子的情緒和不當行為

如果要我列出父母最常自欺欺人的三句謊言，「長大就好了」肯定榜上有名。有些行爲確實是隨著發展階段冒出來，如351頁的表格所示，發展階段問題往往會造成情緒失控。但是如果不處理攻擊行爲等特定問題，不當行爲不會因爲發展階段結束而消失。

最近我接到一個諮詢案例，一歲半的馬克斯只要一不順心就會撞自己的頭。我見到孩子本人時，他的額頭滿是瘀青，父母擔心得要命。馬克斯的行爲不僅嚇壞全家人，他們也很擔心會在孩子身上留下永久傷害，所以每次馬克斯開始撞頭，家人就立刻跑去關心他，因此更加強化了這個舉動。馬克斯成了家裡的小霸王，一不如意就會找附近的堅硬物體開始撞頭，包括木頭、水泥、玻璃，藉此情緒勒索父母。這個行爲問題有一部分是發展階段引起的：馬克斯的理解能力很高，但字彙量還很少，他沒辦法好好表達需求，所以老是挫敗。欠缺表達能力的問題「長大就會好了」嗎？是的，但是，父母必須及時阻止馬克斯亂鬧脾氣。

首先，蒐集證據

無論孩子受到哪些因素影響，比如發展階段問題、環境因素或天性（馬克斯正好是活潑型孩子），一旦孩子展現出任何攻擊行爲（打人、咬人、推人、亂扔東西）、經常鬧脾氣，或是任何其他錯誤行爲（說謊、偷竊、欺騙），父母務必先綜觀全局，蒐集證據，思考以下一連串問題，再決定如何行動：**何時開始出現這類行爲？觸發點通常是什麼？過去是如何處置這類行爲？你是否曾經視而不見、歸因於「孩子正在經歷某個階段」，或者用「小孩子都這樣」來合理化行爲？孩子的家庭、交際圈是否發生變化，使他感到脆弱？**

我要聲明：蒐集證據不是爲了證明孩子有罪。重點是檢視線索，找出引發不當行爲的原因，你才能以正面合宜的態度幫助他處理情緒。客觀父母幾乎是憑直覺在蒐證，因爲他們平常就在觀察孩子本身和他的行爲，以及那些情境會觸發哪些情緒。黛安是我早期的老客戶，之後我們變成好友。她最近打給我，因爲兩歲半的女兒愛莉西亞兩、三週前開始作惡夢，最喜歡的體操課也不肯去了，表現完全判若兩人。

從愛莉西亞四週大時，我和黛安就喚她「天使愛莉西亞」，她連長牙期間都睡得很好。但現在她突然開始夜醒，哭得眼睛紅通通。我立刻問黛安，最近交際活動有什麼變化。黛安回答：「我眞的不曉得。我們第一次去上體操課時，她看起來很喜歡這堂課，課程已經上了一半。但是現在送她去上課，我一轉身要走，她就開始發作。」聽起來一點也不像愛莉西亞的個性，她從來不排斥自己待在教室，現在卻明顯向媽媽喊話：「拜託不要把我丟在這兒。」黛安認爲可能是很晚才發作的分離焦慮，但愛莉西亞年紀太大了，不大可能是這個原因。我認爲可能是她想像力豐富的腦袋正在經歷一些事，爲了查出眞相，媽媽必須蒐集證據。我建議黛安：「你一定要仔細觀察，她一個人在房間玩的時候，請特別注意她的言行。」

幾天後，黛安回電，興奮地說她發現非常重大的證據。她聽到愛莉西亞對著心愛的娃娃說：「別擔心，蒂芬妮，我不會讓馬修把你搶走，我發誓。」黛安想起馬修是體操課的其中一個小男生，於是她去找體操老師詢問狀況。老師說馬修「有點愛欺負人」，有幾次專挑愛莉西亞找碴。老師當下有責備馬修，並安撫愛莉西亞，但是罷凌事件對愛莉西亞的影響顯然超出老師的預料。聽完這番話，黛安瞬間想通愛莉西亞最近冒出來的新行爲：過去兩、三週，愛莉西亞都會準備一個專屬小背包，把心愛的娃娃蒂芬妮、各種小飾物，以及從嬰兒期開始睡覺都要抱著的破舊小狗布偶汪汪，全都裝進背包裡。黛安發現，愛莉西亞堅持隨身背著背包，否則會不開心。「有一次我們出門才發現忘記帶背包，她說什麼都要回家拿。」我對黛安說，那是一個好跡象，表示愛莉西亞正在想辦法對付惡霸，還知道要隨身攜帶防身道具。

蒐集到證據後，我和黛安想出一套計畫：既然愛莉西亞能夠放鬆地與娃娃交談，說出這件事，那麼黛安也可以加入對話。那一天，黛安一屁股坐在地上，向女兒提議：「今天我們跟蒂芬妮一起上體操課吧？」愛莉西亞立刻說好。黛安知道愛莉西亞會替娃娃回答問題，於是她問：「蒂芬妮，你平常上課都在做什麼呀？」她們聊了一會兒課堂的例行活動，接著黛安又問娃娃：「那個叫馬修的小男生怎麼樣？」

愛莉西亞自己答道：「媽咪，我們不喜歡馬修。他會打我，還想把蒂芬妮搶走。有一次他搶走蒂芬妮，把她往牆壁扔。我們不想再回去上課了。」

黛安就這樣打開了愛莉西亞情緒世界的大門。她顯然很害怕馬修，但是開口談論整件事，是處理恐懼的第一步。黛安保證下次她會陪愛莉西亞一起上體操課，而且還會找老師和馬修媽媽談一談。馬修再也不能打愛莉西亞，也不能搶走蒂芬妮。發現證據後，黛安明白她必須讓愛莉西亞知道，媽媽會當她堅強的後盾。

我還遇過另一個例子，不過這次兩歲三個月的獨生女茱麗亞沒被欺負，是有人被她欺負。茱麗亞一直有「無緣無故打人」的問題，讓媽媽米蘭達很擔心，她懷疑茱麗亞在模仿對街一個叫賽斯的大男生。米蘭達說賽斯的個性「很霸道，對所有玩具都有很強的占有欲」。他們一起玩時，我必須一直提醒賽斯要多多分享，要他把玩具還給茱麗亞。」

我請米蘭達再多說一點茱麗亞的行爲。「過去兩、三個月，她變得很易怒。去公園時，光是別的小朋友經過，她就會大喊『不要』。有時候她會無緣無故出手打人，如果其他小朋友要拿走她的玩具，她也會打人。幾個星期前，有個比她小的孩子不小心在溜滑梯上撞到她，她立刻大喊『不要』，還把那孩子推下去。她對賽斯和其他孩子的反應好像變得很負面，也不太想跟其他人一起玩。只要周遭有別的小朋友，她就會展現出具侵略性的一面。」

米蘭達想得沒錯，茱麗亞的行爲確實是受到賽斯侵略表現所影響。幼兒絕對會模仿其他孩子的行爲，他們會推人、打人，試探父母的反應。但我知道米蘭達還漏掉了其他證據。不論玩伴是誰，茱麗亞感覺天生就是活潑型幼兒，明顯也是高反應的情緒／交際類型。我花了幾分鐘詢問茱麗亞的嬰兒和小幼兒期，從中發現到證實我猜想的新證據。米蘭達坦承：「茱麗亞玩玩具時，總是很快就感到挫敗。比如蓋積木時，如果一部分積木倒了，她就會氣得把全部積木都推倒，甚至會亂丟積木。」在其他交際場合遇到小朋友，茱麗亞也是維持一貫作風。以前她去幼兒美術課和音樂課都表現很好，但最近也開始在課堂上展現攻擊行爲。我們越深入討論，米蘭達越能想通女兒的行爲：「如果是大家圍成一圈唱歌，或是各自做美勞，茱麗亞就沒事，我猜是因爲這些活動不太需要跟其他小朋友互動。但是有一次，有個小男孩只是要把美術用具拿回去放，茱麗亞就大叫『不要』，還把對方推倒。」

米蘭達在電話中嘆氣：「我們當下會告訴她不可以打人或推人，別人會受傷，大叫『不要』很沒禮貌。她每次打人，我們就會帶她離開現場，讓她在另一個房間冷靜。但是這些管教方式好像都無效，我們不知道該如何幫助她控管情緒，尤其是面對其他小朋友時。顯然我們的管教出了問題。」

我要米蘭達別自責，她只是尚未蒐集到足夠證據，但眞相已逐漸撥雲見日了。從最初塞斯和茱麗亞搶玩具時，米蘭達立刻就提醒塞斯要懂得分享，但她當下應該也要告誡女兒。其他幼兒確實會影響孩子，但是仔細看看以上證據，茱麗亞還沒跟塞斯玩在一起之前，就已經是較具侵略性的孩子。茱麗亞可能是從塞斯身上學到幾個欺負人的行爲，但茱麗亞欺負人的時候，米蘭達就應該要介入。侵略行爲通常會越演越烈，就像茱麗亞這樣。我懷疑父母的管教沒有用，是因爲他們介入得太晚了。他們必須教茱麗亞學會情緒 F．I．T。

小叮嚀

專家也認同F・I・T的效用

奧勒岡社會學習中心的治療師，教導家中有過度侵略孩童的父母打破所謂的「強化循環」，作法是「用教養克服天性」。孩子情緒失控之後，父母往往會生氣或懲罰孩子，這是孩子不斷試探底線後，父母常見的反應。然而專家建議父母應該與孩子靜下心來談話，同時更要聆聽孩子的心聲。研究顯示允許孩子發洩怒氣，並當場跟他們聊聊生氣的理由，可以幫助避免往後再鬧脾氣。如果父母懂得這項技巧，孩子就越懂得抑制衝動，在學校表現也更好。

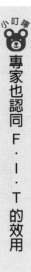

解決對策：教孩子掌握F・I・T控制情緒

莉雅剛生下艾力克斯時，曾來找我諮詢。不久前，她再度來電：「艾力克斯表現很差。」有一次帶艾力克斯拜訪朋友家，結果他在別人家的沙發上跳來跳去，搶走其他小朋友的東西，還在別人家裡「像隻小狗」一樣四處衝撞。莉雅似乎認為這是一歲七個月大的兒子的錯。為了蒐集證據，我提出一連串問題，才發現艾力克斯在家裡跳沙發不會有人罵，他搶走媽媽手提包裡的東西時，媽媽還覺得很「可愛」，以及他們平常會在客廳玩追逐遊戲。我完全理解艾力克斯為何在朋友家會有那些行為，如果莉雅不負起教養責任（參見375頁），艾力克斯就會持續下去。

客觀父母必須耐心教導孩子，否則孩子並不懂什麼叫「表現好」。面對活蹦亂跳的幼兒，你要如何保持耐心？首先，不要等到事情失控才出面。第二，你必須擬訂計畫，做好事前規畫。比如你要帶孩子參加共學團，請先想想，可能會發生哪些問題？跟著團體活動時，我的孩子有什麼弱項？你必須先思考一番，否則人在激動時很難好好處理孩子的情緒。尤其如果是主觀父母，當下自己的丟臉、內疚和種種心情攪和在一起，可能會妨礙你做出適當的介入行爲。客觀父母很了解孩子，不會被自己的情緒影響，面對孩子的多變心情或許會輕鬆一點，不過身處正在崩潰失控的場面，父母還是很難好好處理。這時候請記得一個簡單的解決辦法：F．I．T。

F．I．T這三個字母分別代表：

心情（**Feeling**，認識情緒）

介入（**Intervening**）

教導（**Telling**，告訴孩子你希望他怎麼做，或是他應該怎麼做比較好）

簡而言之，F．I．T是提醒我們，一旦孩子感受到情緒，你必須立刻引導他認識這種情緒，幫助他做出正確行爲。F．I．T不是只有出現強烈情緒，或是快要崩潰失控時才派上用場。平時生活就能處處應用F．I．T。就像你會牽著手一步步引導孩子學會走路，處理情緒的能力也要多加練習才會成熟。過度侵略幼兒的相關研究顯示，即使是非常棘手的幼兒，F．I．T的基本原則也很有效。

閱讀以下說明，你會知道F．I．T的每個字母都很重要，但也有難處，你必須小心別落入陷阱。

◎心情（Feeling，認識情緒）：

與其否定或忽略孩子的情緒，我們應該允許孩子認識自己的情緒，幫助他們理解何謂情緒，不要等到孩子情緒爆發才解釋。平時就應該多提到各種情緒的說法，比如進行日常活動（「我們一起散步好開心喔」）、一起看電視（「邦妮的朋友回家了，邦妮很難過」），或者跟其他小朋友玩耍時（「我知道比利搶你玩具，你很生氣」）。

如果孩子非常激動，已經失去理智，請把他帶離現場，給他機會冷靜下來。讓他坐在你的腿上背對你，請他深呼吸。如果他扭來扭去或不想被抱，就放他下來，繼續背對你。替他說出他的心情（「我知道你很激動／生氣，因爲……」），然後設下限制（「但是你一定要先冷靜下來，才能回去找丹尼玩」）。孩子一冷靜下來，就給他一個擁抱，並稱讚他：「你讓自己冷靜下來了，好棒。」

這個步驟的難處是，替孩子說出情緒可能不是那麼簡單。本章前面強調過，主觀父母有時候不懂得處理自己的情緒，更遑論看清孩子的心情。有可能是孩子的情緒讓他們想起某人（或自己）。若是

小叮嚀

F．I．T的基本原則：給予（並獲得）尊重

尊重是一種雙向關係。你可以設定合理的限制，畫清界線，要求「請」「謝謝」等基本禮貌，藉此要孩子尊重你，但是你同樣也要尊重孩子。

．**別讓你的情緒來攪局**：不要過度反應、大叫或打人。記住，你是孩子的情感榜樣。

．**不要在朋友面前數落孩子**：我看過非常多次爸媽聚在一起大講孩子幹過的壞事。

．**把管教視為教育的機會，而不是懲罰**：讓孩子為自己的行為承擔後果，但務必確保這個後果適齡適性，並且符合行為的嚴重程度。

．**不吝讚美良好行為**：「你懂得跟人分享，好棒」「你有乖乖聽話，好棒」和「你讓自己冷靜下來了，好棒」等讚美可以培養孩子的情緒商數（見65頁）。

如此，他們可能更傾向壓抑孩子的情緒。但其實掌握了自己的弱點，任務就成功了一半。如果談論情緒對你來說很困難，請多加練習。事先準備好台詞，找另一半或友人做角色扮演。

另外，有時候父母不願意承認孩子有不良行爲，尤其是碰到孩子撒謊或偷竊的情形。不論你信不信，幼兒確實有能力犯下這些錯誤，你必須認清他們正在做壞事，否則情況會持續下去。如果你不跟孩子說清楚不可以說謊偷竊，他們之後再犯就是你的問題了。比如凱瑞莎堅決不讓三歲的菲利普玩玩具槍，沒想到卻在兒子床底下發現四支槍，她震驚不已。凱瑞莎意識到兒子肯定是拿了別的小朋友的槍，於是當她問兒子槍從哪裡來，菲利普卻說：「奎格里忘記帶走了。」

凱瑞莎問我：「我不能指控他說謊吧？他才三歲，不曉得什麼叫偷竊。」很多父母都這樣想，但我跟凱瑞莎解釋，如果她不跟菲利普解釋這種行爲叫說謊和偷竊，他如何知道說謊和偷竊是錯的呢？當然，她一定要介入這件事，但首先她必須讓菲利普了解不可以說謊和偷竊，而且他的行爲會影響到其他小朋友。

小叮嚀

保護孩子！

我經常聽憂心忡忡的父母提到某個小朋友會咬人、推人、打人，或是搶走他們孩子的玩具。他們擔心兩件事：一、是如何阻止別人的攻擊行為，二、是如何防止自家孩子學到不良行為。

答案很簡單：換去別的地方玩耍。孩子絕對會模仿其他小朋友的行為。更糟的是，一直讓孩子面對會攻擊人的小朋友，孩子就會覺得這個世界很不安全，遭到霸凌的孩子容易失去自尊。

如果你正好在現場看到小朋友在欺負人，無論如何都要立刻出面介入。就算你必須管教別人的小孩，也千萬別讓自己的孩子受到傷害。否則就好像在跟孩子說：「抱歉囉，你只能靠自己了。」

◎介入（Intervening）：

面對幼兒與其講道理，不如直接採取行動介入。你必須清楚解釋這項行爲，並且肢體介入，阻止不當行爲。比如我在電視節目上接到一通觀眾來電，這位媽媽問道：「我該如何讓三歲的兒子冷靜下來？每次我們出門，他就像隻野狗一樣亂跑。」我告訴這位媽媽，我的第一個擔憂是她沒有設立限制和界線。孩子天生就精力旺盛，活潑型幼兒和高反應情緒／交際類型的孩子尤其如此。但每次聽到父母用「野」這個字形容孩子，我很肯定問題絕對不只是孩子的天性，更大的癥結點是從來人沒有教他應該如何表現。管教孩子時，你必須溫柔而堅定地畫出界線。我跟她解釋，每次兒子衝動行事或鬧脾氣，她就必須告訴兒子，這些行爲是不對的。她必須把他轉過身，讓他坐在地上，告訴他：「在外面不能這麼莽撞。」如果兒子持續鬧，就要把他帶回家。下次出門要想得更周全，也許可以考慮縮短出門時間。總而言之，你必須事先規畫備案，以防兒子在出門途中失控。

◎教導（Telling，告訴孩子你希望他怎麼做，或是他應該怎麼做比較好）：

如果孩子會打巴掌、咬人、打人、推擠或搶玩具，你必須立刻介入，同時告訴他還有其他選擇。莉雅找我諮詢艾力克斯的表現時，我向她介紹F·I·T的觀念，她保證之後兒子再出現不當行爲，她會立刻介入。那天下午，艾力克斯又從媽媽的手提包搶走鏡子。這次莉雅不再無視，而是馬上把鏡子拿回來，向艾力克斯解釋現在他感受到的情緒，同時設下限制：「我知道你想要鏡子，但那是媽媽的鏡子，媽媽不希望鏡子被打破。」莉雅又重新扮演起父母的角色了。她把主導權拿回來，也告訴兒子還有其他選擇：「我們去看看你有什麼玩具吧。」請注意，莉雅並沒有試著跟艾力克斯講道理，或是花長篇大論解釋爲什麼他不能拿鏡子。幼兒還沒辦法聽懂道理，我們必須提供其他我們可以接受的選擇。換句話說，你不該說：「你想吃胡蘿蔔或冰淇淋嗎？」你應該說：「你想吃胡蘿蔔或葡萄乾嗎？」

記住，幼兒已能理解行爲會造成後果。如果他沒有實際付出什麼補償對方，只是重複你說的「對不起」，那麼不當行爲還會持續出現。每次我看到幼兒很大力打人，然後很快說「對不起」，我就知道父母不曾讓他爲自己的不當行爲承擔過後果，反而讓他以爲只要道歉就能爲所欲爲。他的小腦袋認爲：我想做什麼都可以，只要說對不起就好。就菲利普的例子來看，我建議凱瑞莎帶兒子去還玩具槍，並向對方道歉（如果孩子弄壞別人的玩具，他應該把自己的玩具送給對方，當作賠償）。

你也可以請孩子口述道歉的內容，由你寫成一封信，歸還玩具時一併交給對方。最近我聽說了三歲半的懷耶特在跟鄰居的狗玩你丟我撿的遊戲。鄰居告訴懷耶特不要把球丟到山坡上，因爲狗狗魯夫斯會被山坡的荊棘刺傷。但大人聊開後，懷耶特就把球丟到了山坡上。鄰居一發現，就叫狗狗別動，然後嚴厲地看著懷耶特。「我剛剛說了不要把球丟到山坡上，你有聽懂嗎？」懷耶特一臉不好意思地回答：「嗯。」鄰居又說：「好吧，那你現在欠魯夫斯一顆網球了。」幾天後，鄰居發現有個包得歪七扭八的包裹放在她家門前，裡面裝著兩顆網球和一張紙條（懷耶特口述，媽媽替他寫下來）：「對不起，我弄丟了魯夫斯的網球。我不會再犯了。」媽媽採取了非常適當的行動，讓懷耶特知道他必須爲自己的行爲承擔後果（鄰居不想再讓他跟狗玩），並引導他補償鄰居的損失。

情緒與交際里程碑：一到三歲的F．I．T執行說明

第二章提到隨著孩子的大腦逐漸成熟，他的情緒世界也會越來越豐富（參考66頁）。第八章則要探討一到三歲幼兒的情緒和交際里程碑。父母會好奇孩子在每個階段的智力和體能發展哪些表現才算「正常」，同樣道理，你也應該了解孩子的情緒能力，才能掌握目前他能理解哪些概念，能做哪些事，你從旁協助時又該注意或避免哪些舉動。比如說，如果家裡八、九個月大的寶寶把餅乾塞進DVD機，想把餅乾「寄出去」，這時候跟他講道理行不通。這個年紀的寶寶亂塞餅乾、亂按按鈕不是故意要惹你生氣，他只是想試試靈活的手指能做哪些事，或是受到機器發出的聲音或亮光所吸引。平常他就是這樣玩玩具的，他怎麼會知道DVD機不是玩具呢？如果你覺得他是故意搗亂，可能會更容易失去耐心。另一方面，如果孩子已經兩歲，你卻從未對他說「不」，從未設下限制，還以爲他沒有自制能力，那麼搗亂行爲就會越演越烈。

◎一歲到一歲半：

滿一歲之後，幼兒對所有事情都超級好奇，你必須給他機會到處探索，同時確保他的安全。他會試著體驗不同的感覺，有些行爲看起來很像在攻擊，實際上那不是有意識地發怒，更像是他在測試新的體格能力。他已經能理解因果關係。如果他動手打其他孩子，對方尖叫，對他來說就像在玩遊戲一樣，好比按按鈕會發出聲音或跳出一隻兔子的玩具。你必須當場跟他解釋人跟玩具不一樣：「不行，不可以打人。這樣莎莉會痛，你要輕一點。」換句話說，即使未滿十四、十五個月的幼兒還不太了解行爲後果或自我控制，你也要在旁引導，成爲他的道德良心。

另外，孩子的語言能力增強了。就算字彙還很少，他也聽得懂你說的每句話，只不過有時他會故意假裝沒聽到！這是「試探」行爲和鬧脾氣的開端。你說「不行」時，他可能配合，也可能會反抗試探你的底線。有時候他可能不是在試探你，很多孩子目前字彙量還不足，無法清楚表達需求，所以這個階段很多壞行爲其實是出於挫折。不必跟孩子談條件或講道理，只要以溫柔關愛的方式引導他就行了。做好家中的兒童安全防護措施，帶他去可以放開來玩耍的地方，盡量避免發生意外，父母也不必一直出手介入。尤其如果孩子的體格發展很好，很早就學會走路，非常好動或容易衝動，請多讓他盡情地跑跳蹦。但別忘了，如果你允許他在家裡的沙發跳上跳下，或站在餐桌上，他自然就會認爲去奶奶家或餐廳也可以這樣做，所以幼兒教養務必瞻前顧後，爲突發事件做好事先規畫。轉移注意力是很適合這個年紀的策略，如果要拜訪的地方有很多東西幼兒不能碰，請利用玩具引開他的注意力，讓他把精力發洩在其他合適的地方。

◎一歲半到兩歲：

一歲半是大腦發展的關鍵時期。父母常在這時候有感而發：「天啊！他一下子就長好大了。」他會說「我」「我的」，或是拿名字當句子開頭（「亨利來做」）。他很常提到自己，原因除了學會說「我」這個字，他的自我意識也越來越強。因此，他也逐漸開始爲自己發聲，在他眼裡，世界上所有東西都是「我的」。另外，他的大腦終於發展出一點自制能力（當然，他需要你的協助）。如果你一直以來都有教他哪些行爲不能做（「不行，你不可以打人、咬人、打巴掌、推人、搶玩具」），現在他就會開始運用自制力，只是表現可能不盡理想。你可以說：「等一下，我再把玩具拿給你。」他可能眞的會乖乖等待。但是，如果你沒教他哪些行爲可以做，哪些行爲不能做，他現在或許已經很擅長操縱你了。請立刻開始設下限制。

這個階段一樣要做好各種事前規畫，你必須了解孩子的個性，掌握他的容忍力和其他能力。別忘了自制力需要時間培養，不是每個孩子天生都愛分享，這不表示你家的兩歲兒很壞，或者發展程度不足。事實上，大多幼兒在進行活動或排隊輪流時，要他們等待、忍耐或把東西還回去是很困難的。但是你可以認同孩子的心情和欲望，**同時**設下限制。比如說，有人帶了一盤點心分給大家，結果你的孩子抓了不只一片餅乾。這時客觀父母不會立刻心想：「糟糕，其他爸媽肯定覺得我養了一個貪吃鬼，丟臉死了……說不定沒人發現札克拿了兩片餅乾？」他們會尊重札克的心情（「我知道你想吃兩片餅乾……」），並且講明規矩（「但一人只能拿一片……」），然後請孩子照做（「所以請你把第二片餅乾放回去」）。如果札克說：「不要！餅乾是我的！」然後死抓著餅乾不放，客觀父母會把兩片餅

小叮嚀

幼兒玩耍的八大法則

我在網路上看到這篇奇文，覺得很適合跟大家分享。以下八大法則精準勾勒出幼兒的情緒和交際生活。這位匿名作者想必家中有幼兒，寫得太好了。

1. 如果我喜歡，那就是我的。
2. 如果在我手上，那就是我的。
3. 如果我可以從你手中拿走，那就是我的。
4. 如果前不久還在我手上，那就是我的。
5. 如果是我的，不管我怎麼拿到、長什麼形狀大小，絕對不可能是你的！
6. 如果我正在打造或蓋東西，那所有零件都是我的。
7. 如果看起來像是我的，那就是我的。
8. 如果我覺得是我的，那就是我的。

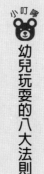

乾都拿走，帶札克離開，跟他解釋：「我們要跟大家一起分享。」記住，孩子情緒強烈到失控時，你必須幫他管理情緒。如果他一直無法冷靜，你必須帶他離開。不要表現得好像孩子很壞，或離開是在懲罰他。請好聲好氣地說：「我們必須更努力，才能幫你控制自己的情緒。」

◎兩到三歲：

傳說中的「恐怖兩歲兒」降臨了，有些孩子彷彿一夜之間變成小惡魔。（帶你搶先體驗青春期！）希望你沒拖到這時候才開始設立限制，教孩子學會自制。儘管孩子還在學習分享、控制自己、管好自己的心情，只要你持之以恆，情況到了三歲就會好很多。不過，如果你從沒給孩子情緒方面的指引，那就要小心了。兩歲是消極態度和侵略行爲的顛峰。不論是哪一種情況，現在孩子有好多話要說，有好多事情想做，對於每件事該怎麼做也很有主見，所以他的自制能力可能會看似退步。如果孩子語言發展遲緩，此時挫敗的程度會更嚴重。幼兒的情緒起伏很大，這一秒還玩得高高興興，下一秒就崩潰地掄起拳頭捶地板。

身爲管理情緒的榜樣，*你的*行爲在這個階段顯得更加重要。情緒劇烈波動是兩歲兒的典型表現，鬧脾氣幾乎無法避免，孩子累了或心情不好更會鬧。受到過度刺激時，大概連神仙下凡也安撫不了。但是，至少你可以事先做好安排，把孩子崩潰失控的可能性降到最低。不要在午睡時間帶他出門；一天之內不要從事太多高體力活動；之前曾令他鬧脾氣的情況避免再發生。另外，如果你們有參加共學團，孩子一直不太能適應，請在活動開始前，先跟孩子討論「分享」和「侵略行爲」。問他有沒有哪些特別的玩具要先收起來。告訴他如果不開心，你會去幫他。你們甚至可以作角色扮演，這個年紀的孩子很擅長假扮遊戲。「假裝我是彼得，我在玩你的車。如果你也想要玩，你會怎麼做？」你可以建議別的選擇：「我們可以拿一個計時器，時間到了，就換你玩。」或者「彼得如果在玩你的車，你可以去玩消防車。」跟孩子強調他只能動口，不能動手。

注意看電視和使用3C產品的時間。美國兒科學會建議**未滿兩歲不要看電視**，但就我所知，很少家庭遵守這項原則。實際上許多兩歲兒已經是電視或手機兒童。請注意，許多研究顯示看螢幕會讓孩子更難靜下來，尤其是活潑型或高反應情緒／交際類型的孩子（第七章也提過，有些影像會嚇到孩子）。與其讓他們黏在螢幕前，不如帶他們去戶外放電，或是在室內做點活動。這個年紀的孩子已經可以幫忙做家事了。請把簡單安全的家事交給他們，而且要有耐心，所有過程都是學習的一部分。

最後，別忘了多讚美孩子的好表現，包括乖乖合作、跟他人分享，或是努力做完困難的工作，明確講出值得鼓勵的地方：「謝謝你幫我。」「你懂得跟人分享，好棒。」「你一個人好努力把那座塔蓋起來喔。」

典型的幼兒不當行為

遇到情緒失控問題，父母總是想知道具體的答案。如果孩子打人、鬧脾氣、咬人，我該怎麼做？本書讀到這裡，你應該很清楚，這些問題沒辦法用一句話解決。行爲問題永遠都很複雜，背後可能有一個或多個危險因素（參見351頁）。

佩姬寫的這封信很能代表多數孩子鬧脾氣的情形：

◎鬧脾氣：

我兩歲半的女兒凱芮大多時間都想掌控所有事情，她從嬰兒時期就很難搞，任何小事都要發脾氣。我試過拿走她的寶貝玩具、暫停隔離法、半途離開公園等，她就是非常固執。我已經不知道還能怎麼教她，自己又能撐多久。我正在考慮把她送去全天時段的幼稚園，自己回去上班，但是這樣只能換來白天的片刻寧靜，並不能眞正解決問題。她跟其他照顧她的人都處得很好，我眞的認爲問題出在我身上。

首先，佩姬沒意識到「想要掌控」是正常的幼兒活動。話雖如此，恐怕佩姬說對了一點，凱芮鬧脾氣的部分原因確實是意外教養。佩姬說她試過許多策略，可見她的教養法並不一致，讓小凱芮十分困惑，不知道媽媽這次又有哪種反應，這或許能解釋爲何凱芮「跟其他照顧她的人都處得好」。

佩姬說凱芮「從嬰兒時期就很難搞」，我毫不懷疑，這種天性讓她更容易情緒失控。但是佩姬明顯是主觀父母，她一味指責女兒，卻沒有眞正詳細檢查證據，並負起身爲父母的責任。佩姬必須回顧女兒的過往表現，更重要的是，她自己遇到凱芮崩潰失控都是如何處理。她都怎麼做呢？另外，她必須審視自己的態度。或許凱芮出生後，佩姬曾經大受打擊，因爲她突然意識到生養孩子跟她想的不一樣，或許她因爲這種想法感到罪惡。不論理由是什麼，證據都指出她並未替凱芮設下限制。所以，首先要改正媽媽的行爲。如果她改變教養的作法，凱芮一定會改變，不過肯定需要一段時間，因爲這是一場長期（也是相當典型的）角力。

從現在開始，佩姬帶凱芮出門必須事先規畫。她很了解孩子的習性，所以最好是安排凱芮不會輕易崩潰的行程。比如凱芮常常在出門辦事時鬧脾氣，媽媽就必須準備好零嘴和玩具，滿足凱芮的需求。如果這招沒用，她應該強調孩子的心情（「我知道你在不高興」），而不是行爲。「哭也沒用」這句話對幼兒沒有任何意義，佩姬必須說得非常具體：「媽媽會在這裡陪你，等到你不哭爲止。」接著不必再說話，只要陪在旁邊就好。她必須讓凱芮相信媽媽很清楚自己在做什麼，同時媽媽會保護她的安全（「我會在這裡陪你，等你冷靜下來」）。如果凱芮無法冷靜，佩姬就要把她帶去別處。等凱芮鬧完脾氣，佩姬要讚美她懂得控制自己的情緒（「你讓自己冷靜下來了，做得很棒」）。

如果媽媽開始跟凱芮一起努力，而不是想辦法遠離，或是厭惡她的行爲，凱芮鬧脾氣的頻率就會降低。我從字裡行間看到一位非常憤怒的媽媽，甚至有點矛盾。女兒感受到親子間的距離拉遠了，於是想用鬧脾氣消弭這種冷漠感。一旦凱芮開始因爲良好的行爲獲得媽媽的關注，她就不必再靠不當行爲吸引媽媽的注意。

◎**咬人**：

一歲前，寶寶咬人通常只是吃乳房時不小心咬到媽媽。多數媽媽被咬到會叫一聲，憑本能把寶寶推開。這麼做會嚇到寶寶，往往也足以阻止他再繼續咬人。幼兒咬人還有其他原因，多蒐集證據，你就能釐清孩子爲何咬人。不妨看看這篇網站貼文描述的情況：

我們家一歲大的拉烏開始咬人了，他累的時候咬得更凶。我們會說「不行」，並把他放下去，但他會以爲我們在跟他玩遊戲，又繼續攻擊。我們什麼方法都試了，甚至說「不行」時會輕打他的嘴巴，但還是無效。有其他爸媽遇過同樣問題嗎？

事實上，很多父母都經歷過同樣的現象。這位媽媽應該要注意兒子疲累的暗示，不要讓拉烏累到想咬人。拉烏累了更想咬人，有可能是挫敗加上過度刺激的影響。至於拉烏「以爲我們在跟他玩遊戲」，很可能是以前曾有人被咬之後大笑的緣故。有些孩子會利用咬人博取關注，拉烏或許也是如此。有些小朋友是因爲長牙，有一些則是口說能力不足，無法說出需求，因此備感挫折而咬人。

所以拉烏的父母必須蒐集證據，一旦掌握咬人行爲的可能原因，才能採取行動，避免拉烏再咬人，包括讓他獲得充足休息，觀察他即將咬人的模樣，並且絕對不能被逗笑了。每次拉烏咬人，不論什麼理由，爸媽都要立刻把他放下來重申規矩，並說出自己的感受：「不准咬人，這樣很痛。」接著停止眼神接觸和其他互動，直接走開。被咬的人往往會生氣，這時候最好離開孩子，平復自己的心情。

我也看過孩子爲了自衛而咬人。有位女兒兩歲的媽媽寫信給我，她很擔心「每次其他小朋友拿了她的小毯子，她就會咬人。她至今已經咬了兩次，我們都告訴她『不行』，並且把她跟被咬的小朋友分開。我們該不該把毯子收起來，睡覺時再拿出來，但這樣對女兒公平嗎？」如果是我，我也會咬人。媽媽一開始就不該讓其他人拿走她的小毯子，她沒想清楚就考慮懲罰女兒。那件毯子對她來說意義重大，爲什麼要跟別人分享呢？

當然，許多咬人案例背後的原因是幼兒失控。比如吃完飯你替女兒擦手，她不喜歡就生氣咬你的手。重點是你要找出咬人的觸發條件。如果她坐餐椅太久會不耐煩，就早點放她下來，改成帶她去水槽擦手。會咬人的幼兒往往會受到欺負，所以爸媽一定要多觀察孩子的交際互動。大多孩子被欺負到受不了，就會反擊報復。

有些父母不在意咬人行為，我常聽到他們說：「有什麼關係？小孩子都這樣。」當然有關係，咬人可能會進一步演變成其他攻擊行為（見390頁「哈利森的故事」）。尤其咬人行為如果已經持續數個月，爸媽的肩膀或小腿肚被咬了好幾口，孩子可能會從中感受到權力，並察覺到父母的緊張情緒。所以被咬時，父母一定要保持客觀理智，避免情緒化。

別忘了，幼兒喜歡咬人的愉悅感。牙齒深陷溫暖的肉體，對他們來說是用身體玩遊戲！我建議爸媽去運動用品店買一顆減壓球，隨時放在口袋，給孩子當「咬咬球」。每當孩子靠近你，一副準備咬人的樣子，就趕緊拿出來給他咬。另一位媽媽在網站上分享她的作法：她兒子喜歡在她煮飯時咬她的小腿肚，於是她在伸手可及的桌面放了幾個固齒器，每次兒子走過來，她就會把固齒器遞給他：「不可以咬媽媽，但你可以咬這個。」兒子奮力咬固齒器的時候，她還會「拍拍手，為他歡呼」。

有時候父母會像拉烏爸媽一樣打孩子嘴巴，或是咬回去，他們說這麼做很有效，但是我不贊同以暴制暴的育兒法。大人是孩子的榜樣，他們無法理解為何爸媽可以咬人，自己卻不行。

◎打人和打巴掌：

打人和打巴掌跟咬人一樣，起初只是不小心，就像茱蒂為九個月大的傑克所寫的諮詢信。茱蒂另外問了家中的兒童安全防護措施，一併在此跟大家分享。

我兒子傑克這三週一直在學爬，以及把自己拉起身。我該怎麼教他咖啡桌上的東西、盆栽等不能碰，又要怎麼讓他知道「不行」是什麼意思？他最近也學會打巴掌，雖然沒有惡意，我還是得注意不能讓他攻擊其他小朋友。他就是搞不懂臉頰只能輕撫，不能用力打。我會握住他的手示範輕撫，但他又會再打一次。他是不是太小了，還無法理解？

茱蒂做得很對，傑克只是對周遭世界很好奇罷了。雖然他還需要半年才能開始控制自己，現在教他分辨對錯也不嫌早。當他接近其他小朋友或家中寵物，茱蒂應該繼續目前的作法，握著他的手輕撫，一邊說「要輕輕摸」。前面提過，小幼兒的第一次侵略行爲只是出於好奇。他想知道這麼做會得到什麼反應。所以茱蒂要告訴他：「不行，這樣安妮會痛。你要輕輕摸。」如果傑克打巴掌，她要放他下來，並說：「不行，不可以打巴掌。」

至於安全防護措施，請不要指望九個月大的寶寶拿出自制力。我不認同把家裡的物品都清光光，孩子必須學會與家中物品共處，知道哪些東西不能碰。我建議只要將絕對捨不得或是可能弄傷孩子的物品收起來就好。帶他在家裡走一圈，一一解釋：「媽媽在的時候，你就可以拿。」讓他拿著東西仔細把玩，滿足好奇心，之後他對大多物品就不會再感興趣了，畢竟幼兒很快就會生膩。記得準備其他替代品讓他可以盡情觸摸操控，他需要可以敲打、發出聲響、轉動零件的玩意兒，事先準備好替代品，他才不會盯上你的高級音響！小男生尤其喜歡東打西敲，茱蒂可以考慮購入敲球台玩具。

◎亂扔東西：

扔東西的壞習慣往往始於把玩具丟出嬰兒床，或是把食物丟出餐椅。爸媽應該讓玩具留在原地，並說：「噢，你把玩具丟出來，看來你是不想玩囉？」但許多爸媽都會一再把玩具撿回來，於是孩子心想：「**這遊戲眞好玩**。」另一種壞行爲的開端是孩子（男生居多）拿玩具丟別人（通常是媽媽遭殃，因爲媽媽最常跟孩子相處），就像這封信所述：

> 我遇到一個問題：我兒子小波一歲半，過去六個月不論是吃飯或玩遊戲，他都會亂丟東西。最糟的是，他會拿東西丟人。我知道他不是故意傷人，但他力氣很大，被砸到確實會痛。總之，不能再這樣下去了。現在他丟食物，我會告訴他不行，還會採取其他行動，比如不讓他繼續吃飯，或是把他放下來。但是丟玩具時，除了說：「不要拿玩具丟媽媽，媽媽會痛。」並且沒收玩具之外，就無計可施了。因爲他又會找到其他玩具繼續丟！我總不能把所有東西都收光……也沒辦法帶他離開現場，因爲我們就在家裡！而且他的玩具非常多，我沒辦法全部收起來……。

這位媽媽也做得很對。小波喜歡丟東西不是故意傷人，而是他發現到身體的這項新技能。儘管如此，媽媽還是必須阻止小波繼續亂丟，問題是媽媽沒有給小波其他選擇。換句話說，她應該**示範**給兒子看，怎麼樣丟才不會傷到人。畢竟她不能也不想完全禁止這項行爲，他可是個小男生啊。（這不是性別歧視，很多小女生也喜歡丟東西，長大之後也變成體育健將。但就我的經驗來看，丟東西大多是**小男生**的「問題」）。所以媽媽必須爲他創造可以盡情丟東西的空間：準備五顆大小不同、可踢可丟的球，帶他去戶外並解釋：「這裡才可以丟球。」如果正值嚴寒冬季，請帶他去體育館。重點是要帶他去完全不一樣的地方，他才曉得家裡不能丟東西（除非家裡有寬闊的遊戲空間）。他在外丟球的時候，記得讚美他的行爲。

既然這個問題已經持續六個月，等於小波三分之一的人生，我懷疑小波已經很熟悉這個遊戲，並且很懂得操縱媽媽。除了沒收玩具，她還可以做更多。就算在家裡，也可以把他帶離充滿玩具的房間，比如帶他去無聊的客廳等地方，跟他坐在一起（我不認同讓孩子獨處的暫停隔離法，見96頁）。他已經一歲半了，理解能力很強，很快就會知道媽媽不准他再亂丟東西（亂丟食物參見202頁）。

◎撞頭、拉頭髮、戳鼻孔、打自己巴掌、咬指甲：

你可能覺得奇怪，我怎麼會把撞頭跟其他四種行爲歸在同一類。但這五種行爲，以及幼兒養成的其他慣性行爲，往往是安撫自我的方式，也是挫敗感引發的反應。雖然在罕見案例中，有些行爲是神經失調的前兆，不過這些無害行爲實際上很普遍，連撞頭都占了五分之一的幼兒比例。多數行爲只是煩人，不會有危險，只要父母不特別關注，某一天就會突然消失。問題是，父母看到孩子撞頭、打自己巴掌、挖鼻孔、咬指甲，會特別心煩，這也是可以理解的。但是爸媽越顯得擔心或生氣，孩子就越可能意識到原來這樣可以吸引爸媽的注意，此時這些行爲就會從安撫自我，變成操縱父母的手段。所以最好無視這類行爲，只要確保孩子不會受傷就好。

前面提過，一歲半的馬克斯就是會撞頭的孩子。起先他語言能力不足，無法表達需求，所以出於挫折感而撞頭。後來，他很快就發現只要撞頭，爸媽就會放下手邊的事情立刻趕過來，於是頻率越來越高。我去拜訪馬克斯的家時，他已經成爲家中的小霸王了。不但不肯吃飯，睡覺習慣很差，還會亂叫和打人。馬克斯知道只要一撞頭，爸媽所有的規矩和限制都會放寬，他可以爲所欲爲。

爲了消除安全疑慮，我們買了一個懶骨頭椅。馬克斯一撞頭，就把他抱到椅子上。確保他的頭不會撞傷後，爸媽就能任由馬克斯鬧脾氣，避免一場親子角力。一開始他會抗拒，被抱上懶骨頭椅時，踢得更大力，但是爸媽態度一致：「不行，馬克斯，你必須冷靜下來才能離開椅子。」

事情還沒結束。如果父母被以上孩子安撫自我的行爲操縱，十之八九表示他們沒有負起引導孩子的責任。我們必須翻轉馬克斯在家呼風喚雨的情勢，不能再讓他利用行爲控制爸媽和哥哥。馬克斯幾乎只吃垃圾食物，拒絕吃爸媽和哥哥吃的食物，甚至還會夜醒博取爸媽的關注。我們必須讓馬克斯知道，現在局勢變了，他不再握有大權了。

我向爸媽解釋，從現在開始，就算馬克斯想主導局面，他們也必須堅持不退讓。我在他們家示範一次，那時馬克斯跟往常一樣把午餐推開，不斷唸著：「餅乾……餅乾……餅乾。」我看著他的雙眼，堅定地說：「不行，馬克斯。你先吃一點義大利麵，等一下才能吃餅乾。」這個小傢伙非常固執，平常習慣當家作主的他吃了一驚，眼淚開始落下。我繼續堅持：「吃一口義大利麵就好。」（親愛的，一開始目標不要訂太高，就算只吃一口義大利麵也算有進步！）一小時後，他終於動搖，吃了一口義大利麵，於是我給他一片餅乾當作獎勵。到了小睡時間，我又再次和馬克斯進行意志力大戰。幸好午餐時間已經消耗他許多精力，我做幾次抱放法，他就睡著了。當然，我不是馬克斯的爸媽，他從我在午餐時間的表現看出我不會屈服。不過爸媽在一旁看時，已明白馬克斯確實能遵守規矩。

接下來的進展非常不可思議，馬克斯才過四天就變了個人。他鬧脾氣的時候，爸媽都會把他抱去懶骨頭椅，到了吃飯和睡覺時間，爸媽也堅守規矩。兩歲的孩子很快就發現爸媽的規矩變了，就這個例子而言，應該說，這是爸媽第一次建立規矩。馬克斯開始會自己走去懶骨頭椅鬧脾氣，兩、三個月後，他也很少再撞頭了。現在主導權從幼兒身上回到爸媽手中，全家一片祥和。

小叮嚀

經典案例．哈利森的故事：越演越烈的攻擊行為

有些孩子確實比較難管教，父母必須更警惕、有耐心、堅持不懈，並且懂得發揮創意。蘿莉打給我，她說兩歲的哈利森有天咬了她一口，蘿莉大聲喊了一句：「噢！很痛。不可以咬人。」但是哈利森不放棄，甚至還耍小聰明，他會假裝要抱媽媽，然後咬她一口。這時候蘿莉沒有妥善處理，她只是把兒子拉開，避開他的攻擊。過了幾天，蘿莉接到共學團一位媽媽的電話，說哈利森咬了其他小朋友的臉頰。蘿莉開始緊迫盯人，每次哈利森快發作，她就立刻說：「不行，你不可以……。」但攻擊行為演變成全新型態，他開始踢人。蘿莉氣到不行：「我講他已經講到累了，現在跟他相處都在生氣。大家不肯再來我們家玩，因為他會拿玩具攻擊其他小孩。」

哈利森的攻擊行為越演越烈是有原因的，他具備許多容易情緒失控的因素：他是活潑型孩子，又處於恐怖兩歲兒的年紀，而且至今為止，媽媽的管教方式並不一致。現在媽媽必須幫他認清自己的情緒，訂立明確的規矩，必要時帶他離開現場。這些作法不會馬上見效，我告訴蘿莉她必須很有耐心，堅持到底，同時也要稱讚哈利森的好表現。我建議她為兒子做一張「乖寶寶」表格，列出四個時段：起床到吃早餐、早餐到午餐、午餐到午後點心、下午到睡前。跟哈利森約定好，如果他一天拿到四顆星星，爸爸就會帶他去公園玩，夏天還可以去游泳。蘿莉花了整整數個月的時間，不過哈利森的攻擊行為確實改善了，只有偶爾才發作。

如果孩子天生情況特殊，無法控制自己怎麼辦？

目前幼童發展學家對於幼童大腦，以及早年經歷如何改變大腦結構的研究，已有相當深入的研究。基於此研究基礎，越來越多言語及語言病理學、家庭動力和職能治療專家，將研究焦點轉到兒童

身上。他們認爲如果可以提早辨別並診斷出問題，及早適當介入就能避免孩子上學之後情況惡化。這個理論有道理，對許多孩子而言，及早介入確實很重要。問題是，有些父母太過焦慮，或者只想把孩子的行爲問題丟給別人解決，於是硬逼孩子接受治療。

《紐約》雜誌曾刊登一篇文章，述說一位男孩的母親「與心理學家和職能與言語治療師展開長達一年的探究，診斷書上不斷出現動作協調能力喪失症、本體受器、感官統合系統等字眼，最後建議實施高強度治療。」紐約曼哈頓和其他大城市確實有這種位高權重人士，期望孩子長大後能做自己的接班人。在當今兒童教育玩具爆炸的年代，顯然世界各地的父母都希望孩子高人一等，出類拔萃，這也是可以理解的，各地的治療師也很樂意幫助他們。當然，如果孩子真的有神經生物學方面的問題，理所當然要及早接受協助。但是介於發展邊緣的孩子呢？那些只是比較晚開口說話，動作比同齡兒笨拙一點，比起互動更喜歡自己玩耍的孩子呢？父母怎麼知道侵略行爲的第一個徵兆是出於語言障礙，還是克制衝動的能力不足？孩子是「長大就好了」，還是現在就該尋求協助？

這些疑問沒有直接了當的答案。當然，如果你的孩子各種能力都發展得比較遲（尤其是說話），或者家族有注意力不足導致學習障礙（包括語言障礙、閱讀障礙、泛自閉症障礙、知覺缺陷、智能遲滯、腦性麻痺）的病史，請盡早尋求專業協助。父母光是要理解這些專業術語就很吃力，更何況每個醫師的習慣用語不一樣。不過父母通常很清楚孩子跟一般人不同，尤其是有行爲問題的孩子。困難之處在於釐清原因。每個孩子都是不同的個體，最好直接諮詢專家意見，解開疑惑。

多數專家指出，孩子未滿一歲半，很難做出確鑿的診斷，但無論是哪個年齡層，準確診斷才是獲得正確協助的關鍵。言語及語言病理學治療師琳恩．海克解釋：「語言能力有缺陷、各項發育階段較遲緩的孩童，會依靠不當行爲來溝通，因爲他們回歸到最原始的元素：手勢和姿勢。如果孩童的理解能力確定正常，則打人可能是他表達挫折感的方式。但打人也可能表示孩童有學習障礙，被要求做他不擅長的事，或者有注意力缺乏症。注意力缺乏症的患者很難抑制自己的反應，對挫折感的容忍度非常低。在我看來，如果孩子不能忍受別人一直說『不行』，就有可能是注意力缺乏症的跡象。注意力缺乏症患者是存在主義者，他認爲『不行』是永久禁止的意思，而不僅是當下不行。再加上患者缺乏耐心，他可能根本沒把整個句子聽完，比如『現在不行』，或者『這個不行，但是……』。」

海克也認爲許多行爲問題始於父母。「如果孩童做過全套的健康檢查，沒有發現問題，各項發育階段也在正常範圍內，那麼下一步必須檢視親子關係。或許父母應該找出孩子發作的觸發點，盡力避免。」但是即使孩子已經確診有神經方面的問題，父母在這之中扮演的角色仍至關重要。

首先，別忘了你是最了解孩子的人。醫生或許是語言問題的專家，但**說到孩子本身的狀況，你才是專家**。你一天二十四小時都和孩子待在一起，醫生只有每次看診才會遇到孩子。有些醫生會親自到府拜訪，但他們仍不如你這般熟悉孩子的一切。拿小伊莎貝拉舉例，她快滿兩歲時，父母就帶她尋求醫療協助。媽媽費利西雅解釋：「她不太說話。她的小腦袋裡明顯有很多想法，但沒辦法說出來，所以她非常沮喪，只能靠推人或其他有點侵略的舉動來宣洩情緒。」

費利西雅小時候也有同樣的成長歷程，所以選擇主動求醫：「我也是很晚才開口講話。我媽記不得確切是何時開口，但絕對超過兩歲，甚至可能快三歲。我們住的地方有免費提供檢查服務，醫療人員會到府拜訪，表現也非常專業，我們當然同意接受所有檢查。」

費利西雅回想當時伊莎貝拉接受檢查的情形：「她其實不符合檢查資格，延遲百分之二十五以上才能檢查，但考量到她玩遊戲的能力已經超出同齡兒幾個月的程度，他們便同意進行檢查，因爲她的語言和遊戲能力相差太大了。」孩子在某一方面的測試分數偏低其實不成問題，但如果是某些領域分數很高，某些領域很低，就得多注意了。檢查人員最後建議伊莎貝拉接受語言治療。回到一年多過後的現在，伊莎貝拉的字彙量已經等同三歲半的兒童。費利西雅坦承：「我不知道這是治療發揮效果，還是自然成長的結果，或者兩者皆是。總之，她的進步幅度非常大。」

當時伊莎貝拉就讀的幼稚園也建議媽媽帶她接受其他治療，理由是「肌肉張力偏低」，以及她對同學的侵略行爲，但是費利西雅拒絕了。這個決定對父母來說很艱難，畢竟那是專家提出來的意見。這位充滿智慧的媽媽回想當初：「我自己查了一些資料，但是完全找不到她肌肉張力偏低的證據。我的想法是，她沮喪只是因爲說不出話來。爲了安撫學校老師，我又請之前的人員再爲她做一次檢查，他們說一切都很正常。學校希望我再找別的機構做檢查，我就一再拖延敷衍。看看她現在，自從開口說話之後，攻擊行爲就停止了。想不到吧！」

費利西雅的故事是一種很理想的狀況：父母與專業人士攜手協助孩子。**不論對方的牆上掛了哪些厲害的證書，父母都不該把孩子的命運全權交付給別人**。同時，父母一定要確實執行治療師交代的作法，並且堅守主導孩子的立場。然而，很多爸媽會開始心疼孩子，或怒火中燒，或者以上皆是。他們砸下重金讓孩子接受治療，結果不當行爲依舊沒有改善。潔拉登的來信就直指問題所在：

> 我兒子原本是「教科書型」寶寶，後來變成「活潑型」幼兒。威廉快兩歲半了，他很常打朋友和其他孩子。他從出生就有重大問題，目前已經確診是感覺統合障礙，有做過職能治療，目前正在

做言語治療，一週五天的早上會去上幼稚園。除了打人行為，其他問題都已經出現大幅進步。我知道很多幼兒都會打人、咬人，但是兒子好像走到哪兒都要打人，還不只打一下。他甚至打過八歲大的孩子。我發現他具有「喜歡當老大」的特質，確實也比較喜歡跟年紀大的孩子交朋友。不過他在學校倒是不太會發作，很有意思。我問過的每個人都認為原因是他的語言能力尚未發展好。我同意，因為他打人不一定是想侵略或不願意分享，有時候他好像是透過打人試圖跟其他孩子溝通。我跟治療師、學校老師等人談過，所有能做的我都做了。我試過「換句話說」的方式，我試過帶他離開現場或暫離幾分鐘，我試過暫停隔離法等。他們都叫我別擔心。我已經懷孕七個半月，一直對他說「不行」眞的很累，尤其他好像一直聽不懂我的意思。他毫無畏懼，我的言語和行為對他一點影響也沒有。我該怎麼做才能幫他？

我很同情潔拉登，有些孩子因為天生神經構造不同，比平常人更難教養，威廉就是這樣的孩子。他會如此沮喪，無疑是因為缺乏語言溝通能力，無法表達自己的需求。不過，我在這封信裡還讀出其他隱藏的線索。儘管潔拉登聲稱「能做的都做了」，我懷疑她並沒有眞正認清兒子的個性。我很難相信威廉以前是教科書型寶寶，畢竟他的各個發育階段很少準時達標。另外，潔拉登的教養方式大概也不太一致，連她自己都坦承「他在學校倒是不太會發作」。所以我打了一通電話去問個仔細。

結果，威廉從九個月大就展現出侵略個性的跡象，他經常打媽媽，還不斷搶走媽媽和玩伴的東西。潔拉登當時認為這只是「喜歡當老大」的表現，等到威廉滿一歲半，這些問題才浮出水面：他比一般孩子更晚開口說話，很難專心，很容易衝動行事。他對學習穿衣服或拿湯匙吃飯一點興趣也沒有，而且絲毫沒有展現出自制能力，也很難結束上一個活動，轉移到下一個活動。睡前總是要經過一番折騰才睡著。從診斷結果看來，以上行爲都說得通，但是即便他有感覺統合障礙，對於攻擊行爲，爸媽確實也縱容他好一陣子。威廉知道怎麼對付媽媽。如果擺出可愛的笑容沒用，欺負她絕對能讓她屈服。

直到威廉開始攻擊其他孩子，潔拉登才意識到事態嚴重。一旦確診，她又認爲一切交給治療師就沒事了。這是孩子診斷出學習障礙時，父母常見的錯誤心態。我告訴潔拉登：「威廉的治療師當然會協助改善他的言語能力、運動技巧，甚至是克制衝動的能力，但是如果你不在家設下限制，貫徹執行，他的攻擊行爲就無法根除。」

我警告潔拉登，有些孩子連我本人親自出馬也很難搞定，但從威廉的治療進展看來，我認爲只要她保持態度一致，做好準備堅持到底，威廉就會慢慢改變。她必須先放下自己的情緒，不要因爲這些症狀而同情兒子，這時候她更應該時時刻刻以堅定的態度面對兒子。另外，她也要做好心理建設，有時候一個問題解決，另一個會再冒出來，並且要盡一切努力守住主導的地位。她應該花時間替威廉做好準備，爲他排練即將面對的情況，提早告訴他如果不遵守規矩，那些不當行爲會有什麼後果。再來，她要帶著威廉做F．I．T，讓他學會用說的或至少是合宜的行爲表達他的情緒。她要給威廉其他選擇，把時間花在預防攻擊行爲，而不是快要發作才趕緊阻止。最後，我建議潔拉登採取行爲矯正。一開始像哈利森的媽媽那樣（見390頁），設計一套金星星制度。爸爸他必須提高參與度。威廉需要發洩「想當老大」的心情，與其替他的行爲安上一個名目，不如給他適當的宣洩管道。威廉爸爸是個工作狂，但他還是答應每週兩天提早下班回家，多跟威廉相處，週六早上則固定一起做點活動。再過幾個月，弟弟或妹妹出生後，威廉和爸爸的關係就會顯得更加重要。我還建議潔拉登找其他家人朋友幫忙，不只因爲威廉比較不會對其他人故計重施，也是因爲潔拉登需要休息。

威廉或許永遠不會變成好帶的孩子，但是才過幾週，潔拉登已經注意到明顯的變化。威廉在家比較不常反抗她，換到下一個活動也更輕鬆了（因爲她會事先提醒兒子，並給他更多時間轉換心情）。就算他開始不高興，潔拉登也能在完全失控前介入。潔拉登坦承：「我終於看出來，以前我一直處在很緊繃的狀態。現在放鬆許多，我猜他也跟著放輕鬆了。」

確實，爸媽放鬆後，不只處理孩子的情緒更得心應手，孩子也會跟著一起放鬆。千萬記住，情緒適能要從小培養！

小叮嚀

如何與確診的孩子相處

如果你的孩子確診出學習困難、注意力缺乏症、感官統合問題，這時候你更應該：

- **尊重他的心情**。就算他還不能說話，請協助他學會情緒的語言。
- **設立限制**。讓他知道你希望他怎麼做。
- **安排一天的生活**。確實遵守作息，讓他知道一整天會做哪些事。
- **保持態度一致**。不要今天任由他在沙發上跳來跳去，隔天又不准他跳。
- **了解他發作的觸發條件，盡量避免**。如果你知道他晚上跑來跑去容易睡不好，就在睡前安排靜態活動。
- **不吝讚美獎勵**。讚美獎勵比懲罰更有效，每次他表現好就要大力稱讚。設計一個累積金星星的制度，讓他知道自己進步了多少。
- **與另一半同心協力**。把孩子的情緒適能擺在第一位。兩人好好談談，事先做好規畫，消弭一切分歧，但是記得不要當著孩子的面談論。
- **找幫手**。別害怕談論孩子的問題（但不要當著孩子的面談論），跟其他人解釋孩子在日常生活會發生哪些狀況。讓家人、朋友、保母等了解對待孩子的最佳方式，避免他崩潰失控。

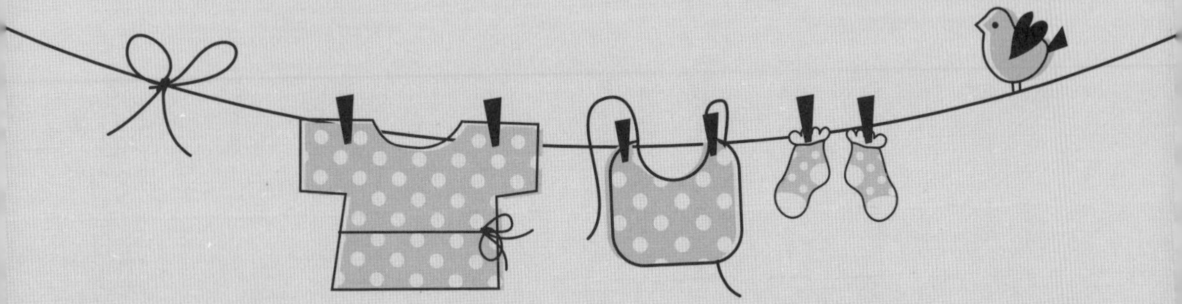

第九章

E·E·A·S·Y妙招

嬰幼兒的如廁訓練

如廁訓練恐慌症

一般來說，爸媽最擔心的是睡眠問題，再來是吃飯問題，但是一想到如廁訓練，爸媽的焦慮程度似乎又迎向另一波高峰。何時該開始訓練？訓練要如何開始？如果孩子抗拒怎麼辦？發生意外怎麼辦？如廁訓練的問題簡直無窮無盡。多數父母發現孩子的發展階段比書上寫的（或其他玩伴）還晚時，雖然會很煩惱，但仍會冷靜下來，等孩子的心智和肌肉按照自己的步調成長。可是，一遇到如廁訓練就變得非常焦躁，忘了如廁訓練只是其中一個發展階段罷了。

統計數據顯示，過去六十年如廁訓練的年紀大幅延後。一部分是因爲育兒觀念越來越以孩子爲中心，一部分則是因爲紙尿布品質提升，即使大小便，孩子也不會感到不舒服。或許晚點訓練可以給爸媽更多時間思考哪些地方可能出錯。但不論早訓練晚訓練，父母對如廁訓練總有一種焦慮：上廁所的習慣隱含著某種「道德」意涵。不管是哪一種情況，現代父母面對尿布到馬桶的過渡期，顯然很難像面對孩子坐起身、學走路、學講話那樣抱持平常心。

我要跟各位爸媽說：「放寬心吧。」教孩子上廁所跟其他發展階段的里程碑眞的沒什麼不同，而且你不都安然度過了嗎？如果你把如廁訓練視爲單純的成長階段，心態或許就會改變。這麼想吧：你不會指望孩子一學會站立就能跑馬拉松，你明白發展階段是一個過程，不是一次到位的單一事件。每個發展里程碑都會先出現跡象，接著孩子才一步一步達成階段變化。

從發展的角度來看，如廁訓練也是一樣的過程。早在孩子眞的坐上馬桶之前，他就會表現出種種跡象，告訴你他準備好從尿布換成馬桶。但我們往往忽略那些暗示，也不鼓勵孩子獨立。還有個問題是，紙尿布的技術太發達，寶寶很少因爲大小便覺得屁股濕濕的而感到不適。再加上現代人生活忙碌，一想到要花時間教孩子上廁所就一個頭兩個大，所以不少父母的態度都是「晚點教也不遲」，專家也說必須等到孩子「成熟」再做如廁訓練。但是，也等太久了吧。

九個月大作息改成E·E·A·S·Y

有一小派專家對於如廁訓練抱持極端的立場，不過大多數（許多書籍和不少兒科醫師的意見）仍認爲未滿兩歲不能進行如廁訓練，也有人認爲三歲之後才能訓練成功。儘管確實有寶寶在年紀小的時候就學會上廁所，但就跟學走路和講話一樣，總有人學得快，有人學得慢。多數專家還是建議至少等到孩子表現出所有（或一部分）準備好的暗示再開始訓練。他們的觀點是孩子必須能理解訓練的內容，括約肌也要完全成熟（一歲左右開始成熟），才適合進行訓練。

我在《超級嬰兒通》建議孩子一歲半開始如廁訓練，但是跟許多父母合作、閱讀如廁訓練的最新研究，以及觀察世界各地的作法之後，我便否定了傳統派和極端派的意見。

如廁訓練的兩端光譜確實都有很合理的論點。以孩子爲中心的方法、尊重孩子的感受，也符合我的基本理念。但是，讓孩子決定何時才算「準備好」，讓他自己學習使用馬桶，就像放一碗飯在地上，指望孩子能學會餐桌禮儀一樣。說不定眞有孩子學得會，但是父母如果不在旁引導孩子學習社會化，那麼父母還有什麼用處？更重要的是，如果孩子從兩歲或兩歲半才決定要學，在我看來已經太晚了，因爲兩歲兒會抱持一種消極態度，他們沒興趣討好爸媽，只想按自己的方式做事，父母很容易在過程中失去主導權。

小叮嚀

該不該提早如廁訓練？看看科學家怎麼說

如廁訓練的開始時間及完成時間有沒有關聯，目前還沒有足夠的科學證據可檢視，不過賓州兒童醫院近來一項研究證實，早點開始訓練雖然有時會花費較多時間，但確實能在較早的年紀完成訓練。二〇〇〇年，比利時研究人員進行另一項研究，主題是「孩童排便問題增加」，這份研究分析了三百二十一份不同年齡層的父母回應。第一組的父母超過六十歲，第二組介於四十到六十歲，第三組介於二十到四十歲。第一組的人大部分在孩子一歲半時開始如廁訓練，其中一半早在孩子滿一歲之前就開始了。溫戴爾博士和貝克博士在報告裡提到：「多數專家認為膀胱與腸道的控制能力需要時間慢慢成熟，無法靠如廁訓練加快進度。」然而調查結果，明顯與這篇理論相反。第一組父母帶的孩子七十一％在一歲半就訓練成功，對比第三組大多兩歲之後才開始訓練，僅有十七％的孩子在一歲半訓練完成。

我也認爲應該要給孩子練習新技巧的機會，他才能逐漸掌握訣竅。我當然也同意訓練要早點開始，例如美國完成訓練的年紀平均爲三歲到四歲，實在太晚了。根據二〇〇四年三月號《當代兒科》引述科羅拉多大學醫學院一位兒科教授的話：「超過五成的幼兒大約在一歲接受如廁訓練。」還有一件事很重要，我認爲孩子對於訓練過程應該要有一些控制權，能表達自己的看法，不能全然無知。孩子還坐不直就讓他用馬桶，我認爲是太早了。

於是，我選擇一條中庸之道。我建議從九個月開始訓練上廁所，或者只要寶寶能坐穩，不排斥獨處就可以開始。大多照我的方法做的寶寶，滿一歲就能在白天順利使用廁所。當然，不是所有寶寶都如此順利，但是研究顯示，等到其他同齡兒開始訓練時，這些寶寶已經表現得很好了。

目前主流的如廁訓練觀念非常普遍，一部分原因是紙尿布功能太好（紙尿布產業也因父母延後如廁訓練的年紀而受惠），許多父母忽略了平時對孩子的觀察和認識。比如一位女兒一歲三個月大的媽媽在線上發了這篇文章：

這兩個月以來，我們都讓潔西卡睡前坐一下馬桶，因爲她一直想要坐在成人馬桶上。大多時候都是毫無動靜，偶爾才會小便。我很確定只是時間剛好而已。但有件事很奇怪，她上週開始在白天拿新尿布給我，時間不固定，然後把尿布鋪在地板，自己躺在上面。起先我以爲她只是在玩，沒有多想，但是我叫她起來她也不肯，最後只好配合她，替她換尿布，結果她眞的大便了！這個行爲已經持續六天。如果我問她：「你大便了嗎？」她會說：「對。」或者「尿尿了。」她每次都回答正確，而且眞的只有在大小便之後才會拿尿布來找我。這是不是她準備好接受如廁訓練的暗示？這麼快嗎？如果是眞的，那就太好了，因爲九月之後我就不能全天在家陪她了。另一方面，我不想逼她進行她還沒準備好的訓練。大家覺得呢？

所有暗示都明擺在潔西卡媽媽的眼前，可惜她受到太多育兒書、文章和網站建議的影響，沒辦法認清自己孩子的現況。而且其他爸媽也在加深「一歲半前不要訓練孩子上廁所」的觀念，比如一位媽媽就留言回應：「沒錯，這是個暗示，但如果只有這個暗示，我不建議立刻開始訓練。她是大便之後才告訴你，而不是之前。再說，她現在只知道大便，還搞不清楚頻率更高的小便。我覺得她已經開始有點概念了，希望她能在大小便之前搞清楚。」

搞清楚？潔西卡才一歲三個月，難道拿湯匙、穿衣服、跟其他小朋友好好相處這些事，媽媽也要讓她自己「搞清楚」嗎？應該不是吧。如廁訓練無法一步登天，這是一個從孩子有意識開始的過程，而潔西卡已經有上廁所的意識了。她等到大小便結束才告訴媽媽，是因爲沒人教她有便意或尿意等於想上廁所。她需要有人跟她解釋，示範給她看。最後，認爲孩子必須表現出所有準備好的暗示才能開始訓練，實在太荒謬了。從潔西卡的動作看來，她正在向媽媽求助（參考下頁的清單，但不代表孩子要表現出所有跡象才能開始訓練）。

全球至少半數的寶寶未滿一歲就接受如廁訓練，但我建議從九個月開始訓練時，還是有很多父母聽了又疑心又震驚。請容我詳細解釋。九個月大時，我把排泄當成寶寶日常作息的一部分，而父母的工作，就是讓寶寶知道時間到了要上廁所。上廁所跟吃飯、活動、睡覺一樣，必須排出一個時段進行這件事。寶寶吃完或喝完過後二十分鐘，請帶他去坐馬桶。現在寶寶的規律作息要改成E．E．A．S．Y，也就是**吃飯**（Eat）、**排泄**（Elimination）、**活動**（Activity）、**睡覺**（Sleep）、**你的時間**（Your time，不過孩子接近幼兒期時，你的時間的確越來越少了）。早上起床的時候，兩個E的順序要調換，一醒來先上廁所再吃早餐（參考408頁「訓練計畫」）。

如果你從寶寶九個月大到一歲之間開始訓練，寶寶的控制力和意識當然不如年紀大一點的幼兒。

因此，如廁訓練與其說是教導，不如說是制約。在他平常排泄的時間讓他坐在馬桶上，或是當他表現出要排泄的模樣（通常是吃飽後），你就可以成功讓他在馬桶上排泄。也許不是百發百中，但有時會成功。想要成功，就得先經歷失敗。讓寶寶感受馬桶坐墊，學會放鬆括約肌。成功排泄之後，記得爲他歡呼，就像他第一次把自己拉起來，或是扶著走路一樣熱烈歡呼。這個年紀的寶寶仍想取悅爸媽（兩歲兒絕對不想），利用正面加強的方式，讓寶寶知道你很重視他的排泄動作。

小叮嚀

如廁訓練檢查清單

美國兒科學會為父母提供以下指南，你肯定也在其他育兒書或網路上看過類似的表格。請張大眼睛仔細看，有些徵兆來得比較晚。觀察力敏銳的父母早在孩子想穿內褲，甚至早在學走路或脫褲子之前，就已經知道寶寶正在排泄的表情和姿勢。另外，每個孩子成熟的速度不一樣，對尿布浸濕程度的忍受力也不同。請運用你的常識，以及你對孩子的認識來判斷。即使他還沒展現出所有跡象，你也可以開始進行訓練：

- 孩子可以白天連續兩小時沒有大小便，或是小睡期間沒有大小便。
- 排便時間變得規律、可預測。
- 大人可以透過孩子的臉部表情、身體姿勢或口頭告知，判斷他要大小便了。
- 孩子可以執行簡單的指令。
- 孩子可以自己往返廁所，並脫下褲子。
- 尿布一濕，孩子就一副不舒服、想換尿布的樣子。
- 孩子主動要求使用馬桶或學習便器。
- 孩子主動要求穿內褲。

早點開始訓練，寶寶才有時間練習放鬆括約肌，讓大小便落入馬桶，而不是尿布。這不就是習得技能的方法嗎？練習、練習、再練習！假如等到兩歲才開始訓練，他已經很習慣在尿布排泄，此時孩子必須同時學會注意便意和尿意，還得重新適應在其他地方排泄。在這之前，他完全沒有練習過。這就好像一直讓寶寶坐在床上，直到你認爲走路的「時機」到了，才把他放下床。如果少了前面幾個月的努力，不先從錯誤中學習，強化雙腿肌肉，試圖協調動作，他要怎麼走得穩呢？

下面我會解釋從九到十五個月大之間開始訓練的作法，以及年紀更大的訓練計畫。本章最後，我會講解一些常見的問題。

你們家孩子什麼時候才能完全擺脫尿布？我完全無從預測。端看你何時開始訓練、爸媽的投入程度與耐心、孩子的個性與體質，以及家裡的其他條件狀況。不過，我可以告訴你，如果你仔細觀察孩子、貫徹訓練計畫、把上廁所當成一種發展階段，不要搞得兵荒馬亂，進展肯定會更順利。

如廁訓練的黃金時間：九到十五個月大

如果你按照我的建議，從九到十五個月大開始如廁訓練，你可能會看到一些典型的跡象，顯示孩子準備好了（參考前頁清單）。如果孩子沒展現某些跡象也無妨，只要可以獨立坐著，他就足以接受訓練了。把上廁所當成孩子要學會的新技能之一，就跟從杯子喝水、走路、拼拼圖一樣。把訓練過程當成一項有趣的挑戰，而不是艱鉅的任務。你就是孩子的嚮導。

事前準備：比起學習便器，我更推薦在家裡的馬桶放一個兒童坐墊，因爲之後轉換成使用馬桶更簡單。這個年齡層的孩子很少會抗拒馬桶，因爲他們很渴望取悅父母，參與意願很高。記得在馬桶前面放一個孩子可以踩腳的踏墊，一方面比較有安全感，另一方面方便他肚子用力。九到十五個月大的寶寶大多無法獨力爬上爬下，但是你還是要準備一個堅固的梯凳，鼓勵他獨立。他可以踩著椅凳上下馬桶，還能構到洗手台，進行刷牙、洗手等慣例程序。

準備一本筆記簿，記錄孩子的如廁習慣（參考405頁的「如廁訓練檢查清單」）。訓練期間常保耐心，不要在公司專案進行得如火如荼、準備搬家、準備度假，或者爸媽其中一人生病時進行訓練，請做好長期作戰的心理準備。

準備方式：不論開始訓練的年紀多大，首先爸媽要仔細觀察寶寶本身，以及他的日常作息。如果你一直以來都採取我的育兒法，對孩子觀察入微，很了解他的哭聲和肢體語言，依照他的天性給予回應，那麼寶寶滿九個月大時，你肯定知道他要大小便的前兆。兩、三個月大時，如果他吸吮到一半停下來，可能就是在排便。**嬰兒無法一次處理超過兩件事**。所以從現在開始，注意這些排泄前的跡象，如果他還不會走路，跡象可能是他臉上的古怪表情。他可能會發出咕嚕聲或扮鬼臉，可能會停下手邊的動作，專心排泄。如果他已經會走路了，他可能走去角落或躲到沙發後面排便，也可能會拉開尿布想看看裡面，甚至伸手進去摸摸是什麼東西從他身體排出來。以上是常見的線索，不過你的孩子可能會做出完全不一樣的行爲。只要你注意觀察，我保證你會發現孩子排泄前的小動作。

做筆記：寫下當時的狀況和作息，可供日後參考。很多寶寶到了九個月大就有固定的排便時間，喝完液體二十到三十分鐘則會排尿。這則資訊加上你對孩子的了解，應能大致掌握白天的排泄時間。

就算你覺得他還聽不懂，也請用你們家慣用的講法述說這些生理功能：「親愛的，今天便便了嗎？」同樣地，你也要提起自己的排泄習慣：「媽媽要去上廁所。」理想狀況是你可以大方示範給孩子看，最好是由同樣性別的家長來示範，不過這不一定是可行方案。小男生一開始也是坐著小便（如果是爸爸示範，爸爸就應該坐著），所以媽媽來示範也無妨。孩子會從模仿中學習，而且迫切想要跟爸媽做一樣的事。

這樣一來，寶寶就會開始意識到身體想大小便的感覺。這種感覺很難訴諸言語，尤其你對膀胱很滿的感覺，可能跟孩子的感受不同。我認識一位媽媽跟一歲三個月大的孩子說：「如果覺得肚子有點刺痛就告訴媽媽，那表示你要尿尿了。」恐怕到現在，孩子還沒跟她說過一次想尿尿。「肚子有點刺痛」對孩子來說一點意義也沒有，他必須從經驗中學習。

訓練計畫：前兩、三週，孩子一起床就讓他坐到馬桶上，養成起床儀式。你走進他房間，給他一個大大的吻，拉開窗簾說：「早安啊，小寶貝睡得怎麼樣？」將他抱出嬰兒床，並說：「該去坐馬桶囉。」不要詢問，直接做就對了。上廁所和如廁完洗手應該要跟刷牙一樣，變成早上的例行儀式。當然，他晚上睡覺一定會尿濕尿布，所以他不一定一起床就有尿意。讓他坐一會兒，最多五分鐘。你可以蹲下或坐在凳子上，停在他的眼睛高度。你們可以看書、唱歌，聊聊今天要做的事。如果他排尿了，就用口頭告訴他（「你看，你尿尿的方式跟媽媽一樣，尿到馬桶裡面」），並大力稱讚他的表現。（唯獨這個場合，爸媽可以把孩子捧上天。）記得要稱讚他具體的行爲，例如「你做得眞好」，而不要只說「你好棒」。再來，教他如何擦乾淨。如果他沒有小便，就直接換上新尿布，帶去吃早餐。

如果是小男生，他可能會勃起。我不喜歡有些兒童坐墊和學習便器在前緣設計一個突起的擋板，小男生的陰莖可能會卡住，而且孩子就不知道要握著陰莖，往下瞄準尿到馬桶裡。一開始，你必須替他瞄準，有個好方法是將陰莖夾在大腿中間，輕輕合攏大腿。這個年紀最好先由你替他擦乾淨，尤其是大便後，但記得要跟他解釋這個動作，並給他機會嘗試。如果是小女生，請教她由前往後擦。

孩子喝完飲料後二十分鐘，再次帶他去坐馬桶，重複以上步驟，接下來一整天都一樣，吃飽喝足或者到了平常的排便時間，就帶他去上廁所。另外，孩子通常會在洗澡前大小便，或是在浴缸裡尿出來。如果你家孩子就是如此，請在洗澡前上一次廁所。切記每次都要用同樣的說法：「我們去坐馬桶吧，把尿布脫下來，我抱你坐上去。」這些都是提示用語，讓孩子將排泄跟馬桶聯想在一起。如果把上廁所變成規律作息的一部分，就像大人一天上好幾次廁所，E・A・S・Y變成E・E・A・S・Y之後，孩子就會自然成習慣。別忘了也要養成上完廁所洗手的習慣。

前兩、三週不必太急躁，只要保持一致即可。有些人建議一開始一天讓孩子坐一次馬桶就好，我倒認爲孩子會被搞糊塗：「爲什麼馬桶只能在早餐時間或洗澡前使用呢？」

如廁訓練是讓孩子意識到身體活動，幫助他將排泄和馬桶聯想在一起。寶寶要滿一歲或更大才能完全控制括約肌（參考下頁「排泄控制順序」），但是尚未成熟的括約肌也已經足以發出訊號，使孩子感受到便意。讓孩子坐上馬桶，就是給他機會認識這種感覺，並練習控制力。

還記得我說這段期間要秉持耐心嗎？孩子無法在一、兩週完全學會，但他很快就能產生聯想，而且覺得上廁所很有趣，就算你不主動提議，他也會想要坐馬桶。舉個例子，雪莉最近開始訓練一歲的泰隆上廁所，計畫進行兩、三週後，惱怒的雪莉打給我：「他一直想坐馬桶，大部分時間根本沒在大

小叮嚀 排泄控制順序

孩子對括約肌的控制力通常是照這個順序發展：

1. 夜間排便
2. 日間排便
3. 日間排尿
4. 夜間排尿

小便。崔西，老實說我快受不了了。當然我沒有在他面前生氣，但是他眞的是占著茅坑不拉屎，非常浪費時間。」

我告訴雪莉，不管多沮喪多無聊，她必須堅持下去。「一開始孩子總是要從嘗試中學習，你得幫他認識身體要排泄的感覺，不能現在就放棄。」雪莉家的狀況非常普遍，畢竟坐馬桶對小幼兒來說是非常新鮮的體驗，相對地，爸媽已司空見慣。馬桶裡有水，按下把手就能製造漩渦，這不是很新奇嗎！事實上，孩子光是坐在馬桶上就覺得很棒了，只有大人才覺得坐馬桶不大小便很浪費時間。當然，最後他總有一兩次會成功排泄，這時候你要像他中了樂透一樣恭喜他。**分享成功的喜悅是驅動孩子繼續努力的關鍵，你越支持他，成果就越理想。**

如果整整一週，孩子白天都沒有在馬桶以外的地方大小便，那就可以換穿內褲了。我不建議穿拉拉褲，因爲跟包尿布大同小異，孩子不會有尿褲子濕濕的不適感。至於一整晚不小便，往往需要兩、三週或幾個月的時間才能達成。如果孩子連續兩週起床沒有尿濕尿布，就可以安心穿內褲睡覺了。

錯過黃金時間怎麼辦？

假設你讀完我對如廁訓練的建議，仍然抱持觀望態度。你認爲九個月大，甚至一歲訓練上廁所都還太早了。就像十一個月大的哈利已經很常講「尿尿」這個字，而且不喜歡濕尿布的感覺，但我一建議瑪拉即刻開始訓練，瑪拉就提出異議：「崔西，他只是個小寶寶，我怎麼可以不給他穿尿布？」她非常堅持要等到哈利滿一歲半、兩歲或更大。那是她的選擇，也可能是你的選擇。只是你要知道，幼兒期的如廁訓練方式會稍有不同，而且等到兩歲之後才開始，表示除了訓練上廁所之外，你同時要應付兩歲兒的種種抵抗行爲。

又或者最近你仔細想了想，早點訓練上廁所其實是個好主意，可惜此時孩子已經兩歲了（見370頁莎狄的故事）。不同年齡層當然需要不同的策略，但是你絕對不要兩手一攤，被動地等到孩子想學才學。以下是超過一歲三個月大的如廁訓練建議，本章最後也會探討一連串教孩子上廁所的難題。

如廁訓練的第二好時機：十六到二十三個月大

這是第二好的如廁訓練起始年紀，因爲這階段的孩子仍想要討好爸媽。大部分作法跟月齡小一點的寶寶一樣（見405頁），只是現在孩子完全能理解你的話，溝通起來更輕鬆。同時，他的膀胱也更大了，小便次數會減少一點，括約肌的控制力也更強。訣竅在於教他如何、何時運用這個控制力。

事前準備：事先購置兒童馬桶坐墊（見405頁）。即使孩子每次坐在馬桶上的時間不超過五分鐘，你也可以準備幾本廁所專用書，例如訓練如廁的主題書，和孩子喜歡的書。帶孩子去逛街，讓他自己挑選喜歡的內褲，跟他強調爸媽就是穿這種內褲。一次請至少買八件內褲，畢竟意外防不勝防。

準備方式：如果你還不曉得孩子排泄前的小動作，請開始認眞觀察。年紀大的孩子，跡象往往越明顯，把這些準備排泄的線索寫進筆記簿。另外，訓練前一個月，請增加換尿布的頻率，讓他了解並喜歡上乾爽的感覺。這個年紀的孩子通常是喝完液體四十分鐘後排尿。開始訓練的前一週，請每四十分鐘換一次尿布，或至少檢查尿布有沒有濕，你才能掌握他的排尿週期。

另外，請把握這一週先跟孩子討論上廁所的訓練，切記使用排泄相關的用語，提高孩子對排泄過程的意識（「噢，你大便了」）。如果他一直拉扯尿布，請對他說：「你的尿布濕了，我們來換尿布。」還有一點非常重要，你必須爲孩子示範上廁所的技巧。（「要不要來廁所看爸爸怎麼尿尿？」）給孩子看上廁所相關的書和影片。另外，如果孩子大便在內褲或尿布上，我都建議你帶著大便去廁所，把大便沖進馬桶，讓孩子知道大便眞正的歸處。

小叮嚀

訓練時要保持赤裸？

很多書籍和專家建議如廁訓練要在夏天進行，孩子才能全身或下半身赤裸。我不同意這種作法，這就像吃飯時間把孩子衣服脫光，以免食物沾到衣服一樣。我們必須教孩子如何在現實世界展現文明舉止。我只認同在洗澡前讓孩子光著身子上廁所。

有些專家建議拿道具放在馬桶上示範，但對我來說，用洋娃娃、公仔或泰迪熊對孩子毫無意義。當然如果孩子能理解，那也無妨，但很多小幼兒還不能參透這種比喻方式。他們需要看真人示範，有個榜樣可以模仿。他們希望跟爸媽做一樣的事。你不覺得由你來示範，讓孩子學會上廁所的技巧，比起用娃娃更有意義嗎？

訓練計畫：如前所述，孩子一起床就帶去坐馬桶，然後穿上內褲或學習褲，不要再包尿布。你必須讓孩子的屁股有不同的觸覺，並且不小心尿出來時有濕褲子的感受。接著每次吃完飯、吃點心或喝飲品後半小時坐一次馬桶，我想大部分幼兒都有點心和飲料時間。我再強調一次，千萬不要問：「想上廁所嗎？」除非你想被孩子拒絕。這個年紀的孩子非常重視玩樂，如果他的大工程快要蓋好了，請等他放上最後一塊積木，再帶他去上廁所。

跟他一起待在廁所，每次不要超過五分鐘，中間可以看書唱歌，不要給他壓力（可以讓他聽水流聲引發尿意）。孩子現在好惡非常分明，如果快要兩歲才開始訓練，孩子更有可能抗拒。起初的成功

小叮嚀

學習杯與如廁訓練

現代很多父母鼓勵孩子隨手拿著杯子，有了便利的防潑學習杯，爸媽就不必一直問：「口渴了嗎？」只要你給孩子喝的是開水或稀釋果汁，平時是沒什麼問題，但遇到如廁訓練就有麻煩了。喝下去的總是要排出來！最好把喝水時間限制在固定時段，餐後間隔兩小時喝一次當成點心，你才更能預測排尿時間。

都是偶然，可是一旦孩子開始將排泄與馬桶聯想在一起，接下來就只要重複練習，並且大力誇獎，就能強化孩子上廁所的意識。如果孩子抗拒訓練，表示他可能還沒準備好，等兩個星期再試一次看看。

如果他不小心大便或尿出來，不必大驚小怪，只要說：「沒關係，下次你就會尿在馬桶裡。」若是大便，記得讓孩子看你把大便沖進馬桶（「這次我就幫你放到馬桶裡」）。兩歲前，孩子多半不會覺得自己臭或髒，所以請勿使用這些形容詞。孩子是看到大人的負面反應，才覺得自己很丟臉。

如廁訓練的魔鬼時間：兩到三歲以上

這個階段的事前準備和訓練計畫跟其他年齡層差不多，但孩子滿兩歲之後，很常在如廁訓練過程與爸媽角力，因爲孩子這時候更獨立、能力更強，而且不一定急著討好父母。現在孩子的個性和喜好都很明顯，有些孩子很不能忍受濕尿布和髒尿布，會主動要求換尿布。顯然他們訓練起來更容易。如果孩子平常願意配合，能聽從指令，那就是如廁訓練的好兆頭。但是，如果你的生活就是不斷與孩子角力，那你可能得設計一套獎勵制度，給孩子一點甜頭嚐嚐。

有些爸媽會做一張馬桶表，每次坐上馬桶順利排泄就貼一顆金星星。其他則用巧克力或其他小糖果當獎品，只有成功排泄才能吃。如果光是去廁所坐著就有獎勵，效果恐怕不大，他必須眞的大小便才能得到獎品。我舉雙手贊成獎勵制度，但你才是最了解孩子的人，知道怎麼做最好。有些孩子不在乎獎勵，有些則是有獎勵好辦事。

如果你的態度作法一致，孩子一定能學會使用馬桶。隨時記住E．E．A．S．Y，把上廁所變成規律作息的一環：「我們剛吃完午餐，你也喝了一些東西，現在該去上廁所還有洗手了。」對這個年紀的孩子可以解釋更多：一旦孩子察覺到尿意或便意，你可以說：「你要忍耐一下，坐到馬桶上再尿出來。」

很多爸媽問我：「你怎麼知道孩子是抗拒，還是尚未準備好？」這封信就是很典型的質疑。

> 每次我帶兩歲的女兒去坐馬桶，她都會抗拒老半天。有些朋友說她還沒準備好，但我覺得這只是兩歲兒的正常能量釋放。我該放棄嗎？那何時才能再試一次呢？

多數孩子到了兩歲確實已經準備好，只是這個時期也很愛反抗，所以此時開始訓練是有點冒險。但是這個問題並非無解。**父母犯的最大錯誤就是開始又放棄，一再循環**。任何年齡層都不該這麼做，尤其兩歲以上是大禁忌。孩子現在非常明白事理了，他們完全有能力用如廁訓練來操縱父母。

不要在如廁訓練一事上跟孩子角力。如果孩子抗拒，先暫停一天，最多兩天。你會很意外，光一天就差很多。再說，現在孩子大了，如果你暫停一、兩週才恢復訓練，屆時孩子又長更大，更會抵抗。請繼續努力，不必強迫，但也不要全盤放棄。盡量製造歡樂的氣氛，運用大量轉移注意力和獎勵的手段。如果孩子沒有動靜，就不要讚美或給予獎勵。半小時後再試一次。如果還沒到半小時他就尿出來，不必大驚小怪，事前準備好乾淨的內褲和衣物就好。兩歲兒已經可以自己換衣服了，如果他尿濕褲子，只要擦乾淨換褲子就好。如果是大便，請他先走進淋浴間再脫下褲子，把屁股洗乾淨。這不是懲罰，而是讓他知道大便在褲子的後果。不必對孩子凶巴巴，只要從旁協助，讓他負責清乾淨就好。不要在過程中說教或羞辱孩子，只要讓他參與整個過程，讓他知道自己也要分擔責任。

另外，你必須想辦法分辨那眞的是意外，還是孩子故意忍到離開馬桶才大小便。如果是後者，表示他已經知道如何利用馬桶勒索父母，吸引爸媽的注意力。最好的解決辦法是從其他方面給予他正面關注，比如多花時間獨處，讓他跟你一起完成一件特別的工作，比如把襪子交給他分類，你在一旁折衣服。讓他跟你一起整理花圃，分一小塊地專門交給他照料，或是讓他在窗邊種個小盆栽。當植物發芽生長，你可以打個比方給他聽：「植物長高長大了，就跟你一樣。」

多注意自己的脾氣和反應，尤其訓練進行一段時間後，你會比一開始更容易產生情緒反應，孩子也會察覺你的緊繃態度。如果不即時踩煞車，之後肯定又是一番角力。

這個年紀會出現各種叛逆舉動，比如踢人、咬人、尖叫、拱背和其他鬧脾氣行爲。請用選擇題讓孩子就範：「你想要讓媽媽先坐馬桶，還是你要先坐？」「你想要媽媽唸這本書給你聽，還是你自己邊坐著邊看書？」選項必須包含使用馬桶，而不是：「你想要先看電視半小時，再去上廁所嗎？」

夜間訓練也是同樣準則：孩子如果連續兩週早上起床尿布沒濕，就可以換穿內褲過夜，或是直接穿睡褲。睡前盡量少喝水和其他飲料。不過這個年紀還是有可能尿床，如果白天一整天以及早上起床尿布都很乾爽，就表示晚上也有機會整夜不排尿（奇怪的是，我收到的如廁訓練疑問很少提及夜間訓練，表示白天養成上廁所的作息後，晚上就能自然不包尿布睡過夜了）。

我發現很多問題都源自太晚開始訓練，九十八％的四歲兒會上廁所，如果你家的四歲兒還沒開始訓練，請尋求兒科醫師或小兒泌尿科醫師的協助，確認是否有任何生理問題妨礙如廁訓練。

如廁訓練的難題

以下是我從網站、信箱和客戶檔案挑出的幾件眞實案例。每次我都會先問兩個問題：**何時開始如廁訓練？作法一致嗎？**我發現至少一部分問題出在父母沒有貫徹始終。他們開始訓練（往往太晚開始）之後一遇到孩子反抗，就立刻停下來，之後再試一次。經過這樣反反覆覆，如廁訓練不知不覺變成親子角力。後面許多案例都有這個問題：

一歲十個月還沒準備好

我兒子卡森快滿一歲十個月了，上週他開始說「尿尿」。我問他是要去尿尿，還是已經尿出來，他都沒有正面回答我。其他時候，他都沒有表現出準備接受訓練的暗示。就算尿布大小便快滿出來，他也完全不在乎。我們在廁所放了一個學習便器，結果他只會踩在上面用洗手台。我不知道他說「尿尿」只是因爲新學了這個字，還是他眞的懂意思。我應該在他說「尿尿」的時候帶他去坐便器嗎？他已經看過很多次我和老公上廁所的樣子，我都會跟他說：「我們要去上廁所囉。」

因爲我想先打好基礎。另外，孩子何時該改穿拉拉褲呢？他還在包一般的紙尿布，我想等到他可以接受如廁訓練再換成拉拉褲。

卡森這個年紀已經能了解上廁所的意義了。他或許是那種不在意屁股沾到大小便的孩子，但他絕對知道大小便應該沖進馬桶，更何況他已經多次目睹爸媽上廁所的模樣。我不同意媽媽說：「他都沒有表現出準備接受訓練的暗示。」他很有可能已經知道「尿尿」的意思，我會問媽媽：**你們曾經試過讓他坐在便器上嗎？**我猜完全沒有。那爸媽還等什麼呢？他們必須立刻開始進行訓練，並且貫徹始終，每次兒子喝完東西後四十分鐘，就要帶他去坐便器。請另外放一個小箱子或椅凳，讓卡森可以踩著用洗手台。否則他怎麼知道便器的眞正用途是什麼？如果可以的話，買一個兒童馬桶坐墊會更好。他已經看過爸媽坐在馬桶上，之後也可以省掉便器換成馬桶的轉換過程。最後，我要提醒這對父母，如廁訓練必須付出相當多的耐心。父母必須掌握訓練的主導權，不能看兒子心情想訓練才訓練。

兩歲半幼兒試了一年還沒成功

貝琪兩歲半，我們的如廁訓練從她一歲半就開始進行了。她現在穿的是拉拉褲。有幾天她會完全拒絕用馬桶，並且大聲尖叫以示抗議。昨天吃晚餐時，她的拉拉褲從頭到尾都是濕的，但她完全沒吭一聲。心情好的時候，她會願意坐馬桶。出門時，她也會要求去洗手間，但那只是她想找點事做。我該如何完成她的訓練呢？

每次聽到這種狀況，孩子從一歲半開始訓練，都過了一整年，還只能在「心情好的時候」才用馬桶，再加上對象是女生（男生往往學得更快），我就明白父母肯定沒有貫徹始終，而且容我加一句，父母一定有偷懶。另一部分的問題出在尿布，就算孩子尿出來，父母只要換新的尿布就好，一點罪惡感也沒有。所以現在許多父母根本不想進行如廁訓練，他們從尿布換成討厭的拉拉褲，根本是換湯不換藥。我請媽媽立刻帶貝琪去買小內褲，下次她再尿褲子，可就沒辦法安然吃完整頓晚餐了。如果一大小便，她就不得不立刻換內褲。

不過，我認爲還有其他問題：貝琪不想坐馬桶時，會「尖叫」抗議。我問媽媽：**你會問她想不想上廁所，還是直接說「該去坐馬桶囉」？**直接用命令句：「該去坐馬桶囉。」並且鼓勵她行動：「上完廁所回來，我們就可以玩下午茶扮家家酒喔。」對付這個年紀的小孩會更有效。我還發現媽媽對整個訓練計畫感到灰心（畢竟已經持續一整年了）。**要求孩子做其他事的時候，她也會鬧脾氣嗎？**或許貝琪就是天生反骨，如果媽媽在其他情況沒有好好處理貝琪的脾氣，如廁訓練就很難取得成功。到了兩歲半的階段，控制排泄時機的已經不是父母，而是幼兒。你曾在孩子不小心大便的時候發飆或責備她嗎？如果有，請媽媽深吸一口氣，管好自己的行爲。威脅不是良好的教導手法，我會建議媽媽盡量置身事外。比如不要親自提醒女兒上廁所，改成設定計時器，告訴女兒鈴聲一響就要去坐馬桶。

最後，像貝琪這樣的孩子很適合獎勵制度。爲了設計出有效的獎勵，我會問媽媽：**什麼獎品最能提高孩子的合作意願？**有些孩子喜歡收集星星，換取一次出遊，有些則喜歡飯後得到一顆薄荷糖。

所有方法都試過，三歲半仍未完成訓練

我的兒子路易斯三歲半。我所有想得到的方法都試過了，他還是拒絕學用馬桶。他知道作法，也會掌握時機，也沒有表現出任何恐懼之情。有時候他會自己去上廁所，有時候多鼓勵一下，他也願意去。但是大部分時間他都不肯就範。我試過懲罰他，結果反而更糟，所以一下就放棄了。我試過用糖果、貼紙、車子、玩具當獎勵，也會稱讚他，親一親、抱一抱。但是沒過幾天就故態復萌。他大概只有一半的時間會在意尿布濕了。如果有任何建議，拜託告訴我。

路易斯媽媽的難題跟貝琪媽媽很類似（只不過問題拖更久）。我分享這封信的原因是，這是作法不一致的最佳範例。每次有人說「所有方法都試過了」，往往表示他們沒有選擇一項作法堅持到底，效果還沒達到就急著換另一種作法。我猜這個案例的狀況是，每次路易斯不小心大小便，媽媽就會立刻改變作法。

首先，路易斯的媽媽必須選擇一種方法，不論過程發生什麼意外都要堅持到底。她也必須成爲主導訓練的人，因爲現在是她三歲半的兒子在掌控全局。兒子看見媽媽很沮喪，他知道怎麼做可以釣出媽媽的反應，藉此獲得哄騙、獎勵或讚美。達成目的後，孩子就更覺得自己握有大權。

第二，她必須讓路易斯換穿內褲（她沒提到，但我敢說他還在穿拉拉褲）。接著，她必須使用計時器，如同我給貝琪媽媽的建議。她必須注意上廁所時間不能跟其他活動重疊，如果必須中斷活動，路易斯就更不願意配合了。然後，她必須讓路易斯自己穿脫褲子。

關於「懲罰」孩子這件事，懲罰絕對沒辦法達成目的，還會在未來製造非常嚴重的問題，例如恐懼馬桶或是尿床。更何況到了路易斯這個年紀，現實世界本身就會帶來懲罰。大多跟他同齡的孩子都已經學會上廁所，萬一路易斯不小心大小便，他的玩伴肯定會拿來大做文章。媽媽不應該再火上加油羞辱孩子，也不要拿別的孩子來比較，不要說「其他（好）孩子」都已經會用馬桶，或是他們都不必再穿拉拉褲之類的評論。

兩歲兒突然很怕馬桶

我的兩歲女兒凱拉原本做得很好，她已經連續很多週白天都沒尿褲子，但最近突然很害怕馬桶。我不知道究竟發生什麼事。我一週工作三天，人很好的保母會來照顧凱拉。這種狀況常見嗎？

媽媽必須尊重凱拉的恐懼感，並且釐清恐懼的來源。原本訓練進度很順利，突然孩子開始害怕馬桶，往往事出有因。**最近女兒便秘了嗎？**如果她某一天因爲便秘用力過度，她可能會把不舒服的感覺跟馬桶聯想在一起。爲了確保排除這個因素，我建議增加飲食的纖維量，比如玉米、豌豆、全穀物、加州梅、水果等，並增加液體攝取量。**家裡用哪一種坐墊？**如果是放上去的兒童坐墊，或許是某一次凱拉沒有坐穩，越坐越往下滑，或者坐墊沒卡好，凱拉上下馬桶都有點晃到。如果家裡用的是學習便器，說不定是便器翻倒了。**馬桶前面有放凳子嗎？**如果沒有凳子踩腳，凱拉可能會沒有安全感。

由於媽媽不是唯一訓練凱拉的人，所以我也會提出保母相關的問題：**你有花時間解釋訓練計畫，**

甚至寫下來，讓保母知道該怎麼做嗎？如果孩子白天由其他人照顧，你一定要確保日托中心、保母或奶奶知道你的詳細作法，並且照樣執行計畫。**你有沒有說明凱拉不小心大小便在褲子上該如何處理？**遇到意外的態度也很重要，尤其照顧孩子的人如果來自不同國家，價值觀可能會不一樣。有些人會因此責備孩子，甚至打孩子當作處罰。有時候你很難掌握不在家的期間，孩子和照顧者究竟發生什麼事，但你還是要（有技巧地）盡量調查清楚。

孩子透露出恐懼時，我們必須尊重他的感受。媽媽可以問凱拉：「你可以告訴媽媽馬桶爲什麼可怕嗎？」一旦釐清恐懼的源頭（透過詢問凱拉或其他管道得知），媽媽必須回到起點：給凱拉讀幾本上廁所的書，跟著凱拉一起去廁所，並且提出選項：「妳要先去上廁所，還是等媽媽上完再換妳？」帶孩子一起去廁所，她就會看到馬桶實際上沒有什麼危險。如果這些方法都失敗，媽媽可以試試看自己坐在馬桶上，然後讓凱拉坐在腿上，從媽媽的兩腿之間排泄。媽媽等於充當人體兒童坐墊，直到凱拉的恐懼消除爲止。凱拉不太可能從此變得依賴媽媽當坐墊，畢竟兩歲兒很在意自己是個大孩子了，一旦恐懼感消失，凱拉即可恢復自己上廁所的習慣。

有時候孩子會害怕外面的公共廁所，如果是這樣，請確保孩子出門前先上一次廁所，訓練期間不要出門太久。如果你是在附近辦事，可以中途去朋友家借廁所。

起先很順利，中途卻退步

我原以爲艾瑞克的如廁訓練已快結束，結果搬家後，他又開始抗拒用馬桶。我哪裡做錯了呢？

訓練進行多久後搬家？艾瑞克媽媽的問題可能出在時機不對。我絕對不建議在家裡出現大變動之前進行如廁訓練，包括搬家和新寶寶出生，或是孩子正在經歷某種轉換期，比如長牙或剛生完一場大病。**家裡還有其他新的變動嗎？**父母吵架、換新保母、家裡或共學團發生了某些事令孩子心煩，都會干擾如廁訓練。

艾瑞克的媽媽一樣要回到起點，重新再做一次如廁訓練。

錯過黃金時間，現在天天都要角力

莎狄在十七到二十個月大之間就展現出許多準備好的跡象，但是我沒有立刻開始訓練，因爲老二就快出生了。莎狄眞的準備好了，老二出生之後，她甚至自願坐過幾次馬桶。但老二眞的很難帶，我完全沒有心力再訓練莎狄上廁所。所以現在我必須等她自己決定要不要去上，如果我態度硬起來，我們就會大吵一架。

我很欣賞莎狄的媽媽如此坦承，而且她很清楚如廁訓練最好不要跟家裡的大變動重疊。但是她把如廁訓練想得太困難，以致於看不清其實有別條路可以走。莎狄從十七個月大就開始展現跡象，如果媽媽從那時候開始貫徹訓練計畫，莎狄有可能會在寶寶出生前就完成訓練。但是基於種種原因，訓練計畫延宕了，現在莎狄已經超過兩歲。儘管這個階段才開始訓練確實比較棘手，再加上家裡還有個新生兒，但媽媽還是有其他辦法的，不一定要「硬起來」跟女兒「大吵一架」。

莎狄顯然已經準備好學習，並與媽媽溝通。我建議採取以下方案：先花一週觀察莎狄的排泄規律，並跟她聊聊上廁所的習慣，帶她去廁所觀摩媽媽如何使用馬桶。並且帶她去逛街，選購自己要穿的內褲。開始訓練的第一天。媽媽要在莎狄的排泄時間前幾分鐘，先替寶寶換尿布，並且讓莎狄一起參與。「要不要幫媽媽一起替小寶寶換尿布？」準備一個梯凳，讓她更接近尿布台，並且請她擔任小幫手，幫忙拿尿布和屁屁霜。媽媽可藉機隨口提醒她是個大孩子了：「你不需要再包尿布了，因爲你知道要怎麼跟媽媽一樣用馬桶。等尿布換好，我們就一起去上廁所吧。」如果要讓莎狄參與換尿布，請事先算好要去廁所的時間。時間到了就提出選擇（「你要先去，還是等媽媽上完再換你？」），降低親子角力的機會。

三歲幼兒假裝上完廁所，最後才尿在尿布裡

艾咪會坐在便器上假裝上廁所，實際上什麼都沒有。她平常穿內褲，但是離開便器之後，她會說：「請給我尿布。」然後才尿在尿布裡。我們跟兒科醫師談過，他說艾咪顯然有能力在便器排泄，因爲她可以忍到換上尿布才尿出來。醫生說不要強迫她尿在便器裡，我們越是逼她，她就越堅持要照自己的方法做。這實在是個大難題，今年七歲的老大當初如廁訓練就很順利。我很擔心艾咪，她的意志力比我還堅定。

網站上另一位媽媽建議在尿布上剪一個洞，艾咪就可以穿著尿布在馬桶上排尿。有些孩子坐在馬桶上就是大不出來，這時候尿布剪洞或許可以解決問題。但艾咪已經三歲了，又聰明又獨立。媽媽說艾咪的「意志力比我還堅定」，由此可知上廁所不是他們唯一的角力。我會問：**你們在其他方面也會角力嗎？**若眞如此，艾咪只不過又找到操縱家人的新方法，這是小幼兒的慣用伎倆。我會建議把家裡的尿布全部清掉，讓艾咪知道以後就沒有尿布可用了。如果她又要討尿布，媽媽必須提醒她：「我沒有尿布可以給妳了，我們去用馬桶吧。」如果艾咪只有兩歲，我可以理解兒科醫師建議不要強迫她，但她已經三歲了。有些孩子需要爸媽在後面推一把，我認爲艾咪就是這樣的小孩。

兒子把陰莖當成水管玩

這很正常啊！小孩子本來就會這樣。訓練小男生上廁所往往要小心別亂說話，很容易一語成讖。就算一開始訓練他們坐著小便也不見得能解決這個問題。一旦男生掌握使用陰莖的訣竅，他們就特別喜歡瞄準目標。一位爸爸就充分把握這一點，把麥片倒進馬桶，叫兒子瞄準射擊，藉此加快兒子的訓練進度。如果射偏了，爸爸再清理乾淨。另一位媽媽訓練兒女的方式，則是完全不用學習便器和兒童坐墊，直接讓他們面對水箱反著坐在馬桶上。

女兒想要站著尿尿

如果她看過爸爸或哥哥站著尿尿，其實也不能怪她。你必須耐心解釋女生和男生的小便方式不同，並且實際示範給她看。大不了讓她親自試一次，並且事先警告她，如果沒有尿進馬桶，她要負責清乾淨。通常小便順著大腿流下去的感覺，就足以讓她放棄這個想法。

一直坐在便器上不肯起來

我女兒從一歲半就對便器很感興趣，於是我們便開始訓練。可惜當時是冬天，她染上感冒，家裡又有一個新生兒要照顧，所以我們暫停了幾次，最終完全停止計畫。現在她已經快滿二十三個月，我們正在考慮重新開始。我知道當初犯了幾個嚴重的錯誤：我們反覆訓練又暫停好幾次，還讓她坐在便器看了整整一小時的書。我想問的是，如果坐三分鐘沒反應要叫孩子起來，你們家的孩子會反抗嗎？我有預感女兒這次也會賴著不起來，所以想先做好準備。之前她會拒絕離開便器，最後總會變成角力，我不希望她把如廁訓練跟爸媽鬥智聯想在一起，只好任由她坐到滿足為止。有沒有什麼讓她乖乖離開的好建議？

首先，我會建議使用計時器。尤其孩子已經二十三個月大了，你可以說：「鈴聲響了，我們來檢查有沒有大便或小便吧。」如果空空如也，就說：「很好，我們待會再回來試看看。」她們家還有另一個更大的問題。媽媽說她盡量避免訓練上廁所時上演親子角力，我敢說其他方面她也都選擇讓步。

如廁訓練的重點整理

有個小男生到了三歲還沒接受訓練，媽媽告訴我兒科醫師這麼安撫她的焦慮：「醫生叫我看看四周，哪個大人還在包尿布！」醫生說得沒錯……孩子總有一天會完成訓練。有些孩子只要幾天就能訓練成功，因爲他們已經準備好，爸媽也願意撥出時間專心進行這項重大任務。也有孩子花了一年以上才結束訓練。如果這世上有一千位如廁訓練專家，就有一千種訓練方式，從主張出生幾個月就開始訓練，到完全交給孩子決定訓練時機。詳讀所有方法，選擇最適合孩子和你們家生活方式的訓練計畫。跟其他爸媽朋友聊聊，了解他們最推薦哪一種作法。不論最後你選擇哪一種，放輕鬆吧，笑一笑海闊天空。你越是放鬆心情，訓練成功的機率就越高。本章最後，我收錄一些親上火線的媽媽遇到的花絮趣聞，她們不是正在進行訓練，就是已經畢業了。以下是我從線上聊天室彙整出來的智慧結晶：

- 不要在孩子耳邊碎碎唸，一直叫他去上廁所。我們從來不會強迫女兒，只會在她每次成功排泄時給予大量的稱讚與鼓勵。
- 我非常推薦艾麗莎·卡普契里的《小女生上廁所》（*The Potty Book for Girls*）和《小男生上廁所》（*The Potty Book for Boys*）童書。可幫孩子理解上廁所的概念，爸媽也會喜歡這本書。

- 凡是家裡快要發生重大改變，比如新寶寶出生、要送去日托中心、媽媽回去上班，甚至是週末出去玩，都不要開始訓練。否則那些新變化會嚴重干擾訓練，害孩子大大退步。
- 我對孩子裸著身體進行訓練沒什麼意見，但我總覺得他們會尿在地上，然後感到丟臉。
- 別忘了孩子是獨立個體，讓孩子能夠安心，並感覺自己可以控制好狀況（雖然實際上是你在控制），訓練成功的機率就會大幅提升。
- 記住，孩子在學習上廁所的同時，你也在學習如何訓練他上廁所。過程中就算發生幾次錯誤，也不必太自責。
- 現實中的訓練總是不如書上寫得那般順利。話說回來，其他事情不也一樣嗎？懷孕期間、分娩過程、哺乳階段，你不都撐過來了嗎？
- 不要給自己太大壓力，一定要趕在某個期限內完成訓練。孩子學會走路之前，也是經歷過許多失敗。如廁訓練也一樣。
- 不要告訴任何人你們家正在進行如廁訓練，否則別人三天兩頭就會來煩你，提出一堆批評指教。你可以等到訓練結束，再大肆宣告孩子的偉大成就。

第十章

以為出師了，新挑戰馬上又來！

十二個基本教養問題和解決原則

躲不了也避不掉的教養定律

一開始討論本書要寫哪些內容時，理所當然地先列出最熱門的育兒話題，包括建立規律作息、睡覺、餵食和行為問題，最後再來思考如何收尾?!本書的主旨在於教大家解決問題，但是怎麼可能預見每個父母會遇到的所有麻煩，並一一簡述呢？

這時候，兒子四個月大的珍妮佛給了好建議。亨利是個天使型寶寶，個性開朗，很快就適應了E．A．S．Y作息，晚上也能連睡五、六小時。突然間，他開始莫名其妙凌晨四點醒來。我們確認他並非肚子餓，於是我建議採用「先下手為強法」（見230頁小叮嚀）。小珍一開始不太相信，但是幾天後，她半夜三點被家裡小狗嘔吐的聲音吵醒，剛好是亨利慣性夜醒的前一小時。小珍後來跟我們解釋：「反正都醒來了，我就想說乾脆試一次看看。」結果令小珍大感意外。提早喚醒亨利真的打破凌晨醒來的習慣，他又重回連睡五、六小時的良好作息了。回到正題，重點是小珍得知我們正煩惱最後一章該寫些什麼時，於是提議：「寫一章『以為出師了，新挑戰馬上又來！』怎麼樣？」

太睿智了！小珍才成為母親短短四個月，就領悟到躲不了也避不掉的教養定律：寶寶的現狀總是無法維持太久。畢竟，這世上只有一種差事是工作需求和「產品」本身隨時隨地都在改變，那就是為人父母。富有智慧與手段的爸媽很了解孩子的成長過程，總是有辦法從百寶袋掏出最有效的兒語訣竅。但縱然是身懷十八般武藝的父母，育兒之路也不保證一路順遂。每個人總會在途中不時遇到意想不到的變化。

於是我們寫公開信給爸爸媽媽，詢問他們想了解哪些內容。下面愛瑞卡的回信讓我們更加確定最終章的主題非常符合讀者需要。不只本書，我建議所有育兒書都該這樣收尾！

Q

- 以爲孩子可以輕鬆入睡了嗎？才怪。他發現只要鬧得夠久，你就會留下來陪他。
- 以爲孩子完全不挑食，很愛吃青菜嗎？才怪。他發現餅乾超美味，而且他可以只吃自己愛吃的食物。
- 以爲孩子已經學會用杯子喝水了嗎？才怪。他發現把水吐出來好好玩。
- 以爲孩子愛上著色本嗎？才怪。他發現除了紙張以外，牆壁、地板、桌布都是揮灑藝術的好地方。
- 以爲孩子很喜歡看書嗎？才怪。他發現手機裡面的卡通更好看。
- 以爲孩子學會說「請」「謝謝」了嗎？才怪。他發現故意不說更有趣。

任何一位爸媽都能順著愛瑞卡的清單繼續接龍寫下去。畢竟育兒這條路上充滿了「計畫趕不上變化」的各種情境。這是爸媽怎麼躲也躲不了的必然現實。每個人的成長過程都可以分成「平衡週期」（平靜祥和）和「失衡週期」（煩惱混亂）。對父母來說，這趟日復一日的旅程好比登山遠征。你費盡千辛萬苦攀上陡峭山崖，終於登上遼闊的高原。你愉快地走過一段還算平穩的地面，直到另一座高峰矗立在面前。想要攻頂，你就只能硬著頭皮繼續爬。

最後這一章，我們細看育兒的日常細節，以及看似憑空冒出的障礙。遇到這些障礙，連最勤勉的父母都可能不慎摔一跤。既然我不是先知，無法預測你們家將出現哪些「計畫趕不上變化」的場面，我所能做的就是提供一些釐清現狀的技巧，並且說明如何將教養守則應用在一系列常見的育兒困境。有些主題前面沒有提過，另一些主題則跟本書已經深入探討過的睡眠、餵食和行爲問題相關。如果你從頭讀到這裡，接下來提到的育兒技巧你應該都已經很熟悉了。不過本章的著眼點是後退一步綜觀全局，剖析這些育兒困境的複雜程度。

十二個基本教養問題

我在前言說過，我的人生在過去幾年內從兒語專家變身爲萬事通女士。我相信每位父母心中都有一位萬事通先生／女士，你只是需要一點引導。想解決問題，首先要問對問題，你才能找出孩子不高興的理由，釐清爲何會冒出新行爲，接著再想辦法改變現況，或是學習與新狀況和平共處。

爸媽往往堅稱問題是「莫名其妙冒出來的」。你錯了，親愛的。每次發生意料之外的事，幾乎背後都有原因。夜醒、進食習慣改變、壞脾氣、不願配合或與其他小朋友互動等，不論是行爲或態度有所轉變，幾乎很少「莫名其妙」發生。

父母很常被這些「計畫趕不上變化」的狀況逼入困境，被壓得喘不過氣，所以我設計了一個方法幫你後退一步，分析整個家裡、你的生活，以及孩子的生活正在經歷哪些事情，這個方法就是「十二個基本問題問卷」。

小叮嚀

十二個基本教養問題問卷

1. **孩子快要進入下一個生理發展階段了嗎？**比如坐起身、走路、說話？或者目前的發展階段可能會引起新的行為模式？
2. **這個新行為符合孩子的個性嗎？**如果符合，你能確認是哪些因素（發展階段、周邊環境、父母影響）加劇這項行為嗎？
3. **規律作息有改變嗎？**
4. **孩子的飲食有改變嗎？**
5. **孩子正在從事新活動嗎？**這項活動適合他的年齡與天性嗎？
6. **孩子白天或夜間的睡覺模式有改變嗎？**
7. **你們是否比平時更常外出、進行長途旅行，或出外度假了嗎？**
8. **孩子正在長牙、剛經歷過事故（即使是小意外），或是大病或手術初癒嗎？**
9. **你或是其他與孩子很親近的大人最近有生病、特別忙碌，或是情感遇到難關嗎？**
10. **家裡是否有其他事件可能會影響到孩子？**比如父母吵架、新保母、新生兒、換工作、搬家、家族有人生病或過世？
11. **你最近是否頻頻讓步，深化了這項行為？**
12. **你最近是否因為上一個育兒法「不管用」，所以正在嘗試新的育兒法？**

我在本書提出不可勝數的問題，讓你了解我思考這些育兒難題的角度，並訓練你進入我的思考模式。到了最終章，我將這些問題濃縮再濃縮，精鍊再精鍊，整理出行爲突然改變的最常見原因。每次遇到麻煩，務必先回答這十二道題目。很多「計畫趕不上變化」的狀況往往不只一種成因，孩子的發展階段、你採取（或沒採取）的行動、規律作息或家裡環境的更動，都會對孩子造成影響。你沒辦法一眼看穿事情的全貌，不知從何下手時，請認眞回答以下十二個問題，就算你認爲有些問題不相關也請全數作答，這麼做可以幫助提升解決麻煩的能力。

我建議你把這些問題記下來，至少剛開始學習解決難題時，你可以一一把答案寫出來。容我警告一句：回答問題時，你或許會產生罪惡感，因爲其中幾個答案會把育兒難題的源頭指向父母。相信我，我建議各位答題並不是希望你最後發現：「糟糕，原來小強尼像個龍捲風在家裡狂搞破壞，都是我害的。」我前面就強調過，罪惡感對任何人都沒好處。與其深陷自責的情緒，不如把你的心思和精力花在釐清眞相，採取措施，改變現狀。只要你**搞清楚背後的原因**，回到起點從頭來過就可以解決所有問題。

接下來，我們會仔細討論每一道題目，並分析眞實案例。這些案例的「計畫趕不上變化」難題，都在回答問題後，找到了事發的眞正原因。

問題一：不要輕忽發展階段的影響

第一個問題牽涉到發展階段：

> **Q**
> **1. 孩子快要進入下一個生理發展階段了嗎？比如坐起身、走路、說話？或者目前的發展階段可能會引起新的行爲模式？**

發展階段是必經的成長之路，沒有爸媽避得開，當然也沒有人想阻止寶寶成長。但是生活確實會被擾亂！更驚人的是，孩子眞的會一夜長大。我還記得某一天晚上送小女兒上床睡覺，她就是一個天使寶寶，結果隔天早上起來，竟變成了惡魔，感覺就像中邪一樣。她突然變得非常固執，更有主見，也更加獨立。這件事絕對不只發生在我們家，我收到數不清的信件和來電，聽著父母信誓旦旦地說一定是外星人摸黑進入嬰兒房，把孩子掉包成小惡霸！

面對發展階段大躍進，爸媽一定要沉著以對。有些父母發現孩子的新行爲模式，就忘記要遵守規律作息，實際上遇到這種動盪時刻，更應該堅持原本的規律作息。更糟的是，意外教養還在這時來淌渾水。「朵莉安的困境」（見448頁）是一件眞實案例，他們家「計畫趕不上變化」的難題是由發展階段和其他因素共同造成。孩子很自然地會找親近的人測試新獲得的技能，所以往往是父母遭殃。當父母做出反應，孩子就會意識到自己可以造成影響，會覺得自己握有權力，進而深化這項新行爲。

有時候你必須咬緊牙根度過這個發展階段。請把孩子的新行爲想成他正在探索世界，爲自己發聲，他並不是刻意要針對你（雖然感覺很像）。除非孩子遇到危險，或者行爲已經影響到別人，這段期間最好忽視他的舉動。但有時候，發展階段造成的改變又需要你配合做一些調整。比如寶寶以前可以自己玩得很開心，現在卻越來越黏你，這可能是因爲他的大腦已經夠成熟，知道自己很需要你。另一個可能原因是他長大了，手邊的玩具已經玩膩了。一旦他摸透玩具的原理，駕輕就熟，就可以給他更高難度的挑戰。

有些舉動看似是行爲問題，實際上是發展階段大躍進，需要父母調整作息，或是滿足孩子的新需求和能力。還記得茱蒂想教會傑克不要亂碰家裡的貴重物品，也不要打人巴掌嗎（見385頁）？實際上傑克的「問題」只是發展階段的正常現象。每次我聽到寶寶突然「對所有事情都很感興趣」，我就曉得爸媽必須配合孩子越來越成熟的自我做出改變。我建議茱蒂加強家裡的兒童安全防護措施，以免他和兒子老是在角力，傑克也不會因爲媽媽整天限制東限制西而沮喪。一旦創造出安全空間，讓傑克沒辦法恣意妄爲，茱蒂就只要等待這個發展階段結束，同時注意別再讓他打巴掌就行了。要不是茱蒂的覺察力很高，很關心兒子，傑克的攻擊行爲很有可能會更激烈。那樣就很可惜了，畢竟傑克的問題源頭純粹是因爲他正在成長，獨立性越來越高罷了。

問題二：了解你的孩子

這個問題牽涉到本書一再強調的原則，也是我對所有父母不斷重申的一件事：了解你的孩子。

> **Q**
> **2.這個新行爲符合孩子的個性嗎？如果符合，你能確認是哪些因素（發展階段、周邊環境、父母影響）加劇這項行爲嗎？**

我聽過爸媽說：「我當然知道他是獨立個體，我尊重他的獨一無二的個性。」嘴上說得輕鬆，眞正接納孩子天性並不簡單（參見88頁）。當孩子逐漸長大，接觸到外界，與其他小朋友相處，適應新的交際規矩，父母往往沒能堅持良好的初衷。

比如蘇珊是一位知名律師，女兒艾瑪出生之後，蘇珊減少工作時間，想多陪陪女兒。但比起活潑健談的蘇珊，艾瑪顯得文靜許多。艾瑪即將滿一歲十個月時，蘇珊不得不面對這個事實。艾瑪很喜歡音樂，但是當蘇珊說：「今天我們要去上第一堂音樂課喔。」她卻躲在沙發後面不肯出門。起初蘇珊以爲她在玩遊戲，並不是在逃避音樂課，所以她無視女兒的反應。當她們抵達音樂教室，艾瑪開始崩潰失控，蘇珊還以爲女兒只是昨晚沒睡好，還這麼跟其他媽媽解釋了。接下來幾週，艾瑪一樣很抗拒音樂課，蘇珊才終於打給我。

回答完十二個基本問題後，蘇珊發現艾瑪確實從小就很敏感，但是蘇珊一直以爲（希望）女兒長大就會變開朗。她不斷帶女兒參加各種交際場合，希望這些活動能幫助她改掉害羞的個性。女兒越是抗拒，蘇珊就逼得越緊。「她在健寶園一直想爬回我的腿上，但我擋住她，一直跟她說『去啊，寶貝，去跟其他小朋友玩吧。』我們去那裡就是要跟其他人互動，不然她要怎麼學習呢？」蘇珊說艾瑪突然很抗拒音樂課，事實是艾瑪一直以來都很抗拒活動，只是蘇珊沒有留意這些跡象。現在加上發展階段這個因素，蘇珊才終於注意到問題。艾瑪快要兩歲了，她懂得更多，也更能爲自己發聲，所以她想告訴蘇珊：「媽媽，我受不了了！」

這個案子如果要回到起點，蘇珊安排日常行程時，就要將女兒敏感的天性考慮進去。她必須給艾瑪一點時間適應新環境和新朋友，而不是逼她硬著頭皮加入。蘇珊問我：「我應該直接停掉音樂課嗎？」我說當然不用，這樣艾瑪會以爲每次遇到可怕、困難或令人灰心的事，她就應該直接放棄。我建議艾瑪應該繼續去上音樂課，但是蘇珊要跟她保證，她可以先坐在媽媽腿上，等她準備好再去跟其他小朋友一起玩樂器。就算艾瑪要花好幾週，甚至課程都要結束了，蘇珊也要堅持到底。

同時，蘇珊可以跟老師索取課堂上教的歌單（很多教室有賣ＣＤ），跟艾瑪一起在家唱歌。個性害羞的孩子如果事先知道課堂上要做什麼，不怕自己跟不上，他們就能拿出最好的表現。媽媽也可以考慮購買或借用一種樂器，比如教室用的三角鐵、鈴鼓或沙球，給艾瑪在家練習，更熟悉這些樂器。如果觀察了幾堂課，艾瑪好像稍微有興趣加入行列，蘇珊應該跟她一起參與課堂活動。我強調：「她可能會整堂課都黏在你身邊，那也沒關係。只要給她足夠時間，我保證她終究會自己踏出那一步。」

問題三到八：不要打亂孩子的作息

接下來幾個問題都牽涉到日常規律作息，我們會探討哪些事件和條件擾亂了孩子的作息：

Q

3. **規律作息有改變嗎？**
4. **孩子的飲食有改變嗎？**
5. **孩子正在從事新活動嗎？這項活動適合他的年齡與天性嗎？**
6. **孩子白天或夜間的睡覺模式有改變嗎？**
7. **你們是否比平時更常外出、進行長途旅行，或出外度假了嗎？**
8. **孩子正在長牙、剛經歷過事故（即使是小意外），或是大病或手術初癒嗎？**

穩定的家庭生活建立在規律作息上。本書提到的育兒難題中，許多都是出於缺乏規律作息，或者作息不規律。但有時連最有紀律的父母，也會忍不住偏離正軌。比如孩子長牙、生病和長途旅行，以及E．A．S．Y任何一個字母有變動，包括新的飲食（E）、活動（A）、睡覺習慣改變（S），或是父母生活出現變化（Y），都會打亂原本的計畫。不論原因爲何，一旦發現規律作息亂掉了，你一定要馬上回歸常態。

你必須不計一切代價回到原本的規律作息。比如寶寶的睡眠習慣被打亂，就要用抱放法讓孩子恢復原本的睡覺時間（第六章）。或者你決定回去上班，孩子要送去日托中心或交給其他家人照顧。如果他鬧脾氣，可能是因爲日托中心人員沒按照你的作息走。你必須把寶寶的規律作息寫成一張表，交給日托中心，帶寶寶回家的時候，也要繼續遵守規律作息。

「計畫趕不上變化」有時候表示孩子的需求改變了，他變得更加獨立，所以需要一套新的作息。比如從每三小時吃一餐改成每四小時（見49頁小叮嚀），或者早上不必再小睡（見335頁）。別試圖倒轉時間，阻止孩子長大。如果他從流質飲食開始轉換成副食品（第四章），可能會因爲吃不習慣新食物鬧肚子痛，但是這不表示他得回歸全流質飲食。只要放慢嘗試新食材的腳步，事情不順利永遠可以回到起點重新開始。

孩子身體不舒服時，作息最容易被打亂。每次遇到孩子長牙、疼痛或生病，爸媽的「可憐小寶貝」症候群就會忍不住發作（詳細案例見453頁），開始縱容孩子晚睡，甚至跟孩子同床。他們當下沒考慮到長期後果，於是兩、三週過後，他們開始慌了：「我們家的小寶貝怎麼了？他的睡覺時間不規律，正餐也吃不下，哭得比平常還多。」親愛的，那是因爲前一陣子的變動打亂他的作息了。你覺得孩子很可憐，所以不再遵守設下的限制，現在他反而無法預測下一步要做什麼。如果孩子身體不舒服，你完全可以給他更多的愛與關懷，減輕不適感，但是請盡可能遵守原本的作息。

有些作息變動可以事前預見，比如全家要出遠門，回家後至少兩、三天到一週，孩子才能調回原本的作息。尤其月齡還小的寶寶如果出外兩、三週，他的記憶力還不足以記住「家」，所以出門一趟又回來，他反而覺得奇怪：「我現在在哪裡？」當然，如果你在期間犯了意外教養的錯誤，情況就更嚴重。瑪夏想到當時結束巴哈馬的旅行，帶著一歲半的貝瑟妮回到家：「完全是一場大災難。飯店的廣告寫說房間有附嬰兒床，結果一到房間才發現，他們只有很單薄的攜帶式嬰兒床。那根本只是一圈圍欄而已，貝瑟妮不肯睡在裡面，只好讓她跟我們同床。」

回家後好幾天晚上，瑪夏都必須做抱放法讓貝瑟妮重新習慣睡前儀式，再度學會獨自入睡。但是，如果爸媽做好事前規畫，返家後就不必那麼辛苦。不論是借宿親戚家或是住旅館，請先打電話去確認嬰兒用品的樣式。如果是孩子比較不習慣的攜帶式嬰兒床，請先向朋友借一張類似的嬰兒床，出發前讓孩子在裡面小睡，稍微適應一下。如果孩子已經大到睡不進攜帶式嬰兒床，請詢問主人或旅館能不能借到一般的嬰兒床，或是跟當地的嬰兒用品公司租借。打包行李時，記得帶上孩子最愛的玩具、衣服，或是任何會讓孩子想起家裡的物品。旅行途中，即使處在不熟悉的環境，也要盡量維持家裡的作法，比如吃飯和睡覺時間最好都跟平常一樣。這麼一來，回家就不必費太多力氣重新適應。

問題九、十：保護家庭環境

接下來的兩個問題牽涉到規模更大、持續時間更長的家庭環境變動：

Q

9. 你或是其他與孩子很親近的大人最近有生病、特別忙碌，或是情感遇到難關嗎？

10. 家裡是否有其他事件可能會影響到孩子？比如父母吵架、新保母、新生兒、換工作、搬家、家族有人生病或過世？

孩子就像海綿一樣，吸收能力很強，周遭環境的變化都會在孩子身上產生影響。研究指出即使是嬰兒也會受到父母情緒和環境變動影響。如果你心情不好，孩子也快樂不起來。如果家裡氣氛很不平靜，孩子會覺得自己好像身處暴風中心。當然，成年人難免會遇到比較難捱的時刻，或是經歷人生的重大轉折，也會有「計畫趕不上變化」的時候。這種人生的過渡期沒人避得了，但至少我們可以關心孩子受到哪些影響。

布莉姬是個在家工作的平面設計師，她母親與骨癌奮戰多時，不幸逝世，當時布莉姬的兒子麥可才三歲。布莉姬與母親感情非常好，母親過世的打擊讓她難以承受。母親剛走的幾週，布莉姬天天躺在黑暗的房間裡，在啜泣和憤怒間不停擺盪。她解釋：「我母親過世的時候，麥可剛上幼稚園，每天早上至少三小時不在家。去接他下課時，我會努力振作起來。差不多那時間，我發現自己懷孕了。」

當時布莉姬接到麥可老師的電話，麥可在學校會打其他小朋友，並且放話：「我要讓你們死掉。」布莉姬認眞做完十二個基本問題後，她懷疑麥可是受到她的悲痛情緒影響。她問我：「但是我難道有別條路可以走嗎？我確實需要時間撫平失去母親的傷痛，不是嗎？」

我安慰布莉姬，她當然需要時間調適心情。但也要考慮到麥可的心情。他也失去了外婆，儘管布莉姬以爲自己去接兒子下課時有「振作起來」，實際上兒子肯定會注意到媽媽紅腫的雙眼，更重要的是，他絕對能感受到她的情緒。麥可不僅被布莉姬的悲痛感染，他還感覺到媽媽正在消失。爲了處理麥可最近在學校的攻擊行爲，我跟布莉姬解釋，我們必須擬定一項計畫，改善家庭環境。

布莉姬開始跟麥可聊到外婆，在這之前她並未好好坐下來跟兒子聊這件事。她跟兒子承認，這陣子她非常傷心，她好想念蘿絲外婆。她鼓勵麥可也聊聊自己的情緒，他也說很想念外婆。布莉姬明白像這樣說出自己的心情，聊聊跟外婆共有的美好回憶，對母子倆都有幫助。於是她提議：「外婆常帶你去公園坐旋轉木馬，還會帶你去湖邊餵鴨子。不如我們去那裡走走，感覺離外婆更近一點。」

也許這個過程中最重要的一點是，布莉姬開始照顧她自己的情緒需求了。她參加一個悲傷輔導團體，與其他成人談論自己的感受。隨著布莉姬自我感覺逐漸好轉，越來越能用適合麥可年齡的方式，與他坦白分享情緒，麥可也就慢慢找回冷靜、合作的自我。

問題十一、十二：將意外教養的傷害降到最低

最後兩個問題牽涉到意外教養：

Q

11. 你最近是否頻頻讓步，深化了這項行爲？

12. 你最近是否因爲上一個育兒法「不管用」，所以正在嘗試新的育兒法？

當父母作法不一致，教養孩子的規矩一直在變，就容易造成意外教養。比如前一天晚上把孩子抱上床同睡，隔天卻任由孩子哭到睡著？或者孩子出現新行爲時，爸媽只想走捷徑趕快解決，依賴道具把孩子哄睡？或是孩子一哭就急著抱起來？請你先深吸一口氣，找出事發原因。

我在本書一再強調，意外教養會引發育兒問題，如果發生「計畫趕不上變化」的狀況，意外教養更會使問題久久無法根除。走捷徑只是治標不治本，就好像在傷口隨便貼個繃帶，卻不施打抗生素剷除病灶。表面上傷口止血了，甚至癒合了，實際上體內仍然受到感染，沒有百分百痊癒。時間一久，感染症狀還可能惡化。「計畫趕不上變化」的狀況也是相同道理。有些突發狀況或許很快就解除警報，但是也有一些狀況由於父母誤判情勢，或者採取錯誤的處理方法，導致問題比原本更嚴重。

有些爸媽沒有意識到自己正在犯下意外教養的錯誤，他們一直在傷口貼繃帶，總是選擇讓步、哄騙、縱容孩子越過界線，不用多久，孩子就開始不肯睡在自己床上，行爲出現偏差，儼然是個呼風喚雨的家中小霸王。

另一些爸媽，尤其如果有讀過我的書，非常清楚意外教養是怎麼開始的。他們會說：「我們知道不該抱著她搖，但是……。」或者：「我們打給你是想請教你的意見，我們不想隨便採取一種策略，然後過了幾個月才後悔。」但是最後他們還是選擇貼繃帶（「只有今晚破例」），或者半途而廢，無法貫徹初衷。

我手邊有一封很有意思的信，剛好讓各位看看意外教養是如何開始，這些「計畫趕不上變化」的問題又能變得多複雜：

芮貝卡十三個月大，晚上很難入睡。大約一個月前，我帶著芮貝卡橫跨整個美國，拜訪住在加州的哥哥。回到家之後，我和老公決定女兒應該戒奶嘴了。那時候她只有白天和晚上睡覺會吃奶嘴，清醒的時候不吃。她吃不到奶嘴很不高興，我們任由她哭，並且鼓勵她用毯子安撫自己。接著她染上感冒，病了兩個星期。某一次連三天晚上，她開始跟以前一樣能夠自行入睡，但是現在她正在長第一顆臼齒，我們簡直無計可施了。每天晚上她至少要哭一小時才能睡著，好像少了奶嘴，她就不知道如何自行入睡。但至少她可以睡過夜。我們應該要繼續讓芮貝卡自己學會入睡，還是進房間安撫她呢（不用搖的方式哄睡）？請幫幫我們。

你大概猜到了，這對累壞的父母面臨的問題是，孩子的規律作息被一連串事件打亂：旅行、生病，接著當他們以為女兒終於恢復正常，隨之而來的卻是長牙。芮貝卡的父母也有做錯的地方。要是他們多等個幾週，不要一結束長途旅行就戒奶嘴，種種難題說不定都能避免。旅行告一段落回到家，孩子需要依靠習慣的儀式回到正軌作息。芮貝卡的奶嘴不是道具，因為她年紀已經夠大，奶嘴掉了可以自己塞回去，不需要爸媽幫忙。白天她也不會咬著奶嘴到處走，換句話說，當時沒必要急著戒奶嘴。然而，我不認為少了奶嘴，芮貝卡就會「忘記」如何自行入睡。更大的原因應該是旅行途中，爸媽八成沒有，或者沒辦法遵守平時的就寢時間，作息的其他部分很有可能也被打亂。

更糟的是，芮貝卡的爸媽「任由她哭」，聽起來他們想用控制哭泣法讓女兒睡著。這個小女生以前睡得很好，後來作息被打亂，結果爸媽不但不再給她吃奶嘴，還改變了育兒方式。當然，芮貝卡無論如何都會抗議，但至少不會一次面對雙重打擊。

這個案例的解決方案是回歸起點，爸媽可能得利用抱放法讓女兒重新學會自行入睡的技巧，他們不該以培養獨立能力的理由棄女兒不顧。有一點很重要，父母要知道有時其實只要稍微安撫一下寶寶就夠了。當孩子感到疼痛、害怕，因爲身處不同環境而失常時，她需要父母在一旁陪伴，給予安撫。

策畫解決步驟：十二個解決問題的原則

遇到「計畫趕不上變化」的狀況，請先深吸一口氣。問問自己十二個基本問題，然後透過客觀父母（參見363頁）的雙眼洞悉整體情況。接著依照「十二個解決問題的原則」策畫解決步驟。如果你從頭讀到這一頁，對於後面所列的原則你應該多半都很熟悉了。其實做起來並不難，只要運用常識判斷，並且考慮清楚就行了。

1. **找出問題的根源**：把十二個基本問題誠實回答一遍，你應該能找出當下影響孩子的因素。

2. **搞清楚處理的優先順序**：通常先從最急迫的問題開始處理。比如孩子因爲長牙、感冒或腸胃問題，已經連續三天夜醒，他可能會開始養成不良的睡眠習慣。但是首先，你必須先替孩子舒緩不適。同樣道理，如果你曾試過控制哭泣法，現在寶寶一看到嬰兒床就尖叫，那你得先重新建立信任關係（見232頁），再來教寶寶自行入睡。

有時候，你也可以從最簡單的問題開始著手，及早減少一個麻煩。假設你們全家去你爸媽的濱海度假別墅，參加每年夏天的家族聚會，結果孩子每晚都拖到晚上九點、十點才睡覺，那麼現在回到家，他當然想要繼續享受晚睡的特權。而且，他從年長的表哥表姊身上學到更多攻擊行爲，一回來就想找共學團的朋友試試新招。當然，你必須處理他的攻擊行爲，但是重新建立早睡的習慣顯然更急迫。

3.**重回起點**：還記得玩大富翁偶爾會抽到「重回起點」的卡片嗎？育兒也是一樣，你得重新回到第一步。一旦分析完問題，你可以檢視自己爲何以及如何偏離一開始的計畫，再擬定新的策略修正作法。如果你一直以來忽略了孩子的天性，請按照他的個性設計新的行動方案。如果規律作息被打亂，請遵照E．A．S．Y安排一天的生活。如果你曾經用抱放法教孩子自行入睡，兩、三週後睡眠問題卻莫名其妙冒出來，請用原本有效的方式再度教孩子入睡。

4.**接納無法改變的事實**：我很喜歡〈寧靜禱文〉：「神啊，請賜予我平靜，接受我無法改變之事；請賜予我勇氣，改變我能改變之事；請賜予我智慧，教我明辨兩者的不同。」許多「計畫趕不上變化」的情況需要父母去理解並接納。你選擇重回職場，孩子很不高興，每次出門上班都是一番角力……但你必須賺錢養家。孩子的個性不如你一樣活潑，你感到很失望……但那就是孩子的個性。你受夠了每次都是你對孩子扮黑臉，你已經好幾次試圖讓另一半分擔一點育兒責任……但他是個工作狂，而你整天在家。孩子無緣無故開始撞頭……但兒科醫師已經告訴你要忽視他的行爲。以上情境全都令人一時難以接受，你總會想要介入，做點改變。但是有時候你只能退後，把一切交給時間。

5.**思考這項解決方案長期來看是否妥當**。如果做決定的時候沒有瞻前顧後，往往會造成意外教養。如果這個解決辦法只是貼膠帶，無法一勞永逸，或者你要做的比孩子更多（比如你整晚都得不斷起來，幫孩子把奶嘴塞回去），那麼最好重新考慮，換個方法。

6.**在孩子需要的時候給予安撫**。發生「計畫趕不上變化」的狀況時，孩子可能比平常更需要爸媽的關愛。猛長期、行動力增強、接觸外在世界、長牙、感冒等，都有可能打亂孩子的作息。這時候你得小心別犯下意外教養的錯誤，同時也要讓孩子知道，如果跌倒了，爸媽會立刻伸手接住他（字面上的意思和譬喻都有）。安撫是一種富有同理心的行為，能讓孩子產生安全感。

7.**把持主導權**。即使你還沒想清楚該怎麼做，也別讓孩子變成家裡的小霸王。如果孩子身體不舒服，你為他難過、擔心、同情也是理所當然。前面強調過，你可以多給他一點關愛，但是不要超過限度，任他予取予求，變成脫韁的野馬，否則你絕對會後悔，因為接下來家庭生活將陷入一團亂。更糟的是，其他父母和孩子甚至會不願跟你的孩子往來。

8.**去孩子房間照顧他，不要把孩子帶回自己房間**。如果孩子病得很重，你非常擔心，請搬一張充氣床到他的房間一起睡（見332頁艾略特的故事）。我也看過父母直接睡在嬰兒床旁邊的地板上。相信我，忍受幾個晚上睡得不舒服，絕對好過孩子養成壞習慣，再花幾週、幾個月疲於改正。

9.**全心投入執行方案**。就算方案沒有馬上生效，或孩子突然退步，又回歸老模式或老習慣，也不要輕易放棄。我看過太多次了，爸媽覺得沒效就換一種作法，不僅孩子被搞糊塗，問題也無法解決。

10.**當個P.C爸媽**。耐心和覺察力是貫徹方案的關鍵。尤其方案如果有好幾個步驟，比如你要處理睡眠問題，又要解決吃飯問題，請按照步驟慢慢來，解決問題是急不得的。

11.**把自己照顧好**。回想坐飛機時，空服員都會提醒安全逃生的指示：「如果你和年幼孩童一起搭機，請先將自己的氧氣罩套好，再替孩童套氧氣罩。」育兒道理也一樣。如果你自己都無法呼吸了，誰要來照顧並引導你的孩子呢？

12. **記取教訓**。「計畫趕不上變化」的狀況往往會一再重複，只是每次稍有一點不同。記住每次發生的問題，以及處理方式，最好是寫進筆記簿裡。你可能會開始看出一個固定模式。比如每次你忘記事先讓孩子做好準備，當天就容易陷入麻煩；或者每次玩伴來訪，孩子事後總會不高興。我不是要你整天待在家盯著孩子，而是下次你要採取預防措施，將出差錯的機率降到最低。縮短玩伴的拜訪時間，或是找其他個性更隨和的玩伴。

一步一步解決困境：「突然處處跟爸媽作對」

很多「計畫趕不上變化」的狀況看似「莫名其妙」冒出來，實際上卻是許多因素摻雜其中。朵莉安寫了一封信，恰巧點出問題能有多複雜：

兒子安德魯一歲八個月大，個性十分好動大膽，最近幾天卻突然變了性。一夜之間，彷彿他只會說「不要！」這句話。他什麼事都想要自己來，如果我出手幫他，他就很不高興，處處跟我們作對。以前他從來不會像現在這樣把食物丟在地上，或是出言反駁我們。不是說他沒做過這種事，而是他現在看起來更堅決、更有力。即使我們叫他住手，他還是執意要做那些事，隨時隨地都在挑戰我們的命令。我寄這封信是因爲我很擔心自己的反應。前幾天，我第一次對他發飆，我無法像以前一樣控制自己的情緒。一部分是因爲我發現自己懷孕了，我懷疑這是不是懷孕的緣故（我還沒告訴兒子，也才懷孕沒多久）。我總覺得這是「兩歲恐怖兒」的典型徵兆，但是變化來得如此快，我實在有點搞不清楚，我還以爲他的個性會慢慢改變。我想問問大家，有沒有人也經歷過相同階段？你們都是怎麼控制自己的情緒呢？

1. 找出問題的根源

朵莉安是對的，安德魯即將進入重大的發展階段，成爲兩歲兒。消極和固執到翻天覆地都是這個年紀常見的現象（見 380 頁）。這種改變確實可以在一夜之間發生，就像朵莉安形容的那樣。除此之外，我懷疑爸媽並沒有按照他的天性調整自己的教養方式。朵莉安說安德魯「十分好動大膽」，並且坦承「不是說他沒做過這種事」。她可能沒意識到安德魯的個性就是這樣，她必須按照孩子的天性找出合適的育兒方法。如果家裡有安德魯這樣的活潑型孩子，父母絕對要掌握控制權，以關愛溫柔的方式主導孩子。父母面對容易令人操煩的孩子，如果只會一味哄騙妥協，不論理由是避免爭執或不想孩子不開心，都會造成意外教養。他們的反應只會強化孩子的試探行爲，再加上進入兩歲階段，孩子搞破壞的等級簡直等同龍捲風。如果孩子第一次主張自己的意見，父母反而覺得很「可愛」，被他的滑稽動作逗笑，孩子就會在不知不覺間受到鼓舞。即使爸媽只笑過那麼一次，孩子也會開始重複同樣行爲，一天好幾次，希望再度博得歡笑。只不過現在沒人笑得出來就是了。

仔細閱讀朵莉安的信，我發現安德魯的「新」行爲背後明顯有幾個因素：他的發展階段、爸媽對他天性的反應，以及意外教養。朵莉安懷孕也是一項因素，因爲之後的家庭環境將迎來改變。安德魯或許不曉得有新生兒即將要報到，但他絕對能感受到媽媽的焦慮。更何況懷孕對朵莉安的身心造成的改變，肯定會使她對安德魯的反應更加劇烈。因此，處理「計畫趕不上變化」的災難時，解決方案一定要將這些因素全都納入考量，並且設法消弭至今爲此意外教養帶來的後果。

2.搞清楚處理的優先順序

安德魯的行爲顯然是最大的問題，所以不難排出優先順序。他行爲失控的原因不只是即將滿兩歲，我有預感朵莉安和老公一直以來都沒爲兒子設下前後一致的限制。果眞如此，現在要重新管好安德魯就有點困難了，但絕非不可能。管教幼兒絕對比管教青少年輕鬆！雖然接下來要耗很多心力，爸爸和媽媽仍要堅持下去。

3.回到起點

安德魯的爸媽要把自己當成兒子的第一位老師，「管教」的目的不是懲罰孩子，而是教導孩子分辨是非對錯，知道什麼能做，什麼不該做。

當安德魯做出不當行爲的時候，如果沒有威脅到自己或其他人的安全，爸媽就不該給予關注。比如安德魯對著朵莉安尖叫，朵莉安必須用平靜的語氣說：「你這樣大吼，我就不跟你說話。」而且朵莉安要**說到做到**，直到安德魯好好講話，朵莉安才能回應他。同樣道理，假設安德魯坐在餐椅上亂丟食物，他**每丟一次**，爸媽就要立刻把他抱離餐椅，對他說：「不可以丟食物。」過了幾分鐘再給他一次機會。他重回餐椅後，如果又丟食物，就要再度抱他下來。安德魯亂丟玩具時，爸媽要告訴他不可以這樣做。如果他正在鬧脾氣，朵莉安應該溫柔地牽起他的手，把他抱到腿上背對自己，跟兒子說：「我會坐在這裡陪你，等你冷靜下來。」就算安德魯鬧得更凶，一下踢腳、一下打人，叫得更大聲，朵莉安也不能妥協。

7.把持主導權

至今爲止，爸媽都選擇採用最快的方式解決安德魯的不當行爲，但現在他們必須把眼光放遠。有鑑於安德魯不斷挑戰父母的權威，管教起來確實更困難。儘管如此，就算爸媽累到不想管，他們還是要逼自己堅持到底。如果被孩子徹底激怒，想要乾脆讓步，請立刻停下來，想想長遠的未來。縱使當

5.思考這項解決方案長期來看是否妥當

下情況看起來永遠無法改變，爸媽也不能輕言放棄。

4.接納無法改變的事實

接納安德魯的眞實模樣吧，他的天性就是如此，不會有大轉變，父母必須創造適合兒子個性的環境，給他機會從事許多安全又耗費體力的活動。帶他出門跑步、玩耍，盡情放電。安排他和其他同樣活潑好動的孩子一起玩，別帶他參加需要久坐的靜態活動。

12.記取教訓

安德魯的爸媽也得想辦法預防未來可能發生的狀況。他們要搞清楚哪些條件會使兒子失控，兒子快要失控前看起來是什麼模樣，又有哪些徵兆。他們不能讓安德魯餓過頭或累過頭，傍晚就應該收心，以免晚上睡不好。活潑型孩子如果受到過度刺激或過累，表現往往最差（父母也一樣）。

6.在孩子需要的時候給予安撫

安德魯做出不當行爲有一部分原因是爲博取父母關注，尤其是媽媽的關心，所以朵莉安必須讓安德魯知道，他可以用比較正面的方式獲得媽媽的目光。我建議朵莉安算算看，扣掉講電話、看電視、做家事的時間，媽媽實際上跟兒子的相處時間有多少。孩子感覺得出來我們心不在焉，朵莉安最好特地空出時段專門陪安德魯，特別強調這是他跟媽媽專屬的時間。等寶寶出生後，這段時間對安德魯來說更加重要。朵莉安是職業婦女（是一個無法改變的因素），時間分配本來就很緊繃了，但如果可以在早上出門前，或是下班回家的晚上確實撥出時間跟安德魯相處，他在其他時間或許就不會一直想博取關注。另外，每當安德魯表現良好，爸媽都要給予大大的鼓勵和讚美。每當他成功控制住情緒，爸媽就要稱讚他：「你冷靜下來了，安德魯，做得眞棒！」

9.全心投入執行方案

只要爸媽一直保持言行態度一致，安德魯遲早會理解爸媽是說到做到、言出必行的人。朵莉安和丈夫必須做好心理建設，安德魯有可能會退步。他可能這幾天特別聽話，另外幾天又變得跟以前一樣胡鬧。這是正常現象。

10. 當個P.C爸媽

11. 把自己照顧好

爸媽也要多注意自己的行爲，尤其是朵莉安坦承「計畫趕不上變化」的狀況快把她逼到極限。她最近對兒子沒什麼耐心，這一點我不意外，畢竟她負擔已經很大了：全職工作、幼兒階段的兒子，以及肚子裡的寶寶。但是，她還是要留意兒子在不同發展階段的起伏變化。如果她很清楚兒子的個性，能夠因材施教，把注意力從缺點轉移到優點上，將安德魯的強項發揮到最大，到了三歲後，他的消極態度和攻擊行爲就會消失。除此之外，朵莉安也要加強覺察力。活潑型孩子失控前往往會有很明顯的徵兆，比如講話音量提高、尖叫、怒氣升高、開始亂抓東西等。一發現這些徵兆，朵莉安就要立刻干涉，以免兒子情緒失控，出現侵略性更強的行爲。仔細觀察安德魯，善用技巧引開他的注意力，向他提出可行的選項，朵莉安終有一天能把兒子的不當行爲斬草除根。

最後，朵莉安必須回頭審視自己。懷孕後，荷爾蒙會影響身心，再加上她很擔心安德魯，也難怪她「無法像以前一樣控制自己的情緒」。問題是，她的怒氣會讓安德魯的行爲變本加厲。如果想要家庭回歸平靜，爸媽就不能跟孩子硬碰硬。朵莉安必須把E．A．S．Y的Y（自己的時間）看得跟其他三個字母一樣重要。她可以向丈夫、爸媽和好友求援，每天空出一段時間休息放鬆。就算一次只有幾分鐘喘口氣，也會讓她有更多力氣面對下一回合，回應安德魯時也能更謹慎。否則，她跟安德魯的關係會越來越緊張，每天相處都在考驗彼此的意志力。

病後復元重建秩序：「恢復正常好難」

如果孩子不幸生病或發生意外，父母得全程用心照料，但康復後卻往往很難回到生病前的常態。疾病、手術和意外事故是最傷腦筋的「計畫趕不上變化」狀況。你當然會覺得孩子很可憐，想要安慰他，就連每個孩子都會經歷的長牙，你都很擔心能否順利結束。不論是哪一種狀況，你都必須拿捏好照顧孩子和「可憐小寶貝」症候群之間的微妙平衡，否則容易造成意外教養，等危機解除後，孩子不僅養成新行爲和壞習慣，你也不曉得該如何重新建立作息。琳達爲了十個月大的史都華找我求助時，就說了她不知道怎麼「回到以前的樣子」。

琳達和喬治是一對很和善的夫婦。琳達說史都華八個月大左右開始長牙，那段期間流鼻水、拉稀樣樣都來，白天孩子很難受，晚上則頻頻夜醒。琳達每天晚上都抱著他踱步，把他搖到睡著。等到兩、三週過後，第一顆乳牙冒出來，史都華已經很習慣被搖到睡著，所以現在爸媽要把他放到嬰兒床上，他都會死命抓著不放。琳達爲史都華黏人的行爲找藉口：「他原本不會這樣的。」「他在長牙。」同時，她開始被孩子綁住，關在家裡。

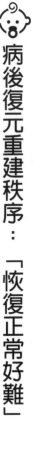

史都華只有晚上會抗拒嬰兒床，所以琳達以爲是夜驚。我問他們：「他第一次長牙時，你們做了什麼？」琳達馬上說：「噢，可憐的小東西。一開始我根本沒發現他在長牙，還以爲是感冒。我想說他肯定是睡不飽，脾氣才會那麼差。後來他心情實在太低落了，感覺好像被什麼東西嚇到。」

我立刻聽出琳達是「可憐小寶貝」症候群的患者。她不能接受自己沒在一開始就發現史都華長牙，她覺得自己是個壞媽媽。儘管十個月大的寶寶有時會作惡夢，我倒是很確定史都華正在承受長牙之苦。有些孩子的長牙之路比較艱辛，充滿罪惡感的媽媽在一旁看著也很不好受。喬治則是受不了老婆每天晚上三不五時就要跑去兒子房門外探頭探腦。他抱怨：「我們連晚上也沒辦法好好相處，就算史都華睡著了，她也會跑去隔著房門偷聽，擔心他會醒來。」

這個案例首先要做的顯然是減輕史都華的痛苦。我請爸媽餵他吃寶寶劑量的莫疼錠，用長牙舒緩軟膏麻痺牙齦。感覺舒服一點之後，我們再把睡眠習慣調回來。我建議他們回到起點，利用抱放法讓史都華睡著，而且最好是交給喬治來做。遇到媽媽患有「可憐小寶貝」症候群的家庭，我一定會寧願媽媽在一旁別插手，讓爸爸做抱放法。這麼一來，媽媽可以休息，爸爸會覺得自己很重要（爸爸確實很重要），我們也可以避免媽媽因爲同情孩子而半途放棄。

喬治完全按照我的指示做抱放法，儘管第一天晚上彷彿地獄磨練，史都華每兩小時就醒來一次，喬治還是撐了下來。隔天琳達驚歎不已：「眞不敢相信他表現這麼好。喬治累壞了，但是他滿臉笑容。」她坦承要是換作她，史都華只要抓住她不放，她就會立刻妥協了。琳達看著老公撐過兩個晚上（使用抱放法處理睡眠問題時，我一定建議夫妻每兩晚輪班一次，見311頁），她也鼓起勇氣一整晚抱起放下不妥協。不到一週，史都華就能睡過夜了。

琳達跟其他遇到同樣狀況的爸媽都有一個疑問：「下次長牙，我們又要重做一遍嗎？」我說有可能，但她應該要從這次經驗中學到教訓。因爲下次史都華再生病或受傷，她一樣要面臨這個難題。我提醒她：「如果你又回去用老方法，靠道具安撫兒子，同樣問題就會再度上演。」

突如其來的恐懼：「孩子很怕浴缸」

十一個月大的小玉莫名其妙開始抗拒洗澡，於是瑪雅打給我：「她以前很愛玩水。」她強調：「從小嬰兒時期就很喜歡。現在一把她放進浴缸，她卻會尖叫，掙扎著不肯坐下。」這個問題很常見，其實不太嚴重，但很多父母還是非常苦惱，所以我一併提出來。

孩子突然很懼怕浴缸，十之八九是有東西嚇到他了。可能是他滑倒摔進水裡、肥皂跑進眼睛裡、不小心摸到很燙的水龍頭等。她需要一點時間才能再次相信洗澡很安全。這幾天晚上先不要幫他洗頭，排除肥皂的因素。（小嬰兒和小幼兒其實滿乾淨的！）如果他滑倒摔進水裡，那眞的很可怕，你可以試著進去浴缸跟他一起洗澡，給他安全感。如果連你陪他都不要，那接下來兩、三週就讓他在浴缸外面洗澡吧。

如果他抗拒的當下你不在現場，記得跟幫他洗澡的人談一談。有可能是浴缸對他來說太大，或者他聽到自己的回音，小朋友可能會覺得那種聲音很可怕。如果是回音的話，你會看到他原本在咿咿呀呀講話，突然停下來瞪大眼睛，彷彿在說：「那是什麼聲音？」

最後，也有可能是洗澡前他就已經累了，所以對浴缸產生恐懼感，或是感覺被放大。隨著孩子長大，他們更懂得與玩具和其他人互動。一位媽媽就說，洗澡變成「浴缸派對」，一場把負責洗澡的人潑濕的狂歡節。有些孩子可以從容玩耍，有些則會受到過度刺激。若是如此，爸媽最好調整一下作息，在他體力比較充足的時候先洗澡（見325頁卡洛斯的故事）。

陌生人焦慮：「保母安撫不了孩子」

在九個月大的尚恩還是小寶寶時，我就認識他媽媽薇拉了。最近薇拉打了通電話給我，心急如焚地說：「崔西，我怕他變了，我從沒看過他那個樣子。」

我問：「哪個樣子？」納悶薇拉為何打給我。尚恩一直是個溫和的小傢伙，馬上就能適應良好作息。薇拉以往時不時會打來報告近況，但幾乎沒提過問題或擔憂。

「昨晚我們去餐廳前，把尚恩交給保母。我在朋友家見到這位保母，她貼心又能幹，尚恩也給其他保母帶過很多次，從來沒出事。那天我們吃到一半，我手機響了起來，保母打來說尚恩醒來，怎麼樣都不肯睡。她照我的指示跟尚恩說：『沒關係，尚恩，繼續睡吧。』結果尚恩看了她一眼，哭得更大聲。她做什麼都安撫不了他，抱著搖、唸書、打開電視都沒用。最後，我們只吃了一道鮮蝦雞尾酒開胃菜，就匆忙趕回家了。幸好從餐廳回到家只要幾分鐘，我們一打開門就看到他哭得非常淒厲，他迫不及待撲進我懷裡，一下子就安靜下來了。」

「可憐的葛雷太太，她說她當保母這麼多年，還沒遇過這麼不喜歡她的孩子。這是怎麼回事啊，崔西？我知道她是新來的，但尚恩也換過很多保母了。你想是不是尚恩開始出現分離焦慮了？」

薇拉的推論很合理，很多寶寶都是在這個年紀開始出現分離焦慮（參見105頁）。但是仔細回答十二個基本問題後，這次顯然是突發的獨立事件。尚恩並沒有特別黏媽媽，他可以自己玩耍超過四十五分鐘。薇拉出門買菜時，他也可以跟愛麗斯留在家裡（愛麗斯是尚恩出生前他們聘用的清潔人員，現在偶爾也會充當保母）。然後我想起來，這是葛雷太太第一次替薇拉照顧孩子。我問她：「你們出門前，尚恩有跟葛雷太太稍微相處一下嗎？」

薇拉回答：「沒有，怎麼可能？」她沒聽出我的意思。「我們跟平常一樣七點讓他睡覺，之後葛雷太太來了，跟她介紹了一下環境，以及尚恩醒來要怎麼處理。我想說他應該會直接再睡回去。」

後來尚恩果然醒來了。以爲孩子會在你出門之後乖乖睡一整晚嗎？才怪！更糟的是，他醒來一看到陌生人的臉，就徹底慌了。或許一開始他是因爲作惡夢醒來（九個月大會作惡夢），或者雙腿抽動干擾到睡眠（他才剛開始學習扶著走路）。不論是哪個理由，尚恩醒來後絕對沒想到眼前會出現葛雷太太的臉。

薇拉抗議：「但是他從來不會這樣。我們沒有固定的保母，他肯定很習慣看到陌生臉龐吧。」我跟薇拉解釋，她的小寶寶已經逐漸長大了。小時候所有大人的臉看上去都很模糊（媽媽除外），他醒來看到不認識的臉不會哭，是因爲他的大腦還不知道那些人是「陌生人」。八、九個月大之後，神經迴路開始成熟，這個發展階段不僅會造成分離焦慮，也會使孩子害怕陌生人。就算葛雷太太對他微笑，跟他摟摟抱抱，她還是個陌生人，所以尚恩會嚇到。

這則故事告訴我們三件事：第一，把「從來不會」從你的人生字典刪去吧。多少次爸媽信誓旦旦說：「他從來不會夜醒。」或者：「她在外面從來不會崩潰失控。」然後就馬上自食其果？

第二，站在孩子的立場替他著想，從他的角度設想整個情況。薇拉應該早點請葛雷太太來家裡跟尚恩見面，說不定只要多相處一個下午，甚至是陪他玩一會兒，尚恩就不會把她當成陌生人，醒來看到葛雷太太也不會嚇到了。

第三，了解孩子的發展階段。雖然孩子不一定會照著生長時間表發展，但是仍會有個基本的時間概念，掌握他的心智能力總是好的。嬰幼兒的能力總是超乎爸媽的想像。父母常覺得孩子「只是個小嬰兒」，他不會記得……他不會知道……他分不出差異等，實際上大錯特錯。

要怪就怪水逆吧！

你已經把這本書從頭翻到尾，看完所有的關鍵提問與育兒策略，結果仍舊搞不懂寶寶爲何突然天天清晨四點醒來想玩耍，或者燕麥過去一整年都是你家幼兒最愛吃的食物，今天開始卻失寵了。這個嘛，親愛的，我已經盡力把大家告訴我的所有問題寫出來了。我也把我會提出的問題特別標粗體畫重點，方便你依照線索擬定行動方案。再來，我已把自己所有的育兒法寶不藏私大公開了。如果你仍然一頭霧水，那就怪天上的星星吧，或許這陣子水星又逆行了呢。當然，有時候育兒人生就是這樣。你懂再多、付出再多，昨天明明包準管用的妙計，今天卻如同糞土。再說，如果你擺爛不處理，我保證全新更加燙手的山芋很快就會降臨！

★本著作《超級嬰兒通實作篇》所刊載的育兒法「關鍵字索引」，請參閱 http://tiny.cc/superbaby-index。

Eurasian Publishing Group
圓神出版事業機構
用心與你對話・視野無限寬廣
如何出版社
Solutions Publishing

www.booklife.com.tw　reader@mail.eurasian.com.tw

Happy Family 076

超級嬰兒通實作篇：天才保母的零到三歲E・A・S・Y育兒法

作　　者／崔西・霍格、梅琳達・貝樂
譯　　者／蔡孟儒
發 行 人／簡志忠
出 版 者／如何出版社有限公司
地　　址／台北市南京東路四段50號6樓之1
電　　話／（02）2579-6600・2579-8800・2570-3939
傳　　真／（02）2579-0338・2577-3220・2570-3636
總 編 輯／陳秋月
主　　編／柳怡如
責任編輯／張雅慧・丁予涵
校　　對／柳怡如・張雅慧・丁予涵
美術編輯／潘大智
行銷企畫／詹怡慧・曾宜婷
印務統籌／劉鳳剛・高榮祥
監　　印／高榮祥
排　　版／陳采淇
經 銷 商／叩應股份有限公司
郵撥帳號／18707239
法律顧問／圓神出版事業機構法律顧問　蕭雄淋律師
印　　刷／祥峰印刷廠
2019年3月 初版
2024年9月 22刷

THE BABY WHISPERER SOLVES ALL YOUR PROBLEMS
by Tracy Hogg and Melinda Blau

定價 420 元　ISBN 978-986-136-528-2

第一次見到崔西．霍格。她開車載我到郊區一棟樸實住屋，門口一位邋遢的媽媽一見到我們，立刻把正在哭鬧的三週大寶寶塞進崔西懷裡。「我的乳頭快痛死了，我不知道該怎麼辦。」眼淚從她的臉頰滑落。「他每一、兩個小時就想吃奶。」崔西抱著寶寶靠近自己的臉頰，在寶寶耳邊輕聲哄著：「噓……噓……噓……」才幾秒鐘，寶寶就安靜下來。接著，崔西轉向年輕媽媽：「好，我來告訴妳寶寶想對妳說什麼。」

類似的場景在世界各個角落發生，天才保母崔西透過本書傾全力傳授她的思考和兒語技能，彷如親臨每個需要幫助的父母和寶寶家門，協助眾人解決各種寶寶照護問題。

——《超級嬰兒通實作篇》

國家圖書館出版品預行編目資料

超級嬰兒通實作篇：天才保母的零到三歲E．A．S．Y育兒法／崔西．霍格，梅琳達．貝樂 著；蔡孟儒 譯. -- 初版. -- 臺北市：如何，2019.03
464面；17×23公分. --（Happy Family；76）
譯自：The baby whisperer sovles all your problems : sleeping, feeding, and behavior—beyond the basics from infancy through toddlerhood
ISBN 978-986-136-528-2（平裝）
1.育兒
428　　107023959

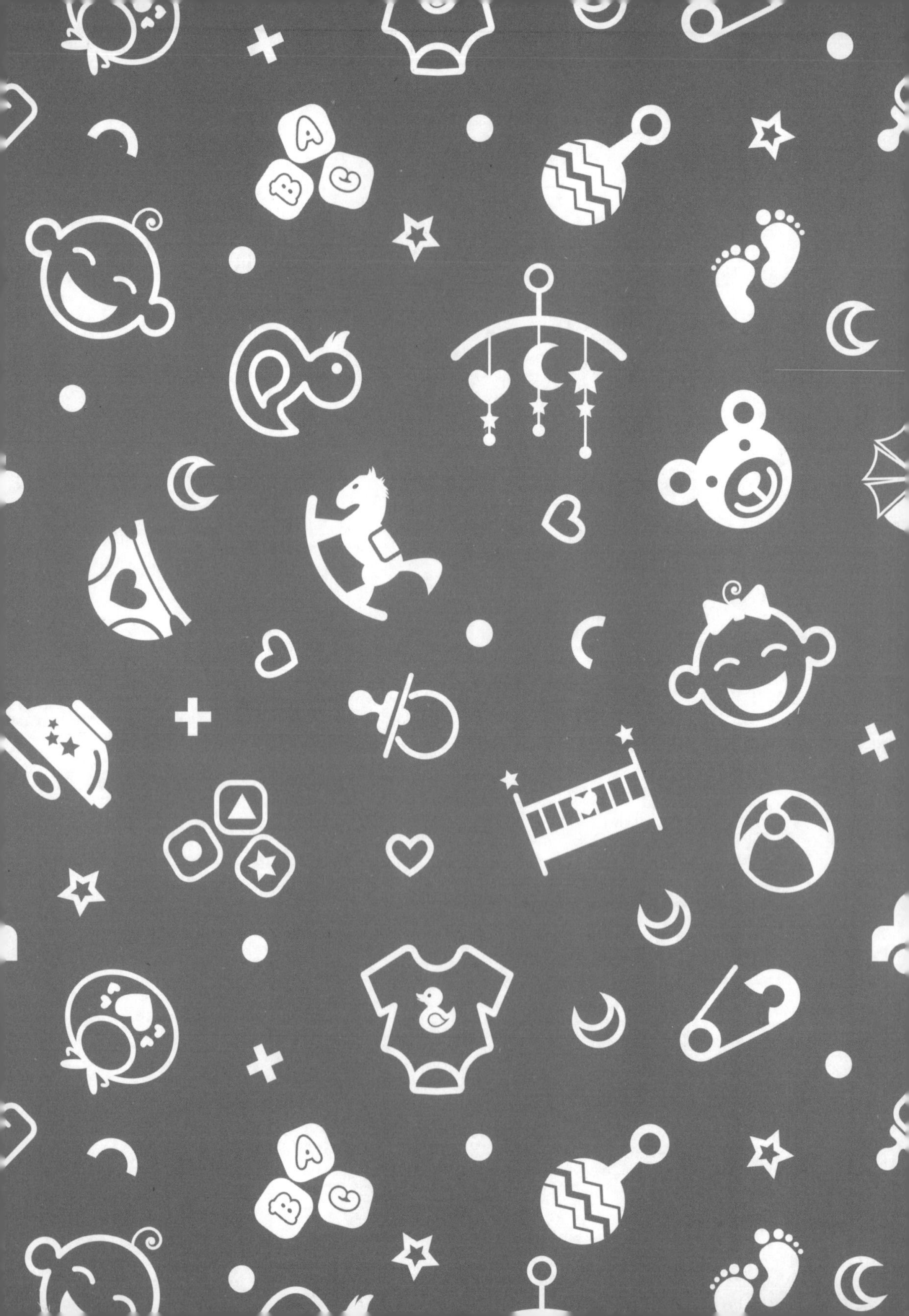